# ÉCONOMIE RURALE • ÉTIENNE JOUZIER

❊❊ ❊❊ ❊❊ ❊❊ ❊❊ ❊❊ ❊❊ ❊❊

ENCYCLOPÉDIE AGRICOLE
Publiée par une réunion d'Ingénieurs agronomes SOUS LA DIRECTION DE

G. WERY Ingénieur agronome
Sous-Directeur de l'Institut National Agronomique

Introduction par le D P. REGNARD Directeur de l'Institut National Agronomique
Membre de la Société Nationale d'Agriculture de France.
22 volumes in-16 de chacun 400 à 500 pages illustrées de nombreuses figures.

Chaque volume: broché, 5 fr.; cartonné, 6 fr.

*Agriculture générale* M. P. Diffloth, ingénieur agronome, professeur spécial d'agriculture. 'Ttmcf£T, lV:TM7. « ingénieur onoe chef de U. *Hydromels, Distillerie) Engrais* M-Garola. ingénieur agronome, professeur dépar *Plantes fourragères t* temental d'agriculture à Chartres. / M. Risi.br, directeur honoraire de l'Institut national 1 agronomique. Membre de la Société nationale *ai nage et Irrigations* / d'agriculture de France.
J M. G. Wery, ingénieur agronome, sous-directeur de *y* l'Institut national agronomique.
*Plantes industrielles* M. Trotjdr, ingénieuragronome,professeura l'Ecole nationale des industries agricoles de Douai. M. Lavali.ke, ingénieur agronome, ancien chef des *Céréales* travaux de la Station expérimentale agricole de Cappelle.
( M. Léon Bussard, ingénieur agronome, chef des *Cultures potageres ) u a*-vaux de la Station d'essais de semences, à *Arboriculture* ) l'Institut national agronomique, professeur à ( l'Ecole nationale d'horticulture. *Sylotculture* M. Fhon, ingénieur agronome, professeur à l'Ecole forestière des Barres (Loiret). *Viticulture* M-Pacottet, ingénieur agronome, répétiteur à *Vinification Vin, Vinaigre,* l'Institut national agronomique. *Eau-de-Vie)* M. Pacottet, ingénieur agronome. *Zoologie agricole* M. Georges Guknaux, ingénieur agronome, répétiteur
à l'Institut national agronomique *Zootechnie générale* » M. P. Diffloth, ingénieur agronome, professeur *Zootechnie spéciale (Races)—* ( spécial d'agriculture.
*Machines agricoles* M. Coupais, ingénieur agronome, répétiteur à l'Institut national agronomique. *Constructions rurales* M. lUi-iGUY, ingénieur agronome, directeur des
études a l'Ecole nationale d'agriculture de Grignon.
*Économie rurale* M. Jouzier, ingénieur agronome, professeur à *législation rurale-* l'Ecole nationale d'agriculture de Rennes. *Technologie agricole (Sucrerie,* M. Saillard, professeur « *féculerie, meunerie, boulange-* l'Ecole nationale des industries agricoles de rie) Douai. *Laiterie* M. Martin, ingénieur agronome, ancien directeur de l'Ecole nationale d'industrie laitière de Mamirolle. *Aquiculture* M. Dei.onc.le, ingénieur agronome, inspecteur géné ral de la pisciculture. 7705-03. — Connui Imprimerie Eu. Cuir. *ENCYCLOPÉDIE AGRICOLE* INTRODUCTION
Si les choses se passaient en toute justice, ce n'est pas moi qui devrais signer cette préface.

L'honneur en reviendrait bien plus naturellement à l'un de mes deux éminents prédécesseurs.

A Eugène Tisserand, que nous devons considérer comme le véritable créateur en France de l'enseignement supérieur de l'Agriculture: n'est-ce pas lui qui, pendant de longues années, a pesé de toute sa valeur scientifique sur nos gouvernements, et obtenu qu'il fût créé à Paris un Institut agronomique comparable à ceux dont nos voisins se montraient fiers depuis déjà longtemps?

Eugène Risler, lui aussi, aurait dû plutôt que moi présenter au public agricole ses anciens élèves devenus des maîtres. Près de douze cents Ingénieurs Agronomes, répandus sur le territoire français, ont été façonnés par lui: il est aujourd'hui notre vénéré doyen, et je me souviens toujours avec une douce reconnaissance du jour où j'ai débuté sous ses ordres et de celui. proche encore, où il m'a désigné pour être son successeur.

Mais, puisque les éditeurs de cette collection ont voulu que ce fût le directeur en exercice de l'Institut agronomique qui présentât aux lecteurs la nouvelle *Encyclopédie*, je vais tâcher de dire brièvement dans quel esprit elle a été conçue.

Des Ingénieurs Agronomes, presque tous professeurs d'agriculture, tous anciens élèves de l'Institut national agronomique, se sont donné la mission de résumer, dans une série de volumes, les connaissances pratiques absolument nécessaires aujourd'hui pour la culture rationnelle du sol. Ils ont choisi pour distribuer, régler et diriger la besogne de chacun, Georges Wery, que j'ai le plaisir et la chance d'avoir pour collaborateur et pour ami.

L'idée directrice de l'œuvre commune a été celle-ci: extraire de notre enseignement supérieur la partie immédiatement utilisable par l'exploitant du domaine rural et faire connaître du même coup à celui-ci les données scientifiques définitivement acquises sur lesquelles la pratique actuelle est basée.

Ce ne sont donc pas de simples Manuels, des Formulaires irraisonnés que nous offrons aux cultivateurs, ce sont de brefs Traités, dans lesquels les résultats incontestables sont mis en évidence, à côté des bases scientifiques qui ont permis de les assurer.

Je voudrais qu'on puisse dire qu'ils représentent le véritable esprit de notre Institut, avec cette restriction qu'ils ne doivent ni ne peuvent contenir les discussions, les erreurs de route, les rectifications qui ont fini par établir la vérité telle qu'elle est, toutes choses que l'on développe longuement dans notre enseignement, puisque nous ne devons pas seulement faire des praticiens, mais former aussi des intelligences élevées, capables de faire avancer la science-au laboratoire et sur le domaine.

Je conseille donc la lecture de ces petits volumes à nos anciens élèves, qui y retrouveront la trace de leur première éducation agricole. Je la conseille aussi àleursjeunes camarades actuels, qui trouveront là, condensées en un court espace.

bien des notions qui pourront leur servir dans leurs

études.

J'imagine que les élèves de nos Écoles nationales d'Agriculture pourront y trouver quelque profit, et que ceux des Écoles pratiques devront aussi les consulter utilement.

Enfin, c'est au grand public agricole, aux cultivateurs que je les offre avec confiance. Ils nous diront, après les avoir parcourus, si, comme on l'a quelquefois prétendu, l'enseignement supérieur agronomique est exclusif de tout esprit pratique. Cette critique, usée, disparaîtra définitivement, je l'espère. Elle n'a d'ailleurs jamais été accueillie par nos rivaux d'Allemagne et d'Angleterre, qui ont si magnifiquement développé chez eux l'enseignement supérieur de l'Agriculture.

Successivement, nous mettons sous les yeux du lecteur des volumes qui traitent du sol et des façons qu'il doit subir, de sa nature chimique, de la manière de la corriger ou de la compléter, des plantes comestibles ou industrielles qu'on peut lui faire produire, des animaux qu'il peut nourrir, de ceux qui lui nuisent.

Nous étudions les manipulations et les transformations que subissent, par notre industrie, les produits de la terre: la vinification, la distillerie, la panification, la fabrication des sucres, des beurres, des fromages.

Nous terminons en nous occupant des lois sociales qui régissent la possession et l'exploitation de la pro" priété rurale.

Nous avons le ferme espoir que les agriculteurs feront un bon accueil à l'œuvre que nous leur offrons.

D Paul Regnard,

Membre de la Société nationale d'Agriculture de France, Directeur de l'Institut national agronomique.

PRÉFACE

Obtenir des fruits merveilleux par la précocité ou le volume, par leur saveur exquise ou le brillant et l'harmonie de leur coloration; tirer d'une terre médiocre ou mauvaise des récoltes abondantes; porter des animaux à un état surprenant de développement hâtif, d'embonpoint, de vitesse à la course ou de puissance musculaire selon le caprice de l'amateur, tout cela est chose facile si on a pour soi le temps et l'espace, si on ne regarde pas à la dépense. La culture moderne nous en fournit la preuve journellement dans les expositions où figurent ses produits. Les lois auxquelles obéit la matière dans ses transformations, si elles nous ménagent encore des surprises, nous sont cependant suffisamment connues, d'ores et déjà, pour qu'il n'y ait, dans ces différents problèmes, qu'un jeu facile.

Mais s'en tenir là, c'est faire œuvre d'artiste uniquement, et tout autre devient la tâche s'il faut faire en même temps œuvre industrielle. Beaucoup plus grandes sont les difficultés s'il faut obtenir non plus, seulement, de beaux ou étonnants produits, mais assurer par la culture le maximum de bienêtre en réalisant, au moyen des sacrifices qui peuvent être faits sous toutes les formes, le maximum *d'utilités;* s'il s'agit, d'une manière plus simple, pour la ferme, de porter au maximum possible l'excédent des recettes sur les dépenses. Les plaintes unanimes de la culture sont une preuve évidente de ces difficultés.

Lui permettre de les surmonter, tel est le but poursuivi par les auteurs de *l'Encyclopédie agricole,* tel est celui que nous avons visé d'une manière plus directe encore, en exposant dans ce volume les principes qui permettent plus particulièrement au cultivateur de régler son action en harmonie avec les exigences du milieu social dans lequel il opère.

Nous avons l'espoir d'être utile en offrant au propriétaire foncier un guide dans l'administration de ses domaines, à la culture un manuel pour l'organisation et la gestion de ses entreprises. Il s'adresse au cultivateur, dont les loisirs sont Irop courts pour lui permettre de consacrer beaucoup de temps à la lecture. Nous nous sommes attaché également à coordonner notre programme avec méthode. Si nous y avons réussi, cet ouvrage pourrait rendre des services aux élèves des écoles pratiques d'agriculture, peut-être aussi, croyons-nous, constituer un guide utile pour leurs maîtres et pour les instituteurs qui s'adonnent à l'enseignement agricole. Sans reproduire dans ses détails notre cours à l'École nationale d'agriculture de Rennes, nous estimons également que ce livre pourra rendre plus facile la tâche de nos élèves. En leur montrant dans leur ensemble les matières d'une science aussi complexe que l'Économie rurale, il leur permettra d'en mieux comprendre le but et d'en suivre l'exposé avec plus d'intérêt.

E. Jouzier.

Rennes, mai 1903.

ÉCONOMIE RURALE INTRODUCTION

Si nous considérons une *entreprise agricole* quelconque, depuis celle du plus humble des jardiniers, élevant quelques animaux de basse-cour avec les déchets de ses légumes jusqu'à celle du grand fermier ou du riche propriétaire/nous voyons que son but est de fournir pour la consommation directe de l'homme ou pour l'alimentation de ses manufactures des *produits* de deux sortes: *des végétaux* ou *matières végétales,* *des animaux* ou *matières animales.*

Ces *produits,* de nature végétale ou de nature animale, ne sont obtenus qu'à la suite de transformations multiples et complexes au cours desquelles le cultivateur applique, sans s'en douter le plus souvent, et plus souvent encore sans en connaître suffisamment les lois, un certain nombre de principes qui sont le fondement de la *sdince agricole.* Celle-ci renferme l'ensemble des connaissances qui doivent guider le cultivateur dans la

pratique de son métier et peut, tout naturellement, se diviser, pour l'étude, en un certain nombre de sections caractérisées, chacune, par la science mère dont elle dérive, ou bien par lè genre particulier d'action auquel elle correspond.

Par rapport au premier point de vue, nous avons les *mathématiques,* la *physique,* la *chimie,* la *géologie,* la *minéralogie,* la *botanique,* la *zoologie,* qui apprennent au cultivateur à apprécier les grandeurs, à connaître le climat ou milieu physique dans lequel il va opérer, à connaître aussi les lois chimiques, physiques et biologiques qui régissent les matières sur lesquelles il va agir, celles au moyen desquelles il va exercer son action.

Jodzieh. — *Économie rurale.'*

Par rapport au second point de vue, nous trouvons la *section d agriculture* et la *section de zootechnie,* ou examen des transformations à faire subir à la matière pour obtenir les végétaux et les animaux; la section de *technologie agricole* ou étude des préparations auxquelles sont soumises, dans la ferme, certaines matières végétales ou animales avant d'être apportées sur le marché ou employées sur place; la section de *législation rurale* ou exposé des lois civiles auxquelles le cultivateur doit se conformer, et enfin la section d'économie *rurale* qui doit faire l'objet du présent volume.

Les linguistes nous enseignent que le mot *économie* est formé de deux mots grecs dont la réunion signifie « *lois, règles de la maison*», c'est-à-dire, en développant l'idée que les anciens attachaient à ces mots: *manière dont il faut régler les rapports des divers éléments qui composent les ressources de la maison, soit entre eux, soit avec les personnes, pour assurer la plus grande aisance de la famille.*

L'adjonction du qualificatif *rurale* ne change pas la signification du mot économie; elle délimite simplement le domaine auquel il doit être appliqué. Au lieu de dire: la maison, nous devons dire la *maison rurale.* Or, comme la maison rurale c'est la *ferme,* ou, d'une manière plus précise, *l'entreprise agricole,* nous dirons que *l'économie rurale est la*

*branche de la science agricole qui enseigne « la manière dont il faut régler les rapports des divers éléments composant les ressources du cultivateur, soit entre eux, soit vis-à-vis des personnes pour assurer la plus grande prospérité de l'entreprise.*

Le savant professeur et agriculteur Moll (1) a fait remarquer depuis longtemps que le mot économie, interprété dans le sens que lui attribuaient les anciens Grecs, exprimerait suffisamment cette idée à lui seul; car pour eux, le mot maison ne sert pas à désigner seulement l'habitation de la famille, mais encore l'ensemble de ses ressources, où figure nécessairement une exploitation rurale chez tous les peuples de l'antiquité. Mais ce mot n'a pas conservé dans notre (1) *Encyclopédie de l'Agriculteur,* article Agriculteur. langue un sens assez précis pour permettre de l'employer seul avec cette signification.

D'une manière générale, il éveille l'idée d'une *organisation,* c'est-à-dire de la *réunion d'un certain nombre d'éléments ou organes, agissant de concert dans un même but, et dont les rapports obéissent à des lots fixes:* on dit *économie animale* pour exprimer les rapports établis par la nature entre les divers organes qui composent le corps des animau-dans le but d'assurer l'exercice des fonctions vitales. On dit encore: *économie de la circulation* pour exprimer les relations établies entre le cœur, les artères, les veines, etc., de façon à assurer la distribution du sang dans tous les tissus de l'organisme; économie du cœur pour désigner les relations des diverses parties de cet organe entre elles ou des divers mouvements qu'elles exécutent en vue d'assurer la circulation du sang, etc. Enfin, de la même façon, on dira *économie rurale* ou *économie agricole* pour exprimer les *rapports qui s'établissent entre les différents facteurs de l'entreprise agricole en vue d'assurer le plus grand profit possible.*

Ces *rapports* consistent dans des *relations de contact* entre les diverses branches de l'entreprise, comme dans le cas où la production des céréales voisine sur la ferme avec celle du bétail;

ou *d'action* entre les différents moyens employés pour produire, comme dans l'emploi des machines concurremment avec le travail humain; dans des *rapports de valeur,* entre les moyens de production et les produits; des *rapports commerciaux,* avec le milieu social, etc.

Le *domaine de l'économie* s'étend donc à l'examen de chacun des éléments dans la production agricole, eu égard à l'un quelconque de ces rapports ou de plusieurs d'entre eux, en vue de l'obtention du plus grand profit net.

On peut envisager l'économie rurale sous l'aspect d'une science ou sous l'aspect d'un art, au point de vue théorique ou au point de vue pratique; la science ou la théorie, c'est la connaissance des lois auxquelles obéissent ces rapports; l'art ou la pratique, c'est l'application des connaissances à la réalisation des rapports dans un milieu déterminé.

Ces développements nous ont paru nécessaires pour permettre d'éviter toute confusion entre l'économie et d'autres divisions établies dans la science agricole. Cette confusion n'aurait pas seulement pour effet de nous égarer sur un terrain un peu étranger à celui sur lequel nous devons nous maintenir, mais encore d'obscurcir l'exposé des principes qui font l'objet de notre programme.

La confusion serait facile avec l'agriculture proprement dite et avec la zootechnie, avec la comptabilité agricole et avec l'économie politique ou sociale. Voyons en quelques mots comment se différencient ces diverses sciences.

*L'agriculture,* en se basant sur les lois de la physique, de la chimie, de la biologie, étudie les conditions de la production des végétaux, les *résultats matériels* auxquels elles peuvent conduire; l'économie applique en outre les principes de la *science sociale,* examine les choses par leur *côté financier,* de façon à savoir si le cultivateur sera conduit à un *bénéfice* ou à une *perte* : s'agit-il de cultiver la vigne dans un pays déterminé, l'agriculture (dans sa subdivision désignée sous le nom de viticulture) nous fera connaître si le sol, le cli-

mat conviennent pour cette plante, s'ils lui permettront d'accomplir les différentes phases de sa végétation, et, s'ils ne conviennent pas, les moyens à employer pour en modifier les effets, les abris à adopter pour suppléer à l'insuffisance de la chaleur, éviter l'excès de l'humidité, etc.; elle nous renseignera sur les soins à donner à la plante, la quantité et la qualité probables des produits. *L'économie,* estimant un à un tous les frais de production, se préoccupant des avantages que pourra procurer la récolte, soit par vente ou autrement, cherche à savoir si les derniers compenseront les premiers en laissant un excédent. Elle en agira de même à l'égard de toutes les combinaisons possibles, afin de mettre en évidence celle qui présente les plus grandes chances de profit, celle qu'il faut adopter.-

La *zootechnie* opère à l'égard des animaux comme l'agriculture proprement dite à l'égard des plantes, et là encore, l'examen des diverses combinaisons, sous le rapport du profit, rentre essentiellement dans le domaine de l'économie.

Enfin, l'économie ne considère pas seulement *d'une manière séparée* les diverses productions végétales et animales, elle recherche encore *les points de contact à établir* entre elles, *l'importance relative à accorder à chacune d'elles,* pour la réalisation du plus grand prolit, ce qui a fait dire à certains qu'elle est la *science des sciences agricoles;* à Londet (I): « *L'économie rurale a pour but d'apprendre au cultivateur à produire avec profit.... Elle étudie la valeur des choses sur lesquelles opère le cultivateur dans toutes les transformations qu'elles subissent* »; et à Moll (2): « Il y a une partie où l'on étudie isolément chacun des éléments, chacune des branches qui constituent la science et où on les étudie sous le seul rapport du résultat brut, ou, si l'on veut, du produit le plus élevé possible, abstraction faite des dépenses: c'est la partie technique; et une autre qui, n'envisageant au contraire les choses qu'au seul point de vue industriel, c'est-à-dire au point de vue du gain, du bénétice que doit nécessairement réaliser l'entrepreneur pour

qu'il continue sa profession, examine un à un, sous cette nouvelle face, tous les agents, tous les éléments de production qui interviennent dans cette question du bénéfice, puis les étudie combinés, réunis et enfin en fonction; c'est la partie économique » (3).

La *comptabilité* est également distincte de l'économie. Elle a pour but d'enregistrer les faits comptables, de les classer méthodiquement, de manière à permettre de connaître aussi exactement que possible, par un examen rapide des comptes, le bénéfice total réalisé dans l'entreprise et les sources particulières de ce bénéfice: la détermination des choses à évaluer, la fixation de leur valeur, sont du ressort de l'économie; l'ouverture, la tenue, la clôture des comptes sont de celui de la comptabilité.

Il nous suffira, pour différencier *l'économie rurale* et *l'éco* (1) *Traité d'économie rurale.* (2) *Encyclopédie de VAgriculteur.* Paris, Firmin Didot. (3( «... L'économie rurale est la partie des sciences agricoles consacrée à l'étude des lois de la production et à l'examen des conditions qui assurent la prospérité des entreprises de l'exploitation du sol ». H. Sagnier, *Dictionnaire d'agriculture,* article ÉcoNoMie Rurale. Paris, Hachette. *nomie politique ou sociale,* d'appliquer à celle-ci la définition que nous avons donnée de la première, modifiée comme il convient, et de dire: l'économie politique est la science qui étudie la manière suivant laquelle se règlent les rapports composant les ressources des sociétés politiques pour assurer la plus grande prospérité de ces sociétés: l'économie rurale a pour objet de ses études l'entreprise agricole, et l'économie politique des intérêts individuels et collectifs; l'une est surtout science industrielle, l'autre est plutôt science sociale. Toutefois, à côté de cette *signification étroite,* attachée aux mots économie rurale par la plupart des auteurs spéciaux, et que nous leur conserverons dans cet ouvrage, nous devons en signaler une *très large,* qui leur est quelquefois accordée dans le langage général et courant. Ils servent alors à désigner l'entreprise agricole elle-même, ou l'ensemble des connaissances de toute nature qui constituent la *science agricole.*

On voit que, de toute façon, les études d'économie rurale doivent porter non pas sur telle ou telle branche de la production agricole, mais sur l'entreprise tout entière. Pour en ordonner le programme, l'exploitation agricole, la ferme, doit être considérée, conformément à la définition que nous avons admise, comme un organisme comparable à une machine, et dont la fonction est de donner des profits. L'étude méthodique de la machine suppose successivement la connaissance *du milieu* dans lequel elle est appelée à fonctionner: air ou eau; *des organes* dont elle se compose: roues, rouages, cloisons; des résultats de *leur action combinée,* etc., d'où on déduit les règles à observer pour sa conduite. Pareillement, en ce qui concerne l'entreprise agricole, nous aurons à connaître d'abord le *milieu social où doit vivre, fonctionner,* l'organisme qu'elle constitue; puis, sous les noms de *capital, travail, terre,* nous en étudierons *les éléments d'organisation* quant à leurs caractères particuliers, à la place qu'ils peuvent tenir dans l'ensemble, à l'action qui leur est propre, etc. Nous rencontrerons ensuite des *combinaisons élémentaires* dans lesquelles ils entrent en jeu pour aboutir à une augmentation de la puissance des moyens d'action *(crédit),* ou à des *productions élémentaires* diverses. Nous serons conduits, de la sorte, à un ensemble de connaissances suffisantes pour comprendre jusque dans ses détails l'organisation d'une entreprise agricole quelconque et, après une étude monographique de quelques exploitations types, pour *organiser, conduire, administrer* une entreprise analogue.

Le tableau suivant présente sous la forme la plus condensée l'ensemble des questions à examiner: ( *Économie comparée* ou étude monographique d'entreprises types.

*Organisation* et *gestion* d'une entreprise. (1) Nous supposons connu du lecteur le mécanisme de l'organisation sociale en ce qui concerne la production, la circulation et la répartition de la richesse, dont l'étude se rattache plutôt à l'économie politique. FACTEURS EXTERNES

I. — LA POPULATION.

En raison des nombreux rapports qui s'établissent entre la ferme et le voisinage, l'étude de la population présente un très grand intérêt.

Tantôt il s'agit de se procurer les capitaux nécessaires à l'exploitation, la main-d'œuvre de culture, ou la maind'œuvre d'art pour l'entretien du matériel, tantôt il s'agit de vendre les produits. Dans tous les cas, le voisinage immédiat offre de sérieux avantages. En ce qui concerne les indications que peut fournir l'étude de la population relativement à la connaissance du débouché, les investigations doivent même S'étendre à des pays très éloignés de la ferme, car, ainsi que nous serons amenés à le constater, la concurrence est devenue à peu près universelle. Enfin, la valeur de la propriété foncière tient dans une large mesure aux populations qui l'avoisinent, de sorte qu'il importe de connaître les règles auxquelles obéit la population dans sa répartition.

Les particularités principales qu'il y a lieu de considérer touchant la population sont les suivantes: 1" Nombre total et groupement géographique et politique des habitants qui la composent; 2 loi d'accroissement du nombre; 3 groupes professionnels; 4 dispositions morales.

Nombre total des habitants, groupements géographiques et politiques.

L'appréciation de la population d'un pays présente de grandes difficultés. Pour arriver à une évaluation à peu près exacte, on a recours au recensement ou dénombrement, opération qui consiste, on le sait, àcompterles habitants considérés isolément ou par familles. Le dénombrement individuel est assyrément celui qui permet la plus grande exactitude, mais l'opération en est longue, elle est loin d'être pratiquée d'une manière générale. Pour nombre de pays le chiffre des habitants est déduit de simples évaluations et pour quelques-uns, même, de pures hypothèses. Il en résulte qu'on ne saurait prétendre aune très grande exactitude.

D'après les évaluations les plus sures, dues à M. Levasseur, le savant géographe, membre de l'Institut, la population du globe était, en 1886, de 1 483 000000 d'habitants, soit environ un milliard et demi, dont la moitié à peu près en Asie, le quart en Europe, le huitième en Afrique, de sorte que l'Amérique et l'Océanie ne l'enfermeraient guère, réunies, que le huitième des habitants de la Terre (1).

L'intensité du groupement de la population sur un territoire déterminé s'exprime par la *densité.* On entend par *densité* le rapport entre le nombre des habitants qui peuplent un territoire détermkié et la surface de ce territoire. La surface prise comme unité étant le kilomètre carré, le chiffre qui exprime la densité indique le nombre d'habitants que l'on rencontre sur un kilomètre carré, c'est-à-dire sur 100 hectares: ainsi, la France continentale, qui occupe une surface (1) *La Population française,* par E. Levasseur, Paris, 1889. — Voici le tableau donnt; par M. Levasseur (vol. I, p. 321) de la population du globe: de 528400 kilomètres carrés, ou 52840000 hectares, étant peuplée de 38 061945 habitants, sa densité de population est on y rencontre, en moyenne, 73 habitants.

Plus la population est dense dans le voisinage de la ferme, plus l'industrie y est active, et plus il y a de ressources pour une exploitation favorable du sol. Le travail peut alors y être obtenu facilement, les produits peuvent être vendus sur place, être très variés et consister, généralement, dans des denrées alimentaires d'une conservation difficile ou d'un transport coûteux, telles que légumes, fruits frais, lait, etc. Toutefois, à densité égale, les ressources procurées à la ferme parla population dépendront encore de la proportion des ouvriers agricoles et de ceux occupés par d'autres industries (2). Si on étudie la population du globe par rapport à sa densité, on voit qu'elle est très variable suivant les contrées. Pour une densité moyenne de 10,9 on rencontre encore d'immenses territoires, cependant assez hospitaliers, où il n'existe pas en moyenne une créature humaine par cent hectares. Trois centres principaux d'agglomération se présentent à la surface du globe avec une densité moyenne égale ou supérieure à celle de l'Europe (34,7); ce sont.: 1 Le centre Européen, auquel on peut rattacher les côtes de l'Algérie et la vallée du Nil dans son cours inférieur; (-e groupe comprend, outre ces deux pays, les Etats de l'Europe sauf les États Scandinaves, la Russie et la Turquie; 2 Le groupe Indo-Chinois, auquel on peut rattacher l'île de Java, et qui comprend l'Inde, la Chine, le Japon (sauf Yézo), c'est-à-dire qui s'étend de l'Inde au Japon, sauf une (1) Chiffre officiel accusé par le dénombrement de 1901. Quant à la surface du territoire, le chiffre de 528 400 kilomètres carrés est celui qu'admet le Bureau des longitudes; d'après les mesures les plus précises, prises sur les cuivres de la carte de l'État-Major au 80 000, la surface du territoire français, limité par le traité de Francfort en 1871, serait 536 464 kilomètres carrés y compris les eaux intérieures et les laisses de la plus basse mer sur les côtes.

(2) Nous donnons ci-après cette proportion d'après la statistique agricole de 1892. 38961945 (1) 528 400 73; ce qui veut dire que, sur cent hectares dépression assez étendue dans la partie centrale de la presqu'île dlndo-Chine; 3 Enfin, le groupe Américain, beaucoup moins étendu, ne comprenant que les parties les plus orientales des États-Unis.

D'une manière générale, la population se trouve groupée dans la zone tempérée de l'hémisphère boréal, et principalement dans le voisinage des mers ou dans les pays qui, comme l'Europe, présentent un grand développement des rôtes. L'extension des voies ferrées ne peut manquer de modifier dans une certaine mesure ce groupement primitif.

Si on considère les groupements politiques, on ne constate pas de moindres différences que dans la répartition géographique. La population des principaux États du monde serait la suivante, en y comprenant celle de leurs colonies (1):

Empire chinois (évaluation) 400 millions.

Empire britannique (1896-1897) 347 —

Empire russe (1897) 129 —
États-Unis (1900) (2) 85 —
France (1896) 76 —
Empire allemand (1895): 61 —
Japon (1895) i 44
Autriche-Hongrie (1890).: 41 —
Pays-Bas 40 —
Empire ottoman (évaluation) 33 —

Enfin abstraction faite de la population des colonies, voici quelle serait la population des nations suivantes, chiffre total et densité, d'après les documents les plus récents:

Allemagne, 56 536 246 habitants, densité 104. — Autriche et Hongrie, 45 310 835 habitants, densité 72. — Belgique, 6815 054 habitants, densité 231. — Bulgarie et Roumélie Orientale, 3 733 189 habitants, densité 39.-Danemark, 2 464770 habitants, densité 62. — Espagne, 17 974 323 habitants, densité36. — États-Unis, 76627 907 habitants, densité 8. — France, 38961 945 habitants, densité 73. — Grande-Bretagne, 41 605 220 habitants, densité 132.-Grèce, 2433 806 habitants, densité 37. — Italie, (1) D'après les renseignements contenus dans *l'Annuaire de l'Économie politique* pour 1899.

(2) D'après le' recensement de 1900. Cuba et les Philippines comptent dansce total pour 9 600 000. 32449754habitants, densité 113. —Japon, 45 193 000 habitants, densité 108. — Norvège, 2239880habitants, densité 7. — PaysBas, 5 179 138 habitants, densité 157. — Portugal, 5428000habitants, densité 6l. — Roumanie, 5 912520 habitants, densité 45. — Russie, 128 931 827 habitants, densité 6. — Serbie, 2493 770 habitants, densité 52. — Suède, 5136441 habitants, densité 11. — Suisse, 3313 817 habitants, densité 80. — Turquie (population de l'Empire), 33 525 000 habitants, densité 8.

La France, jointe à son empire colonial, occupe donc le cinquième rang au point de vue de la population totale et le septième seulement parmi ces nations si on ne tient compte que des habitants de la métropole; en ajoutant à ceux-ci la population de l'Algérie (4 739 331 habitants), notre pays passe au sixième rang avec 43 701276 habitants.

Nous ne saurions étudier avec détails la répartition de la population à l'étranger, mais il nous paraît de quelque utilité d'accorder plus d'attention à celle de notre pays. Un rapide coup d'œil jeté sur la carte de la répartition des habitants en Fiance montre que les parties les plus peuplées sont en général les plus riches par la fertilité du sol ou l'abondance des richesses minières du sous-sol. En dehors de Paris et des grandes villes, le maximum de densité se présente en Lorraine, dans la région des Flandres et de l'Artois, dans les parties les plus fertiles de la Normandie, en Bretagne dans le département d'Ille-et-Vilaine et sur les côtes (ceinture dorée) où la pèche et les engrais-de mer procurent des ressources supplémentaires; puis, en outre, dans les vallées de la Loire, de la Dordogne de la Garonne, d&la Saône et du Rhône (dans les cours moyen et inférieur surtout, et enfin, sur le littoral des Alpes-Maritimes (côte d'azur) et dans les centres miniers qui avoisinent Lyon et et l'Auvergne. La population se montre au contraire avec le minimum de densité dans les régions à sol pauvre ou d'altitude élevée. Six régions principalement sont remarquables sous ce rapport, savoir: 1 La région de l'Est, qui a son centre sur le plateau de Langres et effectanf sensiblement la forme d'un losange, s'étend de llethel à Beaune et de Melun à Toul; 2 La région de la Sologne et de la Brenne qui, sauf d'assez larges interruptions dans les vallées du Cher et de la Creuse, s'étend jusque vers le Poitou; 3 La région des Landes de Gascogne, qui occupe les pays situés entre les coteaux d'Armagnac, la Garonne et la mer, formant contraste avec les rives du fleuve où la richesse des vignobles et des cultures maintient sur de faibles surfaces une population beaucoup2 plus dense; cette région se limite assez exactement, au nord-est par la vallée de la Garonne, à l'ouest par l'Océan et au sud-est par une ligne droite passant par Agen et Mont-de-Marsan; 4 Une quatrième région occupe les parties hautes de la chaîne des Pyrénées et, se prolongeant sur les Cornières dans la direction de Narbonne, tend à gagner la cinquième zone dont elle n'est séparée que par la région des plaines qui s'étend. de Carcassonne à Béziers et Montpellier; 5 Cette cinquième zone, qui a son centre sur les Causses de la Lozère, s'étend surtout, du sud au nord entre Lodève et Saint-Flour, et de l'est à l'ouest, des environs de Rodez aux sources de la Loire; elle se prolonge au nord, en une bande de plus en plus étroite, suivant les hautes altitudes du pla- teau central sur la rive gauche de la Loire, pour aller se terminer en pointe au niveau de Clermond-Ferrand (à Pontgibaud); 6 Enfin, la sixième région s'étend sur le pays des Alpes, s'avançant sensiblement jusqu'à proximité des vallées de l'Isère et du Rhône dont elle suit les sinuosités. A peine interrompue par la vallée de la Durance, elle ne se laisse guère entamer que dans les départements de Vaucluse et des Bouches-du-Rhône, ainsi que sur le littoral des Alpes-Maritimes. On peut lui rattacher la Corse, où la densité de population se présente sensiblement avec les mêmes caractères (1). Les données numériques du tableau que nous présentons ci-après, permettent de se faire une idée des différences par département dans la densité de la population en France, ainsi 'que dans la proportion relative de la population agricole.

(1) Nous donnons cette description d'après les cartes contenues dans l'ouvrage de M. Levasseur, déjà cite. Mais il importe de pousser plus loin l'examen, et de considérer spécialement l'importance des agglomérations qui constituent les villes. Cet état d'agglomération, déterminé parles intérêts de l'ordre commercial, industriel, scientifique, etc., a sa répercussion sur l'organisation intime des cultures avoisinantes, d'une part, en raison de la concurrence que peut faire la ville sur le marché de la main-d'œuvre, et d'autre part, en raison des ressources qu'elle peut offrir à la culture sous la forme de débouchés pour les produits ou de matières fertilisantes pour la terre. Sous ces divers rapports, l'étude de la situation économique qui en résulte doit être toute locale, car d'assez grandes différences sont susceptibles de se présenter, à population égale pour la ville, selon les goûls des habitants: c'est ainsi que la consommation du lait est moindre dans les villes du midi que dans celles de la région de l'ouest.

Depuis l'année 1846, la statistique s'est attachée à fournil' des indications sur le genre de groupement qui nous occupe, en distinguant sous le nom de population urbaine celle des communes qui comptent plus de 2000 habitants agglomérés, et d'autre part, sous le nom de population rurale, celle des autres communes. Les relevés effectués montrent que la population rurale a diminué d'une manière continue et ne représente plus que 60 p. 100 environ de la population totale, tandis qu'elle en représentait 75,58 p. 100 en 1846. Cela ne suffit pas, assurément, pour en conclure que la population a déserté les campagnes suivant une proportion correspondante, car par le fait même de son augmentation normale, la population d'une commune peut, d'une période cà l'autre, passer du groupe rural dans le groupe urbain; mais il y a l'indice d'un mouvement dont l'existence se trouve confirmée d'autre part par le fait de l'accroissement rapide de la population des grandes villes, accroissement dont on aura une idée en jetant un coup d'œil sur les chiffres suivants:,

Population en milliers d'habitants.
(D'après le *Diclonnaire du Commerce*, par Y. Guyot.)
Alors que la population de la France augmentait dans la proportion de 1 à 1,40 environ, celle de la plupart de ces villes a monté dans la proportion de 1 à 3 et souvent plus. Enfin, comme le signalait M. le Président du Conseil dans son rapport au Président de la République, « alors que le chiffre total de l'augmentation de la population générale n'est que de 444613 habitants, la population des villes comptant plus de 30000 âmes s'est accrue de 458 376 personnes (1) » de 1896 à 1901. Le mouvement continue donc à s'affirmer.

C'est là un fait très général, qui s'est manifesté à l'étranger aussi bien qu'en France et d'une manière particulièrement intense en Allemagne. Les départements français ont d'ailleurs été atteints de manière inégale. Les régions vinicoles ont été les plus frappées.

Si on recherche les causes de ce mouvement de dépopulation des campagnes, on est amené à constater qu'elles sont de deux sortes: les unes normales et permanentes, les autres exceptionnelles; leur connaissance est de nature à nous éclairer, jusqu'à un certain point, sur la durée et l'intensité que peut affecter encore la tendance au déplacement de la population.

Lémigration vers les villes a pour cause normale le progrès, qui entraine le développement de l'industrie manufacturière, du commerce, du mouvement intellectuel, auxquels l'agglomération des habitants est favorable. Dans un état social où l'homme peut à peine se procurer les aliments, l'industrie manufacturière ne saurait exister, mais elle prend naissance à mesure que la puissance du travail s'accroît et permet de satisfaire un nombre plus grand de besoins. Comme elle s'organise plus avantageusement dans les villes que dans les campagnes, il en résulte tout naturellement un appel des habitantsde celles-ci vers celles-là. Les causes de cette nature, permanentes et naturelles, ne sont pas susceptibles de rompre brusquement l'équilibre nécessaire entre la population des campagnes et celle des villes, les progrès réalisés dans l'art de cultiver le sol permettant de compenser la diminution de la main-d'œuvre disponible pour la culture.

Mais sous l'influence des causes accidentelles, le mouvement d'émigration peut se précipiter et l'équilibre se trouver rompu. Parmi ces causes, très nombreuses, on peut citer une prospérité exceptionnellement rapide des industries qui s'abritent dans les villes. Lorsque cette situation vient à coïncider avec une plus grande facilité des communications entre les campagnes et les villes, avec un état précaire de l'agriculture et de diverses petites industries autrefois essentiellement rurales, comme le filage des laines ou des textiles, le tissage àla main, le mouvement devient irrésistible et l'émigration peut affecter le caractère d'une véritable calamité par le vide qu'elle cause dans les campagnes et la misère qu'elle engendre dans les villes où la juste mesure dans l'immigration n'est pas toujours observée.

L'histoire de ces quarante dernières années nous fournit de nombreux exemples de ces causes accidentelles. La politique douanière inaugurée vers 1860 et qui sacrifiait de la manière la plus complète l'agriculture à l'industrie manufacturière, le développement yjbil de toutes nos voies de communications, routes et chemins de fer, qui multipliait les relations entre les habitants des villes et ceux des campagnes, les difficultés créées à la viticulture par le phylloxéra, la concurrence des sucres allemands et des blés américains, à une époque plus récente, *etc.,* ne pouvaient manquer de déterminer le mouvement constaté et la dépopulation des campagnes eut été un véritable désastre sans les nombreux perfectionnements apportés à l'outillage agricole et aux procédés de culture en général.

Les conséquences de la dépopulation des campagnes peuvent être envisagées à plusieurs points de vue: la mentalité dans les villes n'est pas la même que dans les campagnes, la constitution des épargnes, l'accroissement de la population n'y subissent pas la même loi; mais ce côté de la question est plutôt du ressort de l'économie politique et nous devons limiter notre examen à ce qui intéresse l'économie rurale. En nous plaçant sur ce terrain, nous constatons que les conséquences du développement des villes sont loin d'être entièrement défavorables à l'agriculture. Celle qui frappe le plus, qui se manifeste le plus clairement, est assurément la rareté de la main-d'œuvre agricole et comme conséquence l'augmentation du prix des ouvriers. Mais, en revanche, il en résulte un accroissement notable de l'activité générale, d'où découle une plus grande aisance et des débouchés plus étendus pour les produits agricoles.

La culture doit donc s'organiser de façon à tirer de cette situation nouvelle tout le profit possible, à en éviter les inconvénients. Elle doit profiter de l'amélioration des voies de communication pour envoyer de loin à la ville, non seulement le pain et la viande de boucherie, mais une foule de menues denrées telles que les œufs, les animaux de bassecour, le lait, le beurre, les fruits de toutes sortes, dont la production peut laisser de beaux bénéfices. Le culture doil encore s'organiser de façon à souffrir le moins possible du départ de la main-d'œuvre, et, pour cela, avoir recours largement à l'emploi des machines, mais de plus, savoir consentir les sacrifices nécessaires pour retenir de bons ouvriers, afin d'assurer la conduite des principaux services de la ferme, au lieu de se contenter, comme on le fait trop souvent en ne regardant qu'au prix, des hommes qui n'ont pas accès à l'usine à cause de leur maladresse ou de leur peu d'activité. Ce sont, en effet, fréquemment, les ouvriers les plus habiles elles plus intelligents, en général les plus avides d'indépendance, qui se laissent le plus facilement tenter par les salaires plus élevés de l'industrie et l'apparente supériorité du genre de vie que leur offre la ville. Faits avec habileté, les sacrifices nécessaires pour les retenir ne constitueraient pas toujours une Lien lourde charge et devraient consister, bien plus dans des avantages moraux que dans une augmentation sérieuse du salaire. II suffirait souvent d'assurer à l'ouvrier plus de dignité dans le genre de vie, de lui donner un logement distinct, au lieu de lui offrir un lit dans l'étable avec la vie en commun. Nous reviendrons sur ce sujet à propos des bâtiments (106).

L'émigration définitive de la population agricole d'un département dans un autre, à la campagne, se présente assez rarement. Nous devons en citer un exemple dans le mouvement qui s'accomplit actuellement de la Vendée dans la Charente et les pays voisins. Nombre de communes de ce dernier département, dont la population rurale, ruinée par le phylloxéra, s'est dirigée en masse vers les villes, comptent parmi les métayers plusieurs familles venues de la Vendée depuis une quinzaine d'années à peine. Mais il a fallu qu'un vide considérable se produisît pour dé-

terminer un tel mouvement. Nous en donnerons une idée en disant que la population totale de certaines communes ruralesâ baissé de 30 p. dOO à la suite de la crise phylloxérique.

Les déplacements temporaires sont au contraire fréquents.

Loi d'accroissement de la population.

La connaissance de la loi suivant laquelle s'accroît la population d'un pays permet d'en tirer des indications sur sa situation économique future et, par là, présente, au point de vue agricole, une réelle importance. La valeur du sol, notamment, tend à s'accroître avec la population.

L'n économiste du nom de *Ualthus* s'est attaché, vers la fin du Xviii» siècle (1798) à la détermination de cette loi; et, la comparant à celle qui régit la production des subsistances, il a formulé des conclusions restées célèbres dans la science économique, sous le nom de *loi de Malthus.* En voici les principes essentiels. Si le genre humain obéissait sans réserve au penchant qui le porte à se multiplier, la population pourrait croître suivant une progression géométrique et doubler tous les vingt-cinq ans; d'autre part, il ne suffirait point de doubler le travail ou le capital dépensés sur une terre pour récolter deux fois plus, mais au contraire les subsistances ne pourraient s'accroître, d'une période à l'autre, que suivant une progression arithmétique, de sorte que l'équilibre nécessaire, entre la population et les subsistances, pour assurer le bien-être, se trouverait forcément rompu à un moment donné, ainsi qu'il est facile de s'en rendre compte. Si nous représentons par 1000 la provision de subsistances nécessaires pour un couple d'humains, et si nous supposons que l'augmentation possible sur les subsistances est 1000 pour chaque période de vingt-cinq ans, nous aurons les nombres suivants pour représenter les effectifs de part et d'autre:

Générations

Nombre de couples

Subsistances nécessaires.

— obtenues...

1" 2» 3" 4o etc.

1 2 4 8 etc. 1000 2000 4000 8000 etc.

1000 2000 3000 4000 etc.

Dans ces conditions, l'équilibre se trouverait donc rompu dès la troisième génération et la population devrait alors se limiter sur les subsistances.

Le livre de Malthus a donné lieu à de nombreuses discussions qu'il nous paraît sans grand intérêt de rapporter ici. Ses prévisions se sont confirmées aux États-Unis en ce qui concerne l'accroissement de la population; il est admis que le nombre des habitants y a longtemps doublé dans chaque période de vingt-cinq ans, au cours du xixe siècle. Mais elles sont restées en défaut en ce qui concerne l'augmentation des subsistances, car le bien-être n'a cessé de s'y développer parallèlement avec la population. Si on observe les faits dans d'autres pays, et notamment en Europe, où la densité beaucoup plus grande de la population, et l'épuisement des terres, rendaient plus difficile la production des subsistances, on en conclut que non seulement l'équilibre nécessaire y a été maintenu, mais encore qu'une amélioration sérieuse s'y est produite: on possède maintenant, en Europe comme en Amérique, plus de bien-être qu'il y a un siècle malgré l'accroissement du nombre des habitants.

Nous n'aurons pas la témérité d'en conclure que le danger signalé par Malthus n'existe point, mais seulement qu'on a su partout l'éviter et qu'au lieu de profiter pour se multiplier de l'abondance exceptionnelle des produits que lui permettaient d'obtenir les progrès réalisés dans l'art de cultiver, l'homme a préféré s'en servir pour améliorer sa situation. Il a dans bien des cas dépassé la mesure du conseil donné par Malthus.

Quoi qu'il en soit, c'est à une autre formule qu'il faut demander d'exprimer la loi d'accroissement de la population, et l'examen des faits est loin de la montrer sous une aussi grande simplicité. Si on remarque que l'accroissement de la population se ralentit en France à mesure que les subsistances abondent davantage, on est conduit à admettre qu'au delà d'un certain degré, leur influence devient secondaire. D'autre part, on constate, avec une certaine surprise, que

dans des pays voisins et dans lesquels l'aisance est sensiblement la même, comme l'Angleterre, la Belgique, l'Allemagne, la France, la Suisse, l'Italie, l'accroissement présente des différences considérables (1). On en est conduit à admettre que des influences multiples interviennent, parmi lesquelles celle de la race, le désir de réduire le nombre des naissances dans le but de diminuer les charges familiales ou d'élever le niveau social des enfants, bien plus que l'abondance ou le manque des subsistances.

On peut avoir une idée des tendances à l'accroissement d'un groupe de population en considérant les augmentations qu'il a présentées dans le passé, rapportées à une unité, par (1) Tandis que la population de la France est simplement passée de 27 millions à 38 millions 6, entre 1801 et 1901, celle de la Russie a sensiblement doublé: de 66 millions elle est passée à près de 129 millions. Depuis 1850, l'Allemagne a gagné 21 millions d'habitants; l'Autriche-Hongrie et l'Angleterre environ 14 millions chacune; l'Italie 9 millions, et la France 3 millions 340000 seulement. exemple au millier d'habitants. Cette indication est conn sous le nom de taux d'accroissement. c'est un sentiment de défiance à l'égard les uns des autres, etc. Dans les pays de métayage, c'est quelquefois un esprit de routine invincible, auquel se heurteront les efforts du propriétaire; c'est, chez le métayer, une tendance à la fréquentation abusive des foires et marchés; chez le propriétaire, le colon est exposé à rencontrer un esprit parcimonieux plus ou moins exagéré qui sera un obstacle à l'exécution de toute espèce d'améliorations, celles-ci ne pouvant être réalisées sans qu'il soit fait quelques sacrifices. Ou bien, sans aller jusqu'à cet excès, le propriétaire pourra manifester un esprit d'indifférence pour les choses agricoles, équivalent à l'absentéisme, ce qui est loin d'être favorable. De semblables situations sont susceptibles d'affecter, dans une contrée, un certain caractère de généralité, et de gêner toute tentative de progrès. La prudence commande donc d'étudier sous ce rapport les popu-

lations au milieu desquelles on cherche à installer sa culture.

De 1860 à 1886, le taux moyen annuel d'accroissement été de 13,2 pour la Grande-Bretagne, 12,9 pour la *Russi* 10,2 pour les Pays-Bas, 8,4 pour la Belgique et l'Empi d'Allemagne, 6,7 pour l'Italie, 6,3 pour l'Autriche et Hongrie, 3,3 pour l'Espagne et 2,5 pour la France (1). Noi occupons donc sous ce rapport le dernier rang. Cette situatio est d'autant plus inquiétante qu'après s'être maintenu au dessus de 5 p. 1000 pendant la première moitié du xix siècl le taux d'accroissement de la population française a manifesl une tendance constante à la baisse jusqu'en 1896, passan successivement de 5,6 (1801 à 1821) à 5,9 (1821 à 1841), puii à 3,6(1841à 1861), à 2,5(1861 à 1881) (1)pour s'abaisser encon au cours de la période 1881 à 1901.

Alors que les peuples qui nous entourent croissent rapidement en nombre, la population de la France manifeste *donc* des tendances à la stagnation. Il est inutile d'insiter sur le caractère inquiétant de cette situation pour l'avenir de nota' pays: au point de vue politique c'est l'obligation de l'effacement, c'est la France reléguée à l'arrière-plan dans les conseils internationaux, dans un avenir plus ou moins prochain, c'est une menace pour l'intégrité de notre sol si aucune amélioration ne se produit. Le moindre mal qui soit à redouter, c'est une invasion étrangère pacifique, c'est l'immigration venant combler le déficit de densité que présente la France par rapport aux pays voisins. Tous les encouragements accordés jusqu'ici à la repopulation sont restés de peu d'effel, si même ils en ont eu quelqu'un.

Le dénombrement de 1901 annonce, il est vrai, une amélioration de cette situation: il constate, en effet, une augmentation de 444613 habitants par rapport à 1896, au lieu de 175 027 seulement pour la période précédente. D'autre part, on signale une reprise de la natalité. Toutefois, il convient d'attendre avant de voir là plus qu'un accident, avant d'y voir le point de départ d'un nouveau (1) D'après M. Levasseur, la *Population française.* louvement ascensionnel dans l'accroissement de la popula'pn française.

Groupes professionnels.

I'£; La distinction de la population par groupes professionnels t r infirme les prévisions qui découlent tout naturellement de ce!.) le l'on sait de l'émigration vers les villes. Cette distinction, i ïmontre que la population agricole diminue, et permet en m lème temps de constater que c'est le commerce principale lentqui attire les bras perdus par la culture, ainsi que cela r ssort assez nettement du tableau suivant (1). 10000 habitants de la population totale sont répartis, savoir:

Années. Agriculture. Industrie. Commerce. Professions

Et libérales.

! 1851 5.687 2.768 1.115 ; 1861 5.316 2.735 392 919 f 1872 5.271 2.406 843 1.116 1881 5.003 2.556 1.063 1.016 1891 4.733 2.589 1.076 1.082

D'autre part, la statistique agricole du Ministère de l'Agriculture donne le tableau suivant de la population agricole:

Population agricole. 1882. 1892.

Travailleurs agricoles 6.913.504 6. 663.135

Membres de leur famille... 11.335. 705 10.772.753

Totaux 18.249.209 17.435.888

La population agricole qui formait 51,4 p. 100 de la population totale en 1882, n'en forme plus que 45,5 p. 100 en 1892; c'est une décroissance rapide.

La diminution n'a pas atteint également tous les groupes dans les travailleurs agricoles. Celui des chefs d'exploitation (propriétaires, fermiers ou métayers) s'est accru de 4,16 p. 100 dans l'ensemble, tandis que celui des auxiliaires (régisseurs, journaliers, domestiques) abaissé de 11,43 p. 100; l'augmentation a porté surtout sur le nombre des fermiers qui s'est (1) Nous empruntons les éléments de ce tableau à VAnnuaire.de l'Économie politique, pour 1899.

accru de 93073, et la diminution principalement sur celui des journaliers qui a baissé de 270606. Si, à la distinction qui ressort de la qualité de chef d'exploitation ou auxiliaire, on joint celle qui tient à la qualité de propriétaire

ou non propriétaire, on a, de la population agricole française, le tableau que nous donnons page 25 et dont nous empruntons les données à l'enquête décennale de 1892:

Comme il est facile de s'en rendre compte, l'augmentation a porté sur les propriétaires cultivant exclusivement leurs biens (soit seuls, soit avec l'aide de régisseurs, maîtres-valets, ouvriers, etc.), et sur les fermiers et métayers non propriétaires, tandis qu'il y a eu diminution sur tous les autres groupes. Dans l'ensemble, c'est une diminution de 3,62 p. 100 sur le nombre des travailleurs agricoles; mais le groupe le plus éprouvé est sans contredit celui des journaliers, qui a baissé en totalité de plus do 36 p. 100: 19,03 pour les journaliers propriétaires et 17,54 pour les journaliers non propriétaires. Nous aurons à constater en étudiant le salaire, la hausse qui en résulte dans le prix de la main-d'œuvre agricole.

Dispositions morales.

Il est important de prendre en sérieuse considération les dispositions morales des populations les plus voisines de la ferme sur laquelle on se propose de s'installer. Non pas que le plus souvent on ait à redouter sérieusement, en France, le pillage des récoltes, menace qui n'existe guère que dans le voisinage de certaines villes et sans présenter une très grande importance, mais parce que les services que l'on peut espérer des auxiliaires: journaliers, domestiques, tâcherons ou métayers7"(lépendent dans une assez large mesure de ces dispositions. Un peu d'habileté, quelquefois, permettra d'en triompher quand elles ne sont pas favorables, néanmoins, il en peut résulter une gène plus ou moins considérable. Ces dispositions peuvent affecter des formes assez variées: c'est une rivalité plus ou moins aiguë des intérêts de la classe ouvrière vis-à-vis de ceux du patron, jointe chez les premiers à un esprit de solidarité fort éloigné de la notion de justice;

II. — L'ÉTAT ET LES ASSOCIATIONS PRIVÉES.

L'État, dans les diverses formes sous lesquelles il se présente, est

l'association des individus d'une même nationalité, constituée en vue de la défense des intérêts qui leur sont communs. Des pouvoirs publics sont chargés de l'exécution de tous les actes qui concernent le but à atteindre.

Cette association ne peut pas présenter une grande étendue, soit quant au nombre des personnes réunies, ou quanT à la surface du pays qu'elles habitent, sans qu'il surgisse des différences, de place en place ou de groupe en groupe, dans les intérêts à défendre; de là, la nécessité d'établir dans l'association des subdivisions territoriales et d'autres, d'après la nature des intérêts à protéger. Aux groupements de l'ordre secondaire doivent correspondre, tout naturellement, des autorités d'ordre local ou particulier, placées sous la tutelle de l'autorité centrale. Tel est le principe qui diversifie les rouages administratifs dans un pays et suivant lequel nous trouvons en France, d'une part, le Gouvernement ou administration centrale, puis sous sa tutelle des autorités départementales et municipales, et d'autre part, au sein de chacun de ces pouvoirs, des subdivisions ayant chacune la charge d'un groupe d'intérêts distincts par leur nature. C'est ainsi que, comme éléments, dans l'administration centrale, nous trouvons le Ministère de l'Agriculture, chargé de l'examen des intérêts qui touchent plus particulièrement à l'industrie agricole, à côté du Ministère du Commerce dont la sollicitude administrative s'étend aux intérêts de l'ordre commercial; c'est ainsi encore que nous trouvons dans le même ordre d'idées, mais rattachées à l'autorité départementale, les chambres d'agriculture et, dans le sein des conseils municipaux, jusqu'aux plus petites commissions qui s'y constituent avec mandat d'étudier d'une manière spéciale chaque question qui se pose.

Les intérêts primordiaux sur lesquels se fonde l'État paraissent être le besoin de justice et de sécurité sans lesquelles il ne saurait y avoir de bien-être; aussi les premières attributions de l'État paraissent-elles devoir se présenter sous les formes militaire et judiciaire. Mais avec le temps, et le progrès dans l'industrie, ces intérêts, bien que procédant toujours de la même idée de sécurité et de justice, se présentent sous mille formes différentes qui doivent engendrer la multiplicité dans les attributions des pouvoirs publics. Tout le monde n'est pas d'accord sur la limite à donner à ces attributions et sur le mode qu'elles peuvent affecter.

En dehors de la doctrine anarchiste, qui paraît n'admettit; aucun pouvoir public, nous nous trouvons sur ce domaine en présence de deux doctrines opposées. L'une, dite libérale, qui a été défendue au xvui siècle par les économistes connus sous le nom de physiocrates, et depuis par ceux que l'on a qualifiés d'orthodoxes, se résume en ces mots: *laissez faire, laissez passer.* Suivant l'idée dont elle s'inspire, le rôle des pouvoirs publics consiste, en effet, essentiellement et exclusivement, à *laisser faire* tout ce qui aboutit à la production, à *laisser passer* toutes les marchandises qui circulent, à n'intervenir que pour assurer la sécurité et la justice. En ce qui concerne la production de la richesse, non seulement l'État doit n'y prendre aucune part, non seulement il ne doit créer aucun établissement industriel, mais encore le gouvernemen t, qui le représente, ne doit intervenir en aucune façon pour restreindre dans son développement telle ou telle industrie au profil d'une autre, ou pousser par des encouragements à la prospérité de celle-ci plutôt que de celle-là: dans ce cas, la seule fonction des pouvoirs publics consiste à assurer l'ordre et la loyauté dans les rapports sociaux. Les raisons qui imposent à l'État cette abstention: c'est que l'intérêt trouvé par le producteur dans les échanges, la perte ou le gain, constitue l'indication la plus sûre de la direction suivant laquelle il faut engager toute industrie. C'est encore parce que l'État ne sait pas organiser d'une manière aussi avantageuse que les particuliers, directement intéressés à éviter tout gaspillage, toute dépense inutile. Irresponsable des pertes, qu'il découvrirait d'ailleurs difficilement, l'Etat peut engager impunément l'industrie dans une fausse direction: impuissant à éviter le gaspillage, plutôt porté à

l'exagération de la dépense, l'État ne saurait réaliser l'organisation la plus profitable.

Contrairement à cette manière de voir, la doctrine communiste veut que l'État étant propriétaire exclusif de tous les moyens de production, le gouvernement assume la direction de toutes les entreprises et procure tout ce qui est demandé comme produits ou services (1).

Entre ces deux extrêmes, il y a place pour une doctrine intermédiaire, connue sous le nom de *Socialisme d'État,* parce qu'elle admet l'intervention limitée de l'État et qui, jusqu'à nos jours, a seule été appliquée: on peut dire en effet que si les gouvernements qui se sont succédé dans tous les pays se sont inspirés d'une manière plus ou moins large de la doctrine libérale, aucun d'eux, cependant, ne s'est strictement renfermé dans son application.

Ne doit-on point, dans ce fait indiscutable, voir que toute doctrine qui est absolue n'est pas la plus conforme aux intérêts sociaux? Il est rare, d'ailleurs, en économie surtout, que l'absolu soit le vrai. Pour peu que l'on étudie sans parti pris de semblables questions, on est amené à reconnaître que si l'intervention de l'État est souvent bienfaisante, les principes d'où découle la doctrine libérale imposent cependant très utilement des limites au point de vue économique, en dehors de considérations non moins graves de l'ordre politique. Envisagée sous ce jour particulier, la doctrine libérale constitue une sauvegarde nécessaire de la liberté individuelle, bien naturel, inaliénable et imprescriptible, et dont aucune force gouvernementale ne saurait par conséquent s'emparer sans violer outrageusement les principes les plus élémentaires du droit naturel. Sur le terrain économique, la doctrine libérale devient un contrepoids nécessaire de la doctrine opposée dans le socialisme d'État, qui, appliqué sans mesure, ne manquerait pas de supprimer toute initiative individuelle et par conséquent d'arrêter tout progrès.

Sans entrer dans des développements que l'étendue de cet ouvrage ne saurait nous permettre, nous dirions volontiers, pour exprimer ces vérités, que la doc-

trine la meilleure serait *ll'opportunisme,* si cette expression n'avait reçu dans le langage de la politique une signification particulièrement étroite. Nous dirons seulement que la meilleure est la doctrine qui sait s'inspirer des circonstances, c'est-à-dire admettre et limiter à propos l'intervention de l'État et que, d'autre part, la science, *la sagesse et la droiture* des hommes en qui s'incarnent les pouvoirs publics constituent la meilleure des garanties que les limites qui doivent être observées dans cette intervention ne seront pas franchies. Sous ce rapport, les cultivateurs ne sauraient accorder une trop grande attention au choix de ceux qu'ils chargent de les représenter.

Aussi bien, n'avons-nous point ouvert ce chapitre pour amener la question sur ce terrain, mais simplement afin de montrer dans quelles limites l'industriel, cultivateur ou commerçant, doit raisonnablement compter sur l'intervention de l'État et dans quelle mesure il doit au contraire n'avoir foi qu'en son initiative. L'État Providence est une chimère et, suivant le gros bon sens de notre grand fabuliste: *Le travail est le fonds qui manque le moins.*

Il nous paraît encore utile, après cet aperçu très général, de faire connaître les résultats les plus intéressants pour la culture auxquels a abouti l'action de l'État dans ces derniers temps, afin de permettre à chacun d'orienter en conséquence la direction de ses intérêts.

L'action la plus considérable a sans contredit été exercée, dans le courant du siècle, par le développement des moyens de transport.

L'étendue des grandes routes s'est peu accrue. On en comptait déjà 40000 kilomètres achevés en 1789. Mais ces routes ne desservaient que les plus grandes villes et laissaient en dehors de tout moyen facile de communication, la plus grande partie du territoire français. Les chemins vicinaux, dont l'exécution a été poussée rapidement surtout dans la seconde moitié du xix siècle, sont venus combler cette lacune. On en compte aujourd'hui environ 500000 kilomètres qui, tous construits en moins d'un siècle, et joints aux routes départementales et aux routes nationales, portent à plus de 560 000 kilomètres l'étendue des voies d'excellente viabilité sur le territoire français indépendamment des chemins de fer(l). Ces voies font communiquer entre elles très facilement toutes les communes de France et desservant aussi, directement, de nombreux hameaux, permettent d'amener sur le lieu de consommation ou d'embarquement les produits de la culture. Sous l'influence des dispositions de la loi de 1881, le même plan d'améliorations s'applique dès maintenant aux chemins ruraux, si bien que l'on peut prévoir, pour un temps rapproché, le moment où tous les hameaux seront reliés par une voie facile au réseau général.

On conviendra que c'est là une œuvre gigantesque, si on remarque qu'il a suffi de moins d'un siècle pour l'exécuter alors que vingt siècles d'histoire n'avaient guère pourvu notre pays que de voies stratégiques.

(1) L'étendue des routes nationales était en 1895 de 38115 kilomètres; celle des routes départementales de 30 826, et celle des chemins vicinaux de 496197, dont 149786 de grande communication; 80 675 kilomètres d'intérêt commun et 265 736 de chemins vicinaux ordinaires. En tout 565138 kilomètres.

En même temps que s'établissaient les voies de terre et d'après le même principe, se construisait le réseau des chemins de fer, entrepris, il est vrai, au compte des particuliers, mais non sans que l'État ait exercé sur sa construction une certaine influence. Après les grandes lignes d'intérêt général divisant en sens divers et de part en part le territoire français, se sont construites les lignes secondaires transversales, qui se complètent de plus en plus par les tramways sur routes. A la fin de 1902 le réseau total comprenait 44 504 kilomètres dont 4 442 à voie étroite.

Enfin, le service de la navigation intérieure, bien que susceptible de nouveaux développements, offre, lui aussi, des ressources importantes. L'amélioration des canaux et cours d'eau se poursuit sans relâche, non seulement dans le but de faciliter les transports, mais encore de fertiliser par l'irrigation des régions étendues.

En résumé, dans un avenir prochain, tout produit pourra, après un transport assez court, rejoindre une voie de fer pour être transporté, moyennant peu de frais, sur un port d'embarquement ou sur un point quelconque du territoire français. Déjà, ces commodités existent pour la plus grande partie des propriétés. Les mêmes transformations s'opèrent, poussées plus ou moins activement, dans les pays étrangers, de sorte que nos produits peuvent y circuler facilement, mais, en revanche, les produits étrangers peuvent aussi venir concurrencer les nôtres sur nos propres marchés (1).

(1) On se fera une idée de l'immensité des services rendus à la société par le perfectionnement des moyens de transport, en jetant un coup d'œil sur le tableau suivant, établi au moyen de renseignements réunis par M. de Foville dans le *Dictionnaire d'économie politique,* de Léon Say (article Transports): *Prix du transport de la tonne métrique de marchandise à 1 kilomètre de distance, par l'organisation du transport:* Fr.

A dos d'homme 4 »
— de mulet 1 »
— de chameau (caravanes du Soudan) 0 50

Au moyen de véhicules sur routes ( Fin du xvni siècle. 0 50 et par roulage au pas (le double; Vers 1800 0 40 par roulage accéléré) ( Vers 1848 0 20

Par l'institution des droits de douane, les Pouvoirs publics exercent également une action sur l'industrie.

Jusque vers 1881, l'agriculture avait supporté sans trop se plaindre le régime du libre-échange, inauguré par le gouvernement impérial en ce qui concerne les produits agricoles; certains de ces produits: vins et eaux-de-vie surtout, en avaient tiré profit alors que d'autres, le blé et la viande principalement, en avaient souffert bien que d'une manière supportable.

Mais, vers cette époque, le malaise engendré par la concurrence étrangère devint si général que les réclamations furent unanimes du côté des cultivateurs. Sous leur influence, il fut d'abord décidé que les traités de commerce, qui engagent l'avenir, et que l'on devait renouveler en 1881, ne comprendraient ni les céréales ni les bestiaux; puis les droits de douane sur ces produits furent successivement relevés et portés à des taux énergiquement protecteurs dont on aura une idée en remarquant que le bœuf sur pied (bœufs, vaches et taureaux) paye 10 francs par 100 kilogrammes et que le blé est soumis à un droit de douane de 7 francs par 100 kilogrammes, la farine frappée d'un droit correspondant, ce qui / Par colis postaux: variable selon la distance et le poids des colis; par colis de 3 kilogr. à 1000 kilomètres 0 20 chemm j / Tarifs génér., selonla classe, 0,08 à 0 16 1 n l En 1831 0 16 en Par petite

France. vitesse. ) Tarif moyen. ,, ,, ( Vers 1889, 0,055 à 0 0fi .;En 1890, tarifs movens 0 0284 ,nemms l ii rEst, parfois

£.,,. au-dessous de 0 02 aux h.tats-unis.( parfois 0 01 / Sous Louis-Philipe, de 0,025 à 0 03

En France, par canaux Vers 1852 0 020 et rivières I Vers 1870 0 015 ( Vers 1889 0 010

En mer par vapeurs. I des grains d'Amérique, de 0,0015 à 0 003

Transport ( de la plupart des denrées, au max. 0 01 En mer par voiliers, le prix s'abaisse parfois à 0 001 porte le droit d'entrée sur le blé à 30 p. 100 environ du prix de vente sur nos marchés.

La combinaison douanière votée en 1892, et qui constitue la base du régime actuel, comprend un *tarif maximum ou de. droit commun,* applicable à la généralité des pays, puis un tarif minimum applicable seulement aux produits des pays « qui feront bénéficier les marchandises françaises d'avantages corrélatifs *et* qui leur appliqueront leurs tarifs les plus réduits ». La loi de 1892 permet aussi au gouvernement d'appliquer des surtaxes ou le régime de la prohibition aux, produits des pays qui soumettraient les produits francais à des taxes exceptionnelles ou au régime de la prohibition. Enfin, elle renferme également quelques dispositions de moindre importance au point de vue qui nous occupe, destinées à favoriser le trafic direct entre la France et ses colonies d'une part, entre la France et les pays étrangers d'autre part.

Grâce aux armes que lui procure cette combinaison, le gouvernement français a pu obtenir que nos produits soient introduits sur les marchés internationaux, dans les mêmes conditions que les autres marchandises étrangères: le tarif maximum et les surtaxes lui permettent d'éviter que nos produits soient traités par l'étranger avec plus de rigueur que les autres; la concession du tarif minimum lui permet, sans dépasser la limite désirée par les Chambres, d'obtenir, par voie de réciprocité, les mêmes traitements de faveur que les autres nations.

Enfin, le caractère de protection qu'affecte la loi douanière de 1892 à l'égard de l'agriculture, se trouve encore nettement accusé dans ce fait, qu'elle ne comporte pas de tarif minimum pour les principaux produits agricoles et que si, afin de ne pas accabler l'industrie des tissus, elle n'a pas élevé les droits sur les matières textiles autant que l'auraient désiré les producteurs, elle en a néanmoins assuré la protection par l'institution de primes à la culture du lin et du chanvre et à la sériciculture.

La protection douanière accordée aux produits agricoles était indispensable pour atténuer les effets de la crise qui frappe notre agriculture. Elle a constitué le remède le plus immédiatement applicable, mais le triomphe de la culture française sur la concurrence étrangère ne peut définitivement sortir que du progrès. En se plaçant à ce point de vue, on peut dire que l'œuvre de réorganisation de l'enseignement agricole, à laquelle a procédé le gouvernement depuis 1875, présente une importance considérable; aussi nous parait-il nécessaire d'appeler l'attention des cultivateurs sur l'étendue des ressources qu'il met à leur disposition en leur procurant toutes les facilités désirables pour s'instruire.

Sans faire ici un historique de l'organisation de cet enseignement (1), qu'il nous soit permis de rappeler que si l'honneur de sa création revient à l'initiative privée, les deux gouvernements républicains de 1848 et de 1870

peuvent à bon droit revendiquer le mérite de lui avoir donné les preuves de la plus grande sollicitude. Les œuvres de Dombasle à Roville, de Hella à Grignon, de Rieffel à Orand-Jouan sont d'initiative essentiellement privée; mais la loi du 3 octobre 1848 avait su d'une manière admirable profiter de l'expérience qu'elles avaient procurée pour organiser un cadre complet d'établissements d'enseignement agricole: au sommet, elle avait créé un institut national, installé à Versailles, avec magnificence, pour donner le haut enseignement agronomique, celui qui devait former l'élite destinée à enseigner ou à fournir aux besoins administratifs de l'État et de la très grande propriété; à un degré au-dessous, elle organisait les écoles régionales où les études théoriques et pratiques devaient être menées de front et former de bons administrateurs pour la grande et la moyenne culture; enfin, au dernier échelon, se trouvaient les fermes-écoles, ou écoles d'apprentissage d'où devaient sortir de petits cultivateurs capables, ou des chefs de service pour les grandes exploitations. Des avantages spéciaux étaient réservés aux meilleurs élèves des fermes-écoles qui se destinaient aux écoles régionales et à ceux de ces dernières désireux de poursuivre leurs études à l'Institut agronomique.

Cet excellent programme ne fut jamais appliqué. La loi de (1) Voy. sur ce point le Rapport de M. Grosjean, inspecteur général de l'agriculture, 1848 avait prévu une ferme-école pour chaque département et sept écoles régionales pour la France: le gouvernement républicain de 1870 se trouva en présence de trois écoles régionales et d'une cinquantaine de fermes-écoles; l'Institut agronomique avait été supprimé; un abandon coupable avait laissé la France avec un retard considérable sur la redoutable rivale qui venait de l'envahir; et, de l'avis des agronomes les plus éclairés, la Prusse avait trouvé une part importante de sa puissance dans la prospérité assurée à ses cultures par le développement de l'enseignement agricole.

Il y eut après « l'Année terrible »

un moment d'hésitation. La question fut posée de savoir si on supprimerait les écoles régionales qui avaient subsisté, et qui constituaient de lourdes charges pour un budget déjà trop chargé. Fort heureusement, un autre esprit prévalut; elles furent conservées sous le nom d'Écoles nationales d'agriculture, leurs dépenses furent seulement réduites et, successivement, il fut ajouté aux établissements d'enseignement agricole alors existants: l'École nationale d'horticulture de Versailles (1873), les Écoles pratiques d'agriculture (1875), l'Institut agronomique (1876), l'École forestière des Barres (1888), l'École nationale des industries agricoles de Douai (1893), institutions auxquelles il convient de joindre celle de l'Enseignement nomade au moyen des professeurs départementaux d'agriculture (1879) qui ont comme adjoints des professeurs spéciaux (1).

Dans leur état actuel, les établissements français qui dépendent du Ministère de l'agriculture offrent les ressources suivantes (2).

(1) Sans diminuer le mérite des hommes politiques qui ont assuré, par leur sanction, la réalisation de ce vaste programme, il convient de citer ici le nom de M. Tisserand, l'éminent agronome universellement estimé, qui en a été l'inspirateur pour une très grosse part, après avoir fait connaître les organisations similaires de l'étranger. (2) *L'Annuaire du Ministère de l'agricullure,* pour l'année 1002, mentionne l'existence d'un institut agronomique cm établissement d'enseignement supérieur, de trois écoles nationales vétérinaires, trois écoles nationales d'agriculture, une école nationale forestiere,

Les écoles donnent un enseignement d'un degré plus od moins élevé suivant leur organisation et *général,* comme & l'Institut agronomique de Paris, dans les trois écoles nationales d'agriculture de Grignon, Montpellier et Rennes, ainsi que dans la plupart des écoles pratiques ou fermes-écoles; où" bien *spécial,* comme dans les écoles nationales de Douâi (industries agricoles), de Mamirolle (laiterie) ou dans certains établissements d'apprentissage: Coëtlogon près Rennes (laiterie), Aubenas (magnanerie-école), Gambais (Seine-et-Oise)f et Sanvic (Seine-Inférieure) (écoles d'aviculture), etc.

Les professeurs nomades, issus pour la plupart de l'Instiué agronomique et des écoles nationales, donnent l'enseignement agricole général dans les collèges et dans les écoles normales '. aux futurs instituteurs qui doivent ensuite en vulgariser les notions les plus essentielles dans les communes rurales; ils' complètent les connaissances des cultivateurs, les renseignent sur les nouveautés qui viennent à se produire, au moyen de conférences faites dans les campagnes, ou bien par corres-' pondance ou même au moyen de causeries à l'occasion de leurs déplacements. Enfin, les professeurs de l'enseignement nomade sont aussi chargés de tenir l'administration départementale et l'administration centrale au courant de la marche du progrès, des mesures qu'il peut être utile de prendre dans l'intérêt de la culture, etc.

Le cultivateur possède donc dans ces institutions un ensemble de moyens des plus complets, soit pour assurer son ins-' truction professionnelle, ou celle de ses enfants, avant de se lancer dans une entreprise de culture, soit, en cours d'exécution, pour se renseigner, et n'agir dans tous les cas qu'en s'entourant des plus sérieuses garanties de succès. On ne peut que regretter, pour les cultivateurs eux-mêmes, et pour le bien public, qu'ils ne sachent pas tirer meilleur parti d'aussi précieuses ressources, à tel point que beaucoup d'entre eux ignorent jusqu'à l'existence du professeur départemental et une école pratique de sylviculture, une école d'enseignement forestier professionnel, quarante-deux écoles pratiques d'enseignement général, sept d'enseignement spécial, douze fermes-écoles et une école des haras.

ue parmi ceux qui sont mieux renseignés, un petit nombre ieulement sont empressés à suivre son enseignement.

Il nous faut encore signaler les stations agronomiques, ïiticoles, cidricoles, d'essais de semences ou de machines, etc., les laboratoires agricoles, qui se chargent particulièrement de fournir à des prix aussi réduits que possible des renseignements sur la composition des terres, des engrais, des produits ou des matières premières de la culture, sur la valeur commerciale des produits achetés ou vendus par le cultivateur, sur les falsifications dont ils peuvent être l'objet, sur les services que peuvent rendre les diverses machines, etc.

L'action de l'Etat s'exerce encore par la direction qu'il imprime à la production chevaline en imposant, pour la monte publique, les reproducteurs qui lui appartiennent, et ceux ju'il agrée, à l'exclusion de tous autres. Elle s'exerce également au moyen d'encouragements divers, distribués directement aux particuliers, ou bien accordés sous la forme de lubventions aux comices, aux sociétés d'agricultup&'qui organisent des concours et expositions agricoles. 'Les principaux'concours organisés par l'État consistent dans des *concours généraux* et dans des *concours dits régionaux*. Les concours généraux se tiennent annuellement à Paris (autrefois à Poissy) et réunissent en une seule ou en plusieurs expositions à des dates différentes les animaux gras, les reproducteurs des espèces bovine, ovine, porcine et animaux de basse-cour, ainsi que les principaux produits agricoles. Une exposition de machines est généralement jointe au concours.

Les concours régionaux, au nombre de cinq chaque année actuellement, se tiennent à tour de rôle dans les divers départements et comprennent trois parties, savoir: 1 un concours d'exploitations agricoles concourant pour l'ensemble de la culture (prime d'honneur et prix culturaux) ou pour une partie seulement (spécialités); 2 un concours de reproducteurs, vaches laitières, animaux de basse-cour et produits agricoles; 3 un concours et exposition hippiques. La deuxième partie donne lieu à une exposition dont le genre est trop connu des cultivateurs pour que nous ayons ày insister longuement. Une exposition de machines agricoles la complète habituelleJolzier. —

*Économie rurale.* ment et, dans certains cas, donne lieu à un concours entre certaines de ces machines de façon à mettre en relief les meilleurs modèles, à la suite d'apparition de types nouveaux, ou d'améliorations apportées à des modèles déjà anciens.

La première partie du concours, beaucoup moins connue que les deux autres, n'est pas moins importante. Les cultivateurs, horticulteurs, arboriculteurs, qui désirent y prendre part, après s'être fait inscrire à temps (t), reçoivent la visite d'une commission appréciant sur place leurs titres à une récompense, et faisant en conséquence ses propositions au Ministre de l'agriculture qui statue sur l'attribution des prix proposés. Par l'attribution de ces prix, ce concours a pour but de signaler à l'attention des intéressés les meilleures pratiques agricoles, soit qu'elles aient mis l'ensemble de l'exploitation dans un état marqué de supériorité (prix culturaux) ouqu'elles ne se soient appliquées qu'à une portion seulement (spécialités). Enfin, le plus méritant parmi les lauréats des prix culturaux, peut recevoir, en un objet d'art d'une valeur de 3 IlOO francs, la récompense la plus élevée que, sous le nom de Prime d'honneur, accorde le Ministère de l'agriculture. Les exploitations signalées par l'attribution de ces récompenses doivent attirer spécialement l'attention des voisins. Les prix du degré le plus élevé surtout sont attribués pour la persistance dans l'application des méthodes qui conduisent le plus sûrement au profit; ils signalent par conséquent des initiatives dont il y a tout intérêt à s'inspirer. U—

Ce qu'on ne saurait trop répéter, c'est que ces concours constituent, par les expositions complètes auxquelles ils donnent lieu, des leçons de choses d'un prix inestimable poulie cultivateur qui sait en profiter. C'est dans l'enseignement qu'ils procurent, bien plus que dans les prix qu'on y remporte, qu'il faut en chercher le profit: matériel, animaux et produits de toutes sortes renseignent le visiteur sur le progrès réalisé par ses auxiliaires, les constructeurs de machines, ou par ses concurrents. Il sera bien rare qu'il ne puisse retirer d'une (1) Généralement avant le 1" mars de l'année qui *précède celle oit a lieu le concours.* visite attentive de l'ensemble quelques précieuses indications pour la réussite de son entreprise.

Là ne se borne point d'ailleurs l'action directrice, auxiliaire ou protectrice de l'Etat en ce qui concerne spécialement la production agricole, mais nous serions entraîné dans de trop nombreux détails si nous avions à l'exposer complètement. Il nous faudrait y ajouter le détail de l'œuvre législative, dont une partie trouvera place dans un autre volume de l'Encyclopédie (1); il nous faudrait notamment décrire l'organisation intime du Ministère de l'agriculture, signaler les travaux des nombreuses commissions instituées comme conseils auprès de l'Administration centrale ou chargées de l'étude de certaines questions spéciales. Cela n'aurait guère d'autre utilité que de donner satisfaction à un pur intérêt de curiosité.

Les Associations privées. — A côté des intérêts publics dont les besoins de défense et d'administration déterminent la constitution de l'État avec ses subdivisions, il en existe d'autres, dont le caractère de généralité est moins étendu, mais suffisant, cependant, pour motiver d'autres groupements connus sous le nom générique de *sociétés* ou *d'associations.*

Ces deux expressions ont d'ailleurs, au point de vue légal, une signification assez nettement différente. Le nom de *société* est plutôt réservé au contrat qui réunit un certain nombre de personnes avec la somme des capitaux nécessaires pour exploiter une opération industrielle quelconque en vue de réaliser un bénéfice qui sera partagé entre tous les associés conformément aux conventions ou aux règles établies par la loi. Le mot d'association s'emploie de préférence dans un sens plus général pour désigner les groupements qui s'opèrent en vue d'une action collective d'où doit découler un profit moral, accompagné même d'un profit matériel, mais sans que celuici consiste en un bénéfice éventuel à partager: tel est par exemple le cas des hommes que réunit la communauté des

vues ou des opinions en matière d'art, de politique, de philosophie, etc. et qui s'associent en vue d'assurer le triomphe de leurs idées; tel est encore le cas des propriétaires qui 11) Législation rurale. constituent une association dans le but de créer ou de réparer un chemin dont l'usage sera commun à eux tous; etc. C'est à la deuxième forme que se rattachent les associations dites professionnelles.

Toute association procure à chacun de ses membres une force morale qui croit avec le nombre des associés. L'association peut même devenir une puissance redoutable pour le pouvoir gouvernemental, soit que celui-ci, tyrannique, cesse de subordonner sa conduite aux vœux des masses populaires, le plus souvent inspirés par le besoin de liberté, soit que, au sein de la nation, se soient constituées des factions opposées sous l'influence d'intérêts spéciaux. Aussi est-il de règle que, dans l'intérêt de la sécurité commune, il soit apporté à l'exercice du droit d'association d'assez nombreuses restrictions, dont l'utilité sociale est peu contestable, bien qu'il devienne délicat d'en préciser les saines limites. Il n'est point dans notre intention de chercher à le faire ici. Nous aurions seulement, d'après notre programme, à faire connaître les caractères généraux des principales associations ayant un caractère agricole, les services qu'elles peuvent rendre; mais notre tâche sur ce point se trouve encore simplifiée par ce fait qu'un volume spécial de l'Encyclopédie d'agriculture doit être consacré à l'étude des associations agricoles. Nous ne pouvons, toutefois, manquer de signaler la mission des syndicats agricoles, cette forme devenue si populaire de l'association, et d'indiquer, en quelques mots, l'esprit qui doit inspirer leur organisation et leur administration. 1/

Tandis que les syndicats ouvriers, en général, cherchent à défendre les intérêts de leurs membres en provoquant des mesures législatives de nature à modifier arbitrairement la répartition de la richesse, comme lorsqu'ils demandent la réduction des heures de travail, la li-

mitation légale du salaire à un minimum, l'égalité des salaires, etc.; tandis qu'ils cherchent à défendre leurs intérêts aux dépens d'intérêts opposés, ce qui, forcément, doit engendrer le trouble dans les relations sociales, les syndicats agricoles, sans éviter complètement, peut-être, de tomber dans ce travers, ont plutôt cherché des avantages dans une organisation plus puissante, plus écono mique de leurs moyens d'action: par une assistance mutuelle en cas de mortalité du bétail, ils ont procuré à leurs adhérents toute la sécurité possible, ainsi que nous le verrons en traitant des assurances; par les achats en commun d'engrais, de machines, de semences, par l'usage en commun des puissantes machines à battre, des machines à vapeur, ils sont parvenus à diminuer singulièrement les frais généraux d'exploitation de la petite culture, à lui procurer nombre d'avantages jusque-là réservés à la grande. En faisant appel pour l'administration de leurs syndicats aux bons élèves sortis des grandes écoles d'agriculture et qui pourraient en même temps leur donner d'excellents conseils touchant la culture, les syndiqués retireront encore de ces organisations des profits nouveaux.

En procédant de cette façon, ces associations ne causent de préjudice à aucun intérêt légitime, soit social, soit particulier, et par conséquent elles rendent les plus grands services à leurs adhérents sans constituer aucun élément de discorde sociale. On ne saurait trop les engager à persévérer dans cette voie.

III. — LES CHARGES SOCIALES. — IMPOT ET ASSISTANCE.

L'Impôt est la somme payée annuellement par chacun au profit de l'État, du département et de la commune à titre de part contributive dans les dépenses publiques. Il se justifie uniquement par les services que procurent au contribuable l'État et les diverses administrations qui en dépendent. Il doit par conséquent être mesuré sur l'étendue de ces services et toute autre conception de l'impôt ne saurait aboutir qu'à l'exaction. Il en est ainsi, soit que le petit nombre des puissants dépouille les faibles ou que les multitudes qui pos-sèdent peu sachent profiter de la force que leur confère le nombre pour dé-pouiller les riches.

Cette conception, qui devrait inspirer toutes les mesures prises en vue de la ré-partition des impôts, n'est malheureuse-ment pas universellement admise. Dans toute société de civilisation primitive, l'impôt revêt plutôt la forme d'une exaction: le puissant rançonne le faible, ne protégeant son travail que pour le rançonner à nouveau et mesure ses pré-tentions sur les forces productives de son client beaucoup plus que sur les ser-vices qu'il lui rend. Cette origine bar-bare de l'impôt avait laissé des traces profondes dans la répartition des charges publiques avant la Révolution, et nous nous garderons bien d'avancer que toutes ces traces ont disparu de notre droit actuel. Si, de bonne heure, on admet comme règle le principe du consentement de l'impôt par celui qui le paye, ce qui est un acheminement vers l'équité, il faut en réalité beaucoup de temps pour faire passer cette règle du domaine de la pure théorie dans celui de l'application. C'est seulement depuis 1789 qu'elle est devenue chez nous d'une pratique régulière, et si elle a fait disparaître des abus, il lui reste néan-moins à supprimer encore bien des in-justices (1).

La répartition de l'impôt est un pro-blème difficile, dont on ne peut donner qu'une solution approchée, sans pou-voir espérer atteindre jamais complète-ment l'équité. En effet, si l'impôt est le prix des services publics fournis à chacun, il est évident que la répartition équitable suppose la possibilité de connaître la mesure suivant laquelle chacun use de ces services. Or, malheu-reusement c'est chose inrfpossible, car, contre toute apparence, l'usage en est indirect beaucoup plus que direct et ne peut être contrôlé.

Il semblerait, à première vue, que le paralytique qui ne sort jamais, cloué sur son lit, ne puisse profiter ni des routes, ni des chemins de fer, que le modeste journalier agricole, qui toute sa vie s'occupera de la même façon, ne rece-vant que deux francs par jour, ne tire

aucun profit du plus grand nombre des institutions d'État, notamment, des dé-penses faites à l'étranger pour l'entretien des ambassadeurs,-des (1) Déjà le ministre de Louis XI, Philippe de Commines, déclare qu'il n'y a « ni roi, ni seigneur sur terre, qui ait pouvoir de mettre un denier sur ses sujets sans octroi et consentement de ceux qui le doivent payer, sinon par tyrannie et vio-lence ». Ce qui n'empêche pas qu'en 1789 l'Assemblée nationale a le droit de déclarer « que les contributions telles qu'elles se perçoivent actuellement dans le royaume, n'ayant pas été consenties par la nation, sont toutes illé-gales... » — A. Delatour, *Dictionnaire des finances,* de Léon Say. consuls ou autres représentants du gouvernement français. En réalité, il n'en est pas ainsi. Le paralytique vivrait moins bien, il paierait tout plus cher si des voies fa-ciles de communication ne permettaient pas de lui apporter à peu de frais ce qu'il consomme. Si le petit marchand qui ap-provisionne le moindre village dépen-sait deux fois plus pour aller à la ville renouveler ses provisions, il demande-rait sur le prix de cellesci, à ses clients, le double de ce qui lui suffit pour cou-vrir ses frais actuellement. Le journalier agricole, qui gagne deux francs, n'en gagnerait qu'un peut-être, si l'écoulement des produits de son travail n'était rendu plus facile, grâce aux routes, aux chemins de fer, aux rensei-gnements fournis par les consuls sur le commerce et les moyens de production à l'étranger, si aucune protection n'était accordée à ceux qui vont au dehors, à la recherche de débouchés, ou d'objets d'industrie, de matières premières avan-tageuses.

Il faut renoncera établir le compte exact des avantages que chacun retire de l'organisation sociale et de son œuvre.

On pourrait, il est vrai, comme cela a lieu dans certains cas, faire payer chaque service sous la forme d'une *taxe,* par la personne qui le réclame di-rectement, laissant à celle-ci le soin d'en opérer la répartition en se faisant rembourser par ceux qui dans la suite auront recours à ses propres services: voici par exemple un marchand qui em-

prunte une route pour transporter les marchandises qu'il va offrir à sa clien-tèle; pourquoi ne pas lui faire payer une taxe destinée à couvrir une part des dé-penses d'entretien et de construction de la route? Ce qu'il aura payé, il saura bien le répartir ensuite entre tous ses clients, comme il répartit les taxes pos-tales dont il fait les frais, en augmentant d'une manière proportionnelle ses prix de vente. Il paraîtra tout simple de pro-céder ainsi jusqu'au moment de l'application, mais dès lors cela devien-dra pratiquement impossible en raison des investigations auxquelles il faudrait se livrer pour fixer équitablement la re-devance à faire payer, en raison des for-malités nécessaires pour constater le paiement, le vérifier à l'occasion, etc., toutes choses qui entraînent des pertes de temps et des vexations incompatibles avec une grande activité industrielle.

Pratiqué autrefois, ce système sub-siste encore dans quelques cas pour le passage des ponts. Les inconvénients qui en découlent le font abandonner de plus en plus et c'est pour des motifs de même nature que les droits d'octroi li-gurent parmi les impôts les plus impo-pulaires.

La répartition équitable de l'impôt est donc bien un problème insoluble. Pour se rapprocher le plus possible de l'équité, on a songé, à défaut de pouvoir mesurer la contribution sur l'étendue des services demandés par le contri-buable, à la répartir proportionnelle-ment aux revenus que chacun peut se procurer par ses biens et par son travail. Selon le plus ardent parmi les défen-seurs de ce mode de répartition (1), l'État procurant la sécurité, doit agir comme'une compagnie d'assurances et demander à chacun la même fraction de ce qu'il protège: soit un pour cent, deux pour cent, etc., jusqu'à ce qu'il puisse couvrir les dépenses qu'il doit faire pour procurer la protection néces-saire. De là, la règle de l'impôt pro-portionnel qui a dominé la répartition des impôts depuis la Révolution, sans que l'on ait pu, d'ailleurs, par suite des difficultés d'application, rendre l'impôt réellement proportionnel au revenu de chacun.

Le système de la proportionnalité admet dans l'impôt deux espèces principales: l'impôt direct et l'impôt indirect. Le premier, suivant la législation française, est celui qui est directement demandé au contribuable, en vertu d'un *rôle nominatif* et au moyen de la *feuille de contributions* présentée annuellement par le *percepteur:* il s'applique, on levait, à la propriété foncière bâtie ou non bâtie (impôt foncier), à la propriété mobilière (cote personnelle et mobilière, portes et fenêtres), au commerce (patentes) et à divers objets (chiens, chevaux et voitures, cercles, billards, vélocipèdes, etc.). Les impôts indirects frappent divers produits (comme le sucre, les cartes àjouer, le tabac.) ou la fortune mobilière et immobilière (droits de succession, impôt du timbre...), certains faits de production (impôts sur les transports par chemins de fer ou voitures publiques), etc.

(1) A. Thiers, *De la Propriété.*

Chacune de ces deux formes présente des avantages et des inconvénients. Avec l'impôt direct, toute augmentation figure en bloc sur la feuille de contribution, et, frappant l'esprit du contribuable, elle est d'autant plus gênante, pour la popularité des pouvoirs qui l'instituent, qu'on est rarement disposé à en examiner le bien fondé: on ne voit que l'augmentation. Avec l'impôt indirect, la contribution, confondue avec le prix de la marchandise ou du service auxquels elle s'applique, est payée par fractions insensibles si le taux n'en est pas exagéré; aussi passe-t-elle fréquemment inaperçue. Pour cette raison, c'est de préférence aux impôts indirects que, dans les périodes difficiles, on demande le supplément des ressources nécessaires pour faire face aux dépenses publiques. Parmi les reproches formulés contre les impôts indirects, se trouve celui de surcharger les petites bourses et les familles nom- breuses, chez lesquelles les objets de consommation, toujours frappés, constituent la plus grosse dépense. On reproche encore à ces impôts de gêner particulièrement certaines productions, par les charges qu'ils leur créent et par les investigations auxquelles le fisc doit se livrer

pour en assurer la perception: la question des bouilleurs de cru est d'une trop grande actualité pour qu'il soit nécessaire d'insister sur ce genre d'inconvénients..

M. Thiers (i), partisan convaincu de l'impôt indirect, et après lui M. Lecouteux, se sont attachés à montrer que les défauts du système, sur lesquels nous revenons ci-après, tiennent beaucoup moins à lui-même qu'à la façon dont il est appliqué, et que, d'autre part, il offre l'immense avantage de rendre les ressources du Trésor solidaires de la prospérité des industries, ce qui oblige le gouvernement à pratiquer la politique la plus favorable, sous peine de voir diminuer les revenus de l'État:

« La prédominance de l'impôt indirect sur l'impôt direct étant une fois bien consacrée dans notre système de fmances, il devient de la plus haute importance de poser un autre principe: c'est que les taxes sur les consommations embrasseront (1) A. Thiers, *De la Propriété.* un très grand nombre de produits, de manière à ne jamais écraser aucun produit en particulier. Là est, à vrai dire, le nœud gordien du problème financier d'aujourd'hui. On avoue ses préférences pour les contributions indirectes comme moyen de solidariser les intérêts du Trésor avec ceux des contribuables. Mais dès qu'il s'agit d'organiser la perception, on voit aussitôt surgir les mille et mille intérêts particuliers qui, chacun pour soi-même, pi étendent, sinon à l'exemption, au moins à la modération des impôts. Préoccupés surtout de la facilité de la perception, les fmanciers vont droit à certaines denrées de grande consommation: ils frappent et refrappent les vins, les alcools, les sucres, les matières premières....

« Créer beaucoup de petites taxes pour atteindre les consommations publiques dans toutes leurs manifestations; exonérer le fer, la houille, les machines, les matières premières, les denrées alimentaires de première nécessité; développer d'abord la puissance productive du pays pour qu'elle engendre plus de matières imposables; ne rien faire, dans la douane, qui ressemble à des prohibitions ou qui écrase certaines

industries pour en exalter d'autres, ce sont là, ce nous semble, des maximes à faire prévaloir dans notre administration financière (i) ».

Suivant une autre manière de voir, pour être réparti avec équité, l'impôt doit être proportionné non pas aux revenus, mais aux facultés contributives de chacun. Il est facile de comprendre que celles-ci ne sont point en rapport direct avec les revenus. Si nous supposons que deux personnes, grâce aux profits réunis qu'elles tirent de leur travail et de leurs capitaux, puissent disposer annuellement l'une de 500 francs et l'autre de 5 000, ce sera, toutes les autres conditions restant les mêmes, la gêne pour l'une, l'aisance pour l'autre; un impôt proportionnel de 5 p. 100 les atteindra évidemment d'une manière inégale, laissant la première dans une gêne plus grande avec 475 francs et la seconde dans l'abondance relative avec 4 750. De là, l'idée d'un impôt pro (1) E. Lecouteux, *Cours d'économie rurale.* Idées à faire prévaloir en matière d'impôts.

*porlionnel et progressif,* demandant à chacun une fraction d'autant plus grande de son revenu, que celui-ci est plus élevé:

Lepossses. d'un revenu de 1 000 fr. payerait 2 p. 100, gardant 980 fr.

— 5 000 — 3 p. 100 — 4850

— 10 000 — 5p. 100 — 9 500 etc.

Etant donné surtout que le consentement au chiffre de l'impôt ne saurait être unanime, qu'il ne peut obtenir que la sanction d'une majorité, que le pauvre peut être impuissant. à faire limiter en rapport avec ses propres ressources les dépenses de l'État, on ne saurait nier la supériorité du système de l'impôt progressif et les adversaires de cette combinaison tirent leurs objections des difficultés d'application du système ou des dangers qu'il peut présenter, beaucoup plus que de l'esprit duquel il procède.

Les difficultés résultent de l'impossibilité de déterminer, sans recourir à des investigations plus que gênantes, le revenu total de chaque contribuable, ce qui devrait donner la mesure de ses ifacultés contributives. Ces difficultés ont fait échouer jusqu'à ce jour tous les projets ou propositions présentés dans cet esprit devant les Chambres françaises. Toutefois, à défaut de pouvoir atteindre *tous les revenus considérés en bloc* en instituant *l'impôt global sur le revenu*, le Parlement a manifesté son désir d'introduire la progression dans l'impôt en votant la loi du 25 février 1901, sur le régime des successions. D'après cette loi, le droit de succession, assis sur la *part nette recueillie par chaque ayant droit*, est fixé à un taux; qui varie, en ligne directe, de 1 p. 100, pour une part comprise entre 1 et 2000 francs à 2 fr. 50tp. 100 pour une part supérieure à 250000 francs.

Quant aux dangers que présente l'impôt progressif, selon ses adversaires, ils peuvent résulter de la suppression du principe modérateur de la proportionnalité, de l'absence de mesure avec laquelle la progression peut être établie, les excès du socialisme se donnant libre cours. Par l'exagération du principe, on peut arriver en effet à la limitation du droit de posséder, c'est-à-dire à l'exaction avec ses funestes conséquences. Peut-être n'est-il pas inutile de faire remarquer, cependant, que les principes eux-mêmes ne valent guère que par ceux qui les appliquent et les circonstances dont s'entoure leur application; que de criantes injustices, pour ne pas dire plus, ont été commises depuis un siècle sous le couvert de la proportionnalité qui est supposée nous gouverner. La propriété rurale a eu sa part dans les mauvais traitements. Il suffit, pour s'en rendre compte, de considérer les taxes qui frappent la transmission de la terre, les frais accessoires qui l'accompagnent, le régime hypothécaire, qui, en raison de la taxe fixe à côté du droit proportionnel, finit par constituer une progression à rehours, exigeant du contribuable un impôt p. 100 d'autant plus élevé que le bien transmis est de moindre valeur. Il faut encore, pour se faire une idée des abus possibles, avec le principe de la proportionnalité, considérer les impôts sur le sucre et l'alcool, ainsi que la gêne qu'ils ont exercée sur les industries qui livrent ces deux produits. Il a fallu bien

du temps, pour en arriver à relâcher les lourdes entraves qu'ils constituaient pour ces industries,' et la production des eaux-de-vie se trouve encore soumise au régime écrasant de 220 francs d'impôt par hectolitre d'alcool pur. La question d'hygiène, il est vrai, se greffe là sur la question fiscale et rend plus difficile une solution conforme aux intérêts de la culture.

Ces faits suffisent pour montrer que le couvert assuré par 1 les principes est un rempart fragile, qui vaut par la sagesse des hommes chargés de les appliquer. La question se pose donc ici de la même façon que sur le terrain de la doctrine gouvernementale et il ne nous semble pas qu'il y ait lieu de *répudier, a priori,* comme contraire aux intérêts de la culture, toute combinaison fiscale basée sur la progression du taux de l'impôt avec la croissance du revenu total. Mais aussi, il est bien nécessaire de ne pas perdre de vue que toute formule devra, *pour être acceptable* et réaliser l'équité, *ne laisser échapper aucune forme de revenus*; sans quoi, les revenus fonciers étant les plus saisissables, les moins faciles à dissimuler, ils se trouveraient surchargés d'autant plus que la législation fiscale laisserait glisser plus facilement les revenus mobiliers.

En attendant de semblables réformes, si elles doivent jamais se produire, la proportionnalité réellement établie pourrait apporter quelques améliorations à la répartition des charges sociales. Toutefois, il ne faudrait point s'en exagérer- l'importance: et il est nécessaire de remarquer que la charge n'est point directement supportée par celui qui la paye, mais qu'elle se répartit ensuite par *voie d'incidence,* pourvu que tous les producteurs soient également frappés, ce qui atténue le degré d'injustice que peut présenter une taxe lorsqu'elle est introduite dans la législation: c'est ainsi, par exemple, que le bouilleur de cru ne supporte point le droit qu'il paie à la régie, pour l'eau-de-vie qu'il livre, mais se le fait rembourser par l'acheteur dans le prix du produit. Le taux excessif de l'impôt, seul, est nuisible au producteur en ce qu'il détermine une diminution dans le dé-

bouché par suite de la hausse de prix qu'il entraîne. II n'en serait plus ainsi dans le cas où de deux producteurs d'alcool l'un serait frappé et l'autre pas, l'impôt payé par le premier grossirait d'autant le bénéfice du second.

La culture, en tant qu'industrie, pourrait-elle attendre une grande diminution des charges fiscales qui pèsent sur elle? II est impossible d'établir la part que, par *incidence* ou *directement,* elle prend dans le paiement des impôts. En fait, en dehors des taxes sur le sucre, l'alcool, les boissons, dont l'importance s'est sensiblement atténuée depuis les réformes récentes dont elles ont été l'objet, l'agriculture ne supporte aucun impôt exceptionnel. Celui qui parait le plus lourd au cultivateur, parce qu'il le paye directement, l'impôt foncier, ne représente réellement qu'une très faible charge et, comme les droits de mutation, grève beaucoup plus la propriété du sol que la culture proprement dite. Il représente environ 5 francs en moyenne par hectare pour les propriétés non bâties et, joint à l'impôt de la propriété bâtie, fournit au budget une somme de 420000000 environ, c'est-à-dire le neuvième seulement des dépenses totales (1).

Il semble peu probable que ce total puisse être sérieuse (1) La contribution foncière a rendu annuellement depuis 1850: ment réduit, à moins qu'il ne soit apporté une réduction à la totalité des dépenses publiques, ce qui ne semble guère possible. Ces dépenses n'ont pas cessé de s'accroître d'une manière régulière depuis le commencement du siècle et se sont accrues plus rapidement encore depuis 1870. Les causes de cet accroissement sont de plusieurs ordres. Tout d'abord, se présente l'influence normale de l'augmentation du nombre des contribuables, conséquence de celle de la population. Puis, la dette publique de plus en plus considérable, dont il faut servir les arrérages, et qui s'est accrue d'une manière obligatoire par suite des emprunts occasionnés pour l'exécution des travaux publics, pour la *libération du territoire* et la réfection des armements après la guerre malheureuse de 1870. Enfin, la dotation annuelle du Ministère de la guerre, de son côté, constitue une dépense inévitable, sacrée, dans l'état actuel de rivalité ardente où se complaisent les divers pays du monde et en particulier les grandes puissances euro

La contribution foncière de l'année 1900 se décompose de la façon suivante:

Propriétés non Propriétés Total bâties. bâties.
fr. fr. fr.
Part de l'État... 120.658.117,45 85.490.184,96 206.148.302,41
Part du département 69.158.840,39 38.362.518,90 107.521.359.29
Part de la commune 63.647.717,26 39.623.279,75 103.270.997,01
Totaux.... 253.464.675,10 163.475.983,61 416.940.658,71 (D'après les renseignements tirés du *Bulletin de statistique et de législation comparée du Ministère des finances.* Années 1886 et 1902.) péennes (1). On ne peut, dans ces conditions, espérer une diminution sérieuse du chiffre des dépenses publiques. Toutefois, Tétat de progrès relatif des voies de communication et des grands travaux permet d'espérer qu'à moins de transformations imprévues, une sage administration pourra diminuer la dette publique, ou tout au moins la maintenir stationnaire et éviter, dans le chiffre des dépenses annuelles, une progression aussi rapide que celle qui s'est produite dans ces trente dernières années.

L'assistance. — L'impôt n'est pas la seule charge sociale qui pèse plus ou moins lourdement sur la culture, l'assistance en est une autre, quoique de bien moindre importance.

L'examen des questions d'assistance soulève à la fois des problèmes de morale, d'économie politique et d'économie privée que nous ne poserons point ici, ayant uniquement pour but de montrer au cultivateur comment il peut utilement venir en aide à son personnel d'ouvriers.

La misère ou l'indigence sont, dans les campagnes surtout, le résultat de l'imprévoyance bien plus souvent que du vice et pourraient, par conséquent, devenir très rares, si les œuvres de pré-voyance y prenaient tout le développement dont elles sont susceptibles. Les syndicats agricoles peuvent prendre l'initiative de la création de sociétés de retraites et de secours mutuels et il appartient aux chefs d'exploitation surtout, de les engager dans cette voie en contribuant à la dépense, car c'est, au moins, éviter pour plus tard le souci et la charge d'avoir à distribuer des secours, la responsabilité morale de voir dans la détresse de vieux serviteurs vis-à-vis desquels on s'est acquitté, sans doute, mais dont la situation ne saurait néanmoins laisser indifférent. Nous indiquerons au chapitre (1) Dans le budget de 1901:

Le service de la dette publique absorbe 1.245.644.464 fr.
sur un total de 3.554.354.212 *Bulletin des lois,* mai 1901).
des assurances le moyen de procurer l'assistance aux ouvriers, en cas d'accidents, indépendamment de l'action des syndicats.

A côté de cette assistance volontaire qu'il dépend de lui de rendre ainsi plus légère et plus efficace dans une large mesure, le cultivateur doit en assurer une autre, beaucoup moins légitime, car ceux à l'égard desquels il la pratique ne rendent à la ferme aucun service, et moins volontaire aussi, car elle a lieu bien souvent à l'insu de celui qui la subit. Nous voulons parler, on le comprend, du tribut que pajent les campagnes aux bohémiens de tous pays, aux vagabonds de toute nature, dont les moyens d'existence les plus honnêtes ne peuvent avoir que l'aumône pour origine. On sait, dans les campagnes, que la sagesse recommande de ne point leur faire mauvais accueil, sous peine d'avoir à subir, plus tard, leur vengeance, dans ses biens sinon dans sa'personne.

Sans doute, c'est un mal relativement bénin, dont il ne faut pas exagérer l'importance, variable suivant les régions, plus grand, en général, dans le voisinage de grandes villes ou des grandes routes qui y conduisent; mais il convient d'en restreindre encore l'étendue dans toute la mesure possible en exigeant des municipalités rurales une sévérité suffisante dans la surveillance qu'elles exercent à l'égard de tous les vagabonds. Si la suppression absolue du vagabondage n'est pas possible, on en peut diminuer les fâcheuses conséquences en interdisant formellement le stationnement prolongé ou ne l'autorisant que dans le voisinage immédiat de l'agglomération communale, où la surveillance est facile.

IV. — LE DÉBOUCHÉ.

On entend, par *débouché* d'un produit, la possibilité de vendre ce produit. Le débouché est avantageux si la vente laisse un bénéfice, il est étendu s'il permet dans ces conditions le placement d'une grande quantité du produit.

Pour qu'une marchandise quelconque trouve un débouché avantageux, il est de toute nécessité qu'elle corresponde à un besoin, qu'elle puisse être l'objet d'un désir et, d'autre part, qu'il s'agisse d'un besoin que l'état d'aisance des acheteurs leur permette de satisfaire: il n'existe point de débouché pour les objets de luxe auprès des populations qui peuvent à peine subvenir aux besoins les plus essentiels.

Toutefois, si l'état d'aisance est suffisant, il est indispensable de se rappeler que la mode, c'est-à-dire le caprice,. ou l'habitude, peut, pour certaines choses, jouer un rôle important. L'exemple du tabac est classique. Toutes les populations de l'ancien continent se passaient parfaitement de cette plante, qui leur était inconnue avant la découverte de l'Amérique; or la force de l'habitude est telle, bien qu'il ne s'agisse point, pour beaucoup, d'une chose indispensable, que la consommation en est actuellement régulière, considérable et que nombre de fumeurs s'imposent de sérieuses privations pour se procurer du tabac.

L'emploi de la monnaie, pour faire les achats et les ventes, ne modifie en rien le caractère de l'échange, qui ne cesse pas de consister à donner en réalité des travaux, produits ou services contre des travaux, produits ou services de nature différente; en d'autres termes, s'il est vrai qu'on achète avec de la monnaie, il est non moins vrai qu'on n'achètera qu'autant qu'on pourra, par des ventes, renouveler sa provision de monnaie. Le cultivateur, même s'il possède de sérieuses économies, ne sera disposé à faire pour sa maison des achats importants que si les récoltes sont abondantes et de vente facile, mais dépensera plus largement si ces conditions se réalisent.

On doit en conclure que le débouché d'un produit quelconque ne sera jamais subordonné à la quantité de monnaie existante, mais à l'existence de produits différents à échanger, c'est-à-dire d'une part à l'équilibre, à l'harmonie régnant entre les diverses branches de l'industrie, et d'autre part à l'activité industrielle. Plus on travaille dans la ville, plus on peut demander à la cam'pagne.

Toutefois, il ne suffit pas, pour bien vendre, d'avoir produit des marchandises de consommation courante et demandées. U faut encore avoir produit à un prix assez bas pour n'avoir. pas à redouter les effets de la concurrence. Nulle force ne saurait longtemps résister à cette loi.

Sous ce rapport, et en ce qui concerne les denrées agricoles surtout, la situation économique s'est considérablement modifiée depuis un siècle, depuis une soixantaine d'années surtout et, pour l'avoir méconnue, nombre de ruines se sont" accumulées.

Autrefois, tout centre de consommation était approvisionné par les pays circonvoisins suivant une loi peu variable (1). En dehors des céréales, qui à peu près partout occupent une certaine étendue, la culture s'attachait à produire dans un faible rayon autour de la ville, les légumes frais, les fruits, les œufs, le beurre, etc., c'est-à-dire tout ce qui ne saurait subir un transport d'une certaine durée sans s'altérer ou perdre de ses qualités. Dans une deuxième zone, sensiblement concentrique à la première, on devait se livrer à l'obtention des produits encombrants, susceptibles d'une conservation prolongée, tels que les grains, les fourrages, etc., dont le transport sur route est coûteux et dont les frais finissent, au bout d'un parcours assez réduit, par absorber la totalité du prix de vente.

Sur une troisième zone se trouvaient localisées les productions de denrées moins encombrantes, susceptibles d'une assez longue conservation, comme les fromages cuits, les fruits de garde, les eaux-de-vie, etc., et enfm, au delà d'un certain rayon, sur une zone très étendue, on ne pouvait envoyer vers le centre de consommation que des produits spéciaux, qu'il était impossible d'obtenir dans d'autres pays, comme les denrées coloniales..

On conçoit donc (fig. 1 ) un certain nombre d'anneaux A, B, Centourant une ville et limitant chacun la zone d'approvisionnement à l'égard d'un produit spécial. On concevra aussi, très facilement, que ces anneaux ne soient pas réguliers. En effet, si nous supposons qu'une voie de communication facile vienne aboutir à la ville, nous verrons les diverses zones s'allonger le long de cette voie sur une largeur de moins en (1) Nous empruntons à von Thünen l'esprit de cette démonstration: *Recherches sur l'influence que le prix des grains, la richesse du sol et les impôts exercent sur les systèmes de culture.* moins grande à mesure que nous nous éloignerons de la ville. ll en sera ainsi parce que les transports, obtenus plus rapidement, et à moindres frais, sur cette voie de communication, pourront s'effectuer sur un parcours plus grand moyennant la même dépense,

L'influence de la voie de communication dépendra de sa nature. S'il s'agit d'une simple route, ses effets seront très limités; d'un canal, la première zone d'approvisionnement sera à peine modifiée, tandis que la zone qui fournit les produits encombrants sera considérablement allongée, car les transports par eau ne permettent pas de gagner en vitesse, mais ce sont les moins coûteux. S'il s'agit d'une voix ferrée, $x, y,$ son influence pourra s'étendre à toutes les zones et les allonger plus ou moins suivant la nature des produits.

La puissance donnée de nos jours aux communications, par la combinaison de ces trois moyens: voie de terre, voie d'eau, voie de fer, est telle que la zone d'approvisionnement, à l'égard d'un grand nombre de produits, s'étendrait sur tout le globe, si les différences de

climats ne venaient en restreindre l'étendue en limitant la surface propre à chaque production. Sous cette réserve, on peut dire que la concurrence est universelle: l'Europe complète en Amérique sa provision de froment; le Canada envoie des œufs à l'Angleterre; le Danemark, la France, fournissent du beurre dans le monde entier; les habitants de Paris prennent dans la banfieue d'Alger ou sur les côtes de Bretagne une partie de leurs primeurs; ils viennent jusqu'aux confins de la Beauce s'approvisionner en lait et risquent de se rencontrer sur les marchés avec ceux de Londres. La concurrence est si générale, entre les vendeurs et les acheteurs, que les prix se nivellent, tout encombrement local disparaît, les famines, les disettes sont évitées. Car si la température est défavorable sur un hémisphère, elle est favorable sur l'autre; si la récolte est maigre en Europe, elle est abondante aux États-Unis, et le commerce, renseigné de mille façons rapides, a bien vite fait de ramener les approvisionnements à un niveau commun.

Personne ne pourrait contester les avantages de cette nouvelle situation, que nos pères auraient particulièrement appréciée alors qu'en Provence on mourait de faim tandis que l'Ile-de-France regorgeait de blé, ou réciproquement. Mais aussi, bien aveugle serait celui qui n'en verrait pas les conséquences défavorables pour notre époque.

. De semblables transformations ne pouvaient s'accomplir sans qu'il en résultât une perturbation profonde dans les fortunes particulières. Les difficultés de production, très différentes suivant les pays, devaient engendrer des différences correspondantes dans les bénéfices réalisés, permettre dans certains cas la constitution de ces royales fortunes du Nouveau Monde et causer ailleurs une gène voisine de la ruine lorsque, par suite de la surabondance de certains produits, la baisse des prix de vente devenait une conséquence inévitable de la concurrence générale.

Que les plus affectés par la baisse des prix aient cherché dans la protection douanière un remède à leur situation, il n'y a rien là que de très naturel, et telle a été en France l'origine de ce mouvement irrésistible qui s'est dessiné vers 1881 pour s'accentuer plus particulièrement vers 1889 et aboutir aux tarifs de 1892 renforcés en 1898. Mais ces mesures ne sauraient constituer un abri suffisant.

Nous n'avons point l'intention de rouvrir ici l'interminable discussion au sujet du libre échange et de la protection, mais nous tenons à remarquer que s'il est possible de justifier la protection douanière, c'est bien par la nécessité de remédier aux conséquences d'un semblable bouleversement économique. Dans ce cas, et à la condition que les droits soient fixés avec sagesse, elle prend véritablement le caractère d'une manifestation de solidarité nationale. En effet, voici, par exemple, qu'à la suite des importations américaines le prix de vente des blés français ne laisse aucun bénéfice à la culture; mais du jour au lendemain celle-ci ne peut pas s'organiser de façon à retrouver dans une autre production ses anciens profits; doit-on, dans ce cas, laisser consommer la ruine de la plupart des cultivateurs, ou bien la bonne confraternité, qui est une forme de la sécurité, ne commande-t-elle pas de leur venir en aide en leur assurant temporairement au moyen des droits de douane une certaine constance des prix?... Ce sera d'ailleurs à charge de revanche, car la crise des céréales terminée, viendra peut-être celle des vins, ou des métaux, ou de tout autre produit, ce qui obligera les producteurs de céréales, à leur tour, à payer un impôt en faveur des métallurgistes ou des viticulteurs, etc. (1).

Mais si le principe de la protection douanière peut se justifier, c'est dans l'application que vont surgir les difficultés. Il faut, pour que la protection affecte réellement le caractère de solidarité, que les droits soient délimités avec sagesse, appliqués avec modération, seulement aux objets pour lesquels l'état précaire de leurs conditions de production le justifie et pour une durée strictement limitée au temps nécessaire à l'industrie atteinte pour se transformer, s'organiser d'une manière harmonique avec la situation nouvelle. Il est

incontestable que la fixation de la liste des objets à protéger, du taux des droits et de la durée de leur application, ne peut manquer de soulever de grosses difficultés et ne peut être que l'œuvre d'un pouvoir sage et éclairé, assez fort pour résister à toute contrainte excessive exercée par l'opinion publique.

Le Parlement qui a voté les tarifs de 1892, base de la législation actuelle, possédait-il ces rares qualités? Ces tarifs peuvent-ils permettre d'assurer à notre pays le maximum d'équité réalisable et de prospérité matérielle possible? Une discussion sur ces deux points devrait comporter de longs développements dont nous ne pouvons encombrer cet ouvrage. Nous dirons seulement, et c'est une vérité dont les cultivateurs ne sauraient trop s'inspirer pour agir en conséquence, nous dirons que les droits de douane, quel que soit le système qui en inspire l'institution: fiscalité, mercantilisme ou protection, présentent de sérieux inconvénients et, barrière essentiellement fragile, qu'ils ne peuvent assurer aux industries qu'une prospérité précaire.

Leurs inconvénients sont pour ceux qui consomment et consistent dans l'augmentation du prix des choses frappées (1) Reste la critique que peut s'attirer le système au point de vue de la répartition de l'impôt; reste la question de savoir si, la charge autrement répartie, on ne parviendrait pas à la faire supporter aux plus aisés des consommateurs, ce qui peut être préférable; reste aussi le point de savoir si le but ne serait pas mieux atteint en réservant la protection aux plus maltraités des producteurs, sous la forme de primes; mais, à vouloir entrer dans ces détails, n'est-ce pas rendre le problème insoluble, encourager les efforts inutiles, s'attirer les pires difficultés en tombant dans l'utopie socialiste?

d'un droit. Ils sont si réels qu'à côté des tarifs protecteurs, la plupart des pays ont des traités de commerce qui en sont en quelque sorte la pure négation, puisque ce qu'on refuse de tel pays sans paiement d'un droit élevé, on l'accepte d'un autre. En outre, pour tout le monde, dans la pratique, les droits de

douane ont l'inconvénient de manquer d'efficacité pour améliorer une situation gênée. Car il est bien rare que l'on observe la mesure, que les droits soient limités aux objets dont la production est le plus sérieusement atteinte. Quand, dans un pays, un courant s'établit en faveur du protectionnisme, il est assez rare que tout ne soit pas frappé de droits de douanes et, dans ces conditions, rien ni personne n'est plus protégé: le cultivateur vendra plus cher son blé, mais paiera plus cher tout ce qu'il achète, et il en sera de même de tout le monde.

Quant à l'état précaire de la prospérité agricole ou industrielle assurée par les tarifs douaniers, il est bien évident. Ces tarifs ne peuvent pas être perpétuels. Les mesures déterminées par un certain mouvement d'opinion peuvent être annulées sous l'influence d'un mouvement contraire. L'histoire de notre pays nous en fournit de nombreux exemples, et quelle que soit la faveur dont jouissent les réformes inau-! gurées en 1892, il serait téméraire de les donner comme définitives.

Il est donc de toute nécessité de chercher ailleurs la sécurité du débouché. On ne peut la rencontrer que dans l'abaissement du prix de revient et dans l'organisation de la vente.

En effet, sauf de très rares exceptions, il faut admettre que pour un même type de nature et qualité, c'est-à-dire pour un même objet, le prix de vente, sur le même marché, est unique et que, par conséquent, celui-là gagnera le plus qui aura produit au prix le plus bas. D'autre part, on sait que ce prix unique est déterminé par l'utilité limite, c'est-à-dire par la valeur attribuée à la portion de la récolte dont l'utilisation procure les moindres avantages. Par conséquent, il n'y aura de débouché avantageux que pour ceux qui auront fait des frais inférieurs à ces avantages; les autres devront s'abstenir de produire, ou bien chercher, en améliorant la qualité ou produisant à plus bas prix, à se faire une place sur le marché. Voilà comment la question du débouché se transforme en une question de prix de revient des produits. Aucune force gouvernementale ne saurait lui donner un autre caractère.

Mais c'est aussi une question d'organisation de la vente, car il faut s'attacher à présenter les produits dans les conditions qui en assurent le meilleur prix moyen, il faut éviter d'en encombrer le marché à certains moments de telle sorte qu'il en soit démuni à d'autres, ce qui fait exclusivement le jeu de la spéculation. Il faut aussi s'attacher à se passer d'intermédiaires entre le consommateur dans toute la mesure possible, afin de retenir le bénéfice facile qu'ils se procurent souvent. Nous limiterons là ces considérations, nous réservant d'aborder de nouveau le sujet dans un chapitre spécial.

LES FACTEURS INTERNES OU INSTRUMENTS DE LA PRODUCTION
I. — CRITÉRIUM DE LA VALEUR D'UNE OPÉRATION INDUSTRIELLE.

On peut dire que le bénéfice est la partie du produit que peut consommer le producteur sans diminuer la puissance de ses moyens de production. C'est en définitive l'excédent des recettes sur les dépenses; c'est l'objectif du cultivateur comme de tout industriel. L'opération industrielle la meilleure est celle qui permet d'obtenir le bénéfice le plus élevé avec les moyens de production dont on dispose. Sur ce point, aucune contestation n'est possible.

Mais des difficultés peuvent se présenter, quand il s'agit de faire un choix entre plusieurs opérations auxquelles on peut indifféremment consacrer ses ressources. A quelle commune mesure devons-nous rapporter le bénéfice pris comme terme de comparaison? Si nous nous trouvons en présence dé deux cultures, par exemple le blé et l'avoine, nous suffira-t-il d'établir nos comparaisons sur le bénéfice que donne chacune d'elles par hectare, l'unité d'étendue cultivée? Si nous avons à comparer l'exploitation de la vache laitière à celle du bœuf d'élevage, pourrons-nous nous en tenir à l'examen du bénéfice obtenu par tête de bétail? peut-être. Mais nous ne le pourrons certainement plus, s'il s'agit de choisir entre l'entretien du mouton et celui de la vache, ou l'élevage du bœuf et du porc.

Il y a là à trancher une question fondamentale de la plus haute importance, car de l'exactitude de la solution qui lui sera donnée, dépend la rectitude du jugement qui sera prononcé sur l'admission dans la ferme des diverses opérations *Jouzier. — Économie rurale.* concurrentes; par conséquent, sur le bénéfice qui sera réalisé.

L'examen de cette question forme une introduction naturelle à l'étude des moyens de production et de leur mise en œuvre.

Contrairement à ce que l'on pourrait croire, le problème présente d'assez sérieuses difficultés pour donner lieu à des erreurs très graves par leurs conséquences sur l'organisation de la culture, une solution fausse pouvant amener à considérer comme les plus profitables les opérations les moins avantageuses et faire écarter celles qui donnent le plus de bénéfices. C'est à ce résuif at que pourraient faire aboutir certaines méthodes d'appréciation qui sont encore préconisées.

En ce qui concerne les productions végétales, on a présenté comme les plus avantageuses celles qui donnent le bénéfice le plus élevé par hectare, ou bien celles qui paient le fumier au prix le plus élevé; parmi les animaux, on devrait préférer, suivant les auteurs, ceux qui paient le fourrage au prix le plus élevé, ou bien ceux qui donnent le fumier au prix le plus bas. M. Londet (1) a démontré que, de toutes ces opérations, relatives aux végétaux ou aux animaux, les plus avantageuses sont invariablement et exclusivement celles qui donnent le plus grand bénéfice pour cent du capital engagé, c'est-à-dire du capital nécessaire à la réalisation de chaque opération.

Malgré les démonstrations fournies par notre très estimé et regretté Maître, et qui remontent cependant à quarante ans au moins, le principe qu'il a formulé est souvent méconnu, aussi nous paraît-il nécessaire de présenter à nouveau le problème dans tous ses éléments, et nous aurons recours pour cela aux exemples mêmes relevés par M. Londet. Suivant les constatations par lui faites dans l'arrondissement d'Évreux, les opérations de la culture du blé et de l'avoine auraient donné les résultats suivants dont il fait connaître tous les détails: (1) Ancien professeur d'économie rurale à Grand-Jouan, et auteur d'un traité d'économie rurale remarquable par l'originalité des méthodes et la précision des idées, mais malheureusement inachevé.

1 *Dépenses.*

Blé. Avoine.

Fr. Fr.

Dépenses autres que l'engrais 257 25 136 10

Engrais à raison de 10 fr. la tonne (1). .. 95 » 59 35

Totaux 352 25 195 45 2' *Recettes.*

Les produits, paille et grain, ont procuré 450 » 254 40

Ce qui laisse à l'hectare un bénéfice de. 97 75 58 95

Si nous supposons que le cultivateur ait pu louer les machines nécessaires à la culture, ainsi que la terre, le chiffre qui représente la dépense pour chaque plante représente également le capital engagé dans sa culture (2). Dans ces conditions, le bénélice ramené à 100 francs du capital engagé est:

Pour le blé: Pour l'avoine: $\frac{97,75 \times 100}{352,25'} = 27,76.$ $\frac{58,95 \times 100}{195,45} = 30,16.$

Enfin, si nous déterminons le prix auquel chaque plante paie l'engrais, nous trouvons que c'est sensiblement 1 fr. 60 les 100 kilogrammes avec chacune (3).

Il est facile de voirque ces trois méthodes conduisent à des conclusions contradictoires et ne sauraient, par conséquent, être exactes les unes et les autres. Par la première, le blé nous est indiqué comme le plus avantageux alors que par la seconde (1) 9 500 kilogr. pour le blé, 5935 kilogr. pour l'avoine. (2) Cette hypothèse, qui ne modifie en rien l'exactitude du raisonnement, nous permet d'en simplifier l'exposé. (3) Pour déterminer le prix auquel une culture paye le fumier, on additionne toutes les dépenses que nécessite la culture, moins la valeur de l'engrais. On ajoute le bénéfice que se réserve le cultivateur, ainsi que l'intérêt des capitaux, et on retranche le total trouvé du total de la valeur des produits; on divise ensuite la différence par 100 plus le bénéfice: on obtient ainsi la valeur totale de l'engrais. En divisant par le nombre de milliers de kilogrammes consommés par la culture, on a le prix des 1 000 kilogrammes. Le bénéfice et l'intérêt réunis ont été évalués à 10 p. 100. (Londet, *Traité d'Économie rurale*, I, p. 45.) c'est l'avoine; par la troisième enfin, les avantages sont les mêmes de part et d'autre. *Ce* sont là des résultats impossibles. Quelle est donc la bonne méthode?

Il est clair que la bonne ne peut être que la méthode qui accuse des résultats conformes à ceux que l'on peut constater dans la caisse. Or, demandons à celle-ci ce qu'elle accuserait suivant que nous consacrerions toutes nos ressources à la culture du blé ou à la culture de l'avoine au lieu de les diviser entre ces deux cultures.

Nos ressources, remarquons-le, si elles sont limitées quant à leur valeur, le sont beaucoup moins quant à leur forme: avec un capital de 1000 francs, je ne pourrais cultiver que 2,8388 de blé, puisqu'il faut pour assurer les soins qu'exige celte culture et louer le sol, une somme de 352 fr. 25 par hectare et que, d'autre part, 352,25 X 2,8388 donne 1000 sensiblement; mais je puis, pour cultiver de l'avoine avec cette même somme, louer une surface plus grande et étendre la culture à 5,t 163; car 1000: 195,45 = 5,1163. Quelle est de ces deux combinaisons celle qui procure le plus grand profit? Voici le compte établi d'après les données précédentes: Blé Avoine sur 2 hect. 8388. sur 5 hect. 1163.

Fr. Fr.

Dépenses 1.000 » 1.000 »

Recettes 1.277 60 1.301 61

Bénéfice total 277 60 301 61

Les résultats de ces comptes sont donc d'accord avec le mode d'appréciation basé sur l'examen du bénéfice rapporté au capital engagé. Ils nous montrent que, contrairement aux conclusions que l'on devait tirer de l'emploi des autres méthodes, le blé est, dans les conditions examinées, moins avantageux que l'avoine.

Nous limiterons là ces détails.

L'examen des faits relatifs aux opérations concernant les animaux conduit aux mêmes conclusions, et permet d'affirmer que la seule indication certaine des avantages procurés par une entreprise, quelle qu'elle soit, ressort de l'examen du bénéfice qu'elle donne pour cent du capital engagé. Logiquement, d'ailleurs, la supériorité de cette méthode d'e.amen découle du raisonnement suivant: le capital engagé auquel elle rapporte le bénéfice résume tous les moyens de production, taudis que la surface cultivée, ou l'engrais, ou les fourrages, auxquels on le compare dans les autres méthodes, ne représentent qu'une faible partie de ces mêmes moyens, ce qui est une cause d'erreur: n'est-il pas évident qu'à bénéfice égal par hectare pour deux cultures celle-là sera moins avantageuse qui engagera le plus de capital? De même, n'est-il pas tout clair qu'en payant la nourriture le même prix, le cheval de gros trait dont la production engage peu de capital, seraplus avantageux que le cheval de courses dont l'élevage entraîne une organisation dispendieuse.

Avant de clore ce chapitre, deux observations nous semblent utiles. Il est nécessaire de remarquer qu'il ne faudrait point s'autoriser des résultats traduits sous la forme du bénéfice ramené à 100 francs du capital engagé, pour développer jusqu'à la limite des moyens disponibles, en supprimant les autres opérations, celle qui s'annonce comme la plus fructueuse d'après le taux de ce bénéfice. Il y a à cela plusieurs raisons que nous ne pouvons encore examiner avec détail: d'abord, c'est que, au delà d'une certaine extension de toute culture, le taux du bénéfice peut ne pas se maintenir; en second lieu, il y a entre les diverses productions qui coexistent sur une ferme des rapports d'étroite solidarité, dont l'influence précise est d'une détermination difficile, mais en vertu desquels les avantages procurés par une culture sont, dans une certaine mesure, sous la dépendance de cultures différentes. Nous reviendrons sur ces particularités autant qu'il sera nécessaire après avoirexaminé les éléments qui permettent d'en comprendre

l'importance et le mécanisme.

Quant au second point, c'est qu'il ne faut pas confondre dépenses et capital engagé; l'un est l'ensemble des valeurs consacrées sous toutes les formes à une opération quelconque, les autres consistent dans la valeur dont les capitaux engagés se trouvent diminués dans le cours de leur action jointe à divers déboursés qui parfois ne figurent pas dans le capital engagé: pour la femme de l'ouvrier, qui nourrit une vache, achetant le fourrage, pour vendre le lait sur le marché voisin, la distinction entre le capital engagé et les dépenses ressortira du compte suivant:

Fr.

/ Achat de la vache 500 1 Achat des fourrages, de la litière. 300

Capital engagé. 'le 20

'Travail pour soins et divers.... 100

Total 920 / Fourrages et litières 300

_, Pertes sur la vache et le mobilier P) d'étable 52 ( Prix du travail 100

Total 452

Ce sont là des notions que nous préciserons davantage dans les chapitres suivants; nous devions seulement montrer ici que dépenses et capital engagé sont deux éléments différents.

II. — LE CAPITAL.

Tout capital doit rapporter un bénéfice à son propriétaire, bénéfice que celui-ci peut dépenser sans diminuer la valeur de sa fortune. Cette part est ce que nous nommons service ou profit du capital. (Londet, *Cours d'Économie rurale*, I, p. 41).

On entend par capital tout produit de l'industrie humaine propre à une consommation immédiate, pour satisfaire un besoin, ou à être consacré à un acte de production. Les capitaux se créent donc par le travail et s'accumulent parl'épargne.

La définition même du capital indique qu'il n'est point indispensable à la production, puisqu'il consiste en un *produit* et qu'il a dû, à l'origine, être le résultat d'un travail direct. Mais s'il n'est pas indispensable, il présente une très grande utilité en ce qu'il donne à l'action de l'homme une puissance incomparablementplusgrande. Sans examiner, même, l'action des machines les plus puissantes, que le cultivateur veuille bien réfléchir sur ce qu'il observe tous les jours et il reconnaîtra l'immensité des services que nous rendent les capitaux: quelle sommede temps et d'efforts ne faudrait-il pas dépenser, pour ameublir un hectare de terre sans l'aide de la charrue, des bœufs, ou même des outils les plus simples, comme la fourche ou la bêche! ll faut, d'ailleurs, bien remarquer, que nous ne sommes pas riches seulement par les capitaux qui nous appartiennent en propre, ou que nous mettons en œuvre, mais encore que nous tirons grand profit de ceux d'autrui d'une manière indirecte: ces capitaux, permettant de produire avec de moindres efforts, nous font participer par la voie de l'échange aux avantages qu'ils procurent. Il en résulte qu'épargner, toutes les fois que c'est possible, est un devoir moral pour chacun, car en nous permettant de participer à l'amélioration du sort des générations futures, les richesses que nous économisons nous offrent le moyen de nous acquitter envers les générations antérieures qui nous ont légué le fruit de leurs épargnes. Epargner est encore une nécessité, dans les périodes d'abondance, pour se mettre à l'abri des mauvais jours; c'est une nécessité pour l'homme alors qu'il est valide afin d'assurer son existence pendant sa vieillesse. C'est une loi naturelle à laquelle on satisfait dans l'ensemble assez largement, car il est indiscutable que les capitaux se sont accrus plus rapidement que les hommes.

Les capitaux sont encore plus utiles en agriculture que dans beaucoup d'autres industries. On n'y peut en effet obtenir de produits vendables qu'à longue échéance. Tandis que le menuisier, le forgeron, le commerçant, peuvent vendre au jour le jour le produit de leur travail, le cultivateur doit semer plusieurs mois avant de récolter et, pour réaliser des profits quelque peu sérieux, il doit faire précéder l'ensemencement de travaux nombreux, qui, s'incorporant plus ou moins au sol, deviennent des capitaux; il doit se procurer, pour exécuter ces travaux avec fruit, des animaux et un matériel coûteux.

Si nous considérons la moindre exploitation agricole productive, nous voyons qu'il a fallu, pour la constituer, construire des abris pour les récoltes, les gens et les bêtes, débarrasser la terre d'une végétation naturelle plus ou moins abondante, niveler la surface, la diviser en parcelles, clore celles-ci et assurer, par des travaux spéciaux de drainage et d'irrigation, l'écoulement de l'eau surabondante ou l'arrivée de l'eau d'arrosage utile. Peut-être même aura-t-il fallu apporter dela terre étrangère: de la marne, et des engrais pour amender le fonds et nourrir les plantes.

Sur cette exploitation, nous trouvons accumulés un grand nombre de produits, divers par leur origine autant que par l'usage qu'on en fait: ce sont des machines plus ou moins compliquées, des bestiaux, des fourrages, des pailles, des semences, des engrais, des provisions pour fournir, aux hommes qui cultivent, l'alimentation, le vêtement, etc. Nous trouvons encore des produits en voie de création ou de transformation: récoltes en terres, lait destiné à la fabrication du fromage, betteraves pour la distillerie, et enfin une provision en monnaie ou sous une autre forme pour faire face à des engagements divers ou même à l'imprévu.

Il est bien rare que la valeur de tous ces capitaux ne soit pas plusieurs fois supérieure à celle des produits vendus annuellement et il est fréquent qu'elle la représente au moins quatre fois. Dans le commerce, au contraire, la valeur du fonds n'atteint que très rarement le chiffre des ventes annuelles.

Si divers qu'ils soient, les capitaux agricoles, comme ceux qu'emploie toute industrie, sont susceptibles d'une certaine classification, nécessaire pour en ordonner l'étude ou en établir l'inventaire avec méthode. Celle qui nous paraît la plus logique consiste à *grouper les capitaux d'après l'ordre croissant ou décroissant de leur mobilité,* c'est-à-dire, *d'après la facilite' avec laquelle on peut les déplacer sans apporter de perturbation dans les seroices qu'ils fournissent.*

Si nous nous reportons à l'énumération qui précède, des capitaux occupés sur l'exploitation agricole, nous pouvons établir parmi eux, eu égard à leur mobilité, deux groupes différents, savoir: 1 Celui des capitaux fonciers; 2 Celui des capitaux dits d'exploitation.

Les premiers sont constitués *pt,r tous tes travaux préliminaires à la culture et qui font corps avec le sol,* tels que défrichements, bâtiments, chemins, clôtures, etc., *ainsi que par les travaux de même nature exécutes en cours d'exploitation et qui ont pour but l'amélioration ou la réparation du fonds.* Toutes ces opérations ont des caractères qui leur sont propres, savoir:

A. Elles ne se renouvellent pas, ou ne se renouvellent qu'à de longs intervalles;

B. Les valeurs qu'elles engagent font corps avec le sol, sont immeubles comme lui et ne peuvent, sans subir une baisse plus ou moins grande, s'en retirer que lentement.

On réunit quelquefois ces capitaux au sol lui-même sous le nom de *capital foncier,* car, en effet, la réunion de ces deux éléments de capitaux présente tous les caractères d'un capital, savoir: *une chose naturelle dont l'utilité a été augmentée par le travail.* Mais leur distinction en *sol naturel* et *améliorations foncières* se justifie à plusieurs égards: les *améliorations foncières* se détériorent avec le temps; même avec l'usage le plus raisonnable et l'entretien le plus soigné, un bâtiment s'effondre, un drainage s'obstrue, une plantation meurt au bout d'un certain temps; ces *améliorations* peuvent encore disparaître, simplement, sous l'influence de l'abandon; le fonds possède un caractère deplus grande permanence; elles changent de. forme sous l'influence des moyens de l'industrie agricole, et nous verrons que leur valeur se retrouvant dans celle des produits, sous la forme d'annuités d'amortissement, à échéance assez brève, on peut dire qu'elles se mobilisent graduellement; il n'en est ainsi du fonds naturel que dans les industries extractives (tourbières, carrières). Enfin, l'étendue du fonds n'est pas susceptible d'accroissement, tandis que l'homme peut toujours ajouter aux améliorations.

Le groupe des capitaux d'exploitation se distingue du précédent en ce qu'il ne comprend que *des choses ayant un corps distinct et séparé de celui du fonds,* auquel elles ne sont liées' que par l'utilité de leur action. Ces capitaux pourraient donc être séparés du fonds facilement, s'ils n'y étaient retenus par les besoins de l'exploitation. Ce groupe comporte lui-même deux divisions, l'une comprenant le capital domestique: meubles meublants, linge, etc., affectés à l'usage personnel de l'exploitant et de sa famille, et le capital industriel, ou capital d'exploitation proprement dit, qui comprend tous les capitaux employés directement à la culture. L'étude du premier, étant plus particulièrement du ressort de l'économie domestique, ne retiendra pas plus longuement notre attention; seul, le second doit être l'objet d'un examen détaillé.

Le capital d'exploitation ainsi délimité se subdivise en trois groupements principaux, susceptibles eux-mêmes d'être sectionnés, savoir:

A. Les objets, comme les outils, les machines, les attelages, qui occasionnent une mise de fonds considérable eu égard à leurs services annuels, donnent ces services sans changer de forme, changeant simplement de valeur, restent en général sur le domaine aussi longtemps qu'on en peut tirer des services et, dans des conditions normales, ne disparaissent que par l'usure plus ou moins complète, forment le *capital mobilier ou cheptel.* On y distingue le *capital mobilier vivant,* qui réunit les animaux, et le *capital mobilier mort,* comprenant ce qui est inerte.

Les animaux se distinguent en animaux de travail, animaux de rente et animaux mixtes. Les premiers sont ceux qui fournissent à l'exclusion de tout autre produit, sauf le fumier, le travail nécessaire à l'exploitation. Les animaux de rente sont ceux que l'on entretient en vue d'obtenir, en plus du fumier, un produit autre que le travail. Enfin, les animaux mixtes sont ceux auxquels on demande à la fois du travail et des produits divers: telles sont par exemple les vaches de travail employées également pour la reproduction, ou les bœufs d'élevage auxquels on demande un certain travail.

B. Les produits qui comme les fourrages, les engrais, les semences, etc'., subissent des transformations profondes et rapides, demeurent sur le domaine un temps assez court, et comportent dans une année des échanges directs pour une valeur en général supérieure à la leur, constituent le *capital circulant.*

Les animaux établissent, au point de vue de la mobilité, le point de contact entre le capital circulant et le capital mobilier. Suivant le mode d'exploitation dont ils sont l'objet, ils peuvent en effet s'user sur place, comme le cheval de travail, la vache laitière, ou donner lieu à des échanges fréquents, comme les animaux d'engraissement ou d'élevage. De plus en plus, leur bonne exploitation sur la ferme consiste à leur demander divers produits sans aller jusqu'à l'usure, à n'exploiter, suivant l'enseignement de M. Sanson, que des animaux en période de croissance; et ils devraient, dans ce cas, ligurer comme capitaux circulants. Toutefois, il existe encore des situations où l'exploitation prolongée d'animaux adultes peut être préférable, et ceux-ci devraient se classer dans l'autre groupe. Pour éviter toute complication, et sous cette réserve, nous ne les ferons figurer que dans un seul groupe.

C. *Enfin, des ressources spéciales réservées en vue de certaines éventualités définies, constituent le groupe des capitaux de réserve,* dans lequel nous trouvons: *a.* les *capitaux d'assurances,* constitués par des réserves en numéraire ou des contrats destinés à couvrir les pertes qui peuvent résulter de sinistres tels que l'incendie, la grêle, etc.; *b.* les *capitaux d'amortissement, ou* sommes mises en réserve pour remplacer les machines après l'usure, renouveler les améliorations épuisées, etc.; *c.* les *capitaux de provision,* ou ressources conservées en vue de modifications imprévues à apportera la combinaison culturale; *d.* les *capitaux de roulement,* ou valeurs d'une réalisation facile qui doivent permettre de solder les dépenses de l'exercice courant, suivant les besoins, sans être obligé de vendre les produits aussitôt les récoltes faites.

Le tableau précédant, qui résume cette classification, perm e de saisir, d'un seul coup d'œil, tout l'ensemble des capitaux, Le capital, tout le monde le sait, peut être engagé dan: l'industrie par celui-là même qui le possède, mais sor propriétaire peut aussi, par suite de convenances personnelles le confier à autrui moyennant une certaine rétribution. L'opération, dans ce cas, connue sous le nom générique de loyer quand le capital ainsi confié est représenté par un objet quelconque: animal, terre, maison, etc., devient le prèl à intérêt lorsque le capital est abandonné sous la forme d'une certaine somme de monnaie. Les conditions suivant lesquelles on peut recourir avec avantage au prêt à intérêt seront l'objel d'une étude spéciale sous le nom de crédit. Quant aux conditions générales sous lesquelles tout le monde prête, elles sont bien connues: celui qui emprunte s'engage à restituer la somme reçue dans un délai déterminé et à payer jusque-là, à titre de loyer, la redevance connue sous le nom d'*intérêt.*

La monnaie empruntée, qui n'est elle-même qu'une forme du capital, permet de se procurer, au moyen d'achats, toutes les variétés de capitaux et doit être considérée comme un moyen de travail: se procurer de la monnaie par voie d'emprunt, c'est se procurer toute forme de capital que l'on veut employer, ce qui permet de dire avecJ.-K. Say que l'intérêt est, simplement, le *prix des services propuctifs du capital.* Pour exprimer plus simplement ce prix, on a l'habitude de le rapporter à une unité de capital qui est 1 franc ou 100 francs, et on a ainsi le *taux de l'intérêt.*

Y Le prêt à intérêt rend d'immenses services à la société d'une part en encourageant à la constitution des capitaux, puisqu'il procure à leur propriétaire un profit particulier, et ensuite en mettant ceux-ci à la disposition d'hommes actifs qui, sans cela, en seraient privés et produiraient moins abondamment tout en peinant davantage. Malgré ces avantages, cette opération a été, dans tous les temps, attaquée comme immorale de la part de celui qui prête et onéreuse pour celui qui emprunte, est assez singulier de voir ré-édíter de nos jours, malgré la si forte réduction qu'a subie l'intérêt, toutes les critiques formulées contre le prêt à intérêt dans le passé.

(Le *capitaliste* serait l'ennemi du travailleur, un parasite. Or il est facile de se convaincre que sans le secours apporté par ce,prétendu parasite, le travail serait bien peu rémunérateur: (privée des capitaux qu'elle emploie, la culture serait d'un maigre rapport. La meilleure preuve qu'on en puisse donner, c'est que le cultivateur qui en est dépourvu cherche à se les (.procurer par l'emprunt et cela suffit aussi, avec les privations qu'il faut s'imposer pour accumuler les capitaux, à établir la (légitimité de l'intérêt perçu par celui qui prête.

Tous les arguments présentés pour condamner le prêt à,intérêt ne sauraient prévaloir contre ces faits malgré leur simplicité: les capitaux sont recherchés parce qu'ils rendent des services, l'intérêt n'est pas autre chose que le prix de ces services et celui qui emprunte est assurément le meilleur juge de la valeur de ces services et de l'opportunité de les acheter; voilà qui satisfait à la justice. D'aulre part, il n'est pas plus immoral de vendre le capital, qui est du *travail cristallisé,* que le travail lui-même, et les services du premier plutôt que ceux du second.

L'intérêt, puisqu'il est le prix du service des capitaux, varie comme le prix de toutes choses. Toutefois, pour en bien comprendre les variations, il est nécessaire de remarquer qu'il y a en lui deux éléments distincts: l'un, très variable suivant la personne qui emprunte, représente une dépense pour celui qui prèle; l'autre, moins variable, représente un profit. Pour nous en bien rendre compte, supposons qu'une personne ait prêté à centautres une somme de 100000francs, soit 1 000 francs à chacune, à raison de 4 p. 100 d'intérêt. En supposant qu'elle reçoive annuellement d'une manière régulière les 4000 francs qui lui sont dus, doit-elle les considérer comme un prolit'?Sioui, elle peut les dépenser sans danger de voir diminuer son capital. Qu'arriverait-il si elle dépensait tout? Son capital irait di-

minuant, car au moment de rembourser les prêts qu'ils ont. obtenus, un certain nombre de ses débiteurs pourraient s'en trouver incapables, ayant perdu leurs capitaux par suite de mauvaise chance ou de mauvaise administration. Il faut donc, sous peine de voir dépérir le capital, prévoir cette éventualité, et y parer en réservant, sur l'intérêt, l'équivalent du risque Joizier. — *Économie rurale.* S de perte. Il faut remarquer, d'ailleurs, qu'au risque couru dans l'encaissement du capital, s'ajoute celui de ne pas obtenir intégralement paiement de l'intérêt lui-même. Il est possible, dans des conditions données, c'est-à-dire quand on connaît la proportion des insolvabilités, de calculer le taux de la provision à réserver. Celui qui prête prend des précautions pour éviter les pertes; néanmoins, il est rare que l'on puisse considérer la sécurité comme absolue et on peut admettre que *l'intérêt renferme toujours un élément nécessaire à la reconstitution du capital.*

La part qui reste, une fois les risques couverts, peut être considérée comme un bénéfice et intégralement dépensée sans que l'on coure le risque de voir le capital s'amoindrir.

Toutefois, la prudence conseille encore au rentier ou capitaliste, pour assurer la constance de son revenu et de son bienêtre, d'en réserver une partie destinée à accroître le chiffre du capital, car en raison de la baisse qui atteint la valeur de la monnaie du fait de sa multiplication, et de la baisse qui affecte l'intérêt, du fait de l'abondance même des capitaux, la valeur du revenu d'un capital donné a de très fortes tendances à la baisse; ce qui est d'autant plus sensible que les besoins vont toujours augmentant (1).

Le bénéfice qui reste au capitaliste, après prélèvement sur l'intérêt du montant des risques a été appelé *service* par M. Londet (2). Nous lui conserverons également cette dénomination en raison de la nécessité de le distinguer à la fois de l'intérêt total et des bénéfices que recueillent les autres auxiliaires de la production: entrepreneur, ouvrier ou propriétaire.

Le *service* du capital peut être consi-

déré comme invariable pour tous les prêts consentis dans les mêmes conditions, (1) D'après les calculs de M. le vicomte d'Avenel *Histoire économique de la propriété,* etc., p. 137, vol. I) le revenu procuré par 1 000 livres tournois se serait abaissé successivement de 72900 francs en l'an 8S0 à 9 000 francs en l'an 1200; à 3388 en 1400; à 95 francs en 1789, et 38 francs en 1893, sous la triple influence de l'altération des monnaies, de la diminution du pouvoir d'achat des métaux précieux et de la baisse du laux de l'intérêt.

(2) *Traité d'Économie rurale,* I, p. 41. c'est-à-dire à la même époque et dans le même pays, et cela, par l'effet de la concurrence entre les prêteurs d'une part, et les emprunteurs de l'autre; car si un emprunteur demandait plus que les autres, ceux qui empruntent ne manqueraient pas de s'adresser à ces derniers, et réciproquement. Seul, le deuxième élément, les risques, varie selon la solvabilité des emprunteurs. S'il existait des placements présentant une sécurité absolue, le taux de l'intérêt qu'on en tirerait donnerait celui du *service,* mais il serait téméraire d'affirmer que de tels placements existent et.peuvent être distingués. Les emprunts des États les mieux administrés présentent euxmêmes des risques, puisque, le cours des rentes étant variable, on est exposé à perdre une partie de son capital: On perdrait 10francs si, ayant acheté 3 francs de rente à 90 francs, celleci venait à baisser à 80 francs au moment où ayant besoin de sou capital on serait forcé de vendre. Dans le cas contraire, et qui peut se présenter, il est vrai, au lieu de perdre les dix francs, on les gagnerait. Si on admet que les chances de gain balancent les risques de perte, on peut prendre comme taux du service du capital, celui du revenu des rentes sur l'Etat. On peut le faire sans grand danger d'erreur, pendant les périodes normales; mais il en serait autrement, dans les cas d'embarras financiers causés par des guerres ou des troubles civils. A ce compte, le taux du service serait actuellement voisin de 3 p. 100.

On comprend facilement, maintenant, comment l'intérêt peut être variable sans que le profit donné par le capital: le service, varie lui-même. A l'État, on prête à 3 p. 100, parce qu'il offre beaucoup de garanties et de facilités soit pour percevoir l'intérêt, soit pour rentrer en possession du capital; aux particuliers on demandera 4 ou 5 p. 100 parce que les garanties sont moindres; le service peut ne pas s'en trouver roodifié, celui qui prête devant se réserver davantage pour couvrir le risque. Il y a de nombreux cas où, pour obtenir 3 de service, il faudrait prêter à 7, 8, 10 p. 100 et au-dessus, 1ant les risques sont élevés. A tort ou à raison, la loi interdit de telle opérations comme immorales et les qualifie d'usure.

Si le service des capitaux peut être considéré comme fixe pour un temps et un pays déterminé, il n'en est plus ainsi lorsqu'on considère des époques différentes ou des pays assez éloignés les uns des autres. Les variations qu'il subit tiennent aux circonstances qui favorisent plus ou moins la production et aux lois de la concurrence. Ainsi qu'on peut le remarquer, le service étant une part du bénéfice social ou *rente industrielle* (1), les circonstances qui accroissent celle-ci agissent de même sur celui-là; ce sont en général toutes les causes d'accroissement rapide de la production: découverte de pays neufs avantageux à exploiter, amélioration de l'outillage ou des procédés de l'industrie, etc. Sous ces diverses influences, le taux de l'intérêt aurait dû hausser à notre époque; mais d'autres facteurs interviennent, qui agissent en sens inverse, et notamment, d'une part, la multiplication des capitaux, de l'autre, le faible accroissement de la population chez nous. L'abondance est pour le capital, comme pour toutes choses, une cause de diminution du prix; or, l'abondance s'est accrue, chez nous, sous l'influence de l'accroissement de la production marchant de pair avec un arrêt dans celui de la population. Il en doit forcément résulter la baisse, car le capital est, quant à la rémunération qu'il reçoit, sous la dépendance certaine du travail: de même que le travail privé de capital serait peu productif, les capitaux ne peuvent tirer

leur valeur que de l'activité que leur assure le travail. Ils passent d'ailleurs facilement par la voie de l'emprunt dans les pays où la population s'accroît le plus si, d'autre part, dans ces pays, les ressources naturelles et l'état de progrès sont suffisants pour permettre un grand développement industriel. C'est dans une certaine mesure pour des causes de cette nature, que l'on voit passer aussi facilement à notre époque les capitaux français à l'étranger et principalement en Russie. La rareté de la main-d'œuvre d'une part, qui lui permet de se montrer plus exigeante, et l'abondance des capitaux d'autre part, telles sont les deux (1) Nous nommons ainsi ie bénéfice total réalisé dans une entreprise et qui se répartit d'une manière naturelle par les achats et les ventes entre tous ceux qui ont pris part à l'entreprise, soit d'une manière directe, soit d'une manière indirecte.

causes principales de la baisse du taux de l'intérêt, celles qui résument toutes les autres.

Doit-on considérer la baisse de l'intérêt comme un phénomène constant, ainsi quon l'a fait quelquefois? Non pas absolument d'après les enseignements qui découlent de l'histoire ou de la loi de variation de la valeur. On voit le taux de l'intérêt à 2 p. 100 en Hollande au xvn siècle, à 3 p. 100 à la même époque dans d'autres pays d'Europe, alors qu'il y a moins de cinquante ans il variait entre S et 6. Il pourrait assurément encore se produire une hausse sous l'influence d'événements malheureux provoquant la destruction de capitaux, comme la guerre, ou diminuant la sécurité des placements, comme les troubles civils et notamment toutes les menaces à l'adresse du capitalisme; oubien encore àla suite d'événements favorables comme le perfectionnement des arts industriels dont la réalisation provoque un accroissement de la demande des capitaux en même temps qu'elle entraîne une augmentation de tous les profits: c'est ainsi que les découvertes concernant la vapeur ont provoqué une demande exceptionnelle de capitaux, dans la deuxième moitié du xix siècle, et pré-

venu une chute encore plus grande de l'intérêt.

Au milieu de toutes les fluctuations, il semble cependant se manifester une tendance très marquée à la baisse qui s'explique par la sagesse de l'homme, qui le porte à grossir sans cesse ses capitaux: d'après M. d'Avenel, le taux de l'intérêt se serait maintenu de l'an 850 à 1400 aux environs de 10 p. 100, pour baisser successivement à 8,33 p. 100 en 1500, 6,50 en 1600, 5 en 1700 et 1789 et arriver de nos jours aux environs de 4 p. 100.

Tout capital que l'on engage dans une entreprise occasionne des dépenses plus ou moins apparentes et qui s'effectuent avec une régularité variable: si le capital prend la forme de bâtiments, il y aura des dépenses d'entretien et de reconstruction à répartir sur toute la durée des constructions; s'il prend la forme de fourrages ou semences, la valeur en disparaîtra dans le cours d'un exercice et la dépense entière s'inscrira à la charge de cet exercice. Il faut, pour apporter dans toutes les opérations l'ordre indispensable, répartir d'une manière rationnelle les divers dépenses qu'occasionne chaque variété de capital sur chacune des années de sa durée. Nous désignerons sous le nom de *dépenses annuelles des capitaux,* le résultat de cette répartition.

En premier lieu, on doit inscrire comme dépense le sacrifice qu'il faut faire pour s'assurer la détention du capital. Or, ce sacrifice aura pour mesure, suivant les cas, le service commun à tous les capitaux, ou bien l'intérêt payé au créancier.

Si le cultivateur est propriétaire des capitaux qu'il emploie, H pourrait les utiliser en les plaçant à intérêts et, dans ce cas, il en obtiendrait, suivant ce que nous venons de voir, environ 3 p. 100, revenu des rentes sur l'État français. Cette somme, dont il se prive pour consacrer ses fonds à l'industrie qu'il dirige, représente donc bien exactement le sacrifice qu'il fait. Si le cultivateur n'est pas propriétaire des capitaux qu'il met en œuvre, il se les procure par le crédit et, dans ce cas, c'est bien l'intérêt qu'il paie à son créancier qui donne la mesure de ce sacrifice.

Outre le service ou l'intérêt, il entre encore dans la constitution des dépenses annuelles des capitaux divers-éléments: *risques, entretien, amortissement, frais généraux,* dont le mode d'appréciation varie suivant la forme qu'affecte le capital. Nous rattachons l'étude de ces divers éléments à celle des divers groupes de capitaux et nous nous contenterons d'en indiquer ici la nature et le mode général d'estimation.

Par *risques,* on entend les pertes accidentelles qui peuvent se produire sur les capitaux selon leur nature, telles que les risques d'incendie pour les fourrages en magasin ou les bâtiments, de grêle pour les récoltes sur pied, de mortalité sur les bestiaux, etc. Par extension, on appelle aussi *risques la somme prévue et inscrite dans la comptabilité pour couvrir ces pertes. Les dépenses d'entretien sont celles que l'on fait en cours d'usage pour remettre périodiquement le capital en état de rendre des services ou prolonger sa durée:* telles sont les dépenses causées par les réparations faites aux machines, aux bâtiments, etc. *La dépense d'amortissement est celle qu'il faut faire annuellement pour assurer la reconstitution de la valeur du capital qui disparaît normalement à la suite de l'usage qu'on en fait.* Ainsi, quand on introduit dans la ferme une machine du prix de 100 francs, soit une charrue, la somme qui sert à la payer, 1 prise dans la caisse, est portée en dépense; mais en réalité cette dépense ne peut pas, rationnellement, être imputée à un seul exercice, puisque, travaillant sensiblement de la même façon, la charrue va durer dix ans. Au bout de ce temps, d'ailleurs, elle n'aura pas perdu toute sa valeur, car il subsistera en elle une partie des matériaux ayant servi à sa construction. En supposant que ce qui en reste puisse se vendre 5 francs, *la valeur perdue et qu'il faut reconstituer pendant les dix années que dure la machine s'élève à 95 francs, différence entre le prix de revient sur la ferme 100 francs et 3 francs la valeur à la réforme.* Pour opérer cette reconstitution, et ne trouver dans la caisse qu'un bénéfice net, il faudra pré lever à la fin de chaque

année sur les produits obtenus avec le concours de la eharrue, ou, ce qui revient au même, il faut porter en dépenses dans les comptes de ces produits, une certaine somme qui sera placée à intérêts composés, s'il y a lieu, jusqu'au moment où, la machine étant usée, il faudra la remplacer ou obtenir disponible pour un autre emploi, la valeur qu'elle avait engagée.

Le nombre d'années pendant lequel doit se faire l'amortissement d'un capital quelconque n'est pas forcément celui qui est nécessaire pour déterminer son usure matérielle; c'est avant tout, et exclusivement, celui qui correspond à son usage. Sans être hors de service par son état d'usure matérielle, le capital, sous la forme où il se présente, peut avoir perdu de son utilité et par conséquent de sa valeur.

Supposons qu'il s'agisse d-une machine. Placée sous un hangar et recevant tous les soins nécessaires à sa conservation, elle pourra se présenter indéfiniment en bon état et dès lors la dépense d'amortissement serait nulle. C'est ainsi que les choses se passeront si on possède des modèles supplémentaires ou des pièces de rechange: les uns et les autres, aussi longtemps qu'on ne lesemploie pas, entraînent la dépense de service, laquelle s'ajoute à celle des machines correspondantes qui travaillent, mais ils n'entraînent pas de frais d'amortissement. De la même façon, la machine qui peut fournir 000 journées de travail, et qu'on ne fait travailler annuellement que dix jours, pouvant durer un siècle, doit-on calculer l'amortissement sur cent annuités? Non, car à défaut d'usure matérielle il se produit une *usure économique:* les améliorations apportées aux machines similaires diminuent les avantages qu'il peut y avoir à employer les anciennes, elles cessent de convenir pour l'exploitation sur laquelle elles se trouvent, on est obligé de les liquider à perte et on perd plus ou moins suivant qu'elles peuvent ou non être transformées ou servir à une exploitation de moindre importance. Pour cette raison, on ne doit pas dépasser une certaine limite, variable de quinze à trente ans, selon la nature des

machines, le degré de perfectionnement qu'elles représentent, et aussi la durée probable de l'entreprise, car la liquidation finale peut être, elle aussi, une cause de perte.

dette particularité ne s'applique point seulement aux machines. Elle atteint, plus ou moins, tous les capitaux de longue durée, même les bâtiments et les chemins: pour le premiers, l'aménagement devra être modifié, pour les seconds l'assiette sera changée, ou l'utilité diminuée par suite d'un changement dans le mode de culture, etc. On ne pourrait évidemment prétendre à donner sur tous ces points des indications précises. Il appartient d'y réfléchir dans toute situation déterminée et de tenir compte, dans la mesure possible, du principe que nous signalons.

La somme destinée à la reconstitution du capital et qui porte en mathématiques le nom d'annuité, au lieu d'être inscrite directement aux comptes des diverses productions en raison de l'emploi qui aura été fait pour elles de la machine à amortir, peut y figurer, ainsi que nous le verrons à propos de chaque machine, comme un élément du prix de revient du travail de celle-ci, ce prix de revient du travail pouvant être inscrit en bloc dans chacun des comptes, aux lieu et place des divers éléments qui le constituent.

Nous aurons à constater également que les annuités, au lieu d'être placées à intérêts composés, peuvent être plus utilement conservées sur l'exploitation et servir néanmoins à la reconstitution des capitaux auxquels elles correspondent. II esta peine utile de faire remarquer que pour les capitaux dont la transformation est complète en un an, comme les capitaux circulants, la dépense d'amortissement égale la valeur (1). (1) La valeur d'une annuité se calcule au moyen de la formule a(ï«—1).

$S = —$ dans laquelle: $q\text{-}i$

$S$ = la valeur du capital à constituer; $a$ = l'annuité nécessaire à sa reconstitution; $g$ = l'unité plus l'intérêt que rapporte 1 franc en un an; $n$ = le nombre d'annuités à verser.

Le nombre d'annuités à verser est égal au nombre d'années que dure le capital. Comme la plupart des capitaux agricoles ont une durée supérieure à dix années et qui peut dépasser un siècle, pour les bâtiments par exemple, l'emploi des logarithmes est pratiquement indispensable pour la solution des problèmes d'amortissement relatifs aux questions d'économie rurale. Mais, outre que la plupart des cultivateurs que ces questions intéressent sont peu familiarisés avec ces procédés de calcul, les tables logarithmiques, bien que réduites à des dimensions aussi commodes que possible, n'ont pas trouvé place dans les agendas portatifs; depuis longtemps M. Londet a cherché à grouper en peu de place tous les renseignements nécessaires pour éviter de recourir aux logarithmes dans les limites utiles en économie rurale. Dans ce but, il a calculé la valeur dans la formule fondamentale ci-dessus, ce qui li *1* mite les opérations à faire soit à une multiplication, soit à une division, suivant la question qu'il s'agit de résoudre. Nous donnons, page 87, les valeurs calculées par M. Londet pour les taux de 3, et 5 p. 100, et pour la durée d'amortissement qui correspond aux capitaux agricoles. Limités à deux décimales, les renseignements ne permettent pas d'arriver à une exactitude absolue, mais seulement suffisante dans la généralité des cas. Voici comment on peut l'aire usage des renseignements de ce tableau:

S'agit-il de déterminer l'annuité nécessaire pour constituer un capital connu dans un temps également connu, il suffira de diviser ce capital par le nombre qui correspond dans la table au nombre d'années et aux taux voulus. On aura par exemple l'annuité nécessaire pour constituer en quinze ans, au taux de 3 p. 100, un capital de 95 francs, en divisant 95 par 18,59, nombre qui dans la table cor 95 respond à quinze années et au taux de 3 p. 100: = 5.ll.

Pour savoir la valeur que produit une annuité donnée dans un temps et à un taux connus, il suffit de multiplier cette annuité par

Enfin, le cinquième élément qui entre dans la constitution des dépenses annuelles des capitaux consiste dans *des sommes déboursées pour le service d'un ensemble d'opérations diverses*

*sans qu'il soit possible de délimiter nettement la part qui incombe à chacune.* C'est là ce qu'on entend par frais généraux: voici, par exemple, que le chef d'exploitation se rend à le nombre de la table correspondant au temps et au taux donnés: une annuité de 10 francs en vingt ans à 3 p. 100 devient 10 x 26,87 = 268 fr. 70.

Les nombres des tables permettent aussi de résoudre les problèmes relatifs aux intérêts composés. La solution de ces problèmes est donnée par la formule $s = a \times g$ dans laquelle:

« = la somme placée à intérêts composés; $g$ = l'unité plus l'intérêt que rapporte 1 franc en un an; $n$ = le nombre d'années que dure le placement.

Or, si on prend le nombre de la table correspondant au taux et au nombre d'années donnés, si on le multiplie par l'intérêt que rapporte 1 franc, et si on ajoute 1 au produit obtenu, on a ainsi la valeur $q''$ de la formule des intérêts composés (); il ne reste plus qu'à faire une division ou une multiplication suivant la question posée pour résoudre le problème. S'agil-il de savoir ce que devient la somme de 100 francs placée à 3 p. 100 à intérêts composés pendant vingt ans? La formule générale nous donne: S = 100x $q'$, et d'autre part nous avons comme valeur de $q$, savoir: 26,87 x 0,03 1 = 1,8061; de sorte que S = 100 X 1,8061 = 180 fr. 61. Réciproquemenf pour savoir quelle somme il faut placer à intérêts composés à 3 p. 100 pendant 15 ans pour constituer un capital de 100 francs, nous aurons à faire les calculs suivants: 100 = $aq''$. $qn$ = 18,59 x 0,03-I-1 1,5577.

100 = $a$ x 1,5577 et $a$ = 100:1,5577 = 63,55.

$q-1$ Si nous appelons c le nombre de la table, nous avons c = $g — i$ qui donne: c(?-l) = 9»-1. $g''$ = c(q-1) 1 (1).

Si nous appelons $r$ l'intérêt que produit 1 franc, nous avons: $q$ = 1 r et la formule (1) dévient: $qn$ = c (1 $r — 1$) 1 = $cr + i$ d'où on peut dire: $q$ = l'unité augmentée du nombre de la table (correspondant au temps $n$ que dure le placement et au taux donné) multiplié par l'intérêt que produit 1 franc.

la foire pour vendre différents lots

d'animaux, soit des pores, des moutons, des bœufs; il emmène avec lui trois ouvriers qui auront pour mission chacun de conduire un lot; il est bien évident que dans ces conditions la dépense de chacun des trois hommes, prix de la journée et indemnité de déplacement s'il y a lieu, doit s'inscrire au compte des animaux dont il a eu la charge. Mais comment se répartira entre les trois comptes la dépense du chef d'exploitation qui les accompagne?

Il n'est pas possible de dire quel temps et quelle attention il a consacrés à chacun des lots et, dans ces conditions, on tourne la difficulté en opérant une répartition des dépenses entre les trois comptes proportionnellement aux valeurs qu'ils engagent: la dépense totale a-t-elle été de 10 francs, et les ventes ont-elles procuré 1000 francs, la dépense sera de 1 p. 100 et figurera pour 1 franc au compte des porcs qui auront été vendus 100 francs, pour 2 francs à celui des moutons qui ont procuré une recette de 200 francs et en fin pour 7 francs à celui des bœufs dont on aura tiré 700 francs.

Au lieu d'effectuer la répartition de frais généraux au fur et à mesure que les dépenses sont faites, comme nous venons de le supposer, on les réunit dans le cours de l'exercice à un compte spécial, de façon à n'avoir à faire qu'une seule répartition au moment de la clôture des comptes. On ne doit inscrire au compte frais généraux que les dépenses dont le caractère de généralité empêche réellement une autre répartition et non point y faire figurer, ainsi que cela a lieu trop souvent, nombre de dépenses qui, comme les frais d'assurances, s'appliquent à des espèces nettement déterminées de capitaux. Agir ainsi, c'est notamment grever de frais d'assurances contre la grêle des productions que, comme celle des prairies, on n'assure jamais; c'est apporter dans les comptes la confusion et le désordre, c'est enlever toute autorité aux résultats qu'ils indiquent.

Certains frais généraux s'appliquent à toutes les opérations de la ferme, à tous les capitaux, d'autres ne s'appliquent qu'à un groupe déterminé d'entreprises: la rémunération attribuée au directeur de la culture son salaire courant, est dans le premier cas; les frais supplémentaires de marché, comme ceux que nous avons examinés plus haut, appartiennent à la deuxième variété. Les premiers seront l'objet d'un premier groupement, sous la rubrique frais généraux, et répartis entre toutes les opérations productives entreprises sur la ferme proportionnellement au capital qu'elles engagent; les autres, groupés dans d'autres comptes, sous des titres correspondant à leur nature (frais généraux du mobilier mort, frais généraux du mobilier vivant, etc.) seront répartis de la même façon, mais seulement entre les groupes du capital auquel ils se rapportent.

Un examen quelque peu attentif de la façon dont on est entraîné à faire toutes ces dépenses montre qu'elles ne sont pas soumises aux mêmes lois quant à leurs variations.

Le service et les risques, ainsi que les frais généraux, dans une certaine mesure, sont *fixes clans leur total annuel,* que l'on tire parti ou non du capital, et s'abaissent dès lors d'autant, par unité d'effet utile, que le capital est soumis à un travail plus actif: on sera en effet également obligé de payer 3 francs d'intérêts ou privé des 3 francs de service pour les 100 francs que coûte une charrue, et également obligé de payer l'assurance contre l'incendie, pour ces 100 francs, soit qu'on se serve de l'instrument ou qu'il reste constamment sous un hangar. Si l'assurance coûte 0 fr. 60 p. 1000, la dépense d'intérêts et risques sera en totalité: et par unité travaillée, par hectare labouré, ce serait:

Si on labourait 2 hectares dans l'année, 3,06: 2 = 1 03

La dépense d'entretien est variable dans son total. Elle peut être considérée dans la majeure partie des cas comme sensiblement proportionnelle à l'usage: si on laboure 10 hectares on dépensera dix fois plus chez le forgeron, en frais d'entretien pour la charrue, que si on n'en labourait qu'un; néanmoins, le bâtiment dont on ne se sert pas exige lui-même des réparations, de sorte qu'il n'y a pas tout à fait proportionnalité entre l'usage et la dépense d'entretien.

En ce qui concerne la dépense d'amortissement, elle varie dans sa totalité annuelle, comme la dépense d'entretien, mais elle varie aussi, par unité travaillée, en sens inverse de la dépense de risques et service; au lieu de s'abaisser comme celle-ci à mesure que l'on augmente l'activité du capital, elle s'élève. Si nous considérons toujours une charrue de 100 francs et si nous a dmettons que, convenablement entretenue, elle puisse, pendant sa durée totale, labourer 500 hectares en 1500 jours de travail, elle durera: 5 années avec un travail annuel de 300 jours ou 100 hectares. 10 — — 150 — solo — — 100 — 33 hect. 1/3 30 — — 50 — 16 — 2/3

Au taux de 3 p. 100, en admettant que la valeur à la réforme soit de 5 francs, la dépense d'amortissement serait, suivant la durée du travail annuel:

Par an. Par hectare.

Kr. Kr.

En 5 ans (travail annuel de 300 jours)... 17 92 0 1792 10 — 150 —... 8 29 0 1658 15 — 100 —... 5 11 0 1533 30 — 50 —... 1 99 0 1200

Mais la dépense d'amortissement s'accroît moins rapidement par unité de travail procuré, que la dépense de risques et service ne s'abaisse, de sorte que dans l'ensemble, plus le capital est soumis à l'action et moins cher coûtent ses services. En réunissant les deux sortes de dépenses, risques et service d'une part, amortissement de l'autre, voici ce que nous constatons pour la charrue de 100 francs selon les conditions admises ci-dessus:

Durée Durée de Dépenses de risques service et du travail annuel l'amortissement. amortissement.

Jours. Années. Par an. Par jour.

Fr. Pr.

50 30 5 056 0 101 60 25 5 665 0 0944 75 20 6 595 0 0879 109 15 8 167 0 0816 150 10 11 346 0 0756 300 5 20 953 0 0698

Sans doute, la différence est minime, rapportée à une ma

' ''Lt

Kig. 2.

chine d'une valeur de 100 francs; mais si on considère qu'elle se répète d'une manière plus ou moins intense sur chaque portion du capital, on ne saurait méconnaître son importance.

Si on traduit graphiquement la loi numérique de variation de cette dépense, on voit clairement qu'une grande somme des avantages sont obtenus sans que la machine fournisse trois cent soixante-cinq jours de travail par an: la courbe *a', 6', u',* etc. (fig. 2) donne cette traduction; les lignes *aa', 66', ce', dd',* etc., représentent respectivement par leur longueur la dépense avec un travail annuel de cinquante, soixante,

Tables de Londet servant au calcul des amortissements et intérêts composés.

soixante-quinze, cent jours, etc., de travail; les lignes *e'e,t 'fi* donnentla mesure suivant laquelle la dépense diminue: la première, quand on passe d'un travail annuel de cinquante jours à un travail de cent jours, et la seconde, quand on passe de cent cinquante à trois cents; la longueur e'e-', étant beaucoup plus grande que *ff,* nous en concluons que les avantages n'augmentent pas très sensiblement dans ce cas particulier, au delà d'un travail de cent cinquante jours. Si donc les avantages que l'on trouve dans l'emploi des capitaux s'accroissent avec l'action à laquelle on les soumet, il y a cependant une limite au-dessus de laquelle l'augmentation devient peu sensible et peut même se trouver compensée par les inconvénients qui résulteraient d'une trop grande activité, comme la difficulté d'en assurer l'entretien pendant l'action. Cette limite, pour une grande partie du mobilier mort, paraît être celle qui permet l'amortissement en quinze années lorsque le taux du service des capitaux est de 3 p. 100.

Il résulte de ces particularités qu'avant d'acheter une machine, de construire un bâtiment, il faut voir si l'étendue du domaine, l'organisation dela culture permettront de les soumettre à un usage assez actif et qu'il faut après l'achat s'en servir le plus possible, ne pas les laisser inoccupés; d'une manière plus générale, avant de décider de l'emploi des valeurs disponibles, il faut savoir si la forme qu'elles vont prendre permettra d'en tirer le meilleur parti, et une fois engagées sous une forme quelconque, il s'agit de donner à ces valeurs toute l'activité compatible avec la meilleure utilisation.

Ill. — AMÉLIORATIONS FONCIÈRES.

Les améliorations foncières sous toutes leurs formes représentent dans la plupart des propriétés rurales une valeur considérable par les capitaux qu'elles ont immobilisés, de même que par le profit qu'elles procurent. Aussi est-il nécessaire, quand on achète une terre nue, pour y créer une exploitation, de réserver une part importante de ses ressources en vue de l'exécution de ces améliorations (1). Nous savons d'ailleurs (1) Rieffol, le créateur du domaine de Grand-Jouan et fondateur de l'école régionale d'Agriculture qui porte le même nom, résumait qu'il faut entendre par là les travaux et capitaux de toute nature fixés au sol et dont la dépense doit être répartie sur plusieurs années.

La construction des bâtiments est généralement la plus importante de toutes ces additions au sol naturel, celle qui précède toutes les autres et engage le plus d'argent quand on crée une ferme. On doit s'attacher à n'y consacrer que les sommes indispensables, carie capital ainsi engagé sera immobilisé pour un temps très long et ne sera productif qu'autant qu'on aura réservé le nécessaire pour constituer des capitaux d'exploitation suffisants.

Il arrive souvent que la propriété dont on prend possession soit pourvue de constructions assez vastes et dans lesquelles il n'y a à exécuter que des réparations ou des travaux d'aménagement spéciaux. Les réparations nécessaires doivent être faites à temps afin d'augmenter la durée des bâtiments et de réduire autant que possible par la suite les dépenses d'entretien. Quant aux travaux d'aménagement, ils auront pour but la commodité du service et ne devront être entrepris qu'autant que les dépenses annuelles qu'ils occasionnent ne seront pas supérieures aux avantages qu'ils procurent réellement. On devra s'inspirer, pour en établir l'économie,

des mêmes considérations que lorsqu'il s'agit de bâtir sur une terre nue: le nécessaire et rien au delà.

de la manière suivante ses dépenses d'acquisition et d'améliorations foncières par hectare après une dizaine d'années de travail:

Kr.

1 Valeur primitive des landes 19 32 2 Constructions 1-5 » 3" Fossés et clôtures 30 » 4 Défrichement 80 » 5 Chemins et ponceaux 11 » 6 Chaulage, marnage, terreautage 35 » 7 Nivellement, dessèchement et épierre ment 48 » 8 Dépenses générales, intérêts du fonds et plantations 196''

Ensemble.... ' o« 32

Rietl'el prévoyait que sous peu ses dépenses s'élèveraient à 600 francs par hectare. (I. Piret, *Traité d'Économie rurale.*)

En cas de premier établissement ou de reconstruction générale, la première question qui se présente à l'examen du cultivateur est celle du choix de l'emplacement sur lequel on doit bâtir. Cet emplacement doit satisfaire aux prescriptions de l'hygiène, c'est-à-dire permettre d'assurer la salubrité des habitations destinées soit au personnel de la ferme, soit aux animaux. L'excès d'humidité du sol, l'action de certains vents trop violents ou malsains parce qu'ils traversent des territoires où l'air est vicié, la proximité de marais, sont des conditions défavorables. On peut par le drainage se mettre à l'abri des inconvénients qui résultent de l'excès d'humidité du sol, mais il est plus difficile, sans changer de place, d'éviter l'action dés vents nuisibles ou du marais. Les plantations d'arbres que l'on peut faire dans ce but demandent, en général, pour se développer, un temps trop long pour que l'on puisse y avoir recours en dehors des cas où aucune autre solution ne se présente. Si des drainages sont nécessaires, la dépense qu'ils peuvent entraîner sera estimée et mise en parallèle avec les frais supplémentaires qui pourraient résulter du choix d'un autre emplacement permettant de les éviter.

La-question de salubrité est primordiale. La santé est le premier des biens,

celui sans lequel on ne peut jouir des autres; privé de la santé, l'homme perd toute son énergie et ne trouve de satisfaction à rien.

Le choix de l'emplacement doit être dicté encore par la nécessité d'assurer à l'exploitation la provision d'eau nécessaire: eau potable pour les hommes, eau potable pour les animaux, eaux de nettoyage, ou d'arrosage, ou nécessaires à l'alimentation de certaines industries annexées à la ferme. La quantité nécessaire pour ces différents services est très variable selon le climat, les usages et la nature des industries qui l'emploient. Si les animaux sont nourris en été au moyen de fourrages verts et l'hiver de racines, ils absorberont beaucoup moins d'eau sous forme de boissons que s'ils étaient nourris au sec; ils peuvent d'ailleurs se déplacer dans certains cas pour aller s'abreuver à quelque distance de la ferme.

Sans avoir l'eau à proximité des bâtiments, il se peut qu'on puisse l'y amener au moyen de travaux spéciaux, ce qui permet d'éviter les inconvénients qui résulteraient d'une installation dans le voisinage de la source; ou bien on pourra se la procurer à quelque distance de celle-ci en creusant des puits: on devra, avant de décider du choix de l'emplacement, procéder à l'examen comparatif des dépenses annuelles occasionnées par les travaux de conduite ou d'extraction de l'eau, avec les inconvénients que l'on évite en s'éloignant de la source.

Enfin, pour assurer la régularité des travaux et réduire au minimum la distance des transports des champs à la ferme ou réciproquement, les bâtiments doivent encore être placés au centre de l'exploitation. Nous disons aucentre de l'exploitation et non pas du domaine, car le point que les bâtiments doivent occuper, toute autre considération mise à part, n'est pas le centre de la figure géométrique formée parle Fig. 3.

plan du domaine, mais un point plus ou moins voisin de ce centre, et dévié dans un sens ou dans un autre, suivant la nature et le mode d'exploitation du sol. Supposons, pour nous permettre de préciser cette idée, que nous soyons en présence d'un' domaine de forme régulière et rectangulaire, *a, b,c,d* (fig. 3). Si aucune autre considération ne devait intervenir pour dicter le choix de l'emplacement, si la nature du sol était homogène et la culture d'un système unique sur toute la surface, les bâtiments devraient être groupés autour du point *o*, centre géométrique de la figure. Maisque la moitié du domaine, la partie *a, x, y,c*, par exemple, soit à l'état de forêt, l'autre partie seulement étant cultivée, et la position des bâtiments ne devra plus être la même. Etant donné que les produits de la forêt, sauf une bien faible partie qui alimente la ferme, ne doivent pas être amenés dans les bâtiments, mais pris sur place pour être livrés aux acqué- reurs, ou bien que les transports doivent être effectués en hiver, alors que le temps coûte peu, cette surface peut être tenue pour nulle et les bâtiments devraient être placés autour du point *o'*, centre du rectangle en culture *x, b, d, y*.

La partie *a, x, y, c* pourrait être à l'état de lande, ou bien étant à l'état de forêt elle pourrait fournir des litières ou des pâturages aux animaux. Dans ce cas l'emplacement à choisir serait toujours sur la ligne *m n* mais entre *o* et *o'* et plus ou moins rapproché de *o* selon l'importance des transports provenant de la partie non cultivée. Dans ce cas, en effet, on aurait à transporter à la ferme, sous forme de récoltes, ou sur les terres, sous forme d'engrais, une masse beaucoup plus considérable pour la partie de droite que pour celle de gauche. On devrait faire aussi, des champs à la ferme ou réciproquement, pour les besoins de la culture, un nombre de voyages beaucoup plus grand pour exploiter les terres que pour exploiter les bois. Enfin, il en serait de même dans le cas où l'une des deux portions du domaine serait beaucoup plus fertile que l'autre; les bâtiments devraient être rapprochés du centre de la partie la plus fertile; de même encore dans le cas où l'une des parties serait plantée en vigne, les transports à effectuer étant généralement moindres pour ce genre de culture que pour les terres arables, les bâtiments pourraient être un peu plus éloignés du vignoble, à la condition que cela ne fût pas un obstacle à la surveillance.,

Dans des conditions données, il est possible de déterminer au moyen de calculs la charge à transporter soit comme engrais, soit comme récoltes, de même que la distance à parcourir pour effectuer les différents travaux, et de déterminer la position que doivent occuper les bâtiments en donnant à chaque hectare, d'après les renseignements ainsi obtenus, l'importance qu'il a réellement. Toutefois, il ne faut pas s'exagérer la valeur de tels calculs et le plus souvent, une estimation approximative jointe aux considérations relatives à l'hygiène, à la nécessité de rechercher des abris, d'utiliser poulie transport des récoltes les voies publiques qui coupent le domaine ou passent à proximité, à la beauté du site, etc., permettront de déterminer facilement l'emplacement qui offre dans l'ensemble les plus grands avantages.

Une fois l'emplacement choisi, il faut arrêter le groupement. La manière de disposer les bâtiments les uns par rapport aux autres présente généralement un caractère local, soit à cause de l'habitude dominante dans le pays ou de la disposition particulière des ligux, pente, exposition, etc. Il n'y a aucun in-i convénient à conserver à la ferme un cachet local, pourvu que des précautions soient prises pour permettre de satisfaire aux conditions suivantes:

A. D'abord, la surveillance doit être facile et pour cela la maison d'habitation du directeur, gérant ou propriétaire, doit dominer l'ensemble et non pas occuper une partie retirée et surtout éloignée. Cette obligation doit cependant se concilier avec les besoins de tranquillité pour la famille. Elle s'imposera avec plus ou moins de force suivant les cas. Elle sera moins absolue dans la grande culture, où le directeur est généralement secondé par un chef de pratique qui le supplée dans la surveillance; mais il est bon, néanmoins, que les différents services ne soient pas trop à l'abri de l'œil plus investigateur du maître. Si pour sa tranquillité personnelle, et celle de sa famille, celui-ci désire isoler son habitation de l'exploitation et si son aisance lui permet de faire des sacrifices suffisants pour cela, il devra au moins se réserver un cabinet de travail d'où la surveillance lui sera facile.

B. Le groupement devra encore permettre la facilité de tenue des différents services. Il faut remarquer que les complications qui résultent d'une mauvaise disposition des bâtiments peuvent entraîner des dépenses de main-d'œuvre très coûteuses par suite de leur répétition fréquente et parfois journalière. De deux complications dont l'une est forcée, il va sans dire que l'on doit éviter de préférence celle qui entraînerait les plus grands sacrifices soit en raison de la fréquence des manœuvres qu'elle entraîne ou de l'importance du supplément de main-d'œuvre qu'elle occasionne. Pour s'éclairer sur ce point, il suffit d'estimer le supplément de dépenses annuelles auquel on est entraîné pour éviter toute disposition vicieuse et la main-d'œuvre ou la perte de matières, — de fourrages, par exemple, — que l'on évite.

C. Les fumiers doivent être rapprochés des étables pour éviter de coûteux transports, être éloignés des habitations et ne pas être placés de façon à ce que les vents dominants amènent vers celles-ci les émanations qui s'en dégagent. Les.meules ou silos à fourrages doivent aussi être à proximité des animaux qui en consomment les provisions, afin d'éviter des manutentions coûteuses et le désordre dans les cours. Cependant, il y aura en tout cela des obligations plus ou moins absolues suivant les cas. Dans une grande exploitation, où on peut recourir à l'usage des porteurs par voie ferrée, l'obligation de grouper ces divers services pourra être moins étroite que sur la petite exploitation.

D. Le groupement doit permettre de réduire au minimum les risques d'incendie. Toutefois, il est nécessaire de remarquer que ces risques peuvent être couverts à peu de frais, par des assurances; on ne doit pas, pour les réduire, se laisser aller à des dépenses excessives ou gêner sérieusement un service quelconque.

E. Enfin, il est sage d'adopter un groupement qui puisse se prêter à l'extension, une disposition qui permette d'agrandir les bâtiments sans détruire l'économie de l'ensemble. L'importance des bâtiments doit en effet être mesurée sur l'état d'amélioration du domaine, autant que sur le genre de culture. La fertilité qui comporte des récoltes de 40 hectolitres de froment à l'hectare, exige des bâtiments d'une plus grande contenance que celle des terres qui ne donnent que 20; or, par la culture, on peut passer de 20 à 40 et il faut, le moment venu, pouvoir s'agrandir sans supprimer les anciens bâtiments ni apporter, par la construction des nouveaux, des complications gênantes dans les différents services de la ferme. Car on ne saurait, dès le début, édifier des constructions sur les dimensions qui seront plus tard nécessaires. Il en résulterait l'immobilisation d'une valeur très importante qui aura beaucoup plus d'utilité sous la forme de capitaux d'exploitation.

On a le choix entre plusieurs genres de constructions, les unes fixes, les autres démontables et par conséquent mobiles; ou bien encore les unes d'une grande solidité qui leur donne un caractère permanent, les autres, dites économiques, construites assez légèrement, susceptibles seulement d'une faible durée.

Les constructions démontables conviennent généralement pour le fermier, qui peut les enlever en tin de bail. Le propriétaire évitera des réparations coûteuses en adoptant les constructions fixes. Le fermier, même avec bail de 20 ans, trouvera plus avantageuses les constructions dites économiques qui coûteraient beaucoup d'entretien si on leur demandait un usage prolongé, mais qui dépenseront peu pendant les vingt premières années. Ce n'est que d'une manière tout à fait exceptionnelle que le propriétaire devra se placer au même point de vue: par exemple quand les constructions doivent changer de place (abris dans des pâturages) ou satisfaire à des services ayant un caractère temporaire (exploitation d'une forêt, d'une laiterie), etc.

La meilleure construction sera celle qui, donnant satisfaction au point de vue du service, entraîne les dépenses annuelles les plus réduites. C'est donc après avoir estimé ces dépenses, seulement, que l'on peut faire son choix en connaissance de cause.

Les bâtiments ruraux doivent satisfaire à des exigences différentes. Les uns sont destinés à loger le personnel de la ferme, les autres les bestiaux, d'autres les récoltes, d'autres enfin à abriter quelques industries spéciales. L'examen des conditions de détail auxquelles ils doivent satisfaire suivant les cas sont surtout du ressort du génie rural, de l'économie domestique ou dela technologie, etc., nous n'avons pas à nous en occuper ici; nous nous arrêterons seulement à l'examen de quelques particularités qui ont des rapports assez intimes avec la bonne utilisation des capitaux.

Le propriétaire peut se construire une maison luxueuse si-on état d'aisance le lui permet. On ne saurait reprocher à un propriétaire aisé, riche, de faire pour son habitation des dépenses élevées, de sacrifiera ses goûts artistiques, d'étendre les motifs de décoration aux habitations des ouvriers et aux étables même. On ne saurait lui faire ce reproche, tôt. moins en se plaçant sur le terrain économique, sinon celui de la morale, attendu que le but de toute industrie la satisfaction que l'on en retire et que la satisfaction toute personnelle. Mais il faut avant tout satisfaire aux î gences de l'entreprise industrielle et réserver pour les aul chapitres du capital des ressources suffisantes, ou bien c la ruine. Que dire d'une conception qui présente sur domaine en désordre de somptueuses étables peuplées d'a maux maigres, privés de litières, à côté d'autres plus heure destinés aux exhibitions et entretenus dans l'abondance? li a là un grave défaut d'équilibre, de la fantaisie pure, non u entreprise conduite avec sagesse.

Ce spectacle est heureusement assez rare et il arrive heai coup plus souvent que c'est la parcimonie, le manque d'espi d'ordre, et surtout l'absence de toute conception artistique qi dirigent la construction des bâtiments ruraux. On devrait, toi au moins, chercher à réaliser dans les habitations tout I confortable compatible avec l'aisance des agents auxquels ellt sont destinées et, sans chercher à en faire des œuvres d'ar ce qui ne pourrait s'obtenir qu'en exagérant les dépenses, o devrait se préoccuper de donner aussi un aspect agréable au constructions rurales.

Parmi les nombreuses attractions que certaines villes exer cent sur les habitants des campagnes, petits propriétaires el ouvriers agricoles, la beauté, la commodité du logement n'esl pas la moins sérieuse. C'est cependant celle dont il serait le plus facile de s'affranchir, car à la ferme, la main-d'œuvre coûte moins cher que dans les villes et l'espace ne manque pas pour donner à la maison une étendue convenable et même y ajouter un jardin, un coin de champ, qui permettrait au journalier, au domestique, d'habituer ses enfants au travail de la terre, de tirer parti des loisirs que laisse à sa femme la tenue du ménage et de donnera la famille entière l'illusion d'un petit domaine possédé en propre. Ainsi établie largement, et se sentant chez elle, la famille songerait moins fréquemment à déserter la campagne. Le sacrifice à faire pour obtenir ces résultats serait peu élevé, ne représentant pas 60 francs par i«'k.!fisi tous les soins désirables étaient apportés à l'étude du j. 3! jet qui devrait toujours précéder la construction, indu» I est une annexe des étables trop souvent absente, d'autres (i. fa-j s aménagée à des frais excessifs et sur la nécessité de laaire i Elle nous devons dire quelques mots. Ce sont les fumières. jrlr nombreuses dispositions sont préconisées pour permettre, tu-recueillir les déjections des animaux et d'en opérer la pré,(, s ration en vue de fertiliser le sol. Les uns sont partisans de pléfi plate-forme, les autres de la fosse, certains veulent le fu",,. i ier couvert alors que d'autres estiment la couverture inutile. (n,( description des fumières est du ressort du génie rural et lie des procédés de fabrication des engrais rentre dans le «naine de la technique; en ce qui concerne ces questions,,-3 1 us renvoyons le lecteur aux volumes spéciaux qui leur sont ervés dans l'Encyclopédie. Nous dirons seulement que la illeure disposition est relative au climat et aux pratiques ptées pour la préparation et l'emploi des fumiers. On se cidera après avoir comparé le profit à retirer de l'organisation aux dépenses annuelles occasionnées par la construction, les fumières. Il faut cependant souligner la nécessité d'assu. fer, par les dispositions les plus simples, la récolte complète.les déjections solides et liquides des animaux de la ferme: l'imperméabilité du sol sur lequel reposent les animaux, des rigoles unies, amenant rapidement dans une fosse imperméable les urines que ne retiennent pas les litières; une forme à-Jfumier également imperméable et nivelée de façon à conJduire le purin dans la fosse, constituent le minimum à réaliser. J Au lieu de cela, dans des départements entiers, on voit le cultivateur indifférent devant le purin qui souille les cours, vicie l'air et brûle les herbes d'une prairie voisine de la ferme 'où on le laisse s'écouler, quand il ne se répand pas tout sim, plement le long des chemins. Et cependant, il faudrait peu de dépense pour éviter ces pertes et ce désordre. S'il n'est pas possible de faire les frais de bétons pour les surfaces à rendre imperméables, l'argile battue, mélangée à des cailloux, peut suffire. Si le sol est rocheux, la fosse à purin n'a besoin que d'être creusée, et s'il ne l'est pas on se la procurera au moyen d'un simple tonneau enfoui en terre après avoir été solidement Jouzier. — *Économie rurale.* ' cerclé de fer, et copieusement enduit de carbonyle. Voilà l'idéal pour la petite culture. Quant à la grande, la quantité de purin qu'elle peut recueillir vaut qu'elle fasse des frais (1).

. (1) «... Bien peu de cultivateurs s'imaginent l'importance de la perte qu'ils éprouvent de ce coté du fait de leur négligence. Veuton en avoir une idée, il suffira de nous suivre dans le calcul suivant:

Prenons une ferme de trente vaches. On peut dire que c'est pour l'Ille-et-Vilaine un cas assez fréquent. Une vache donne environ 15 kilogrammes d'urine en 24 heures, plus ou moins selon que l'alimentation a lieu avec des fourrages verts ou des fourrages secs, mais si la quantité émise augmente, la richesse en principes fertilisants diminue, de sorte que nous pouvons compter sur cette quantité moyenne qui correspond pour l'année à 5 475 kilogrammes, dans lesquels il y en a 28 d'azote et autant de potasse éminemment assimilables.

Si toute l'urine était recueillie, on ne perdrait que de l'azote qui s'échappe, après fermentation, à l'état de combinaisons ammoniacales. On en perdrait de ce fait environ 25 p. 100, soit 7 kilogrammes.

Si au contraire on laisse s'écouler dans la cour de la ferme ou le long des chemins la moitié des urines, comme cela a lieu fréquemment, on perdra 14 kilogrammes d'azote et 14 kilogrammes de potasse. D'après le prix courant des engrais chimiques, on peut esti.mer cette perte à: 21 francs pour l'azote (14 kilogrammes à 1 fr. 50).

5 fr. 60 pour la potasse (14 kilogrammes à 0 fr. 40).

Soit en tout, par vache, 26 fr. 40. Pour les trente vaches, c'est 798 francs. Le cultivateur qui néglige de recueillir et d'utiliser son purin est bien loin de se douter qu'il agit exactement comme s'il lançait dans la rivière, chaque année, 40 belles pièces de 20 francs. Cependant, pour sa bourse, le résultat est le même. Il serait effrayé s'il avait une idée de ce que représenterait cette valeur si, au lieu de la sacrifier bénévolement, il en tirait bon parti.

Si ce purin, qui contient pour 800 francs d'azote et de potasse, était répandu avee soin sur les prairies ou sur les terres, il donnerait aux récoltes une plus-value supérieure à sa valeur d'au moins 4 p. 100, qui représente l'intérêt du capital. On peut donc dire que si le cultivateur consacrait cet engrais à sa culture, elle lui rendrait de ce fait autant qu'une caisse d'épargne capitalisant les intérêts à 4 p. 100 et dans laquelle il verserait chaque année la somme de 800 francs. Or, cette caisse devrait lui payer au bout de trente ans, soit quand il se retire des affaires, la somme énorme de 44 864 francs.

Nous pouvons donc dire que le culti-

vateur qui se retire sans

Il est prudent de prévoir dans la destination des bâtiments des transformations possibles. Les circonstances économiques sous l'empire desquelles on a construit peuvent se modifier et peuvent obliger à transformer des magasins en étables ou en ateliers ruraux divers, et réciproquement. Il faut alors que ces transformations soient possibles sans entraîner des perles d'espace élevées ou de grandes dépenses. Il faut à cet égard se défier des constructions très spéciales par leurs dimensions trop réduites ou trop exagérées, comme les granges, les bergeries ou les chaîs de certains pays. C'est ainsi que dans les pays ravagés par le phylloxéra, les animaux, dont le nombre s'est accru avec l'étendue livrée à la culture arable, sont souvent logés étroitement faute de pouvoir aménager à leurs usage les anciens bâtiments d'exploitation vinicole. Les bâtiments ruraux doivent autant que possible avoir pour dimensions des multiples de la largeur nécessaire pour leur aménagement en étables, car parmi les choses dont la proportion s'accroît à la suite de transformations de la culture ou d'amélioration du sol, ce sont les animaux qu'il est le plus difficile de loger Beaucoup de récoltes, les plus encombrantes surtout, comme les fourrages, les pailles, se logent dehors plus économiquement qu'à couvert et les autres s'accommodent généralement de bâtiments ayant des dimensions quelconques.

La réunion de toutes les dispositions nécessaires, ainsi que l'exécution de tous les détails d'aménagement intérieur ne peuvent être assurées que par l'étude préalable d'un avantprojet arrêté sur plans descriptifs et devis de toutes les dépenses. Il arrive trop souvent, cependant, que le propriétaire s'engage dans la construction de bâtiments sans en avoir arrêté l'économie autrement que d'une manière assez vague et surtout sans avoir procédé à une évaluation détaillée des dépenses auxquelles il peut être entraîné. Il arrive alors que les ressources que l'on considérait comme suffisantes soient perte ni profit au bout de trente ans de culture, et qui a négligé h récolte de ses engrais, se retirerait avec une petite fortune, 43000 francs1 s'il avait consacré tous ses soins à les recueillir. lE-Jouzier, *Journal de la Société d'agriculture d'Ille-et-Vilaine*, 1898.)

épuisées avant l'achèvement des travaux et l'on est obligé, pour continuer, ou de recourir à un emprunt, ou de priver une autre partie de l'exploitation de capitaux très utiles. D'autres fois, on s'apercevra, trop tard pour pouvoir y remédier, que telle disposition est incompatible avec l'aménagement que l'on avait vaguement prévu.

Le prix des bâtiments ruraux est très variable suivant les cas. Ils peuvent coûter le plus souvent de 25 à 40 francs le mètre carré couvert. Les bâtiments d'habitation coûtent plus, généralement, que les étables, et celles-ci plus que les granges ou magasins. Le prix dépend encore de celui de la maind'œuvre ou des matériaux dans le pays et quelquefois de circonstances particulières qui ne permettent pas de faire état de données recueillies ailleurs, autrement qu'à titre de renseignements. On est fixé sur la dépense à laquelle on pourra être entraîné pour construire en établissant un devis, c'est-àdire le plan détaillé une fois dressé, en évaluant, conformément aux usages locaux, les différents travaux: terrassement, maçonnerie, charpente, couverture,menuiserie,serrurerie,etc., d'abord en quantité, puis en valeur d'après le prix de chaque unité.

Quelque soignées que soient les évaluations, il faut compter sur une somme d'imprévu assez importante, et pour connaître le prix de revient réel de la construction, ce qui est nécessaire, il faut encore, pendant l'exécution, noter avec soin toutes les sommes payées ainsi que le prix des travaux accessoires ou des matériaux fournis par l'exploitation. On aura ainsi le capital engagé dans les diverses parties de chaque bâtiment, ce qui sera le point de départ de la détermination des dépenses annuelles. Voici comment on pourra évaluer méthodiquement ces dépenses en fonction de renseignements de cette nature et d'indications sur la durée des diverses parties de chaque construction:

Dépenses annuelles d'une grange (1).
Fr.

1 Intérêt à 4 p. 100 îl'une valeur de 2S71 fr. 42 102 856 2 Amortissement: (1) D'après Londet, *Traité d'Économie rurale*, II, p. 330-333. :.'.-.-'.".-' . l'ourles murailles,en 200 ans (sur une valeur de i206',72) 0 019

Pour le crépissage extérieur, durée 20 ans (sur une valeur de 58',83) 4 900

Pour la charpente, durée de 200 ans 0 009

Pour la couverture, durée 25 ans 14 700

Pour lus portes, serrures, etc., durée 15 ans. 6 660 26 288 26 288 3o Entretien, couverture, à 0,04 par mètre carré. 113,40. 4 536 4» Frais d'assurance, 0',50 p. 1000 1 285

Total des dépenses annuelles 134 965

Le propriétaire du bâtiment devrait en exiger comme loyer 134 fr. 965 pour tirer de son capital un revenu de 4 p. 100Une réduction de 4 fr. 536 pourrait être faite si le locataire était chargé de l'entretien de la couverture.

U est à remarquer que la dépense d'entretien s'accroît à mesure que les bâtiments deviennent plus vieux, de sorte pe le propriétaire doit trouver dans le fermage des constructions neuves une part disponible pour effectuer les réparations dans l'avenir, faute de quoi ses revenus baisseraient. Car il est bien évident que le loyer ne peut pas être augmenté à mesure que les réparations deviennent plus coûteuses par suite de l'état de vétusté du bâtiment.

On pourra procéder d'une manière analogue pour déterminer la dépense annuelle des chemins, clôtures, travaux de nettoiement, d'épierrage, etc., et d'une manière générale de toute amélioration dont les effets sont persistants et sensiblement égaux chaque année. Nous consacrons un chapitre spécial aux engrais, dont les effets obéissent à une loi différente.

IV. — MOBILIER MORT.

Le mobilier mort comprend les moteurs inanimés, les machines diverses, le mobilier employé dans les étables, Magasins, etc., c'est-à-dire, en général, tout ce qui, en dehors les animaux, étant meuble par sa nature, est retenu à la ferme pour un temps assez long en vertu de la seule destination.

'teS mbteurs-et les 'machines sont sans contredit la partie la plus importante de cette division des capitaux. Ils ont reçu depuis une cinquantaine d'années un grand nombre de perfectionnements et, tels qu'ils se présentent actuellement, il donnent au cultivateur une puissance longtemps ignorée.

La préparation de certaines terres, particulièrement tenaces, qui ne s'obtenait autrefois que grâce à un concours assez prolongé de circonstances atmosphériques favorables, est devenue un véritable jeu, et s'obtient en quelques jours, par l'usage méthodiquement combiné de la charrue, de la herse, du scarificateur et du rouleau. Il en résulte que ces terres, qu'on ne pouvait cultiver avantageusement qu'en faisant des jachères prolongées, peuvent toujours être facilement ensemencées à temps et donner des récoltes sans interruption.

Le battage des grains, qui s'opérait au fléau ou par dépiquage il y a cinquante ans à peine et immobilisait toute la main-d'œuvre pendant des mois, est exécuté maintenant et le grain nettoyé, même, en quelques jours.

Le semoir et la houe à cheval sont devenus dans leur genre des merveilles de précision. Par leur emploi combiné, on assure à peu de. frais, et sans disposer d'une main-d'œuvre abondante, le nettoiement du sol.

Les moteurs inanimés, dont la force doit tôt ou tard se substituer à celle de l'homme ou des animaux pour nombre de travaux pénibles à l'intérieur, comme le battage des grains, le sciage des bois, l'élévation des eaux, etc., ont été l'objet, eux aussi, d'améliorations importantes. Masses encombrantes et coûteuses il y a à peine trente ans, ils ont été ramenés, dans certaines variétés, à des proportions assez réduites et à des prix assez bas pour être à la portée d'un grand nombre de moyennes et de petites exploitations.

Dans l'ènsemble, les machines agricoles permettent maintenant de cultiver de plus grandes étendues, de mieux culti-; ver, de s'affranchir dans une très large mesure de l'influence. défavorable de la température dans l'exécution des travaux en raison d'une vitesse et d'une puissance plus grandes, et enfin, de diminuer très notablement la fatigue, ce qui permet: de retenir aux champs les meilleurs ouvriers, ceux à qui leur intelligence ou leur habileté permettrait d'autres occupations. Grâce aux machines, on tire le meilleur parti possible de leur travail sans leur demander une besogne trop pénible.

Du parti que l'on sait tirer des machines, dépend dans une très large mesure l'ensemble des progrès que l'on peut réaliser dans la culture, et dans bien de cas, c'est par la réforme de l'outillage qu'il faut commencer. Deux exemples nous permettront d'en montrer toute la réalité. /

Dans la partie autrefois vinicole de la Charente, que nous connaissons bien, la revoyant chaque année, la petite culture domine, l'outillage agricole est fort rudimentaire. Dans beaucoup des exploitations, on ne rencontre comme machines attelées, les véhicules mis à part, que la charrue primitive des Romains connue sous le nom *d'areau,* à peine plus perfectionnée qu'il y a deux mille ans. Ce n'est guère que depuis une quinzaine d'années que la herse, la herse Valcourt, et la charrue dite Dombasle commencent à se répandre; l'usage du rouleau, de la houe à cheval, est rare; quant au semoir, il est peut-être permis de dire que c'est une machine inconnue. La tendance au progrès se manifeste surtout par l'introduction de la faucheuse jointe à son appareil javeleur à bras, ce qui est une erreur économique, car ces machines immobilisent beaucoup plus de capital et rendent beaucoup moins de service que la houe à cheval, malgré la légèreté des terres dans ce pays.

Si on parcourt les cultures de cette région, on est frappé du désordre et du peu d'activité qu'elles présentent. Sauf celui du blé, les ensemencements sont tardifs; les binages pour les plantes sarclées, pommes de terre et betteraves surtout, sont exécutés avec retard, d'une manière peu rationnelle et consistant, péniblement, en deux façons seulement. Aussi n'est-il pas rare de voir ces cultures, à l'automne, constituer une pépinière de mauvaises herbes au lieu de contribuer au nettoiement du sol. C'est que, courbé sur le sillon, l'ouvrier va lentement, malgré la peine dépensée: les binages sont faits à bras, la coupe des céréales à la faucille et le temps n'est pas suffisant pour effectuer le tout au moment voulu.

Quant aux terres qui ont porté les céréales, il n'est pas rare de les voir rester sur chaume jusqu'au printemps suivant, n'être labourées pour la première fois qu'au moment d'y ensemencer maïs, pommes de terre, etc. La seule culture dérobée qui soit pratiquée est celle des navets. Quand la température est favorable après la moisson, on en ensemence quelques ares, sur chaume de froment, mais sans qu'il y ait dans cette culture une véritable régularité.

Il résulte de toutes ces pratiques un état misérable des cultures. Dans les parties calcaires, la ronce, les chardons, l'arrête-bœuf, le chiendent, sont des herbes communes auxquelles se joignent avec un caractère envahissant, dans les années humides: la moutarde, les pavots, le souci, le réséda. En 1902, l'invasion des céréales par les vesces et les gesses connues sous le nom de *gerzeau* a diminué d'un tiers la récolte du blé dans les terres fraîches.

Et cependant, les terres de cette région sont d'un travail extrêmement facile, une notable partie de l'étendue est en friches, ce qui devrait laisser pour la bonne culture de l'autre surface un temps suffisant. Seul le bétail est l'objet des soins nécessaires et on peut affirmer qu'il donne à lui seul tous les profits de la culture.

Si après un aussi sombre mais fidèle tableau, nous passons dans la moitié sud du département de la Mayenne, nous trouverons, dans des terres d'une réduction bien plus difficile, des cultures soignées, se succédant sur le sol avec activité, faites à temps et dans des conditions qui en assurent toujours la réussite. Là, on ne trouve pas seulement le temps nécessaire pour donner aux terres les soins annuels indispensables, mais encore le fermier et le métayer réalisent d'importantes améliorations foncières: travaux de drainage, plantations de pommiers, amélioration des chemins et cela, sans se donner plus de mal que le cultivateur de la Charente, mais par le seul fait d'une meilleure organisation.

Dans la généralité des exploitations de la Mayenne, on rencontre en effet un outillage complet. Pour les travaux extérieurs: charrues-brabant, herses articulées et herses souples rouleaux, semoir, houe à cheval, pelle à cheval, etc. , et pour l'intérieur de la ferme, hache-paille, coupe-racines, batteuse, tarais, le tout mû par un manège et quelquefois par un petit moteur à pétrole. Rendu plus rapide, agréable et moins lassant, le travail est encore encouragé par les profits inséparables de toute entreprise bien dirigée et activement conduite.

Qu'on n'aille point croire, d'ailleurs, qu'il faut engager un très gros capital dans l'achat des machines. S'il est urgent, dans bien des cas, de compléter l'outillage, il faut éviter de tomber dans des dépenses excessives. Les résultats que nous signalons pour la Mayenne ont été réalisés dans un esprit de parfaite économie: de fabrication locale pour la plupart, les machines y ont été construites en rapport avec les besoins de la culture du pays, elles peuvent être réparées sur place, souvent parle forgeron même qui les a construites, ce qui assure à la fois la modicité du prix, la rapidité et la bonne exécution des réparations. Une mise de fonds de 2 000 à 3 000 francs suffirait souvent pour ajouter le complément nécessaire à l'outillage que possède, même dans les pays de mauvaise culture, toute exploitation de 15 à 20 hectares.

Beaucoup de propriétaires seraient mieux disposés à faire cette dépense, beaucoup de fermiers ou de métayers qui ne peuvent la faire par eux-mêmes y seraient aidés plus facilement par le propriétaire si, dans le monde des cultivateurs, on avait des notions plus précises sur la nature variée des services que peuvent rendre les machines et sur le peu de sacrifices qu'elles coûtent annuellement. Mais trop souvent on ne voit pas que le temps épargné par l'emploi d'une machine peut être utilement employé ailleurs, que la terre, plus tôt débarrassée de ses fruits, plus rapidement préparée et ensemencée, peut donner un plus grand nombre de récoltes. Trop souvent encore, par suite du défaut de méthode dans l'administration des capitaux, on ne se rend pas compte que si l'achat de la machine exige une mise de fonds assez élevée, cette valeur se reconstitue au moyen de sacrifices annuels insensibles, ainsi que nous le montrerons dans un chapitre spécial.

Le capital mobilier mort entraîne comme dépenses annuelles le service, les risques, l'amortissement et rentretien des valeurs engagées; à quoi on ajoutera, s'il y a lieu, à titre de frais généraux, le loyer des bâtiments ou liangars dans lesquels est remisé le matériel, et les autres dépenses de même nature.

Le service est calculé sur le laux commun à tous les capitaux. Les risques sont limités aux risques d'incendie et dans la généralité des cas s'élèveront à 0 fr. 80 p. 1000. L'amortissement se calcule comme il a été dit plus haut (78 et suivants) sur la différence entre le prix de revient sur la ferme et le prix de vente probable à la réforme, d'après le taux des placements et d'après la durée particulière de chaque objet. La dépense d'entretien comprend tous les frais de réparations nécessaires pour assurer la conservation et le bon fonctionnement du matériel. L'évaluation en doit également être particulière pour chaque objet.

Pour avoir le prix de revient de l'action fournie par le capital, soit, s'il s'agit d'une machine, le prix de revient de son travail, il faudra après avoir estimé le total de ces dépenses pour l'année, le diviser par le nombre de jours de travail et y ajouter la dépense par jour, pour force motrice ou conduite dela machine; ayant ainsi le prix de revient du travail par jour, il sera facile de passer de là au prix de revient pour l'unité de surface.

Soit, à titre d'exemple, à déterminer le prix de revient d'un labour exécuté au moyen d'une charrue qui a coûté, rendue sur la ferme, la somme de 100 francs, qui peut durer quinze ans et valoir!i francs à la réforme; nous supposerons en outre que l'hectare est labouré en trois jours et que la charrue travaille 100 jours par an: 1. Dépenses fixes pour un an:

Fr.

Service et risques à 3,06 p. 100, sur un capital de 100 francs 3 0f

Amortissement calculé sur une durée de quinze ans au taux de 3 p. 100 5 11

Frais généraux (mémoire) » »

Total par an 8 17 2. Dépenses fixes par jour de travail: 8,17: 100 = 0,0817. 3. Dépenses de traction et conduite par jour:

Fr.

Une journée d'un attelage de deux bœufs à 3,76. 3 76

Une journée de conducteur (bouvier) '2 50

Total 6 26 i. Prix de revient par hectare:

Fr.

Dépenses de la charrue: a) dépenses fixes, trois journées à 0,0817 0 2451 6) dépenses d'entretien par hectare 1 50

Dépenses de traction et conduite: 3 journées à 6',26 18 78

Total 20 5251 ll suffira de déterminer ainsi le prix de chaque type de labour, de le porter au compte de chaque culture, en proportion de l'étendue qu'elle occupe et du nombre d'opérations qu'elle exige, pour grever chacune d'elles des dépenses de charrue qu'elle entraîne réellement. Enfin, en agissant de même à. l'égard de chacun des objets mobiliers, toutes les dépenses du mobilier mort se trouveront rationnellement réparties...

Toutefois, en raison des variations qui se produisent dans le prix de revient de chaque opération suivant les circonstances, on apportera plus de précision dans la comptabilité, si, au lieu de porter ainsi en bloc la dépense de mobilier et travail, on a le soin de noter d'une manière distincte pour chaque production végétale et animale le nombre d'heures de chaque objet ou agent qui leur a été consacré; ainsi, au lieu de noter:

Trois labours, à 20,52 l'un 61 56

On notera: 90 heures de charrue ordinaire à 0'.0ss l'heuro

(entretien compris) 5 22

90 heures d'un attelage de deux bueufs à 0,376

l'une 33 84

90 heures de bouvier à 0',25 22 50

Total 61 56

On tiendra ainsi un compte plus exact des fractions de journée consacrées à chaque opération...

Le prix à inscrire pour l'heure de chaque objet mobili sera connu en divisant sa dépense annuelle totale par I nombre d'heures d'usage qu'il aura fournies dans l'année. Oj. prix ne peut naturellement être connu qu'en fin d'année lorsque l'on sait le temps total que chaque objet a été occupé Nous indiquerons ailleurs les modes d'évaluation qui con( viennent pour le moteur et le conducteur.

Nous renvoyons le lecteur aux ouvrages de génie rural el d'agriculture pour ce qui est de la connaissance des divert modèles de chaque machine ou moteur et leur conduite ou maniement. Ce genre d'études ne saurait trouver place ici. Nous n'entreprendrons pas non plus l'examen des fonctions économiques de chacun des objets qui font partie du mobilier mort, ce qui nous obligerait à d'inutiles répétitions et rentre plutôt dans le domaine des sciences techniques; nous nous contenterons d'indiquer la place que les moteurs inanimés peuvent occuper dans la ferme en général et de passer en revue une machine agricole du type le plus courant en nous attachant à montrer comment on peut résoudre les principales questions d'économie que soulèvent son achat et son emploi. Par analogie, on résoudra facilement les principales questions en présence desquelles on pourra se trouver au sujet d'autres objets.

Moteurs inanimés. — Outre sa force et celle des animaux domestiques, pour mettre ses machines en mouvement, l'homme peut encore employer des moteurs inanimés.

Si l'énergie procède d'une source unique, comme le fait en parait démontré, l'électricité est assurément la forme sous laquelle elle offre le plus d'avantages: transmissible à des distances infinies avec la plus vertigineuse rapidité, par des moyens d'une surprenante simplicité, facilement transformable en chaleur, lumière ou force motrice, elle peut répondre à tous les besoins. Elle serait la forme idéale et affranchirait le genre humain de la presque totalité de son labeur si les appareils d'accumulation et de transmission, les premiers surtout, étaient plus perfectionnés. L'énergie représentée par les vents, les mouvements de l'eau des mers, les chutes des cours d'eau, pourrait être captée, domptée et I

ïrigée ensuite dans chaque atelier, sur chaque ferme ou dans jhaque foyer et s'y transformer à volonté, suivant les besoins, chaleur, lumière ou force motrice et contribuer même à voriser le développement des plantes (1). Malheureusement, n'est là qu'un rêve d'avenir et les imperfections des ipareils d'accumulation et de transmission, des premiers furtout, jointes aux dépenses qu'ils engagent, eux et les moteurs, ne permettent pas de compter de sitôt sur sa réalisation.

f Actuellement, l'électricité ne peut trouver place dans la raie, comme force motrice, que d'une manière exceptionIle, car car pour obtenir l'énergie sous cette forme, outre les is occasionnés par les machines spéciales qui opèrent:ette transformation, il faut subir une perte par suite de la transformation même. On n'y trouvera économie qu'autant qu'il s'agira d'usages spéciaux, comme pour le besoin d'éclairage intense, ou pour opérer des transformations de mouvement, ou pour utiliser une source d'énergie quelque peu éloignée de la ferme: surcroît de force d'une machine à vapeur, chute d'eau, moulin à vent.

Le vent est un moteur peu coûteux. L'appareil qui sert à en capter la force n'exige pas une mise de fonds élevée et la idépense d'entretien est peu sensible, mais c'est un moteur trop capricieux pour qu'il soit possible de l'employer avantajgeusement à toute espèce de travail.

On l'emploie communément, dans les pays découverts, pour la mouture des grains ou l'élévation des eaux, car on peut dans ces deux cas parer dans une mesure suffisante aux inconvénients qui résultent de l'irrégularité avec laquelle il souffle. Ces irrégularités sont de deux sortes: celles qui consistent dans des changements momentanés sans causer l'arrêt du mécanisme récepteur de la force, et celles, d'une durée assez grande, qui déterminent un arrêt prolongé. On pare (1) Des expériences récentes de M. Saillard professeur à l'Ecole nationale des industries agricoles, ont démontré que les betteraves rélairées la nuit à la lumière électrique peuvent donner un rendement en sucre sensiblement plus élevé que les betteraves non éclairées.

Joi'zier. — *Économie rurale.'* aux premières au moyen de dispositions spéciales, souvent automatiques, dans les moteurs agricoles, suivant lesquelles les aile? réceptrices permettent au vent une action variée en raison inverse de sa vitesse. Contre les irrégularités de la seconde nature, les mesures à prendre dépendent de la nature du travail à exécuter et des circonstances.

Quand il s'agit de mouture, comme la farine se conserve, *on* peut travailler quand il fait du vent et chômer le reste du temps; il suffira, pour cela, d'avoir deux moteurs au lieu d'un et une réserve de grains suffisante pour amasser une assez grande provision de farine. Dans le cas d'une clientèle à servir avec régularité, un moteur à vapeur annexé au moulin à vent peut être nécessaire.

S'il s'agit de l'élévation des eaux, on pourra faire face à tous les besoins en accumulant de l'eau dans des réservoirs qui la livreront ensuite. La contenance à donner à ces réservoirs dépend de la quantité d'eau consommée et de la régularité de consommation ainsi que de la constance plus ou moins grande des vents. La dépense d'établissement du réservoir peut se calculer assez facilement dans des conditions données; elle constitue un élément important du prix de revient de l'eau.

Ce prix de revient comprendra, en effet, les dépenses de service, risques et amortissement du moteur, service et amortissement des capitaux engagés dans la construction des réservoirs, éléments auxquels s'ajouteront les frais d'entretien et de surveillance. Le total de ces dépenses pour l'année divisé par le nombre de mètres cubes utilisés donnera le prix de revient du mitre cube. Un devis préalable à l'entreprise des travaux sera donc indispensable.

On peut également se passer des réservoirs, à la condition d'adjoindre au moulin à vent une machine à vapeur. Le moyen à employer entre les deux sera celui qui donnera l'eau nécessaire au prix le plus bas.

Le travail de l'eau est moins irrégulier en général que celui du vent. Le débit des cours d'eau, s'il varie selon les époques de l'année, le fait suivant les lois connues qui présentent une assez grande constance, de sorte que les prévisions auxquelles on peut se livrer à ce sujet présentent plus de sécurité que celles que l'on établit en ce qui concerne le vent. On pare aux irrégularités de la même facon et le prix de revient est, dans ce cas encore, assez faible. Malheureusement, il est assez rare que l'on possède une chute d'eau dans le voisinage de la ferme, et cependant il arrive encore, quand cela se présente, qu'on n'en tire pas parti. La force en peut être transmise à distance, soit au moyen de simples appareils dits *lélédynamiques,* soit après transformation en électricité. De toute façon, le rendement diminuant et les dépenses devenant plus grandes à mesure que la distance de transmission augmente, il y a une limite qui ne saurait être économiquement dépassée. Cette limite sera variable selon les difficultés spéciales qui peuvent se présenter dans l'établissement de la transmission et selon la valeur que l'on peut tirer de l'utilisation de la force. C'est sur devis seulement que l'on peut se prononcer. Dans tous les cas, le prix de l'unité de force, soit le cheval-vapeur, ne saurait dépasser celui qui résulterait de l'emploi d'une machine à vapeur sur place même.

La force motrice de la vapeur peut être obtenue avec la plus grande régularité. Un ouvrier intelligent pris sur la ferme, peut, après y avoir été quelque peu exercé, conduire facilement le moteur, aussi cette force convient-elle pour la mise en mouvement de la plupart des machines: batteuses, moulins, scieries, pompes, et toutes les machines d'intérieur de ferme telles que tarares, trieurs, hache-paille, couperacines, appareils de laiterie, etc. Elle peut également convenir pour la traction des instruments de culture: charrues, herses, rouleaux scarificateurs, faucheuses, moissonneuses. Son prix de revient seul s'oppose à ce qu'il en soit fait un usage plus étendu.

Les machines à vapeur engagent un capital de 350 à "50 francs environ par cheval-vapeur selon leur force. Les machines à usages agricoles, qui ont une puissance de 8 à 10 chevaux, se vendent environ 5000 francs.

Les dépenses annuelles d'une semblable machine, pour service, risques et amortissement seulement, seraient, dans le cas d'un travail de trente jours:

Fr.

Service et risques de 5000 francs à 3,06 p. 100. 153 »

Amortissement de 4 900 fr. en trente années.. 103 »

Total annuel 256 »

Dépense par jour: 256:50 = 5,12.

Avec un travail de 100 jours la dépense s'abaisserait à 4 fr. 16 par jour et à 3 fr. 87 avec 150 jours. La journée de travail coûterait:

Francs.

Dépenses anuuclles fixes 4 16 à 5 12

Eau; un homme, 2',50; un cheval, 2 fr., etuntender, 0',25 4 75 à "5

Charbon, 400 kilogrammes à 4 fr 16 » 16 »

Conduite, un mécanicien 3 50 3 50

Entretien (mémoire) » »

Total par jour..., 28 41 à 29 37

Soit, par cheval-vapeur, environ 3 francs sans la dépense d'entretien.

Les machines à vapeur, dans l'état actuel des entreprises agricoles, sont très rarement avantageuses pour effectuer les travaux du dehors et ne sont économiques, pour les travaux d'intérieur, que dans un nombre de cas assez limité. C'est dans une certaine mesure une conséquence du mauvais état des chemins, de l'étendue des exploitations, insuffisante pour permettre d'occuper la machine, de leur morcelle-

ment, qui entraîne des pertes de temps, les rayâges étant trop courts, etc., mais plus encore une conséquence des circonstances favorables à l'exploitation du bétail.

Le travail modéré demandé au bœuf d'élevage favorise sa croissance. Dans l'élevage du cheval, l'exercice est indispensable pour avoir de bons animaux, aussi peut-on dire avec beaucoup de raison que le travail, avec ces modes d'exploitation des animaux, est obtenu gratuitement. Dans ces conditions, la culture au moyen de la vapeur ne saurait se propager.

Des applications assez étendues de cette force ont cependant été faites depuis une vingtaine d'années pour opérer leslabours de défoncement en vue de la plantation des vignobles. Là, elle présente plus d'avantages que les animaux directement attelés sur les machines en raison de l'effort considérable qu'il faut exercer pour vaincre les résistances. Une machine de la force de 10 à 12 chevaux, avec l'intermédiaire d'un treuil peut permettre d'effectuer des labours de 0,6j de profondeur si la nature du sous-sol s'y prête, tandis qu'avec un attelage de 14 chevaux ou mulets il est difficile d'atteindre la profondeur de 0,50. Au-dessus de ce nombre, l'augmentation des animaux qui composent l'attelage ne donne pas une augmentation sérieuse de la puissance par suite des pertes de force inévitables et qui s'accroissent quand augmente le nombre des animaux.

Mais à défaut des machines à vapeur, on peut employer pour la traction des charrues défonceuses un treuil à manège. Mû par deux chevaux, ce treuil procure sensiblement la même puissance que la vapeur et permet d'atteindre de 0,60 à 0,65. Le choix, entre la machine à vapeur et le treuil, doit donc être dicté simplement par le prix de revient du travail obtenu par ces deux moyens, prix qui variera suivant l'étendue à défoncer annuellement, les prix relatifs des attelages et de la main-d'œuvre, etc.

L'emploi du manège, dans les petites et moyennes exploitations, sera presque toujours plus avantageux que celui des

moteurs inanimés pour la mise en mouvement des machines destinées à la division des fourrages, à l'élévation des eaux pour le service de la ferme.

Aux machines à vapeur, il faut assimiler les moteurs à gaz. à pétrole et à alcool. De moindre volume et de force plus réduite que celles-ci, ils conviendront mieux en général pour les petites exploitations parce qu'ils entraînent une moindre mise de fonds d'abord et ensuite parce que leur mise en marche est plus rapide, avantage évidemment d'autant plus sensible que la durée du travail à exécuter chaque fois est moindre.

Leurs dépenses se calculeront d'après les mêmes principes que pour la machine à vapeur.

Charrue. — La meilleure charrue est celle qui permet de faire, avec un degré de perfection suffisant, un labour donné, au prix le plus bas, sans engager un capital trop élevé. On voit qu'il faut, pour fixer son choix, faire intervenir des considérations multiples.

Tout naturellement, il faut tenir compte du genre de travail que doit fournir la charrue. Il en est de construites spécialement en vue de labours profonds, d'autres en vue de labours superficiels ou ordinaires, d'autres enfin peuvent donner un travail varié. Les mêmes différences se présentent dans les modèles quant à la façon dont la bande de terre se trouve abandonnée par le versoir: elle est ou laissée presque droite, ou renversée complètement, brisée ou laissée intacte, etc., et chaque genre particulier de labour peut avoir ses avantages, suivant que le sol sera ou non immédiatement ensemencé, selon la culture en vue de laquelle on le prépare, suivant la nature du terrain, etc. Par le réglage, on parvient à obtenir d'une même machine des labours variés. Toutefois les variations ne sauraient dépasser certaines limites, assez étroites dans les machines bien construites, sans qu'il en résulte des inconvénients: fatigue de la machine, de l'attedage ou du conducteur et quelquefois des trois, et avec cela, travail moins parfait. Ce sont les modèles spéciaux qui conviennent le mieux si on ne tient compte que du degré de perfection du travail.

S'ensuit-il que l'on doive avoir sur chaque exploitation une charrue pour labours profonds, une autre pour labours ordinaires et une troisième pour labours superficiels? que l'on doive joindre aux modèles qui conviennent pour les terres légères ceux qui sont spécialement construits pour les terres fortes si l'on possède ces deux natures de terre? Doit-on préférer l'araire ou la charrue brabant? Il faut, pour décider relativement à ces différents points de vue, prendre en considération le capital que l'on peut engager et la dépense à laquelle on peut se trouver entraîné par hectare labouré.

Par exemple, nous avons une charrue unique pour labourer annuellement 20 hectares, ce qui peut correspondre à 10 hectares environ de terres labourables, et cette charrue, du prix de 100 francs, nous donne le labour au prix moyen de 20 fr. 56 par hectare, savoir: 1o Par jour:

Fr.

Service, risques et amortissement de la machine 0 094

Entretien de la charrue 0 50

Dépenses de l'attelage et du bouvier 6 26

Total 6 854 2 Par hectare, 3 fois plus ou: 6,854 x 3 — 20',562.

Si nous introduisons deux modèles au lieu d'un, la mise de fonds montera sensiblement au double et le prix de revient moyen du labour se modifiera. Si les deux machines travaillent le même temps, on aura comme moyenne: 1 Par jour:

Fr.

Service, risques et amortissement de la ma chine 0 198 (1)

Entretien de la charrue 0 50

Dépenses de l'attelage et du bouvier 6 26

Total 6 958 2o Par hectare, 3 fois plus ou: 6,958 x 3 = 20,87i.

L'augmentation du prix de revient est donc peu sensible et sera facilement compensée par une amélioration du travail ou une plus grande rapidité d'exécution. Néanmoins, cela ne suffit pas pour conclure en faveur de l'achat de deux charrues dans ces conditions.

Il faut encore se préoccuper de savoir si le capital exigé pour l'achat de la deuxième charrue ne trouverait pas sur la ferme un emploi plus avantageux. Souvent il sera plus productif employé sous la forme d'engrais, ou de bétail, ou de fourrages, et c'est seulement après avoir assez largement doté les autres chapitres du capital qu'on pourrait introduire la deuxième charrue.

La question se poserait encore de la même façon s'il s'agissait de choisir entre deux charrues de prix très différent (1) Nous calculons l'amortissement sur le même temps, qu'il y ait me ou deux machines, bien que, le nombre de jours de travail étant moindre pour chacune dans ce second cas, la durée puisse être plus grande; comme nous l'avons expliqué ailleurs, la limite de vingt-cinq ans, ici atteinte, ne doit pas être dépassée.

pouvant fournir le même travail, comme une araire simple ou une double-brabant. En admettant que la première coûte 100 francs et la seconde 300, qu'elles aient à travailler annuellement le même temps et qu'elles puissent fournir la même durée, voici à combien s'élèverait avec chacune le prix du labour suivant le travail demandé:

Comme on le voit, même avec un travail annuel de 50 jours, ce qui correspond à 8 hectares environ de terres labourables, le prix de revient du labour à la charrue-brabant n'est pas sensiblement plus élevé. Peut-être aurions-nous dû, pour nous rapprocher davantage de la réalité, porter une dépense d'entretien plus élevée avec la charrue-brabant; mais nous avons à signaler aussi des avantages plus que compensateurs de cette dépense, dans une exécution meilleure et plus rapide du travail et s'il n'y avait pas à tenir compte du capital engagé, on devrait, sans réserve, se prononcer en faveur de la charrue de 300 francs; mais avec le prix de celle-ci, on peut en obtenir 3 sensiblement équivalentes, et suffire à une plus grande étendue, ou bien en obtenir une équivalente et consacrer 200 francs à des achats d'engrais d'une manière plus utile.

Voilà pourquoi la question peut recevoir une solution différente suivant le

capital dont on dispose par hectare ou suivant l'étendue de la ferme, lorsqu'il s'agit de la charrue tout au moins, qui s'employant pour toutes les cultures travaille partout un assez grand nombre de jours. L'étendue des cultures aurait plus d'influence avec les machines d'un usage spécial comme le semoir, la faucheuse, etc.

Le nombre des charrues doit donc permettre une assez rapide exécution des labours et une préparation suffisante du sol, mais il n'est économiquement possible d'apporter la variété dans les modèles qu'après avoir assuré une place assez large au bétail, aux fourrages, aux engrais, qui sont, en général, des éléments plus actifs dans la production. Le nombre des machines de chaque espèce à introduire, soit des charrues, peut être fixé après évaluation, quinzaine par quinzaine, des surfaces à travailler et de l'étendue que peut labourer une charrue: en divisant le premier nombre par le second, on a celui des instruments nécessaires. Il va sans dire que le quotient le plus grand pour l'année est celui qui donne le nombre de charrues à introduire, mais qu'il faut pour réduire les achats au minimum, répartir les travaux sur l'ensemble de l'année d'une manière aussi uniforme que possible. Enfin, il est bon d'avoir en réserve, suivant l'importance dela ferme, une ou plusieurs charrues destinées à parer à diverses éventualités comme la rupture de l'une de celles qui servent constamment, ou la nécessité de hâter l'exécution des labours après certaines circonstances défavorables qui ont causé du retard, etc. Sous ce rapport, le nombre des charrues ne saurait évidemment dépasser celui des attelages.

Signalons encore certaines particularités, dont nous avons jusqu'ici fait abstraction, mais qui influent sur le prix de revient du labour et dont l'action ne peut s'apprécier qu'en présence de conditions déterminées: ce sont la solidité de construction de la machine, les variations qui se produisent dans les frais d'entretien de la charrue, dans la dépense de main-d'œuvre ou d'attelage, etc., suivant que le labour est plus ou moins profond, le sol plus ou moins durci, la terre plus ou moins compacte et siliceuse, suivant que les circonstances locales sont plus ou moins défavorables. Il est inutile d'insister sur la nécessité d'apprécier exactement la valeur de ces divers éléments pour arriver à des conclusions rationnelles.

V. — MOBILIER VIVANT.

Le capital mobilier-vivant exerce sur la ferme plusieurs fondions. Jusque vers le milieu du xix siècle, on lui demandait surtout du fumier et du travail. Les bestiaux n'étaient guère considérés comme une source directe de profits par eux-mêmes, mais seulement comme auxiliaires des productions végétales exportées du domaine. On exprimait le fait en disant que le bétail était *un mal nécessaire:* un mal, car. les comptes du bétail se soldaient en perte; mais nécessaire, parce que sans bétail, on le savait bien, il n'était pas de culture possible.

Ce jugement, sur les fonctions des animaux dans la ferme, avait pour cause, assurément, leur faible productivité: mal nourris, souvent surmenés, soit au travail soit dans la production du lait, exploités jusqu'à un âge trop avancé, ils n'étaient en effet, par eux-mêmes, qu'une maigre source de bénéfices. Mais il y avait aussi dans ce jugement les conséquences d'un manque de logique: dès lors que le bétail était nécessaire pour cultiver avec avantage céréales et plantes industrielles, dès lors que cette dernière source de bénéfices ne pouvait jaillir sans l'autre, il devenait profondément illogique de séparer les résultats pour les attribuer à l'une plutôt qu'à l'autre, ou à chacune suivant des proportions différentes! Il eût été plus juste d'attribuer le bénéfice au bétail, qui pouvait assurer la perpétuité ou l'amélioration des résultats, que de l'attribuer aux plantes exportables dont la culture exclusive n'eût pas manqué, au bout d'un temps assez court, de déterminer une diminution sensible de la fertilité, et une baisse des rendements, qui se fût traduite par des pertes. 4 £ /

Les produits du bétail ont augmenté de prix et on possède aujourd'hui des notions plus exactes sur sa fonction dans la ferme. Parmi les agronomes qui ont les premiers contribué à en faire re-

connaître toute l'importance, il convient dé citer Jacques Bujault et le propagateur de ses œuvres, Jules Rieffel, fondateur de Grand-Jouan, qui se sont attachés à donner à l'expression des idées nouvelles, la forme familière du dicton, si propre à les faire pénétrer dans les masses populaires (1).

On sait aujourd'hui que le bétail, bien nourri et bien exploité, peut être par lui-même une source de gros prolits en même temps qu'il constitue un auxiliaire puissant de la production des végétaux exportables. Si, comme l'a dit avec beaucoup de raison M. Boussingault, le bétail est un destructeur et non un producteur d'engrais, il faut convenir qu'il paie largement la fertilité qu'il consomme, rendant encore des services en activant la décomposition des produits végétaux qui doivent servir à fertiliser le sol. Il est incontestable qu'il ne serait pas économique, le plus souvent, de faire aux plantes d'où on tire les engrais une aussi large place, si le bétail, rationnellement exploité, ne les payait pas un prix aussi élevé; il ne serait pas possible, par conséquent, d'arriver à une aussi grande amélioration du sol. Les rendements élevés inconnus jusqu'ici, qui s'obtiennent de nos jours, ne sont pas seulement la conséquence de l'emploi des engrais artificiels, mais le résultat d'un équilibre nécessaire, entre la production animale et la production végétale, pour suffire aux demandes du marché. C'est à la large place accordée au bétail que l'on doit, dans nos vieux pays d'Europe, d'obtenir les céréales à aussi bas prix, et pour avoir ignoré ce principe, nos ancêtres nous ont livré des terres appauvries, qui avaient peine à les nourrir, bien qu'ils fussent moins nombreux que nous, alors que mieux traitées, elles nous assurent l'abondance.

Dans d'autres pays, comme aux États-Unis, au Canada, il en peut être autrement: la libre disposition de terres immenses, d'une fertilité suffisante, sur lesquelles les moissons peuvent s'étendre à perte de vue, et les machines fonctionner sans entraves au point de réduire à presque rien le travail humain dépensé par quintal de produit, voilà, certes, des circonstances de nature à

modifier le rôle des animaux. Dans ces conditions, le bétail perd de son importance comme (1) « Si tu veux du blé, fais des prés » (J. Bujault, *Le Grand Almanach du Cultivateur*). « Une ferme sans bétail est une cloche sans batail; et le fermier travaillera tout son soûl sans faire sonner les 100 sous » (J. Bujault, *Guide des Comices et des Propriétaires),* etc., etc.

agent auxiliaire de la fertilisation du sol. On le cantonne dans la prairie, on ne recueille pas l'engrais qu'il produit, on l'exploite un peu comme gibier, mais il demeure par lui-même une importante source de profits et ne cesse pas en général de tenir une grande place dans la production.

Le capital engagé sous la forme de mobilier vivant donne lieu à des dépenses de service, risques, frais généraux, entretien et quelquefois aussi à des dépenses d'amortissement. Nous n'avons à signaler aucune particularité en ce qui concerne le service et les frais généraux, mais nous devons accorder quelque attention aux autres dépenses.

Les risques sont de plusieurs sortes; les uns consistent dans les chances de perte par incendie ou mortalité, les autres dans les chances de diminution accidentelle de valeur pour cause de maladie, de blessure, etc. En ce qui concerne l'incendie, les risques sont peu élevés et généralement taxés à 0 fr. 80 p. 100. Quant aux autres risques, ils sont variables selon le genre, l'espèce, la variété des animaux, leur âge, le mode suivant lequel ils sont exploités et les conditions particulières de l'exploitation. Le régime auquel les animaux ont été soumis pendant l'élevage peut lui-même avoir une influence.

Si nous considérons les animaux de l'espèce chevaline, nous reconnaîtrons que la mortalité accidentelle peut dépendre de la rusticité des individus, aussi bien que de la façon dont ils se laissent guider. Or, ce sont là deux facteurs essentiellement variables selon la race, le mode d'élevage et l'âge. La race dite de pur sang anglais et ses croisements fournissent une plus grande proportion de chevaux fougueux, irritables ou vicieux que les races de gros trait, dont les animaux sont plutôt placides. D'autre part, les accidents seront plus fréquents, au moment du dressage, avec un lot d'animaux élevés dans un état voisin de l'état sauvage, comme on le fait dans les marais de l'ouest, que dans un lot de poulains ayant toujours vécu à la ferme et familiarisés avec l'homme et les mille objets qu'ils doivent rencontrer sur leur passage. Après le dressage, les causes d'accidents tiennent moins à l'animal lui-même qu'à l'usage qu'on en fait: soumis à un exercice modéré, à une hygiène convenable, à un travail facile, comme c'est le cas général dans la ferme, le cheval peut atteindre l'extrême vieillesse sans qu'aucun accident vienne diminuer sa valeur d'une manière anormale. On constaterait plus de pertes dans un lot d'animaux soumis à des travaux excessifs. Enfin, pour les reproducteurs, il faut ajouter à ces risques ceux que peut entraîner l'exercice des fonctions de reproduction.

Les statistiques précises font défaut pour permettre d'évaluer les risques afférents aux diverses catégories d'animaux, ce serait évidemment une faute que de ne pas tenir compte des différences qui doivent se présenter. Il appartient à chacun de s'éclairer sur leur importance spéciale dans le milieu où il est placé. Suivant M. Londet (1), la mortalité serait de 5 p. 100 pour les animaux âgés de moins de cinq ans et 3,33 p. 100 pour les animaux plus âgés sans avoir atteint l'âge de vieillesse. Ces chiffres ne nous paraissent pas s'appliquer aux conditions générales de la culture, car avec une dépense de 1,5 à 2,5 p. 100 de la valeur des animaux on parvient à couvrir les pertes dans les associations d'assurances mutuelles contre la mortalité des chevaux.

Dans l'espèce bovine, les pertes sont encore variables suivant l'âge, mais principalement suivant le mode d'exploitation et les conditions d'hygiène dans lesquelles sont tenus les animaux. Très faibles sur les bovidés d'élevage ayant dépassé l'âge d'un an et convenablement soignés, elles deviennent plus sensibles dans certains pays où une mauvaise administration

oblige à rationner les bêtes d'une manière trop étroite à certaines saisons (l'hiver en montagne, l'été dans les pays chauds, etc.) où les étables sont tenues avec malpropreté, etc. Enfin, elles sont plus élevées encore, dans ces conditions défavorables, s'il s'agit de vaches laitières que leur épuisement, alors inévitable, prédispose d'une façon toute spéciale à la tuberculose. Dans l'ensemble, elles sont moins élevées pour les bovins que pour les chevaux. La Société d'assurances mutuelles de la Motte-Achard (Vendée) a couvert (1) Londet, Ouvrage cité.. toutes les pertes de ses 'adhérents à raison de 80 p. 100 moyennant un sacrifice annuel de 6,16 p. 1000 de la valeur assurée, ce qui correspond à des pertes de 0,77 p. 100 par an (1). D autre part, d'après un rapport inédit de M. Pic, professeur départemental d'agriculture d'Ille-et-Vilaine, qu'il a bien voulu nous communiquer, les pertes ont été remboursées entre les sociétés mutuelles de ce département, à raison de 73 p. 100 moyennant une cotisation annuelle de 0 fr. 80, ce qui correspond à des pertes de 1,09 p. 100.

Les animaux de l'espèce ovine sont sujets, entre autres maladies, à l'affection connue sous le nom de cachexie aqueuse, qu'ils contractent surtout en pâturant des terrains ou des prairies humides, et dont ils souffrent plus ou moins selon l'appoint de nourriture qui leur est procuré à l'étable. Sous l'influence de cette maladie, les risques peuvent s'élever à 10 p. 100 l'an et au-dessus, et priver l'éleveur de tout profit. Dans de bonnes conditions, les pertes moyennes pourront être de 3 p. 100 environ pour les animaux âgés de plus d'un an, et de 5 pour les jeunes jusqu'à six mois (Londet).

Enfin, pour l'espèce porcine, les risques peuvent se calculer sensiblement sur le même taux pour les animaux adultes, et à raison de 10 p. 100 pour les jeunes jusqu'à trois mois s'ils sont entretenus dans des conditions normales. Mais la mortalité devient excessive si, comme cela s'est fait quelquefois, dans les porcheries annexées aux laiteries industrielles, on accumule les animaux en

trop grande quantité sous le même toit, les nourrissant à peu près exclusivement de lait écrémé. Outre les maladies qui peuvent résulter de l'état de fermentation dans lequel est toujours donné cet aliment, il faut encore redouter les indispositions dues à l'absence de matières végétales et à l'excès d'eau dans la ration (2).

(1) Résultats de dix-sept années. (2) D'après A. Gobin la mortalité moyenne, selon ses diverses causes, serait la suivante (*Encyclopédie pratique de l'Agriculteur,* par Moll et Gayot, article Mortalité). Paris, Didot.

Ces chiffres sont déjà anciens, ils remontent à 1865. La situation, depuis cette époque, s'est plutôt améliorée, le service sanitaire étant mieux fait d'une part et les animaux,, d'autre part, n'étant pas

La dépense d'amortissement n'existe pas toujours. Elle ne peut se présenter qu'autant que les animaux diminuent de valeur pendant qu'on les exploite. Ce n'est pas là la règle générale, mais, au contraire, on entretient de jeunes animaux qui s'accroissent et augmentent de valeur tout en donnant parfois d'autres produits, comme du lait, de la laine, du travail, etc.

Il ne faudrait point se hâter d'en conclure qu'il ne faut exploiter que des animaux en période de croissance afin d'éviter la dépense d'amortissement. Cette façon de procéder est assurément la meilleure dans nombre de cas, mais ne saurait être présentée comme une règle immuable. Les animaux dont la croisance n'est pas complète ne pouvant fournir une production aussi abondante que les autres, en lait, travail, etc., il en résulte que l'excédent du produit chez ces derniers peut être plus que suffisant pour établir une compensation; le prix de l'unité de produit excercera assurément une certaine influence sur la façon de procéder.

La dépense d'amortissement pourra se présenter pour des animaux de travail, des vaches laitières, des reproducteurs de prix, etc. Elle s'estime conformément aux principes que nous avons déjà exposés. Toutefois, il sera logique, dans le cas où l'animal serait employé

durant son existence à des modes d'utilisation très différents, de diviser sa vie en plusieurs périodes et de calculer spécialement pour chacune d'elles l'annuité d'amortissement.
exploités jusqu'à un âge aussi avancé en ce qui concerne les bêtes de boucherie.
Par exemple nous achetons à huit ans, alors qu'il aie maximum de valeur, un cheval de labour pour le prix de 900 francs et nous estimons qu'en raison de sa constitution, il peut nous fournir sensiblement les mêmes services pendant douze années', après quoi, il devra être, sinon réformé, au moins ménagé au point de ne valoir que 80 francs. La dépense d'amortissement sera la même pour chacune des douze années du service égal, et nous la connaîtrons, en calculant l'annuité qui amortit en douze ans la différence entre 900 francs et 80, c'est-à-dire 820 francs. Au taux de 3 p. 100, cette annuité est de 57 fr. 78.

Si, au lieu de cela, le cheval était destiné à fournir un travail très pénible, auquel il ne pourrait soutenir que quatre années, au bout desquelles il pourrait encore durer cinq ans au service du labour, comme ci-dessus, sa valeur ne varierait pas suivant la même loi pendant les deux périodes et l'annuité d'amortissement devrait être calculée séparément, pour chacune, sur la différence entre la valeur initiale et la valeur finale. Au bout de quatre années du service le plus pénible, l'animal pourrait valoir 494 francs et dans ce cas l'amortissement serait calculé sur la différence entre 900 et 494, ce qui donnerait 97 fr. 12, tandis que pour la seconde période, il y aurait à amortir en cinq ans 414 francs (494-80), ce qui donne comme annuité 78 fr. 11.

Il pourrait en être de même dans le cas où l'animal serait employé pendant une partie de son existence à la reproduction, et au travail le reste du temps.

Par dépenses d'entretien du mobilier vivant, il faut entendre, par analogie avec ce qui a été dit du mobilier mort, toutes celles qui sont nécessaires pour maintenir les animaux en état de remplir les fonctions en vue desquelles on les exploite. Elles comprennent les frais de nourriture, litière, logement dans cer-

tains cas, de mobilier spécial et de soins particuliers.

A. La dépense de nourriture se compose de matières diverses suivant le genre des animaux, leur âge, les produits qui leur sont demandés. Nous examinerons, en étudiant les fourrages, les principes d'économie qui doivent présider à la constitution des rations, à l'évaluation de la dépense de nourriture et de litière.

B. La dépense de logement consiste dans le loyer du bâtiment qui sert à loger les animaux et se détermine en bloc, pour chaque étable, ainsi que nous l'avons vu d'autre part. Cette dépense, divisée par le nombre de têtes de bétail que renferme l'étable, donne les frais de logement par animal.

C. La dépense de mobilier consiste dans les dépenses annuelles du mobilier mort directement affecté à l'usage des animaux, tel que fourches, étrilles, brosses, seaux, coffres à grains, etc.; cette dépense peut être estimée pour chaque objet en particulier, comme il a été dit dans un précédent chapitre. On peut encore, plus simplement, et sans grandes chances d'erreur, l'estimer à 10 p. 100 de la valeur de ce mobilier, pour service, risques, amortissement et entretien.

D. Lorsqu'il s'agit d'animaux de travail, il faut ajouter à ces dépenses celles qu'entraînent les harnais et la ferrure.
-E. Les soins à donner aux animaux sont de deux sortes. Ils consistent d'abord dans un travail régulier de distribution des aliments, de pansage, de conduite, etc., exigé par l'animal dans l'état de santé, puis dans des dépenses spéciales pour soigner les animaux en cas de maladie. Pour la première dépense, on connaîtra la somme à inscrire dans les comptes en prenant note du temps consacré à chaque étable par les divers agents chargés de donner les soins. La répartition s'opérera ensuite très facilement par tête. Quant aux frais pour maladie, ils varieront suivant la rusticité des animaux, mais aussi suivant leur valeur qui porte à faire plus ou moins de sacrifices pour en assurer la conservation.

Pour les animaux de travail, les soins

ordinaires sont habituellement donnés par celui-là même qui les conduit. Or, comme aucun animal de travail ne peut être utilisé seul, comme le prix de sa journée suit dans les comptes celui de la journée du conducteur, on peut s'abstenir de faire figurer dans les comptes de ces animaux, le prix du temps consacré à les soigner.

Quelques précautions sont nécessaires pour établir au sujet du bétail une comptabilité rationnelle. Ainsi que nous l'avons vu, M. Londet a démontré que le bénéfice net obtenu pour 100 du capital engagé est la seule indication des avantages que procure réellement une opération quelconque; il a démontré également que les comptes n'ont de valeur que si les fourrages y sont portés aux prix de revient, ce qui oblige, ainsi que nous le reconnaîtrons d'autre part (p. 000), à lier en une même opération les animaux exploités et les cultures fourragères qui ont assuré leur alimentation.

Il en résulte que le capital engagé dans l'exploitation des animaux, et auquel il faut rapporter le bénéfice total, se compose à la fois de celui qui est affecté à la culture des fourrages et de celui qui est employé directement pour les animaux. Procédons à l'examen de ces divers capitaux.

Pour les fourrages, il y a une part du mobilier général de culture, part que l'on peut considérer comme proportionnelle à la surface qu'ils occupent: en supposant que le mobilier d'une ferme (charrue, herses, rouleaux, etc.) affecté à toutes les cultures ait une valeur totale de 3 530 francs, que les fourrages y occupent 5 hect. 87 sur une surface totale de 8 hect. 48, le capital engagé à mettre à la charge des fourrages sera de ce fait: 3 530

$$\frac{3\,530}{x\,0{,}87} = 2443\text{f}{,}o2.$$

Entre les divers comptes d'animaux, ce capital engagé: 2443 fr. 52, se répartira en proportion des quantités de fourrages inscrites à chaque compte (A dans les comptes ci-après). Ainsi, trois étables ayant consommé les fourrages produits sur la ferme dans les mêmes proportions et selon les quantités suivantes:

Fr.

Vacherie, pour une somme de 1519 44

Bouverie, — 759 72

Bergerie, —.. 680 10

Total 2 959 26 la part de chaque étable dans le capital engagé sera:

Le capital directement engagé par les animaux comprendra: 1" leur prix d'achat s'ils ont été achetés, leur prix de revient s'ils ont été élevés sur la ferme (C dans les comptes ci-après); 2 le mobilier spécial (fourches, coffres, lits, etc.) affecté au service de chaque étable et dont la valeur est fournie par l'inventaire (B dans les comptes ci-après); 3 le capital circulant et le capital de réserves nécessaires pour assurer la réalisation de l'opération tentée: comme la valeur des fourrages ou les avances en main-d'œuvre, engrais, faites pour les cultiver, la litière, etc. (D dans les comptes ci-après).

Tandis que les trois premiers éléments du capital engagé (A, B et C) sont déboursés entièrement dès que commence l'opération sur les animaux, le quatrième (D) comprend des dépenses faites au jour le jour, suivant les besoins du service et qui, par conséquent, ne restent pas engagées pendant tout le cours de l'opération. Dans certains modes d'exploitation, ces valeurs ressortent même plus ou moins complètement au jour le jour (par la vente du lait) ou bien passent à d'autres comptes (comme par le travail livré aux cultures et inscrit à leurs comptes respectifs aussitôt qu'il a été exécuté), de sorte qu'il n'y a pas lieu de considérer le capital (D) représenté par ces valeurs, comme engagé aussi longtemps que celui (A, B et C)des autres groupes. En introduisant assez de détails dans la comptabilité, on pourrait, il est facile de le comprendre, fixer exactement le temps que chaque opération occupe ce capital. Mais, le plus souvent, on ne recherche pas une exactitude aussi grande. Pour éviter les complications qu'exigerait une lelle évaluation, M. Londet considère ce capital comme engagé en moyenne la moitié du temps que dure l'entreprise à laquelle on le consacre, soit six mois, si on considère une opération quelconque pendant l'année, ou bien, ce qui revient

au même, il le considère comme engagé pour l'année entière, mais il le réduit à la moitié de sa valeur (1). Pour les vaches laitières et les animaux de travail, qui paient au jour le jour leurs dépenses d'entretien, la réduction devrait même être plus élevée.

En regard de toutes les dépenses, estimées conformément à ces principes, figureront: 1 les recettes obtenues par la vente des produits d'animaux ainsi que la valeur de ceux qui seraient consommés dans la ferme; 2 le fumier et, s'il y a lieu, le travail procuré à l'exploitation. L'estimation des produits d'animaux réellement destinés à la vente ne saurait présenter de difficultés. Quant aux deux autres éléments, travail et fumier, nous en apprendrons l'estimation plus loin. Supposant leur valeur connue, voici comment nous établirons le compte d'une vacherie, d'une bouverie et d'une bergerie, en application des principes que nous venons d'exposer.

Compte d'une vacherie renfermant six vaches laitières.

1. *Capital engagé.*

Fr.

*A.* Mobilier mort affecté à la culture des fourrages.... 1.254 63 *B.* Mobilier mort spécial (mobilier d'étable et de laiterie). 200 »

*C.* Mobilier vivant. Valeur des vaches au début de l'année. 2.400 » *l.* Avances diverses 437 06

Total 4.291 69 2. *Dépenses.*

Fr.

*a.* Fourrages consommés provenant de la récolte, au prix de revient 1.519 44 *b.* Tourteau acheté, 1095 kil. à 16 fr... . 175 20 (1) Des études de M. Convert montrent que cette proportion est en effet celle qui convient pour l'ensemble des dépenses effectuées en cours d'année dans les systèmes de culture les plus usuels. Voici ce qu'écrit le savant professeur de l'Institut agronomique: « Dans les études que nous avons faites, des systèmes de culture les plus usuels, nous avons trouvé que le capital espèces nécessaire n'est que moitié des charges financières annuelles... Le fonds de roulement de l'agriculture française serait de 4 milliards à 4 milliards et demi, représentés beaucoup moins par des es-

pèces en caisse que par des provisions de tous genres (culturales et de ménage) et des dépenses payées en vue des récoltes attendues. » (F. Convert, *l'Industrie agricole.*) c. Litière, paille d'avoine, 1900 kil. à 9',30 les 1 000 kilogrammes 17 66

Litière, paille de froment, 4865 kil. à 7,40 les 1 000 kilogrammes 36 » *d.* Saillie des vaches 18 » p. Loyer de l'étable 90 » *f.* Soins aux vaches, traite et vente du lait 660 » *g.* Achat de deux vaches 800 »

A. Dépenses du mobilier spécial, 10 p. 100 de 200 fr 20 » *t.* Assurance contre la mortalité, a 1,5 p. 100 de 2 400 fr 30 » *j.* Service du capital mobilier vivant à 3 p. 100 l'an 72 » /.-. Service des avances diverses à 3 p. 100 l'an (1) 5 "6 *l.* Frais généraux (mémoire) »

Total 3.444 06 3.444 06 3. *Produits. a.* Vente de six veaux à 90 fr. l'un 540 » *b.* Vente de 15 000 litres de lait à 0',15 l'un, 2.250 » c. Vente de deux vaches à 400 fr. l'une. 800 » (/. Fumier de la vacherie 697 56

Total 4.287 56 4.287 56 4. *Bénéfices.* a. Bénéfice total 843 50 .843,50x 100 6. Bénéfice p. 100 du capital engage: — — = 19,66.

(I) Cette dépense comprend le service des avances pour le temps qu'elles sont réellement restées engagées. Elle ne comprend point le service applicable aux avances en fourrages, qui se trouve confondu avec le prix de ceux-ci. Bien que l'avance de 437,05 n'ait pas été engagée toute l'année à l'usage direct de la vacherie, il y a lieu, néanmoins, de la compter tout entière dans le capital engagé poulie calcul du bénéfice, car elle reste immobilisée le reste du temps, en dépôts en comptes courants dans une banque, comme capital de roulement.

Compte d'une bouverie renfermant deux bœufs en exploitation mixte.

1. *Capital engagé.*

Fr.

*A.* Mobilier mort général affecté àla culture des fourrages. 627 32 *B.* — mort spécial 30 » *C.* — vivant, valeur d'achat des deux bœufs 1.200 » *D.* Avances diverses 513 73

Total 2.371 05 2. *Dépenses.*

Fr.

*a.* Fourrages consommés provenant de la récolte, au prix de revient.. 759 92 *b.* Tourteau acheté, 547 kilogr. à 16 fr. les 100 kilogrammes 87 52 *c.* Litière, paille d'avoine, 815 lui. à 9',30. 7 57 — paille de froment, 2100 kilogr. à 7',40 15 54 *d.* Loyer de la bouverie 35 » *e.* Soins aux animaux 120 » *f.* Ferrure et harnais 25 » *g.* Achat de deux bœufs 1.200 » *h.* Dépenses du mobilier spécial, 10 p. 100 de 30 fr. 3 » *i.* Assurance contre la mortalité, à 1 p. 100 sur la valeur d'entrée 12 »

Assurance contre la mortalité, à 1 p. 100 sur la moitié du croit 2 50 ./. Service du capital mobilier vivant à 3 p. 100 l'an..... 36 » *k.* Service du capital avances diverses à 3 p. 100 l'an (1).... 9 24 *l.* Frais généraux (mémoire) » »

Total 2.313 09 2.313 09 3. *Produits.* *a.* Travail des bœufs, 200 journées à l',88. 376 » *b.* Vente de deux bœufs 1.700 » *c.* Fumier 402 14

Total 2.478 14 2.478 14 (1) Voy. la note p. 129.

4. *Bénéfices.* a. Bénéfice total-. 165 05 165,05 x100 *à.* Bénéfice p. 100 du capital engagé: — — = 6',96. — i 1, ' - Compte d'une bergerie renfermant vingt brebis mères.

1. *Capital engagé.*

Fr.

A. Mobilier mort général affecté à la culture des fourrages. 561 57 *B.* — mort spécial 40 »

C. — vivant (valeur des brebis) 700 » 19. Avances diverses 523 10

Total 1.824 67 2. *Dépenses.*

Fr.

*a.* Fourrages consommés provenant de la récolte, au prix de revient 680 10 *b.* Tourteau acheté, 490 kilogr. à 16 fr... 78 40 *c.* Litière, 725 kilogr. de paille d'avoine à 9',30 les 1 000 kilogr 6 73 Litière, 1855 kilogr. de paille de froment à 7',40 13 72

*d.* Loyer du bâtiment 80 » *e.* Location d'un bélier 10 » *f.* Soins divers aux animaux 270 » *g.* Dépenses du mobilier spécial, 10 p. 100 de 40 fr 4 » *h.* Assur" des brebis contre la mortalité. 27 » — des jeunes — 17 50 *i.* Service du mobilier vivant 21 » *j.* — des avances diverses (1) 10 57 *k.* Frais généraux

(mémoire) » »

Total 1.219 02 1.219 02 3. *Produits.* *a.* Vente de 135 kilogr. de laine à 2',50. . 337 50

A. Vente de moutons 875 » *c.* Fumier 243 92

Total 1 456 42 1.456 42 4. *Bénéfices.* *a.* Bénéfice total 237,40 x 100 *b.* Bénéfice p. 100 du capital engagé: — — = (1) Voy. la note p. 12B.

Animaux de trait.

Les animaux fournissent à la culture une grande partie des forces motrices qu'elle emploie. Suivant les pays, les exploitations, la nature des travaux à exécuter, on demande ces forces à des animaux d'espèces et d'âges différents.

Les vaches employées pour la reproduction, dans divers pays, en Limousin notamment, fournissent une grande partie des travaux d'attelage et n'en souffrent nullement, pourvu qu'elles soient conduites avec douceur et ménagement. Sans doute, la production du travail et celle du lait ne sauraient aller de pair sur une grande échelle, mais à la condition d'augmenter l'effectif des animaux, de façon à ne pas les surcharger et permettre les chômages nécessaires dans la période de lactation, on peut obtenir à la fois rente et travail sérieux.

Conservée plus longtemps que le bœuf, en raison de la fonction de reproduction en vue de laquelle on l'exploite surtout, la vache, bien traitée, devient très docile, d'une grande habileté au travail et constitue un moteur précieux dans les terres légères. Elle conviendrait moins dans des terres fortes, où les labours sont pénibles, caries durs travaux doivent lui être épargnés.

Les ménagements dont elle doit être l'objet dans ces conditions de difficultés, soit qu'elle allaite ou porte son veau, en font bien vite un moteur onéreux, surtout si la maind'œuvre coûte cher, car le bouvier doit chômer pour procurer aux bêtes le repos nécessaire. Il est favorable que la vache soit conduite par son propriétaire même, directement intéressé à la bien traiter, aussi la voit-on surtout répandue dans les pays de petite culture du sud-ouest, principalement chez les métayers.

Les jeunes bœufs conviennent sensiblement dans les mêmes conditions que la vache et, suivant qu'ils approchent plus ou moins de l'âge adulte, peuvent fournir un travail plus ou moins énergique. Le dressage entraine quelques sacrifices de main-d'œuvre et des précautions, aussi s'effectue-t-il de préférence chez le petit cultivateur. Dans les régions où l'élevage a lieu à l'étable, comme dans les pays où s'élève la race limousine, il existe sous ce rapport une spécialisation assez nettement établie: les petits cultivateurs en possession de terres légères prennent les animaux tout jeunes, souvent audessous de dix-huit mois, pour les vendre dressés, peu après deux ans. Avec des terres plus difficiles, le dressage a lieu plus tard et l'élevage à la pâture coûtant peu, on le diffère souvent jusqu'à trois ans si ces deux conditions sont réunies. H en est ainsi, assez fréquemment, en Vendée et même dans la Loire-Inférieure où les animaux sont cependant plus précoces.

C'est vers l'âge adulte seulement que le bœuf peut donner une très forte somme de travail, qu'il convient à l'égal du cheval adulte pour exécuter les travaux de la culture, et c'est vers cet âge que les cultivateurs de la région du nord viennent le prendre sur les marchés de l'ouest et du Nivernais, pour l'employer tout à la fois à l'exécution de leurs travaux et à l'utilisation des pulpes de betterave. La maind'œuvre y coûtant cher, de jeunes animaux seraient moins avantageux.

Le bœuf offre, dans ces conditions, de sérieux avantages. One alimentation grossière lui suffit; déjà résistant, il est un moteur solide; encore jeune, il possède une puissance d'assimilation suffisante pour s'accroître tout en travaillant et, s'il a été bien traité, se présentera gras sur les marchés, sans qu'il ait été nécessaire de le soumettre à un régime coûteux d'engraissement intensif prolongé.

Le régime diffère quant à la nourriture, mais c'est ainsi que le plus grand nombre des bœufs sont exploités, dans les principaux centres d'élevage, dans l'ouest surtout, fournissant dès le jeune âge un travail modéré, dont la quantité croit parallèlement avec les forces de l'animal, sans être jamais excessive au point de ralentir l'accroissement, mais le favorisant plutôt. C'est ainsi, par l'exploitation en période de croissance, suivant les conseils donnés par M. Sanson, qu'en général le bœuf procurera le plus grand profit.

Toutefois pour certains travaux difficiles, exigeant un long dressage et dont la mauvaise exécution peut être préjudiJoizier. — *Économie rurale.* ciable, comme le labour dans les vignes, le binage des plantes sarclées, il peut être avantageux de conserver les animaux de longues années, à tel point qu'au moment de la réforme, ils aient perdu une partie de leur valeur pour la boucherie.

Le cheval fournit aussi son travail suivant les mêmes combinaisons que le bœuf, pendant sa croissance, mais au lieu de le livrer à la boucherie quand il atteint l'âge adulte, la culture le livre fréquemment à l'industrie ou au commerce pour leurs services de transport. Toutefois, il existe aussi une proportion importante de chevaux adultes entre les mains des cultivateurs (1).

Le cheval comme moteur est moins patient que le bœuf. Au lieu d'exercer son effort, comme celui-ci, d'une manière lentement graduée, il cherche à vaincre brusquement les résistances et fréquemment, si la résistance est excessive, d'un coup de collier, brise les harnais ou la charrue. Pour cette raison il convient moins où se trouvent des résistances irrégulières. Il convient pour une activité continue, avec des travaux régulièrement répartis sur l'ensemble de l'année; son exploitation souffre, économiquement, des longs chômages, dont l'exploitation du bœufs'accommode au contraire très bien, l'accroissement pris par l'animal, dans le cours des repos prolongés, ne cessant pas de couvrir les dépenses.

Enfin, il faut encore noter, à l'avantage du bœuf, des risques moins élevés, moins d'exigence dans la nourriture. En cas d'accident, le bœuf conservant en général une grande partie de sa valeur pour la boucherie, on ne subira qu'une perte de un quart, moitié au plus selon les circonstances; avec le cheval,

c'est les 9/10sinon plus. Quant à la nourriture du bœuf, elle se composera de fourrages verts, foin, paille, racines et pourra ne pas comprendre de grains ou farineux.

Le cheval présente d'autres exigences. Des chevaux adultes destinés à la culture de terres légères, ne donnant qu'un (1) D'après la statistique décennale de 1892, le nombre des chevaux hongres, âgés de plus de trois ans, appartenant aux cultivateurs, est de 783645 pour la France entière; celui des poulinières do plus de trois ans, employées au travail, est de 1045 096. travail modéré, peuvent ne recevoir que 4 litres d'avoine par jour et moins même, pourvu qu'il entre dans leur ration de la luzerne ou du sainfoin, mais si on demande le travail à des élèves, si les terres sont difficiles et les labours un peu profonds, de plus grandes quantités de grains sont nécessaires. Le Perche doit la qualité de ses chevaux à la grande quantité d'avoine qu'ils consomment et on y donne couramment de 12 à 18 litres d'avoine par vingt-quatre heures aux jeunes chevaux de la culture.

En général, le cheval exige et permet des cultures plus avancées que le bœuf. Il fournit plus de vitesse, avantage d'autant plus grand que la main-d'œuvre coûte plus cher et que les champs sont plus éloignés de la ferme. Une certaine vitesse est indispensable pour les transports à effectuer sur route d'une manière courante au delà de quelques kilomètres; aussi le bœuf n'est-il qu'un moteur insuffisant aux environs des villes où de nombreux transports de pailles et fourrages doivent être effectués vers la ville avec les attelages de la ferme.

Le mulet peut fournir sensiblement le même travail que le cheval. Plus sobre, il offre en cela un avantage plus grand dans les pays où les fourrages sont chers, et devient précieux dans les pays méridionaux où la vigne occupant une grande surface, on achète tous les foins. Plus résistant à la fatigue lue le cheval, il convient mieux pour les travaux pénibles; d'une allure plus sûre dans les pentes et les chemins difficiles, il est

à sa place dans les pays de montagne. C'est à la fois un animal de trait et un animal de bât. Le mulet coûte plus d'achat que le cheval, à puissance égale, mais aussi sa longévité est plus grande, et le prix se trouvant réparti sur un plus grand nombre d'années, la charge annuelle est à peu près la même pour la culture sous ce rapport.

On voit combien sont multiples les considérations à faire intervenir quand il s'agit de faire choix, parmi ces diverses espèces, de celle à laquelle on demandera les animaux moteurs pour la ferme. En général, et sauf dans les pays d'élevage du cheval, on aura recours à plusieurs espèces. Suivant l'organisation la plus généralement adoptée, on demande aux bovins de fournir la plus grande masse des travaux de la ferme, les labours et les charrois intérieurs. Puis, pour fournir le complément nécessaire, principalement les transports à quelque distance, la grande culture admettra quelques chevaux ou quelques mulets suivant la région, la petite culture un cheval, et même, à défaut de pouvoir le faire, se contentera d'un âne dans les pays pauvres.

Le travail des animaux doit figurer dans les comptes des opérations qui l'emploient (comptes de cultures ou de bétail) au prix de revient, sous peine pour la comptabilité de ne fournir que des renseignements sans valeur, capables seulement d'induire en erreur sur les productions qu'il y aurait lieu de réduire ou celles que l'on devrait développer. On comprendra facilement que, les diverses opérations entreprises sur la ferme n'exigeant pas la même somme de journées des attelages à dépense égale sous les autres rapports, elles se trouveraient plus ou moins surchargées dans le cas où le travail ne serait pas inscrit au prix de revient; et dès lors les bénétices accusés par leurs comptes ne seraient nullement comparables.

Supposons, en effet, que ce prix de revient s'élève à i fr. 50 pour la journée de cheval dans une ferme déterminée et qu'on l'inscrive à 2 fr. 50, exagération qui est souvent dépassée; qu'arrivera-t-il si le travail ne figure pas suivant la même proportion dans les dépenses totales des deux productions similaires entre lesquelles on pourrait choisir? Quelles indications fourniront les comptes si pour des frais montant *réellement* à 300 francs, le travail des attelages mis à part, l'une exige 10 journées de cheval et l'autre 30? Le voici bien simplement.

Les comptes accuseront pour la première une dépense totale de 300 francs plus 10 journées de travail à 2 fr. 50, soit 325 francs; et pour la seconde, 300 francs plus 30 journées à 2 fr. 50, c'est-à-dire 375 francs. Or qu'a-t-on *réellement* dépensé pour chacune? *Si le prix de revient de la journée du cheval est réellement 1 fr. 50,* il est évident que la dépense est *réellement,* pour chacune des deux productions, d'abord 300 francs, et en plus, autant de fois i fr. 50 qu'elle a exigé de journées de travail; soit 315 francs pour l'une, et 345 pour l'autre. La première était donc *arbitrairement* surchargée de 10 francs et la seconde de 30 francs; et en admettant, ce qui peut se présenter, que la première (A) ait donné comme recette totale 337 fr. 50 et la seconde (B) 412 fr. 50, voici les indications qui rassortent des comptes selon la base sur laquelle on les établit:

En lisant d'une manière arbitraire le prix du travail, on en arrive donc à trouver que les deux opérations présentent les mêmes avantages, sous la forme d'un bénéfice de 10 p. 100, tandis qu'en tenant compte de la dépense *réelle,* on s'aperçoit que l'une (B) est plus avantageuse, puisqu'elle donne un bénéfice de 19 fr. 56 contre 13 fr. 49 que produit l'autre (A).

Il est donc nécessaire de demander aux comptes des animaux de trait d'indiquer le prix de revient du travail, afin de le faire figurer dans la comptabilité des opérations directement productives (animaux de rente ou productions végétales). Que des difficultés assez grandes se présentent quand il s'agit de déterminer ce prix de revient, ce n'est que trop réel; mais cela ne diminue en rien la nécessité de chercher à les surmonter, au lieu d'aller au-devant d'indications erronées en substituant au prix de revient un prix arbitraire.

(1) Il est permis de supposer que le capital engagé est proportionnel aux dépenses, attendu que si la production A emploie moins les attelages, elle peut employer davantage d'autres capitaux, et dans ce cas on peut, sans inconvénients pour la comparaison des bénéfices, les rapporter aux dépenses. Nous faisons cette hypothèsj pour éviter d'inutiles et encombrants détails.

Ce prix de revient, pour la totalité du travail fourni par un animal, s'obtiendra en déduisant de la dépense totale de cet animal pendant l'année, la valeur du fumier qu'il a produit dans le même temps. En divisant la différence ainsi obtenue par le nombre annuel des heures de travail données par l'animal, on aura le prix de l'heure. Voici comment s'établira le compte du prix de revient du travail de deux bœufs fournissant annuellement une somme de 2 500 heures chacun: *Prix de revient du travail de deux bœufs du poids de 750 kilogrammes l'un.*

I. Dépenses:

Fr.

*a.* Nourriture (estimée à 3 kilogr. de foin pour 100 kilogr. vil), à 3,50 le quintal 572 95 *b.* Litière (1/5 du poids du foin) à 18 fr. les 1000 kil. 58 92 *c.* Loyer de la bouverie 35 » *d.* Dépenses du mobilier d'écurie 3 » *e.* Ferrure et harnais 35 » *f.* Service du capital mobilier vivant (valeur des deux bœufs) à 3 p. 100 (1) 36 » *rj.* Assurance contre la mortalité à 1,5 p. 100 18 » 3. Reste comme prix de revient total 398 87 4. Prix de revient de l'heure de travail pour un bœuf: 398,87

$$\frac{398,87}{5000} - 2 = 0f,0797.$$

Le nombre d'heures de travail que l'on peut obtenir de chaque attelage dépend essentiellement du climat, du sol, de l'organisation de la culture et de l'étendue du domaine: du climat et du sol, parce que, pour la bonne exécution de la plupart des travaux agricoles, il faut ou du beau temps, ou que la terre se trouve ressuyée, c'est-à-dire dans un état spécial de fraîcheur qui se présentera un nombre de jours plus ou moins grand selon la fréquence des pluies et la facilité (1) Les avances étant rembour-

sées à ce compte au jour le jour (p. 126-127) par suite de l'inscription du prix du travail aux comptes des cultures, il n'y a pas lieu de compter, en ce qui les concerne, de dépense de service du capital.

avec laquelle le sol s'égoutte; le nombre d'heures obtenues dépendra de l'organisation de la. culture, parce que de là dépend la répartition du travail sur l'ensemble de l'année et la possibilité d'occuper les attelages d'une manière plus ou moins constante. Avec des cultures variées, il y a peu de chômages, la quantité de travail à exécuter chaque jour est sensiblement la même, aussi les attelages fournissent-ils tout ce que le climat et le sol permettent d'obtenir. Si la répartition est moins bonne, les attelages chômeront à certaines époques et dans ces conditions, on ne laissera pas au repos les uns ou les autres indifféremment. Ce seront les chevaux qui seront occupés de préférence, et les bœufs qui chômeront, si on possède les deux espèces comme animaux de travail. Il en résulte que les chevaux fournissent en moyenne un plus grand nombre de journées de travail que les bœufs.

Quant à la grandeur du domaine, son influence se manifeste s'il ne présente pas une étendue suffisante pour utiliser un attelage toute l'année. Dans ces conditions, le travail coûtera plus cher, si on n'a pas recours à une autre organisation, puisqu'il y aura moins d'heures pour le payer. Si au lieu de 2500 heures de deux bœufs comme dans le cas que nous avons examiné, l'exploitation n'en exigeait que 1000, le prix de revient de l'heure serait 0 fr. 199 au lieu de 0 fr. 0797, soit 1 fr. 99 par jour.

On pourrait, il est vrai, réduire la ration des animaux: travaillant moins, ils s'entretiendraient avec moins de nourriture. Mais il sera généralement plus avantageux, dans ces conditions, de substituer à l'animal de trait l'animal mixte, vache ou bœuf d'élevage donnant à la fois travail et recette directe.

Une difficulté nouvelle surgit alors, car il n'y a plus à proprement parler de prix de revient du travail, puisque les animaux sont à la fois bêtes de rente et bêtes de trait. On tournera cette difficulté sans trop d'inconvénients en donnant au compte la forme de ceux des animaux de rente et en y faisant figurer aux recettes le travail évalué au prix qu'il coûterait, sur l'exploitation même, si on le demandait à des animaux de trait exclusivement. C'est conformément à ce principe et en supposant que cette évaluation faisait ressortir la journée du bœuf à 1 fr. 88, que nous avons établi le compte de la bouverie (p. 131).

VI.-CAPITAL CIRCULANT.

Les Fourrages.

Le capital circulant comprend de nombreuses subdivisions. Nous limiterons notre examen aux principales d'entre elles, nous attachant, comme nous l'avons fait pour le mobilier mort, à présenter les principes qui peuvent permettre de résoudre les principaux problèmes relatifs à cette partie des moyens de production.

Fourrages. — Les fourrages tiennent une grande place dans la ferme, autant par leur valeur que par leurs fonctions dans l'économie générale de la culture.

Pour la France entière, la production fourragère annuelle a une valeur de 2 milliards 650 millions (enquête décennale le 1892) sur 10 milliards 611 millions de production totale. Les animaux de la culture alimentés au moyen de ces fourrages donnent lieu à une production annuelle de 7 milliards 204 millions dont la moitié à peu près (3 milliards 800 millions) représentés par des produits animaux vendables et le reste par du travail et du fumier consommés sur place.

Les fourrages constituent donc la matière première des produits animaux vendus, de la plus grande partie des forces motrices et des engrais. Le cultivateur possède en eux un des moyens les plus économiques pour arriver à l'amélioration du sol. Jusqu'à une certaine limite qui est encore loin d'avoir élé atteinte, une augmentation de la production des grains ne peut manquer de marcher de pair avec celle de la surface consacrée aux plantes fourragères. Ainsi qu'en témoigne là statistique, d'ailleurs, c'est une vérité particulièrement comprise depuis le milieu du xix siècle. L'augmentation accusée de 1840

à 1892 sur les prairies naturelles et artificielles est df 3 600 000 hectares et toutes les productions fourragères réunies ont gagné environ 700000 hectares de 1882 à 1892, soit 6,37 p. 100 de l'étendue initiale occupée par elles. Dans bien des cas, la surface occupée par les fourrages a été conquise sur la jachère, ce qui procure un double profit: celui des recettes obtenues par la vente des produits animaux, et ensuite les avantages tirés du fumier qui, avec la culture par jachère, n'était obtenu qu'en maigre quantité.

Les espèces fourragères à cultiver sont subordonnées au milieu physique, sol et climat, dans une certaine mesure. Toutefois, l'influence de ce facteur, en ce qui concerne le sol surtout, va s'atténuant de plus en plus à mesure que l'on améliore les terres par le défoncement, le drainage et l'irrigation, à mesure que les chemins de fer, pénétrant davantage les campagnes, permettent de recevoir partout les engrais du commerce et même les amendements calcaires qui sont plus encombrants. Avec le secours de ces engrais, il est assez rare qu'un domaine ne présente pas quelques parcelles propres à la culture de la luzerne, qui est une des plantes les plus avantageuses, mais aussi les plus exigeantes. Sans doute, cultivée dans les terrains argilo-calcaires profonds, riches en potasse, qui lui offrent son milieu de prédilection, elle pourra être plus productive, et durer plus longtemps, que dans les terrains argilo-siliceux un peu froids de Bretagne; toutefois, même dans ce milieu peu favorable, on en obtiendra d'excellents résultats si on lui consacre le terrain qui s'égoutte le mieux après l'avoir complété par des engrais appropriés. Quant au trèfle, il y a déjà longtemps que grâce à l'emploi des engrais calcaires et phosphatés, il a conquis ces terres peu favorables aux légumineuses.

Les fourrages racines ou tubercules présentent aussi quelques exigences spéciales, mais qui ne sont plus guère de nature à limiter les approvisionnements d'hiver. Les landes de récent défrichement, où la betterave ne réussit pas encore, donnent le rutabaga, et quand ce-

lui-ci vient moins bien, la betterave et la carotte peuvent réussir. Dans les terres trop maigres et trop sèches pour la pomme de terre, on a comme ressource le topinambour. Le plus sérieux obstacle à la culture de ces plantes, la main-d'œuvre nécessaire pour sarcler, a lui-même perdu beaucoup de son importance grâce aux perfectionnements apportés à la houe à cheval, et on peut dire que sauf le cas de climats excessifs, il est facile, en faisant en engrais quelques sacrifices, d'obtenir des récoltes abondantes et économiques de tubercules ou racines.

La production fourragère doit être aussi variée que possible. C'est un moyen d'utiliser au mieux le sol, la maind'œuvre et les machines et de satisfaire le plus complètement aux exigences des animaux. La ferme qui n'a que des prairies naturelles manque de fourrages verts pour l'été et la mauvaise saison; elle consomme beaucoup de main-d'œuvre au moment de récolter les foins, mais n'en occupe guère dans la suite. En ajoutant à la prairie un champ de luzerne, on obtient en été des regains qui permettent d'améliorer la situation du bétail et de mieux répartir les travaux. Si l'on y joint un champ de racines, on gagne encore, tant sous le rapport de la bonne utilisation du temps des hommes et des machines que sous celui de la bonne alimentation des animaux. Et enfm, si on y joint les fourrages annuels à courte période végétative, comme le seigle, le maïs, le colza, la moutarde, etc., le sol peut être occupé constamment, l'une de ces récoltes pouvant toujours succéder à une autre sans grande interruption: maintenue dans un état constant d'activité, se fertilisant en partie par sa propre substance grâce au travail des plantes, la terre livre, de la manière la plus économique, le maximum de produits. Il y a dans l'application de ces principes une source immense de richesses trop négligée, ainsi qu'on en peut juger par la lenteur qui préside à la succession des cultures dans certaines régions de la France.

Les exigences des animaux sont assez diverses en ce qui concerne la variété à introduire dans la production fourragère. Le cheval de trait s'accommode bien d'un régime sec, mais on peut néanmoins lui faire consommer avec profit en. quantité modérée des fourrages verts substantiels, comme la luzerne, le sainfoin, le trèfle, la vesce. Pour les chevaux d'élevage, le vert devient plus favorable. Quant aux espèces de fourrages qui forment la base de l'alimentation du cheval, elles diffèrent suivant les régions. Le foin de pré, la paille des céréales et l'avoine sont les espèces le plus communément adoptées; ma.s le foin et l'avoine peuvent être avantageusement remplacés si la nature du sol n'est pas favorable à leur production: l'État hongrois, dans son immense ferme royale de Bâbolna (5 000 hectares), en plaine siliceuse privée de prairies, entretient une nombreuse cavalerie de choix avec du foin de moha comme base de l'alimentation; dans l'Aunis, on remplace fréquemment le foin de pré par du foin d'avoine coupée en fleurs; dans le Poitou, la luzerne et le sainfoin remplissent le même rôle dans une très large mesure, etc. L'orge dans les pays chauds, le maïs et la féverole, d'autres grains, dans les villes, remplacent aussi l'avoine d'une manière courante.

Pour les ruminants, l'alimentation au vert est de beaucoup préférable. Pour le porc, les fourrages verts très tendres peuvent aussi entrer dans l'alimentation de la manière la plus utile. On doit considérer la nourriture au vert comme économiquement indispensable pour les vaches laitières et les jeunes bovidés d'élevage et on doit s'attacher à fournir à ces animaux un fonds d'aliments aqueux d'une manière constante toute l'année.

On y parvient en cultivant des fourrages variés d'abord, puis en constituant des réserves pour les saisons où la culture ne peut pas livrer de fourrages verts. Ces réserves, suivant les situations, seront constituées par des fourrages ensilés, des tubercules ou des racines. Elles sont destinées à la consommation d'hiver dans les pays tempérés, à la consommation d'été et d'hiver sous les climats secs où la période de végéta-

tion des plantes se trouve très réduite.

Dans la région de l'Ouest, indépendamment du pâturage, qui fournit des ressources de longue durée dans certaines parties, l'alimentation au vert peut être assurée toute l'année au moyen des fourrages suivants que nous présentons dans l'ordre où se succède leur consommation: navette et choux, en février-mars; colza et choux, mars-avril; seigle, avril; trèfle incarnat, avril-mai; trèfle ordinaire et luzerne (selon le terrain et la latitude); orge, avoine, vesce d'hiver, mai; avoine, herbe de pré, trèfle et luzerne de deuxième coupe, en juin; vesce de printemps, maïs, sarrasin, regains de luzerne, juillet; maïs, sarrasin, regains de luzerne, en août; mai! moha, luzerne, en septembre; moha, moutarde, choux, e octobre, et enfin, pour l'hiver, les navets, les choux (verts 01 pommés), rutabagas, carottes, pommes de terre et topinair bour, dont la consommation peut se prolonger plus ou moin selon le climat local et les procédés de conservation employés Pour la betterave et le topinambour, la consommation pen se prolonger fort avant au printemps.

Chacun de ces fourrages présente un maximum d'avantage dans une certaine période, très courte pour quelques-uns, e il faut savoir restreindre l'étendue consacrée à chacun, à *c* qui est nécessaire pour en limiter la consommation à la duré de cette période. Cette condition sera facile à réaliser si 01 estime la faculté de consommation des étables d'une part, e de l'autre, le rendement que l'on peut obtenir de chaqui plante: le seigle ne peut guère être consomméque pendant douzi à dix-huit jours, soit quinze, après quoi, il est tellement *durci lignifié,* que lesanimaux le mangent mal, en perdentbeaucoup le rendement que l'on obtient à l'hectare en assez bonne cul ture est voisin de 20 000 kilogrammes; si les animaux du do maine en peuvent consommer utilement200 kilogrammes pa jour, la quantité à récolter sera 200 X 15= 3000 kilogramme et la surface à ensemencer, qq-qq — 0,15. En procédan ainsi à l'égard de chaque fourrage, on parviendra, autan que la température pourra le per-

mettre, à limiter la production de chacun à ce qui peut être utilisé.

On peut tirer parti d'un fourrage de deux façons différentes: par la vente directe ou par la transformation en produits animaux.

Entre ces deux moyens, conformément au principe que nous avons admis comme règle, on choisira celui qui permettra de tirer des capitaux dont on dispose, le bénéfice le plus élevé (p. 61).

Les circonstances favorables à la vente en grand sont assez rares. Il faut que la consommation sur place ne soit pas indispensable pour permettre d'assurer économiquement la fertilisation du sol, ce qui ne se présente en France que dans des iituations exceptionnelles. Ce sera le cas si une partie imposante de la surface exploitée se compose de terres d'une grande fertilité naturelle, comme les alluvions de certaines callées dont les éléments de fertilité sont constamment renouvelés par les eaux superficielles ou souterraines; ou bien:ncore dans le voisinage des villes où on peut, à bas prix, se procurer des fumiers, ou des engrais à peu près équivalents, tels que les boues de balayage. Enfin, on peut encore fendre les fourrages en dehors de ces conditions, quand ils éteignent un prix élevé, ce qui permet de faire des dépenses plus grandes pour reconstituer la fertilité au moyen des engrais du commerce.

, Mais ce n'est point ainsi, sur de simples données générales, que l'on peut décider de la pratique à suivre, et c'est à une comptabilité établie sur de sérieuses prévisions qu'il faut iemander des indications précises. Si la vente des fourrages, tout compte fait, peut procurer plus de bénéfice que l'exploitation du bétail, valeur du fumier comprise, on vendra; sinon on conservera les animaux producteurs d'engrais.

Dans le cas où l'on vend les fourrages, leur estimation au point de vue comptable ne présente pas de sérieuses difficultés. Comme pour toute culture, le compte comprendra, d'un Coté, les diverses dépenses effectuées, de l'autre, les recettes obtenues par la vente, et par différence on aura le bénéfice total ou la perte, que l'on pourra rapporter au capital engagé. On trouvera à la page suivante un compte de trèfle incarnat destiné à la vente.

Dans le cas où la consommation doit avoir lieu dans la ferme, ce qui est le cas le plus fréquent, des complications surgiront lorsqu'il s'agira d'établir les comptes. Il faut, en effet, dans ce cas, demander à la comptabilité des indications relatives à deux ordres de choses distincts: 1 délaisser voir clairement les résultats obtenus de chacune des diverses espèces animales: cheval, bœuf, mouton, etc., aussi bien que de chacun tes divers modes d'exploitation auxquels on peut soumettre une même espèce: élevage, engraissement, production laitière, etc.; 2 de permettre de discerner aussi les fourrages les plus avantageux.

Jouzier. — *Économie rurale.*'

A la première condition, il ne peut être satisfait qu'en inscrivant les fourrages pour leur prix de revient au débit des comptes d'animaux. C'est là une vérité fondamentale trop souvent méconnue, dont M. Londet a cependant donné une démonstration irréfutable, dans son Traité d'économie rurale.

Nous ne reproduirons pas ici cette démonstration. Nous nous contenterons de faire remarquer qu'en inscrivant les fourrages dans les comptes d'animaux au prix du marché, comme il est encore fréquemment conseillé de le faire, on est conduit aux mêmes résultats qu'en inscrivant le travail des animaux dans la comptabilité à un prix arbitraire: on est exposé à prendre pour les plus avantageux les animaux qui procurent le moins de bénéfice et réciproquement, erreur

Trèfle incarnat sur 1 hectare.
*Capital en acé* Avances diverses 150 »
""" ' I Mobilier mort, mobilier vivant, etc. 325 »

Total 475 »
Dépenses. Recettes.
Fermage et impôt fonc
Un labour
Semence, 25 kil. à 0'.6Q
Un hersage
Un roulage
Engrais
Frais généraux (mémTM)

Service des avances di verses à 3 p. 100 (1)..
Frais généraux (mém)
Solde en bénéfice (2)...
  Total 72 75 x 100
  Bénéfice p. 100 du capital engagé:' 15,31 (2).
(1) Yoy. la note qui accompagne le compte, p. 12'J. On remarquera que le *service* du mobilier mort et du mobilier vivant est compris dans le prix de revient des travaux d'attelages (Voy. p. 138). (2) Il est nécessaire de remarquer que l'introduction des frais généraux dans le compte, où nous ne les avons fait figurer que pour mémoire, ramènerait le bénéfice à un taux plus modéré. Produit de la vente de la récolte sur pied 225
Total.

dont il est facile de comprendre toute la gravité. Nous considérons donc comme fondamental qu'il faut porter les fourrages à leur prix de revient dans les comptes d'animaux.
Mais si nous bornons là notre travail d'estimation, si nous inscrivons les fourrages pour leur prix de revient, sans plus, au compte des animaux, le crédit de leurs propres comptes ne peut contenir quecette même valeur et le solde doit s'établir sans bénéfice, ainsi que nous le montreront les deux abrégés ci-dessous (1):

I. —Compte des prairies.
Débit. *Production en nature* (1000 qx de foin). Crédit.

De cette façon, tout le bénélice se trouve attribué aux animaux et les fourrages sont considérés comme simple produit intermédiaire. Production des fourrages et exploitation des animaux se trouvent considérés comme ne formant qu'une seule opération réalisée en deux stades différents. Il serait d'ailleurs absolument inutile d'aller au delà s'il ne s'agissait (1) Pour simplifier, nous supposons une seule production fourragère et une seule étable à alimenter; s'il y en avait plusieurs, chaque compte se présenterait évidemment de la même façon au point de vue de la répartition du bénéfice entre les comptes d'animaux et lus comptes de fourrages, les premiers réunis le renfermant tout, les seconds

n'en accusant aucun... -. que de distinguer entre les animaux les plus avantageux. Il suffirait de joindre au capital engagé dans les animaux celui qu'engagent les fourrages, de rapporter le bénéfice au total ainsi obtenu pour chaque genre de production animale, et de comparer les taux de bénéfices obtenus (69, 141 et suivants). Mais il y a autre chose à faire. L'opération pouvant être réalisée au moyen de fourrages différents, il faudrait tirer des comptes des indications permettant de faire un choix des plus avantageux. Dans ce but, il faudrait pouvoir déterminer la part propre à chaque fourrage, dans le bénéfice de 1900 francs incrit au compte des animaux, ou, ce qui reviendrait au même, dire combien les animaux paient chaque fourrage.

Le problème est intéressant, mais il est difficile et ne nous parait point résolu, bien qu'il ait, dans ces derniers temps surtout, attiré l'attention d'agronomes éclairés. Certains ont cru en tenir la solution qui nous en paraissent fort éloignés. Il nous paraît indispensable de résumer les conditions auxquelles doivent satisfaire les rations, afin de nous éclairer sur le genre d'action propre à chaque fourrage et de nous permettre de juger plus sainement de la valeur des solutions qui ont été proposées en dehors de celles qui consistent à admettre le prix du marchéet que nous avons déjà rejetées.

A. La ration doit tout d'abord renfermer une certaine quantité de *l'aliment essentiel d'entretien;* et M. Sanson appelle ainsi les matières que l'animal consommerait de préférence à l'état sauvage: du foin de pré pour les herbivores, des racines et des tubercules associés à des matières animales pour le porc, etc. A cet aliment, on peut ajouter toute autre matière propre à être utilisée économiquement par l'animal et, sous ce rapport, l'accommodation des animaux peut avoir une large part d'influence puisque les carnassiers, comme le chien et le chat, peuvent être nourris presque exclusivement de produits végétaux, de même que les herbivores les plus avérés, comme le bœuf et le cheval, sont susceptibles de tirer un excellent parti des poudres de viande.

B. Laration doitrenfermer tous les *éléments chimiques* nécessaires à la nutrition de l'animal: azote, carbone,hydrogène, etc.

C. Ces éléments chimiques ne sont alimentaires qu'à la condition d'être donnés sous des formes spéciales: c'est en les distribuant à l'état de végétal ou d'animal, c'est-à-dire sous la *forme organique,* qu'on obtient les meilleurs résultats. Toutefois, certaines matières minérales peuvent être utilement administrées à titre de *condiment,* comme le sel de cuisine, ou *d'aliment complémentaire,* comme le phosphate de chaux. Il est encore nécessaire de remarquer que la digestibilité de toutes ces substances dépend essentiellement de la texture intime des matières organiques qu'elles composent et de la nature des *sels minéraux* qui les renferment: la paille se digère moins bien que le foin, les tissus végétaux jeunes et tendres se digèrent mieux que les tissus âgés, durcis et plus ou moins lignifiés; les sels solubles dans l'eau, comme le sel de cuisine, sont absorbés plus facilement que les sels insolubles.

D. L'expérience a démontré que les matières organiques données aux animaux comme aliments agissent par certains principes que l'on classe en deux grands groupes: celui des *matières azotées* ou *protéiques* ou *protéine* et celui des matières non azotées. Il est démontré encore qu'il faut, pour assurer la bonne utilisation de toutes ces matières, qu'elles se trouvent dans la ration suivant une certaine proportion, variable suivant l'âge des animaux et le mode suivant lequel on désire les exploiter (travail, lait, viande, etc.). Les variations devraient se produire suivant i de matières azotées contre 2 à 12 de matières non azotées (1). De la réalisation de cette proportion convenable dépendent à la fois la bonne utilisation de tous les principes alimentaires et la santé des animaux: les matières azotées ne peuvent être complètement utilisées que si elles sont accompagnées d'une quantité suffisante de matières non azotées, et réciproquement. Les principes donnés en excès par rapport aux autres ne

se digèrent pas et n'ont de valeur que comme fumier. Enfin, l'insuffisance ou l'excès de certains principes peuvent déterminer des troubles dans la santé des animaux.

(1) On appelle rapport nutritif ou relation nutritive, le rapport 1 1 variable de à — qui existe entre les matières azotées et les ma 2 12 tières non azotées que renferme la ration.

E. Parmi les matières non azotées, on distingue aussi un certain nombre de variétés différentes, dont la présence dans la ration est plus ou moins indispensable suivant les cas (1); ce sont l'amidon, la fécule, les sucres, la cellulose, le ligneux, les gommes et matières pectiques, les matières grasses, etc. Ces matières peuvent se suppléer dans une certaine mesure, mais leur absence complète dans la ration, tout au moins pour certaines d'entre elles, ne manquerait pas d'entraîner une diminution dans les produits que fournissent les animaux.

F. Enfin, indépendamment d'une certaine préparation physico-chimique: division, cuisson, mélange des fourrages, le tout doit être présenté sous un volume, dans un état d'humidité convenables, et être, de plus, susceptible de provoquer à un degré suffisant l'appétit des animaux.

Ces conditions étant nécessaires, et ce n'est point contestable, remarquons qu'il est très rare qu'elles soient réunies dans un seul et même fourrage au point que l'on puisse se contenter d'admettre sur la ferme celui-ci exclusivement. Sans doute le foin, pour les herbivores, parce qu'il est un mélange d'espèces botaniques nombreuses, peut satisfaire à l'ensemble des exigences des animaux de la ferme: coupée en feuilles, l'herbe des prairies présente la relation nutritive 1 i

—(2); à l'état de maturation avancée ce n'est plus que — (2) 0,0 7 -et il suffirait de la couper à des époques différentes pouravoir, au choix, tous les rapports intermédiaires. Elle pourrait ainsi satisfaire aux conditionsde volume et d'humidité au moyen de mélanges; cela devait être, d'ailleurs, puisqu'elle constitue la nourriture naturelle des her-

bivores domestiques.

Mais si l'on s'en tenait à cet aliment, quelle quantité de bétail pourrait-on entretenir sur une ferme? Ne sait-on pas que la prairie ne s'installe point partout et qu'à moins de frais considérables elle ne peut prospérer sur des terres maigres ou sèches. Dans ces conditions, si on n'avait recours qu'au foin, le mobilier vivant serait étroitement limité par l'étendue des (1) Voy. pour les détails les ouvrages spéciaux sur l'alimentation.

(2) D'après Wolf. terres favorables aux prairies, la production du fumier considérablement réduite et comme conséquence de cette réduction, toutela production agricole serait diminuée en quantité ou bien le prix de revient en serait augmenté.

Il faut donc considérer comme une nécessité économique d'avoir recours à des fourrages variés, les uns constituant l'aliment d'entretien, les autres un supplément; l'un apportant surtout de la protéine, un autre du sucre, un troisième de la matière grasse ou de la cellulose, etc., *de façon à constituer en quantité aussi grande que possible* un tout bien complet, et à permettre de donner aux entreprises sur le bétail tout le développement qu'elles peuvent prendre utilement.

Ceci étant, il n'est pas possible d'apprécier la valeur comptable d'un fourrage uniquement d'après sa teneur en protéine digestible comme l'a fait M. Sanson (l). En effet, une fois reconnue la nécessité d'introduire dans la ration des matières absolument exemptes de protéine, comme les matières grasses, les matières sucrées, la fécule, quels principes pourrait-on bien invoquer pour évaluer ces aliments d'après leur teneur en protéine digestible seulement? Cela ne reviendrait-il pas à leur refuser toute espèce de valeur? Or, le fait même de reconnaître leur utilité dans la ration démontre le vice capital de tout procédé d'estimation qui leur donnerait une valeur nulle, et le fait de les y introduire d'une manière voulue oblige à leur reconnaître une valeur au moins égale au prix qu'elles ont coûté.

M. Londet nous parait avoir donné

une solution beaucoup plus logique de la question qui nous occupe en disant: « En ce qui concerne les comptes de fourrages, voici comment ils doivent être établis: le compte des dépenses comprendra (i ) *Traité de Zootechn.,* 1.1, 3 édition, p. 270, formules de comptabilité. M. Sanson admet également, sans avoir réfuté la démonstration si claire de M. Londet, à laquelle nous avons fait allusion plusieurs fois déjà, que les animaux les plus avantageux sont ceux qui payent les fourrages au prix le plus élevé *(Traitéde Zootechnie,* même volume, p. 16). C'est là, nous persistons à le croire, une grave erreur. Enfin, M. Sanson ne fait pas intervenir dans les comptes le prix du fumier, Ce qui enlève, à notre avis, toute valeur aux formules de comptabilité qu'il préconise.

toutes les dépenses de culture; le compte des produits se composera de la valeur des fourrages *réduits en foin,* d'après le prix de *revient moyen* et, en plus, du *bénéfice moyen* obtenu des diverses spéculations animales qui ont consommé les fourrages. »

Par *fourrages réduits en foin,* M. Londet entend que les fourrages sont appréciés d'après la quantité de foin qu'ils peuvent remplacer dans l'alimentation: par exemple, 350 kilogrammes de betteraves remplacent-ils dans l'alimentation 100 kilogrammes de foin, on dit que ces 350 kilogrammes de betteraves sont l'équivalent du foin et on fait figurer cette quantité dans les comptes au même prix que 100 kilogrammes de foin; 3500 kilogrammes de betteraves figureront comme 10 quintaux de foin, etc.

Le prix *de revient moyen* pour M. Londet, c'est le prix de revient du quintal de foin représenté par l'ensemble des espèces fourragères que diverses étables peuvent consommer indistinctement. Ainsi, a-t-on obtenu pour 300 francs de dépense 10000 kilogrammes de luzerne qui équivalent dans l'alimentation à 12 500 kilogrammes de foin; puis pour 100 francs 5000 kilogrammes de carottes qui équivalent à 2000 kilogrammes de foin, et enfin, en outre 2000kilogrammes de foin de pré en dépensant sur les prairies 95 francs, le prix moyen du foin s'obtiendra par le calcul suivant: 10.000 k. de luzerne équival. à 12.500 k. de foin ayant coûté. 300 » 5.000 k. de carottes — 2.000 —... 100.. 2.000 k. de foin — 2.000 —... 95 » l'équivalant de 16.500 k. foin a coiité 495 » 495 et le prix de revient moyen du quintal ressort à: — = 3 francs

Distribué sous la forme de carottes, de luzerne ou de foin même, le quintal de foin sera toujours porté dans les comptes d'animaux pour *le prix moyen* de 3 francs. Si au lieu de cela on inscrivait le pria; *réel,* ainsi qu'on pourra le remarquer, on porterait l'équivalent du quintal de foin à 2 fr. 40 avec la luzerne ( = 2 fr. 4o à 5 francs avec les carottes = 5 fr. et à 4 fr. 75 avec le foin = 4 fr. *llij.* On pourrait ainsi surcharger arbitrairement les comptes d'animaux si les trois fourrages ne leur étaient pas distribués suivant la même proportion et altérer la valeur des indications à retirer de ces comptes. Telle est, suivant M. Londet, et sa manière de voir est évidemment logique, l'utilité de la détermination du prix de revient moyen.

Enfin, le bénéfice moyen est *la moyenne* des bénéfices p. 100 du capital engagé, déterminée *proportionnellement* aux quantités de fourrages consommées par chaque étable (1).

Conformément à ces indications, si nous supposons que les animaux aient donné un bénéfice moyen de 10 p. 100, nous établirons comme suit les comptes des trois fourrages pris ci-dessus comme exemple:

Luzerne.

Débit. Crédit. (1) «Admettons, dit Londet, que 10000 kilogrammes de luzerne aient coûté 300 francs à produire, que les vaches en aient consommé autant que les moutons, que les vaches donnent 16,58 de bénéfice et les moutons 15',67, le bénéfice moyen serait de 16,125 / 16,58 15,67 (moyenne de 1. Pour détermmer le bénéfice moyen, on devrait faire intervenir dans les calculs les quantités de fourrages consommées par les diverses espèces, si ces quantités ne sont pas égales. »

Dans ces conditions la luzerne procurerait un bénéfice de 35 p. 100 des dépenses, les carottes une perte de 30 p. 100 et les prairies seraient également en perte de 25,50 p. 100 (2). Il serait indiqué de défricher la prairie et de supprimer la culture des carottes.

Par cette façon de procéder, comme on peut le remarquer, le fourrage se trouve apprécié d'après son *équivalent* en foin, c'est-à-dire d'après la quantité de foin qu'il représente, ou bien, c'est la même chose, d'après l'ensemble des qualités qui le rendent propre à l'alimentation des animaux. C'est on ne peut plus logique. Malheureusement, la valeur de cette méthode reste subordonnée à la possibilité de déterminer avec une exactitude suffisante *l'équivalent* de chaque fourrage. Cette détermination ne nous paraît pas présenter toutes les garanties désirables pour en faire la base de la comptabilité.

Des chiffres recueillis par M. Londet lui-même et empruntés (1) Si nous admettons que les capitaux engagés par chacune des ti-ois cultures sont proportionnels aux dépenses, ce qui peut se présenter, nous avons dans ces chiffres la mesure des avantages relatifs procurés par chaque culture.

(2) Ce bénéfice se trouve tout naturellement tiré des comptes des animaux. aux sources les plus autorisées, il résulte que les équivalents varient dans de telles proportions, suivant la qualité du foin pris comme terme de comparaison ou des fourrages qu'on lui compare, qu'il faudrait en faire la détermination sur place même et pour chaque récolte (1). Or, c'est là une opération fort délicate, mais de plus, l'équivalent pour un même fourrage, comparé au même foin, soit pour des betteraves d'un même tas, comparées au foin homogène d'une même meule, varie suivantla mesure dans laquelle s'opèrent les substitutions. Ainsi, on n'obtiendra pas les mêmes résultats dans l'espèce bovine par exemple. Avec 200 kilogr. de foin seul. (A)

Ou bien 150 kilogr. de foin et 175 kilogr. de betteraves. (B)

— 100 — de foin et 350 — (C)

— 50 — de foin et 525 — (U)

— 700 — de betteraves seules. (E)

Bien que les betteraves, dans ces divers rationnements, soient toujours substituées au foin dans la même proportion, on serait amené par l'expérience à constater un effet meilleur avec des doses moyennes de *foin et betteraves* qu'avec du foin *ou* des betteraves donnés seuls. Passé une certaine limite, les betteraves, comme beaucoup d'autres fourrages, ne sauraient en n'importe quelle quantité produire dans l'alimentation le même effet que 100 kilogrammes de foin; ce qui a fait dire, avec quelque raison, qu'il y a des rations équivalentes, mais qu'il n'y a point d'équivalents pour les fourrages considérés isolément.

Dans ces conditions, il ne nous parait pas possible de demander à la comptabilité l'indication directe des fourrages les plus avantageux. Nous devons lui demander de nous renseigner seulement sur *le prix de revient, au moment de leur consommation, des fourrages achetés comme des fourrages produits.* Voici d'après quels principes nous pourrons tirer de ce renseignement les déductions nécessaires.

(1) C'est ainsi que l'équivalent de la paille de froment varierait de 150 à 500, celui de l'orge en grain de 33 à 61, celui du tourteau de lin de 42 à 108.

La branche de la science agricole qui traite spécialement de l'alimentation du bétail nous fait connaître les diverses espèces fourragères qui peuvent être distribuées aux animaux. Elle nous indique, de plus, pour chacune des espèces animales et pour tous les modes d'exploitation auxquels on-peut les soumettre, les caractères généraux de la ration type qui convient le mieux, savoir: nature et proportion de l'aliment essentiel d'entretien; poids total de la matière organique à fournir à un poids donné d'animaux; état plus ou moins aqueux, sous lequel doivent se présenter les aliments; rapport nutritif; variété des principes non azotés ou condimentaires que doit renfermer la ration, etc. En fonction de ces indications et en s'éclairant des renseignements fournis par la chimie sur la composition des matières alimentaires pour le bétail, on fixera les quantités des divers fourrages qui peuvent entrer dans une combinaison pour réunir toutes les conditions auxquelles doit sa-

tisfaire cette ration type. Or les fourrages les plus avantageux, ceux qu'il faut choisir, sont assurément ceux qui permettent de réaliser la combinaison la moins coûteuse, c'est-à-dire de constituer la ration au prix le plus bas. Il doit en être ainsi forcément, puisque, d'après les indications les plus sûres de la science de l'alimentation, toutes les rations qui réuniront au même degré ces diverses conditions, bien que constituées au moyen d'espèces fourragères différentes, produiront sensiblement les mêmes effets: il est clair que, de plusieurs moyens qui conduisent au même but, le plus avantageux est celui qui coûte le moins.

Il faut donc chercher, pour chaque époque de l'année quelle est la combinaison la moins coûteuse, parmi toutes celles que l'on peut établir au moyen des ressources fourragères offertes par le sol et le commerce, et cultiver ou acheter, à l'exclusion de tous autres, les fourrages nécessaires pour la constituer.

De cette façon, on réunira les fourrages les plus avantageux dans toute la mesure suivant laquelle l'état de la science le permet. D'autre part, en liant en un même compte (19o et 263) toute production animale avec la production fourragère qui l'alimente, on en tirera facilement, ainsi que. nous l'avons vu, l'indication des opérations les plus avantageuses, ce qui donne la solution du double problème que nous avions posé.

Le-prix de revient du fourrage tel qu'il doit figurer dans les comptes ne comprend pas seulement les frais de production jusqu'à la mise en magasin inclusivement, mais encore la dépense du capital représenté par le fourrage, calculée sur le temps qui s'écoule jusqu'à la consommation.

Cette dépense comprend *le service,* calculé comme pour les autres capitaux, les frais à faire pour la conservation et les risques et pertes, s'il y a lieu. Les frais de conservation se composeront du loyer des bâtiments si les fourrages sont logés à l'abri, des frais de manutention, etc. Les risques et pertes comprennent le déchet de magasin inévitable et les frais d'assurance. Quant à la durée sur

laquelle on doit calculer ces dépenses: « Le même fourrage consommé pendant toute l'année par tous les animaux doit être porté dans les comptes à un prix uniforme; il suit de là que, pour évaluer les dépenses annuelles, il faut prendre un temps moyen de l'époque de la rentrée à l'époque de la consommation: ce temps varie pour chaque fourrage. Citons un exemple: Un cultivateur récolte son foin au 1 juillet; trois mois après, au 1 octobre, il commence à le faire consommer, et la consommation finira au 1 octobre de l'année suivante, ayant été régulière à toutes les époques de l'année; ici le temps serait de neuf mois (3+ — ), temps pour lequel il faut compter les dépenses annuelles.

« A partir du jour de la consommation, les dépenses annuelles du capital consacré aux fourrages ne seront plus les mêmes; ce capital n'est plus représenté par des fourrages, mais par des produits animaux qui courent d'autres risques » (1).

Faisons application de tous ces principes à un exemple. Admettons qu'une récolte de betteraves de 100000 kilogrammes ait coûté, jusqu'à la mise en silo inclusivement, la somme de 784 fr. 31; que la mise en silo ayant été terminée (1) Londet.

le 1 novembre, la consommation doive durer d'une manière régulière du 1 décembre au 1 avril; quel sera le prix moyen de la tonne de betteraves, prise au silo, au moment de la consommation, si le déchet se monte à 5 p. 100 du total? Le temps moyen pour lequel il faudra compter la dépense 4 annuelle sera 1 +- = 3 mois, et nous aurons:
Fr.

Dépenses de production, récolte et mise en silo... 784 31
Service de cette dépense à 3 p. 100, pour trois mois. 5 88
Loyer du sol où repose le silo (mémoire) » »
Total 790 19

Le déchet étant de 5 p. 100, on retirerait du silo 95000 kilogrammes et le prix de la tonne serait: 790 fr. 19: 95 = 8 fr. 31. En ne tenant pas compte de ces dépenses du capital, on eût inscrit la tonne à 7 fr. 84.

Pour réaliser par l'exploitation des animaux le plus grand profit possible, il ne suffit pas de faire choix des fourrages les plus avantageux, il faut encore ne distribuer à chaque bête que la quantité qu'elle peut bien utiliser.

Tout le monde n'est point d'accord sur la détermination de cette quantité. Tandis que pour certains elle n'est limitée que par les facultés de digestion de l'animal, d'autres conseillent de la limiter *selon* des indications qu'ils fournissent.

Com me il arrive généralement,lorsqu'on se place sur le terrain économique, c'est-à-dire au point de vue du profit à retirer d'une entreprise déterminée, et non des résultats matériels à obtenir avec un caractère exceptionnel, comme la plus grande précocité, ou un engraissement monstrueux chez les animaux, les indications absolues nous paraissent en défaut. Nous pensons qu'il faut, sur ce point comme sur beaucoup d'autres, savoir subordonner sa conduite aux circonstances. Il serait dangereux d'ériger en principe que les animaux doivent être toujours nourris au maximum. Sans se placer en présence de situations extrêmes, comme l'abondance ou la disette des fourrages, il est facile de se rendre compte que la manière de faire ne saurait être uniforme.

Supposons qu'il s'agisse de fixer la valeur à consacrer à la nourriture d'une vache laitière et admettons qu'un choix des fourrages a été établi, quant à leur nature, de façon à assurer à la ration la plus grande digestibilité possible et à favoriser au plus haut degré la production du lait, de telle sorte que la question ne porte plus que sur la quantité à distribuer. Si la production du lait était proportionnelle à la quantité distribuée des aliments ainsi choisis, il est facile de comprendre que plus la vache consommerait et plus serait grand le bénéfice; car, d'une part, le prix de vente du lait serait le même, et, d'autre part, le prix de revient serait d'autant plus bas que la vache en donnerait davantage. Ce prix de revient, *pour chaque litre,* comprendrait, en effet, un *élément fixe,* le prix de la nourriture, *soit 0 fr. 08,* et un élé-

ment variable constitué par les dépenses de la vache, autres que la nourriture, réparties sur la production. En fixant ces dépenses à 150 francs, on aurait:

Production annuelle. Dépense par litre.

Mais ce n'est pas là la loi de production. Le rapport entre la nourriture consémmée et le produit est loin d'être constant. De cette nourriture, une part désignée sous le nom de *ration d'entretitn* sert, comme ce nom l'indique, à maintenir la bête en état, c'est-à-dire à assurer l'exercice des diverses fonctions 'vitales, l'autre seule permet d'obtenir une certaine production.

Donc, si les distributions étaient limitées à la première portion, on ne retirerait de l'animal aucun autre produit que le fumier; en y ajoutant une petite quantité, soit 1/10 de la ration d'entretien, on aura du lait. En y ajoutant un nouveau dixième, on en pourra obtenir le double, et le triple peut-être si on ajoute 3/10 à la ration d'entretien. Mais rien n'autorise à dire qu'il en sera ainsi jusqu'à la limite de ce que l'animal pourra absorber, bien au contraire.

Ne voit-on pas constamment, en effet, parmi les vaches d'une même étable, qui consomment les mêmes aliments, en même quantité, des sujets produire annuellement 3000 litres alors que d'autres en donnent 3 500, ou 2 500, ou 2000? Tous ceux qui ont eu l'occasion d'exploiter des vaches savent que l'aptitude laitière est variable et que l'accroissement de production, sous l'influence d'une alimentation plus abondante, ne suit point la même loi pour toutes les vaches.

L'aptitude laitière varie selon les races, selon les individus pour une même race, selon le climat sous lequel les animaux sont exploités, etc. Les différences dans la production tiennent à des causes multiples et dont nous ne pouvons point entreprendre l'analyse ici. On sait néanmoins, que les différences tiennent notamment à ce que toutes les vaches ne digèrent point la même proportion des aliments qu'elles absorbent que, de la quantité digérée, une portion, variable encore selon les

individus, est employée pour réagir, se défendre contre des influences extérieures défavorables (chaleur, sécheresse, vent, etc.), une autre à produire du lait, une autre enfin à produire de la graisse, etc. Les proportions employées pour chaque destination: lait, graisse, etc., tiennent à des prédispositions tout à fait individuelles, qui font que certaines bêtes, avec un régime donné, fourniront beaucoup de lait tout en restant maigres, alors que d'autres en fourniront moins, mais s'engraisseront.

Voici, par exemple, une vache d'une grande puissance de digestion et d'assimilation, qui se trouve sous le climat raims où s'élèvent les animaux de sa race et pDssède à un degré très développé des dispositions à produire du lait; la loi d'augmantation de son produit pourra être exprimée numériquement par les nombres de la colonne 1 dans le tableau ci-après (p. 162) et graphiquement par la ligne a (fig. 4); d'autres, semblables à tous égards, mais dont la mamelle est moins active, s'engraisseront plus facilement que la première, mais leur production en lait sera moindre et pourra correspondre aux données numériques des colonnes 2 et 3 et aux courbes 6 et c.

Enfin, en voici d'autres, dont la puissance de digestion est moindre, ou bien ce qui revient au même, qui ont été importées sous un climat défavorable, dont elles souffrent; leur production pourra correspondre aux expressions numériques des colonnes la, 2a et 3a, et aux courbes *abc* (fig. 5). Elles produisent moins que les premières tout en s'engraissant moins facilement.

*Loi hypothétique* d'accroissement de la production du lait sous l'influence de l'augmentaitbn de la nourriture distribuée:

Dépense de nourri-Production annuelle du lait en litres.

Certes, il faut s'attacher, en utilisant les indications que fournit la zootechine, à n'exploiter que des bêtes dè la première catégorie. Mais si le nombre de ces animaux d'élite est insuffisant pour utiliser les ressources qui se présentent: débouché pour le lait et fourrages disponibles, force sera bien de recourir aux meilleurs d'une catégorie moins bonne. Et comment pourrait-on affirmer que la mesure suivant laquelle on devra nourrir sera la même pour tous ces animaux? que l'on devra, pour la vache qui ne s'engraisse pas, mais donne beaucoup de lait, observer la même limite que pour sa voisine, qui obéit à une loi différente? La conduite à tenir dépendra évidemment du parti que l'on pourra tirer de l'état d'embonpoint pris par la vache la moins bonne laitière. Si on veut la vendre, cet état *pourra* être avantageux; si l'on a intérêt à la conserver, mieux vaudra éviter de l'engraisser, car outre qu'il en résulterait une perte d'aliments, l'engraissement exagéré ne peut que nuire à la fonction de reproduction.

Enfin, suivant le prix de la nourriture, par conséquent suivant la rareté ou l'abondance des fourrages, on devra encore agir différemment, ainsi qu'il est facile de s'en convaincre: si la nourriture ne coûtait rien, il y aurait lieu d'en étendre la distribution autant qu'il pourrait y avoir une augmentation, si faible qu'elle fût, du rendement en lait; dès lors qu'elle représente un sacrifice, la distribution en doit être limitée dès que l'augmentation du rendement en lait ne suffit plus pour

Fig. 5. — Loi des variations de la production du lait.

payer le supplément distribué, ce qui se produira évidemment d'autant plus vite que le quintal de foin coûtera plus cher.

Ce sont là, d'ailleurs, des principes consacrés par l'expérience et contre lesquels rien ne saurait prévaloir. Les praticiens éclairés savent que les animaux qu'ils exploitent doivent être *en chair* ou *en état,* suivant la façon habituelle d'exprimer cet état spécial d'embonpoint qui correspond le mieux à l'utilisation des fourrages comme des aptitudes des animaux. Us savent que sans laisser tomber leur bétail dans un véritable état de misère, comme il arrive quelquefois, ils ne doivent pas maintenir leurs animaux aussi gras dans le cas de disette que dans celui d'abondance, quand le fourrage est bon marché et quand il est cher. Enfin, ils savent aussi que cet état d'embonpoint est susceptible de varier selon la fonction que l'on

désire exploiter chez l'animal: élève-t-on des animaux en vue d'en faire des bêtes de boucherie, il n'y aura guère à craindre de les trop nourrir dès le jeune âge; veut-on en faire des reproducteurs ou des animaux de travail, il faudra apporter dans l'alimentation une certaine mesure; enfin, pour de futures vaches laitières, le régime devra être plus sévère encore, la fonction laitière ne pouvant plus prendre tout le développement désirable si elle ne s'est pas développée avant que, sous l'influence d'une trop copieuse alimentation, l'aptitude à l'engraissement n'ait pris une prédominance marquée.

Les données fournies par les auteurs spéciaux pour guider dans le rationnement des animaux peuvent donc être d'un très grand secours quand il s'agit d'établir des prévisions sur les animaux qui seront nécessaires pour utiliser un stock donné de fourrages ou réciproquement; ou bien encore, lorsqu'il s'agit de régler les rations, c'est-à-dire de répartir entre les animaux de la ferme les ressources existantes et de rechercher, dans le commerce, les matières qui peuvent utilement les compléter. Mais il faut bien s'attacher à ne voir dans ces données que de pures indications, à modifier selon les individus, dans un sens qui sera indiqué par l'examen de chaque animal et des produits qu'il donne.

On voit par là, l'importance que présente une comptabilité individuelle dans les entreprises zootechniques et combien peut être insuffisante celle qui confond tous les renseignements relatifs à une étable dans un même bloc sans permettre de voir clair dans les détails.

Le cultivateur est assez rarement acheteur de fourrages d'une manière courante. De temps à autre, seulement, il profite d'une occasion et achète quelque lot. Cependant il se présente des systèmes de culture exclusivement basés sur des achats de fourrages et dans ce cas, c'est généralement la vigne qui occupe le sol. On se borne à entretenir les animaux de CAPITAL CIRCULANT. f UNlVESftH J trait indispensables, le cultivateur n'est alors n%rîHlu'rte8'' d'animaux, ni producteur de fourrages, il en est consommateur. Cette situation,

favorisée parle haut prix des vins, il y a de dix à quinze ans, s'est présentée pour quelques parties du midi de la France. Le Narbonnais notamment payait ses foins de luzerne 10 francs les 100 kilos et plus, couramment, les tirant pour une très grande part des environs de Toulouse.

Outre ces situations exceptionnelles, il y aurait souvent avantage pour la culture à acheter quelques-uns des nombreux déchets d'industrie, offerts sous le nom générique de tourteaux, pour compléter les rations obtenues avec les four rages récoltés sur place. Ceux-ci seraient alors beaucoup mieux utilisés et si on calculait bien, on s'apercevrait que le principe de ne rien acheter pour l'alimentation des animaux peut être très éloigné d'une bonne économie.

L'utilisation des fourrages donne lieu à une autre question d'administration. On sait combien il est difficile, dans les années de disette, de se procurer des fourrages sur le marché et on sait aussi que, quand les fourrages manquent dans la ferme, la situation peut affecter un caractère de pénible gravité. Le malaise économique causé par les sécheresses répétées de ces derniers temps est trop récent pour que nous ayons à insister sur les souvenirs qu'il a laissés: c'est la vente forcée, et à vil prix, du bétail, au début de la période, la nécessité de racheter à des prix excessifs quand revient l'abondance, ou bien la conservation des effectifs avec l'obligation de faire jeûner les animaux au point de n'en tireraucun produit. C'est, dans tous les cas, la perte en perspective.

De toutes parts, quand cela se produit, on ne manque pas de prodiguer les conseils aux cultivateurs. Le plus sérieux est évidemment celui qui consiste à proposer l'emploi des grains ou des déchets d'industrie. Mais il faut encore, pour obtenir de ce moyen de réels services, posséder les matières nécessaires pour constituer le fonds de la ration, c'est-à-dire pour fournir le *volume,* la masse de *la matière otganique* et la cellulose, presque aussi indispensables que les principes les plus nourrissants eux-mêmes pour assurer une bonne alimentation. C'est là, justement, ce qui fait le plus souvent défaut. Or, il serait relativement facile d'avoir des réserves en les constituant avec régularité dans les périodes d'abondance: telle meule de foin ou de paille qui n'a qu'une très faible valeur en une semblable période et même en temps ordinaire, permettra au cultivateur prévoyant qui saura la conserver, pour l'utiliser à propos, de réaliser de gros bénéfices.

Les altérations que subissent les fourrages avec le temps ne sauraient être un obstacle à cette mesure de précaution. En prenant les soins nécessaires à la bonne garde du fourrage et en établissant un roulement convenable dans la consommation, on pourra éviter de conserver trop longtemps les mêmes meules.

VU. — LES ENGRAIS.

Les engrais constituent un moyen de production d'une très grande puissance. La valeur de ceux que produit la culture est estimée pour la France à 830 millions (1) et d'autre part, suivant une évaluation de M. Convert (2), les achats annuels faits au commerce entraînent un sacrifice de plus de 125000000. C'est donc une valeur de 1 milliard environ qui est engagée sous cette forme.

Il y a déjà, dans ce fait, des raisons suffisantes pour motiver une étude attentive de ce moyen de production. L'intérêt en est encore augmenté en ce que la constance de la production, la valeur du capital foncier, sont dans un rapport d'étroite dépendance avec la façon dont on use des engrais.

L'examen du sujet comporte plusieurs divisions. On trouvera dans un volume spécial de l'Encyclopédie agricole l'étude monographique des diverses matières employées comme engrais, envisagées principalement au point de vue de leur achat, de leurs effets spéciaux, de leur application aux diverses cultures. Nous aurons seulement, ici, à considérer les engrais dans leurs rapports avec l'organisation générale et la comptabilité.

(1) Enquête décennale de 1892. (2) L'Industrie agricole.

Épuisement et Restitution.

On appelle engrais les matières de toutes sortes que l'on apporte sur le sol en vue d'assurer l'alimentation des plantes. Comme la terre renferme déjà, d'une manière plus ou moins complète, en quantité plus ou moins grande, les substances dont les plantes se nourrissent, Chevreul et M. Dehérain ont pu donner une définition plus précise et dire: un engrais est un élément utile à la plante et qui manque au sol.

Les progrès réalisés par la chimie depuis la tin du XViii° siècle et qui ont illustré les noms de Lavoisier, de Saussure, Boussingault, Liebig, Dumas, Payen, Lawes et Gilbert, Georges Ville, Schlœsing, Miintz, etc., ont établi que les plantes sont formées de deux groupes de corps simples, ou éléments chimiques, dont la distinction s'établit très simplement lorsqu'on soumet un végétal quelconque à l'incinération. Parmi ces éléments, les uns, qui sont dits organiques, disparaissent pour la presque totalité dans l'air à l'état de gaz, vapeurs ou fumées; les autres, ceux qui forment la matière minérale, persistent en majeure partie à l'état de cendres.

Les corps organiques, au nombre de quatre: azote, carbone, hydrogène et oxygène, sont, à l'exception du premier, fournis aux plantes par les gaz de l'atmosphère ou par l'eau du sol et il n'y a pas lieu de s'en préoccuper. L'azote est fourni en partie par la terre et en partie par l'atmosphère; il est déversé sur le sol en même temps que l'eau des pluies ou directement abandonné au pouvoir absorbant de la terre ou des parties foliacées des plantes, ou même fixé sous l'influence de microorganismes.

La quantité qui peut ainsi être fournie à la végétation est très variable suivant les milieux, suivant l'espèce des plantes et les conditions de la végétation: on sait que les légumineuses se distinguent, parmi toutes les plantes, pour leur abondante absorption d'azote et que le gain est encore d'autant plus grand que les plantes sont plus abondamment feuillées, que leurs sucs sont plus acides. On peut tenir ce gain pour très sensible si on a la précaution de réunir les conditions culturales les plus favorables.

En ce qui concerne les matières minérales, elles contien également un certain nombre de corps simples dont les indispensables, sans lesquels les plantes ne peuvent attein leur développement complet, se trouvent obligatoireni dans tous les végétaux, tandis que les autres ne parais» s'y trouver que d'une façon accessoire et purement faculta De ceux-ci, nous n'avons pas à nous occuper, mais les miers doivent retenir notre attention; ce sont: le fer, soufre, le potassium, le calcium, le magnésium, le phosphaj et le chlore.

Parmi ces sept éléments, quelques-uns, bien qu'aussi indi pensables que les autres à la constitution des végétaux, vent être laissés de côté en raison des quantités considérabl que les terres en contiennent et qui permettent, en général de ne pas se préoccuper de leur présence dans les engrais! Cette élimination faite, il nous restera le potassium ou élémenl actif de la potasse, le phosphore ou élément actif de l'acidi phosphorique dans les phosphates et les superphosphates3 quelquefois aussi le calcium, élément constituant de la chauxj base du calcaire, associé à l'acide phosphorique dans les phos-j pliâtes et les superphosphates. Plus rarement on devra sel préoccuper de l'apport du magnésium, base delà magnésie, au, moyen de la kaïnite par exemple, puis du soufre et du fer quù accompagnent-danslessuperphosphatesles éléments principaux./

Ces éléments minéraux sont puisés par les plantes dans la terre. L'atmosphère n'en peut fournir aucun en quantité sensible.

Pour peu que l'on considère le mouvement des récoltes et leur composition, on ne tarde pas à s'apercevoir qu'il est exporté chaque année, des terres cultivées, des quantités assez grandes de ces éléments (1). La totalité, il est vrai, ne sort pa du domaine. Les fourrages servent, dans la majeure partie dos (1) D'après MM. Mûntz et Girard, l'épuisement qui résulte dela culture du blé sur un hectare de terre, par la paille et le grain, est suivant:

Récolte de: Azote. Acide Potasse. Chaux.

phjsphorique. liihectol. de grain... 38,2 16M 20", 1 7M 40 —.... 102,5 43M

53,6 21M

à nourrir les bestiaux de la ferme, et donnent du fumier, j, mélangé aux terres, opère une *restitution partielle*. Mais quantités contenues dans les grains, les bestiaux et le lai Jidus sont perdues pour la ferme. La perte s'étend même K éléments constitutifs des denrées consommées sur place Tant une proportion variable avec les soins apportés à la plte et à l'utilisation des engrais humains, pi peu élevée qu'elle soit en un an, cette exportation finit ratteindreun chiffre fabuleux,sionsongequecertainesterres nt en culture depuis des milliers d'années sans que, sauf ipuis peu de temps, dans la majorité des situations, on se lit préoccupé de réparer l'épuisement du sol par l'application! matières importées sur le domaine. Si on remonte à un iècle à peine, on voit que l'emploi d'engrais puisés au dehors ait loin d'être la règle.

'Comment, dans ces conditions, la productivité des terres rt-elle pu se maintenir? Comment l'épuisement de certains principes utiles constamment exportés n'était-il pas absolu fcrsque les savants modernes sont venus formuler la loi de restitution? C'est là un point d'autant plus intéressant à examiner qu'il ne donne pas simplement satisfaction à un intérêt de curiosité, mais encore, que de son examen seulement, on peut déduire l'interprétation économique de. la loi de restitution. D'autre part, cet examen peut éclairer également sur les moyens à employer pour opérer la restitution.

Les terres cultivables sont, on le sait, composées de deux couches; l'une, supérieure, habituellement fouillée par la charrue et épaisse de 0,lo à 0,25 environ, est connue sous le nom de *sol* ou *terre arable,* tandis qu'on désigne sous le lom de *sous-sol,* la couche sous-jacente, d'une épaisseur friable, assez difficile à déterminer, non pénétrée habituellement par la charrue, mais fouillée néanmoins par les racines plantes. Audessous de cette couche est le *sol inerte,* qui, en apparence, n'est pas actif à l'égard de la végétation, mais exerce néanmoins sur celle-ci une grande influence par sa constitution mécanique

principalement. L'examen des fonctions générales de ces diverses couches est du domaine de i *Onlogie,* branche de l'agriculture proprement dite; aussi Jodzier. — *Économie rurale.* l n'avonsnous pas à nous y arrêter plus longuement ici, mais nous devons, pour la solution de la question qui nous intéresse, voir dans quelle mesure chacune de ces couches peut subvenir à l'alimentation des plantes.

Considérons d'abord la couche superficielle. Sur une épaisseur de 0,15, ce qui est un minimum pour les terres cultivées, elle représente par hectare un volume de 1500 mètres cubes et 2500 pour une épaisseur de0,25. Si on admet comme poids du mètre cube 1600 kilogrammes, on arrive pour celui de la couche arable tout entière à un nombre de kilogrammes pouvant varier de 2400000 à 4 000000.

Quant à la deuxième couche, l'épaisseur en est souvent bien difficile à fixer; sa limite est déterminée, on le sait, soit par la dureté des roches, soit par l'absence, à une certaine profondeur, des conditions indispensables à la vie des racines: telle l'absence d'aération due à un excès d'humidité. Ce que nous pouvons remarquer, c'est que l'épaisseur de cette couche est souvent plus grande qu'on ne pourrait le croire, principalement lorsqu'elle est limitée par une roche dure, car il est assez rare que celle-ci ne présente pas de distance en distance des crevasses, dans lesquelles les racines des plantes s'insinuent jusqu'à des profondeurs de plusieurs mètres. Si la nature du sol est favorable, les racines fouillent une épaisseur variable entre 1 mètre et 2 mètres pour la plupart des plantes cultivées et presque toujours voisine del,50 (1).

La troisième couche s'étend théoriquement jusqu'au centré du globe terrestre, mais elle ne nous intéresse guère que jusqu'à la limite où s'opèrent les échanges d'eau entre les parties les plus profondes et la surface.

De nombreuses analyses, exécutées avec une grande conscience, par des chimistes expérimentés, permettent d'affirmer que les terres arables de

bonne qualité ordinaire renferment par kilogramme les quantités suivantes des éléments chimiques qui retiennent notre attention comme étant indispensables aux plantes (2).

(1) Muntz ot Girard, *Les Engrais,* I, p. 43 et saiv. (2) Par kilogramme des éléments constituants, parties pierreuses et terre fme.

Azote 1 gramme (de 0 gr. 1, sables maigres des landes de Gascogne, à 2 grammes, terres des potagers et des prairies, et 10 grammes dans les terres tourbeuses):

Acide phosphorique (en moyenne)... 1 gramme.

Potasse (1) 1,5 —

Il en résulte qu'un hectare d'une terre de ce type renferme en totalité les quantités suivantes, dans la couche arable, selon son épaisseur entre O,lS et 0,25:

Azote 2.400 à 4.000 kilogr.

Acide phosphorique 2.400 4.000

Potasse 3.600 6.000 —

A cela, il faudrait ajouter les quantités renfermées dans le sous-sol et qui dans certains cas sont de beaucoup supérieures à celles que renferme la terre arable en raison de la moindre épaisseur de celle-ci. Laissons de côté ces cas de richesse extrême du sous-sol et attachons-nous à déterminer la situation que créent les terres moyennes. Pour cela, admettons encore, malgré tes réserves faites plus haut, que le sous-sol, plus épais mais moins riche que la couche arable, contienne en totalité les mêmes éléments et notre hectare de terre offrira à la végétation:

Azote 4.800 à 8.000 kilogr.

Acide phosphorique 4.800 8.000 —

Potasse 7.200 12.000 —....

En raison de la lenteur avec laquelle se produit l'exportation de ces éléments dans la culture ordinaire, leur épuisement complet nécessiterait un temps considérable, mais ne se produirait pas moins et ne serait qu'une question d'années, s'il n'était pas, d'une façon quelconque, pourvu à leur renouvellement. L'eau des pluies, en lavant le sol, contribue elle-même à cet épuisement dans une certaine mesure.

Mais la réserve de ces éléments nutritifs, sauf pour l'azote, se renouvelle constamment par suite de la décomposition des (I) Le même raisonnement s'applique aux autres éléments que nous omettons pour ne pas encombrer notre raisonnement.

*pierres* ou *éléments minéralogiques* mélangés à la terre fine, ou bien encore par la décomposition des roches qui forment le sous-sol et le sol inerte. Ces roches renferment en effet, en quantité plus ou moins grande, les éléments chimiques minéraux dont se nourrissent les plantes et les abandonnent, en se décomposant, sous l'influence de l'eau du sol et des matières salines ou acides qu'elle renferme en dissolution, sous l'influence de la végétation, de l'action mécanique qu'exercent l'homme, l'atmosphère, la gelée, etc., sur lesol (1).

Si les gains qui résultent de cette décomposition dépassent la perte causée par l'exportation des récoltes, on peut dire que le sol doit devenir de plus en plus fertile et qu'il renferme une mine inépuisable; car nous pouvons admettre que l'épaisseur du sol inerte est sans limite. Laissons de côté cette hypothèse, que nous retrouverons tout à l'heure d'une manière indirecte et demandons-nous pour l'instant si, dans le cas inverse, cette mine inépuisable existe encore.

Si le gain provenant de la décomposition des roches, ou minéraux du sol, est inférieur à la perte entraînée par les exportations de produits, l'appauvrissement de la terre est fatal. Mais son épuisement complet est-il inévitable? Nous ne le pensons pas et voici pourquoi:

Sous l'influence de cet appauvrissement, les rendements des récoltes diminuent d'année en année, d'une façon peu apparente au début, mais inévitablement et, si la culture se prolonge suffisamment, ils atteindront un niveau assez bas pour que le gain procuré par la décomposition des roches fasse équilibre à la perte causée par l'exportation des récoltes. Rien ne nous autorise, il est vrai à admettre que les roches (1) L'eau nous paraît être un agent de décomposition des roches et un moyen de transport d'une grande importance. A l'appui de cette opinion, nous citerons les travaux de M. Schlœsing fils sur les matières en dissolution dans les eaux du sol. L'eau baignant les roches à de grandes profondeurs, leur empruntant des principes utiles, même ceux que l'on considère comme insolubles, peut les mettre à la portée des plantes à de très grandes distances, soit qu'elle remonte directement par capillarité, soit qu'elle aille, après une course souterraine plus ou moins longue, baigner d'autres terres, par leur sous-sol ou en irrigations superficielles. offrent également une source d'azote, si faible soit-elle; mais ce corps que les roches du sol ne peuvent pas fournir aux plantes, l'air, cette roche gazeuse, d'une décomposition facile, toujours ramenée, par des mélanges incessants, à une composition à peu près uniforme, l'air va le leur procurer.

Dans ces conditions, nous pouvons affirmer que le rendement faiblira sans jamais tomber à zéro, que l'épuisement absolu sera évité, et que, par conséquent, la terre contient, même dans ce cas, une mine inépuisable. Nous ne craignons pas d'affirmer qu'une forte proportion des terres cultivées se trouvent dans ces conditions.

Mais il ne suffit pas que chaque terre cultivée soit, jointe à l'atmosphère, une mine inépuisable. Il est particulièrement intéressant de savoir quel rendement cette mine est susceptible de produire et si, dans certains cas, il peut être assez élevé pour permettre un mode économique d'exploitation du sol sans employer d'engrais.

Ce rendement, que l'on peut appeler *rendement naturel* d'une terre (en se gardant bien, toutefois, d'attacher à cette expression l'idée qu'il peut être obtenu sans l'intervention de l'homme) dépendra de plusieurs conditions. Voici les principaux éléments qui influeront sur le niveau qu'il est susceptible d'atteindre: 1 La nature minéralogique du sol et des couches sous-jacentes et le système hydrographique superficiel et souterrain.
2 La plante cultivée. 3 Le climat. 4 Les secours de toute nature apportés aux plantes pour faciliter leur croissance. 5 Le système de culture en usage.

La nature minéralogique du sol et des couches sousjacentes aura évidemment une très grande influence, puisque la richesse des roches et des minéraux en éléments utiles aux plantes, aussi bien que la résistance qu'elles opposent dans leur décomposition est essentiellement variable selon les espèces minérales (1). (1) Voy. sur ce point les ouvrages spéciaux de minéralogie.

D'un autre côté, selon la direction qu'elles prennent, sous terre ou bien à la surface, les eaux peuvent conserver à la portée des plantes, ou emmener au loin, les produits de cette décomposition qu'elles ont dissous et, selon les cas, modifier l'étendue de la restitution qu'elle opère. C'est de cette façon que se reconstitue la fertilité des nombreux petits vallons d'où, un peu partout, on retire d'assez bonnes récoltes de foin sans fumer jamais. La vallée du Nil est, on le sait, le pays classique où s'opère ainsi la fertilisation.

Les plantes exercent une très grande action dans la mise en liberté des éléments des roches. On a démontré que les racines, dans leurs filaments les plus ténus surtout, et qui représentent par hectare un volume considérable (1) ont la faculté de *corroda-, ronger* des roches très dures, insolubles dans l'eau, et de se nourrir ainsi d'éléments chimiques que l'on ne peut extraire du sol qu'en employant des acides énergiques. Les plantes à racines dites fibreuses, bien qu'allonr géant assez profondément leurs racines, en développent la plus grande partie dans la couche superficielle, mais les plantes dites pivotantes, comme la plupart des légumineuses cultivées, vont surtout fouiller les parties profondes, et on peut dire que l'action des plantes s'étend à une épaisseur de plusieurs mètres dans bien des cas.

La végétation et la décomposition sur place de la plante opèrent un déplacement et une concentration à la surface des éléments de la fertilité. Au moyen de la nourriture prise à toutes les profondeurs, la plante forme ses tissus (feuilles, tiges, racines, etc.) en quantité maxima près de la surface et abandonne à la terre, lors de la putréfaction, ses éléments constituants, parmi lesquels l'azote puisé dans l'atmosphère. C'est de cette façon que les débris de la végétation naturelle donnent naissance à un terreau abondant, à la surface du sol, dans les terres longtemps abandonnées à elles-mêmes. D'abord languissante, par suite de l'extrême rareté des aliments, la végétation prend une vigueur de plus en plus (1) D'après MM. Mûntz et Girard, un hectare de blé présente plus de 11 800 mètres carrés de racines et de radicelles. (Ouvrage cité antérieurement. ) grande à mesure que s'écoulent les années et que s'accumule le terreau fourni par les générations antérieures. C'est ainsi que certaines terres de landes, formées des éléments minéralogiques les plus pauvres, dans lesquels l'analyse chimique est souvent impuissante à déceler la présence de certains corps utiles, parviennent naturellement à une assez grande productivité.

On conçoit aisément que suivant les plantes dont on favorise le développement sur une terre, le gain procuré par la décomposition des éléments rocheux sera variable. Il y a en effet, outre la différence qui résulte de la forme plus ou moins pivotante du système radiculaire, celle qui tient à des aptitudes particulières des plantes: les unes (comme le chanvre, le houblon) ne prendront un grand développement que si la terre est déjà riche en matières nutritives; les autres, comme les lupins, s'accommoderont d'une terre très maigre; il en est même, comme les lichens, qui végètent sur les rochers arides, et jusque sur le fer abandonné à la lumière. Enfin, en dehors de sa richesse en éléments fertilisants, le sol exerce une influence par sa nature: le seigle, l'avoine, le sarrasin, la pomme de terre, le rutabaga donnent de bons produits suides terres de landes encore acides; l'orge, le froment, la betterave, la carotte, ne réussissent bien qu'après plusieurs années de culture de ces mêmes terres.

Nous n'insisterons pas sur l'examen détaillé des plantes selon leurs aptitudes spéciales. Ce serait entrer dans le domaine de l'agriculture et de la botanique agricole. Mais nous pouvons conclure en disant que les végétaux ont pour fonction d'organiser et de mobiliser les matières minérales du sol. Et de même que les animaux herbivores semblent avoir pour mission de fournir à l'alimentation des carnassiers, de même certaines plantes, plus rustiques que les autres, ayant la faculté de végéter dans des terres très maigres,.semblent aussi avoir pour mission de préparer un milieu pour d'autres plus exigeantes: degrés admirables dans un incessant perfectionnement.

L'action des plantes reconnue, on peut distinguer facilement celle du climat. Suivant qu'il est plus ou moins chaud et humide, il permet à la végétation une activité variable et influe, par conséquent, sur la rapidité avec laquelle peuvent se produire cette mobilisation et cette concentration des matières fertilisantes. Pour cette raison déjà, la productivité des terres peut varier selon le climat: abandonnées à ellesmêmes, les terres les plus maigres de Bretagne se couvrent d'un gazon serré qui ne prendrait point naissance sous un climat sec.

Par des secours de toute nature apportés aux plantes, et propres à faciliter la production d'une plus grande quantité de matières végétales, l'homme peut, lui aussi, exercer une action puissante sur le développement de la fertilité des terres. Par le choix des espèces qui se développeront le plus en raison du climat ou de la nature du sol, par la préparation préalable qu'il fait subir au terrain, la protection qu'il accorde aux plantes ensemencées par rapport aux autres, c'est-à-dire par les sarclages, les binages, l'homme ajoute aux moyens qui permettent d'augmenter l'influence de la plante.

Enfin, nous ne cultivons pointles terres pour le plaisir d'admirer l'abondance de la végétation, mais, comme tout le monde le sait, dans le but d'exporter de la ferme le plus possible de produits. Après les développements qui précèdent, on comprendra qu'il soit possible au cultivateur, le plus souvent, de se livrer à cette exportation sans jamais arriver à l'épuisement de son domaine. Il lui suffira, pour cela, de mesurer l'exportation sur les facultés de restitution qui résultent du milieu dans lequel il cultive: sol et climat et des conditions de la culture: plantes cultivées, soins qui leur sont consacrés. Il lui suffira d'accorder aux plantes destinées à faire retour au sol, soit à l'état d'engrais verts ou de fumier, une place suffisante par rapport à celle qu'il accorde aux plantes dont les produits sont plus ou moins exportés. Quel rapport doit-il y avoir entre l'étendue de ces deux catégories de cultures? Cela dépend du rendement qu'il est nécessaire d'obtenir et dont nous examinerons plus loin l'influence sur le profit.

Nous voyons maintenant quelle interprétation il faut donner au point de vue économique de la loi de restitution: il faut rapporter au sol, sous la forme d'engrais, les éléments exportés par les récoltes et non restitués à la terre par la décomposition des éléments rocheux ou par le mouvement des eaux.

L'engrais qui permet de satisfaire à cette condition mérite seul le nom d'engrais complet. Il est bon de remarquer que cette qualité, pour un engrais, est purement relative: relative au sol dont il faut réparer l'épuisement et relative à la plante qui l'a déterminé. Tel engrais qui est complet à l'égard d'une terre et d'unenTure données, peut ne pas l'être, pour la même terre, à l'égard d'une autre culture et, à plusfort£-raison, à l'égard de terres et de cultures différentes. ll ne faut donc pas attacher une signification absolue aux expressions engrais complets souvent employées par le commerce pour désigner les mélanges qu'il offre aux cultivateurs, ou par les agronomes pour désigner ceux dont ils conseillent quelquefois l'application.

La seule condition que nous venons d'énoncer suffit pour maintenir la fertilité d'une terre et on voit qu'il n'est pas nécessaire, comme le pourrait faire croire un examen trop superficiel des faits, d'apporter intégralement au sol du domaine les éléments que lui ont enfevés les produits exportés, ce qui, d'ailleurs, dans bien des cas, ne serait possible qu'à la condition d'être ruineux.

Non seulement on peut empêcher toute diminution, dans la productivité d'un domaine, sans y rien importer, tout en exportant des récoltes, mais encore on peut l'augmenter. Supposons que l'on soit arrivé, au moyen d'essais prolongés par exemple, à déterminer, pour un domaine donné, la combinaison culturale suivant laquelle il y a compensation entre les éléments gagnés sur les roches et les éléments exportés sous la forme de produits agricoles et admettons également que cette combinaison-comprenne 2 de plantes à engrais (fourrages ou engrais verts) contre 1 de plantes à produits exportés. En cultivant indéfiniment les mêmes plantes suivant ces mêmes proportions et de la même manière, nous aurons indéfiniment les mêmes rendements, abstraction faite de l'influence du climat, particulière à chaque année, et la culture sera dite *stationnaiTM*.

Mais si nous modifions la proportion suivant 3 de plantes à engrais contre 1 de plantes à exporter, il y aura augmentation de la fertilité du sol comme nous le disons ci-dessus, augmentation correspondante des rendements de toutes les cultures jusqu'à ce que celui des plantes exportables ait atteint le niveau qui assure, des éléments fertilisants, une exportation correspondant au gain procuré annuellement par la décomposition des roches. Jusqu'a ce que ce niveau soit atteint, le système sera dit *améliorant* parce que le sol s'enrichira.

En sens inverse, en modifiant la proportion suivant 2 de plantes exportables contre 1 de plantes à engrais, on aurait une diminution des rendements jusqu'à ce que l'action des plantes à engrais sur les roches mette en liberté une quantité d'éléments égale à celle que perd le domaine du fait des plantes exportables. Dans ce cas, pendant la période de variation des rendements, le système de culture est dit *épuisant* parce que, en effet, il y aura appauvrissement du sol jusqu'à ce que cet équilibre soit réalisé.

Toutefois, si on s'explique facilement qu'il ait été possible pendant une longue suite de générations, d'obtenir des produits de la culture sans jamais importer d'engrais, et qu'il soit possible en opé-

rant de même d'augmenter la production, nous n'entendons pas dire que cette pratique soit la meilleure dans *tous les cas*. Les situations dans lesquelles elle doit être préférée deviennent de plus en plus rares, et en regard de la loi de restitution, il faut placer le principe des engrais complémentaires et des engrais supplémentaires. Voyons maintenant à quelle idée correspondent ces expressions.

Pour qu'une terre soit productive, il est nécessaire, non seulement qu'elle contienne *le*-éléments dont les plantes se nourrissent, mais que ces éléments s'y trouvent dans un état particulier, dans l'état d'assimilabilité. Les éléments qui sont dans la terre à l'état non assimilable ne sont pas sans valeur, car ce sont eux qui, modifiés avec le temps, sous l'influence des racines, de l'eau, etc., deviendront propres à nourrir les p'antes. Mais jusqu'à ce qu'ils aient subi ces modifications, ils n'ont sur les rendements des récoltes qu'une influence négligeable.

En outre, il faut remarquer que la productivité d'une terre est déterminée non par l'ensemble des éléments chimiques nutritifs qu'elle renferme à l'état assimilable, mais par celui de ces éléments qu'elle contient en moindre proportion eu égard aux besoins des plantes. Ainsi, par exemple, l'observation ayantdémontré qu'une terre qui renferme 1 p. 1000 d'azote, 2 p. 1000 de potasse et 1 p. 1000 d'acide phosphorique donne, dans des conditions déterminées de culture, 28 hectolitres de froment, on n'aura plus cette même production, en cultivant de la même manière, si la proportion de l'azote est abaissée à 0,5 même alors que le taux des autres éléments n'aura pas changé. Peut être dans ce cas, la production s'abaisserat-elle à 20 hectolitres et même au-dessous, bien que la terre en question renferme un grand nombre de fois la quantité d'azote nécessaire à la constitution de la récolte de 28 hectolitres.

En supposant à la couche de terre une épaisseur de 020, et un poids de 1S00 kilogrammes pour le mètre cube, on voit qu'elle renferme 1500 kilogrammes d'azote alors que la récolte

des 28 hectolitres n'en contient au maximum, paille et grain, que 40 kilogrammes. Il y a, dans ces conditions, une provision d'azote suffisante pour constituer 38 récoltes semblables et malgré cela, les autres éléments pouvant permettre d'obtenir 28 hectolitres, nous le répétons, on pourra n'en avoir que 20.

L'explication de ce fait n est pas du domaine de l'économie rurale, mais il présente en lui-même une importance très grande. Il en résulte que pour profiter dans une mesure aussi grande que possible des deux autres éléments, acide phosphorique et potasse, il faut apporter au sol *un complément sous la forme d'engrais azoté*.

Les engrais complémentaires sont des matières de nature à rendre plus complète la composition des terres et à permettre une meilleure utilisation des principes qu'elles contiennent.

Il ne faudrait pas croire, d'ailleurs, que le complément à apporter doive renfermer la différence entre la composition de la terre à compléter et celle de la terre que nous avons considérée comme complète, soit entre 1 500 et 3000 kilogrammes ou 1500 kilogrammes d'azote. Fourni à la plante sous une forme très assimilable, sous la forme nitrique dans du nitrate de soude par exemple, mais à la dose relativement faible de 15 à 20 kilogrammes par hectare, au moment où la végétation est la plus active, en mars ou en avril selon le climat, l'azote favorisera à l'extrême le développement des organes d'absorption de la piante qui pourra ainsi, fouillant un plus grand cube de terre et d'air, absorber, dans cette terre à peine enrichie, et dans l'atmosphère, la même quantité d'azote que si la terre était deux fois plus riche.

Le même raisonnement peut s'appliquer aux autres éléments, sauf que la terre les fournit seule.

Nous ne saurions, sans sortir des limites que nous impose le cadre de cet ouvrage, nous livrer à l'examen du rapport qui existe entre les quantités d'engrais complémentaires employées et les quantités de récoltes obtenues en supplément. Ces rapports, dont la connaissance est nécessaire pour déterminer le capital à consacrer aux engrais, sont d'ailleurs variables selon les conditions de Iacultureet la détermination doit en être faite, comme nous l'indiquerons plus loin, pour chaque situation particulière.

Passons à des faits d'un ordre un peu différent. On peut se trouver en présence d'une terre qui n'est plus, comme la précédente, pauvre seulement en azote, mais qui l'est également en potasse, acide phosphorique, etc. Dans ces conditions encore, elle ne pourra pas donner des rendements élevés et, ainsi que nous le constatons dans le chapitre suivant, ces rendements pourront être insuffisants pour permettre de réaliser des bénétices; il faudra procurer au sol un *supplément de fertilité* en y ajoutant un *engrais compte..*

Remarquons également que, de même qu'ils sont complémentaires ou supplémentaires à l'égard du sol, les engrais peuvent aussi l'être eu égard aux plantes, en raison de ce que celles-ci exigent, selon les espices et lebutde la culture, des proportions et une somme différentes d'éléments.

Enfin, en se plaçant à un autre point de vue, on dit encore que les engrais sont simples ou complexes.

On appelle engrais simples ou engrais élémentaires, les matières fertilisantes qui ne renferment, sauf des matières étrangères, qu'une seule espèce chimique utile, comme le nitrate de soude, le sulfate d'ammoniaque, les sulfates et phosphates de chaux, le chlorure de potassium, etc. Ces matières ne contiennent souvent qu'un seul ou deux des éléments indispensables aux plantes, aussi conviennent-elles tout particulièrement pour constituer les engrais complémentaires, car elles permettent de limiter les apports aux besoins des plantes et par conséquent d'éviter d'inutiles dépenses.

Les engrais complexes sont ceux qui sont composés de plusieurs espèces chimiques, comme la kalnite, les mélanges d'engrais simples et entin tous les engrais organiques parmi lesquels se trouvent le guano, le fumier de ferme, etc. Ces engrais peuvent approcher plus ou moins de la composition complète. On les mélange aux engrais simples pour obtenir ce que le commerce désigne quelquefois sous le nom d'engrais complets.

Nous résumerons de la façon suivante les principes qui se dégagent de ces développements et dont nous aurons à faire application dans le cours de cet ouvrage.

1 La terre, jointe à l'atmosphère, est une mine inépuisable des éléments chimiques qui entrent dans la composition des végétaux; 2 Le rendement de cette mine, en général très faible, est essentiellement variable selon la nature du sol, le climat et l'action de l'homme; 3 Le rapport entre les productions végétales et les plantes à engrais le moditie essentiellement; 4 II peut être notablement augmenté par des engrais complémentaires ou supplémentaires dont l'emploi est généralement indispensable pour permettre de retirer du sol les récoltes les plus avantageuses. VIII. — DE L'EMPLOI DES ENGRAIS.

L'emploi des engrais soulève des questions multiples; les unes, plutôt de l'ordre technique, comme la façon de les répandre, l'époque à laquelle il convient de les appliquer, se Jouzier. — *Économie rurale.* rattachent à la monographie de l'engrais (1); les autres, de l'ordre économique, doivent retenir notre attention.

A ce dernier point de vue par exemple, on peut se demander quels engrais employer, à quelle dose les employer, pour quelles cultures les appliquer de préférence; s'il y a lieu de recourir à ces deux moj ens combinés, etc. Dans tous les cas qui pourront se présenter à l'examen du cultivateur, la solution à adopter devra être dictée par le profit qui ressortira de l'entreprise selon le moyen employé. La combinaison la plus avantageuse sera celle qui permettra de tirer des capitaux dont on dispose le plus grand bénélice.

Il faut donc, pour se prononcer, procéder à une évaluation préalable des dépenses et des produits probables, dans la situation où l'on opère et pour toute combinaison possible.

Les prévisions peuvent s'établir sur des renseignements découlant de plusieurs sources. Ils peuvent avoir pour origine l'expérimentation directe et personnelle, à laquelle on peut recourir, dans le milieu même où l'on va mettre en pratique la combinaison cherchée, ou bien ils peuvent être fournis par des résultats constatés ailleurs, dans un voisinage plus ou moins immédiat et émanés soit de pratiques courantes, consacrées par un usage plus ou moins prolongé, soit de cultures expérimentales. Il est d'autant plus naturel de recourir à ces deux dernières sources de renseignements, que les expériences à effectuer par soi-même doivent être d'assez longue durée pour fournir des données de quelque-valeur et que l'on resterait dans l'indécision jusqu'à ce qu'elles aient accusé leurs résultais détinitii's.

Il ne suffit pas de copier le voisin qui parait bien faire. Il arrive souvent, en cette matière surtout, que quand le hasard seul ne les guide pas, les cultivateurs aient des tendances trop marquées à se copier les uns les autres avec un retard variable selon le tempérament de chacun. Un tel, qui a entendu dire que le guano est un bon engrais, en (1) Voy. le volume de *l'Encyclopédie agricole:* Engrais, par M. Garola, professeur départemental d'agriculture.

achète. Son voisin, à la vue des résultats obtenus, en achète aussi au bout d'un ou deux, plutôt davantage, car le cultivateur est prudent. Et ainsi, de proche en proche, l'emploi de cet engrais se propage et se généralise. Mais au bout de quelque temps, le guano ne produit plus les mêmes effets. On augmente la dose, mais l'action diminue. Pourquoi?Le guano ne vaut plus rien... Il est falsifié On ne peut plus compter sur la loyauté du commerce! Le guano stérilise la terre, etc. C'est ainsi, de mille façons inexactes,que, parmi le monde des cultivateurs, souvent, on s'est expliqué un échec imputable seulement à l'ignorance qui inspire de mauvaises pratiques. El cependant avant l'histoire du guano, il y avait eu celle des engrais calcaires; ce qui n'empêche pas, malgré les efforts de vulgarisation faits par le personnel de renseignement agricole à tous les degrés, qu'il y ait maintenant encore, dans certaines contrées, l'histoire des superphosphates: après avoir fait merveille pour la culture des légumineuses, ils deviennent sans action sensible parce qu'on n'a pas le soin de les accompagner de leurs compléments nécessaires. Ce qui est plus grave encore, c'est que dans bien des cas on abuse des engrais minéraux pour obtenir des grains, alors qu'il serait nécessaire de les employer également pour assurer le développement des opérations animales.

Au point de vue de la quantité à appliquer annuellement, nous pourrions signaler de semblables erreurs économiques. Mais nous en avons assez dit pour montrer le danger qu'il peut y avoir à copier son voisin même lorsqu'il paraît bien faire: de telle pratique qui est chez lui la meilleure, on pourra n'obtenir que de médiocres résultats, parce que les situations, qui paraissent les mêmes, sont en réalité différentes. En outre, ce qui paraît bien peut n'être que passable, si ce n'est mal, en raison des conséquences qui en peuvent résulter pour l'avenir.

Dans l'organisation à donner aux expériences qui doivent l'éclairer, dans l'interprétation des résultats qu'elles fournissent, comme dans le travail d'adaptation à son milieu auquel il doit se livrer au sujet des résultats constatés chez le voisin, le cultivateur doit donc, non pas se livrer au hasard, mais s'inspirer de certains principes à l'étude desquels nous allons consacrer ce chapitre.

*Dans le cas d'une seule application, l'effet d'un engrais, dans une terre donnée, peut s'étendre à plusieurs années, d'une manière variable selon l'engrais employé, le terrain dans lequel on a opéré et les plantes auxquelles l'application en a été faite.*

Il est incontestable (pie l'effet d'un engrais peut s'étendre à plusieurs récoltes et les cultivateurs les moins perspicaces l'ont remarqué. Us savent que si une même parcelle ayant été ensemencée en betteraves et fumée sur une partie seulement, est destinée ensuite à la culture du froment, sans fumure nouvelle, on récoltera plus de blé sur les betteraves fumées que sur la partie voisine. En admettant qu'aucune fumure ne soit ap-

pliquée dans les années qui suivront, l'effet du fumier se manifestera encore sur les récoltes successives pendant un temps variable selon la nature du sol et le degré de fertilité primitif.

L'explication de ce fait est facile. Il est démontré que les plantes cultivées, sauf quelques rares exceptions (champignon de couche, truffe peut-être), ne se nourrissent des éléments du fumier qu'au fur et à fnesure que ceux-ci ont été rendus à la forme minérale par une complète décomposition; or, ilsuffil d'un examen assez superficiel pour reconnaître que celle-ci ne s'accomplit pas en une année, mais graduellement, et en un temps variable selon la quantité de matières à décomposer que renferme le sol et suivant son activité spéciale (1). On trouve, en effet, des fragments de fumier dans la terre plusieurs années après toute application. Il est tout naturel, alors, que l'effet du fumier se prolonge au delà d'une année.

Mais il y a d'autres causes encore à la durée prolongée des effets d'un engrais. Elles apparaissent clairement, si on raisonne sur le cas d'un engrais minéral susceptible de servir d'aliment aux piaules sans avoir à subir de décomposition, (1) La terre franche est « perméable et chaude sans excès, active dans la décomposition des engrais organiques et conservatrice des produits alimentaires de cette décomposition ». C. Bouscasse, *La terre végétale (Journ. de la Soc. d'agricult. d'Ule-et-Vilaine).* d'un engrais susceptible, par conséquent, d'une absorption immédiate comme l'est le phosphate de chaux. Dans ce cas, ou bien la dose peut dépasser les besoins d'une récolte annuelle, ou bien encore la dissémination de l'engrais dans le sol peut n'être pas assez parfaite pour permettre aux plantes d'en saisir jusqu'à la moindre parcelle dès la première année. Kn général, ce sont les engrais les moins solubles dont l'effet est le plus prolongé; et ce sont aussi ceux dont la dissémination est la moins parfaite, car elle ne peut résulter que lu mélange bien insuffisant qui s'opère lors des diverses préparations que l'on fait subir au sol: hersages, labours, etc. Pour les principes solubles,

la dissémination s'opère par *diffusion* et c'est un moyen autrement rapide et parfait.

La dissolution des phosphates par les eaux de pluies ne s'opère dans certaines terres qu'avec une lenteur infinie, tandis que dans d'autres, où l'eau se charge de différents acides, elle est relativement rapide/, dans les premières, la dissémination étant moins parfaite, il faut des doses énormes de ces engrais pour obtenir un effet sensible, mais cet effet peut se prolonger; dans les secondes, l'effet est très manifeste avec des doses beaucoup moins élevées, mais il est d'une durée moindre.

Le nitrate de soude, les sels de potasse employés comme engrais, le sulfate d'ammoniaque, sont très solubles. L'acide phosphorique des superphosphates est soluble également.

Parmi ces principes solubles, il en est qui sont retenus par les terres, soit qu'elles exercent à leur égard un pouvoir absorbant très intense, comme pour la potasse et l'ammoniaque, ou qu'elles contiennent des corps au contact desquels ces principes forment des combinaisons insolubles: tel est le cas de l'acide phosphorique soluble des superphosphates, qui ne tarde pas à former dans le sol du phosphate insoluble, au contact des roches calcaires ou ferrugineuses. Pour tous ces principes, les risques de perte sont peu considérables, ce qui n'est pas utilisé une certaine année pouvantf être dans la suite et la persistance des effets de l'engrais dépendra de la dose employée.

L'opportunité d'en employer périodiquement de grandes quantités plutôt que d'en faire des applications moindres mais répétées annuellement, dépendra dans une certaine mesure du capital disponible; toutefois il n'est point démontré que l'excès qui en est apporté dans le sol conserve sa valeur pour les années suivantes, et d'autre part les applications annuelles sont généralement préférables, comme nécessitant moins de capital et permettant plus de régularité dans la production. On doit donc conclure plutôt en faveur des applications répétées.

Les nitrates sont toujours solubles et

la terre n'exerce à leur égard aucun pouvoir absorbant, de sorte que les eaux des pluies menacent constamment de les entraîner dans les couches profondes pour les conduire, ensuite, dans les cours d'eau avec les eaux des sources. Il en résulte qu'en ce qui les concerne on est exposé à des pertes, et qu'ils ne peuvent rester à la disposition des plantes que pendant un temps limité, généralement inférieur à une année. Il faut, pour éviter ces pertes, appliquer les nitrates au moment où la végétation est assez active pour en permettre l'absorption et les employer à des doses bien mesurées sur l'utilité du moment. Cela est d'ailleurs d'autant plus nécessaire que ce sont les engrais les plus actifs et que l'excès peut déterminer des accidents de végétation très préjudiciables, comme la verse pour les céréales.

Il ne faudrait pas croire, malgré l'extrême solubilité des nitrates, que leur entraînement par les eaux des pluies est fatal: si elles lessivent la terre, et ont ainsi une tendance à les entraîner, elles les ramènent à la surface, en remontant par capillarité à mesure que le sol se dessèche, et la tendance à remonter est telle, que, dans bien des cas, on a reconnu avantageux d'enfouir les nitrates dans le sol assez profondément. Les pluies de l'hiver seules, dans la plupart des terres, seront assez abondantes pour les entraîner hors de la portée des plantes. Il n'en sera autrement que dans les terres insuffisamment profondes pour retenir une grande quantité d'eau et drainées, à l'excès, soit naturellement soit artificiellement.

Enfin, la persistance de l'effet d'un engrais dépend encore de la plante à laquelle on l'applique. Employé pour des plantes annuelles par exemple, le nitrate de soude n'agira que sur les récoltes d'une même année; appliqué à des plantes vivaces comme la vigne ou les arbres, ou les prairies, il leur donnera une plus grande vigueur qui exercera son action encore les années suivantes, si bien que les effets de l'engrais

Fig. 6. — Accroissement de la proiuelion sous l'influence d'un engrais.

s'étendront à plusieurs récoltes bien qu'il n'en reste plus dans le sol dès la lin de l'année qui suit l'application.

L'action de l'engraisse traduira par une progression décroissante spéciale, variable pour chaque cas et dont la détermination peut être faite par expérimentation. Il suffira, pour cela, de cultiver sur deux parcelles, identiques sous tous les rapports, la plante au sujet de laquelle on veut être fixé, en appliquant, surl'une des parcelles seulement, l'engrais donné, et de noter très exactement la production sur chacune des surfaces, jusqu'à ce qu'elle redevienne la même sur les deux. On aura, dans les différences constatées annuellement, l'expression numérique de la loi suivant laquelle s'exercera l'action de l'engrais cl il sera facile d'en obtenir l'expression graphique comme le représente la figure 6 (1).

On constaterait une décroissance analogue dans la production d'une terre cultivée avec engrais depuis un certain temps et à laquelle on cesserait brusquement d'en appliquer aucun.

Il est inutile de dire que les renseignements que l'on aura obtenus n'auront de valeur qu'autant qu'il aura été possible de soustraire les cultures expérimentales à toute influence anormale, comme celle de la gelée, des insectes ou d'autres engrais antérieurement accumulés dans le sol.

On comprendra facilement que la dépense en engrais ne doive pas, dans ces conditions, être imputée au compte d'une seule culture, mais bien répartie entre toutes celles qui en profitent et en proportion de l'effet qu'il produit sur chacune. Cette dépense comprend d'ailleurs non seulement le prix d'achat de l'engrais, mais encore le service du capital jusqu'au moment où la dépense est éteinte.

*Dans le cas d'applications répétées d'un même engrais dans une même terre les effets pourront ne pas être constants.*

On sait que si on relève les résultats obtenus de cultures faites chaque année, dans les mêmes conditions, sur une (1) Supposons que l'augmentation de production obtenue de l'emploi d'un engrais donné ait été la suivante:

Sur une base 00', nous déterminerons des points équidistants *abc*, et(;., représentant chacun une année de l'expérimentation el nous élèverons sur cliacun d'eux une perpendiculaire à 00'. Sur la première, nous porterons une longueur *aa'* proportionnelle à 76 francs, augmentation do première année; sur la seconde, la longueur *bb'* correspondant à l'augmentation de deuxième année, etc., et, en joignant les points *a'b'c'*, etc., nous aurons l'expression graphique de la loi cherchée. La portion des ordonnées situées au-dessous de 00' représente la production d un carré témoin. même (erre, on constatera des différences plus ou moins sensibles. Ces différences peuvent, en dehors des pertes causées par les insectes, les mauvaises herbes ou la négligence apportée dans la culture, etc., avoir pour cause les influences atmosphériques ou la fertilité du sol.

Les influences atmosphériques sont variables chaque année et sont, dans une très large mesure, indépendantes de l'action de l'homme. Mais des compensations s'établissent entre les bonnes et les mauvaises années, si bien que les différences disparaissent ou bien s'atténuent au point de devenir négligeables, dans le cas où, au lieu de considérer individuellement les résultats annuels, on compare entre elles des moyennes annuelles établies sur cinq ou dix années par exemple de sorte que toute variation persistante des rendements moyens devra, les autres causes ne s'étant pas produites, être attribuée à l'influence de la fertilité.

Or, voici la nature des constatations auxquelles on pourra être conduit si on observe l'effet des engrais par rapport au maintien de la fertilité du sol.

4. —-Si nous nous supposons en présence d'une terre cultivée depuis un temps très long sans aucune application d'engrais, elle donnera comme produit ce que nous avons appelé le rendement naturel: soit par hectare quatre quintaux de grain de froment et la paille correspondante.

Que l'on y apporte maintenant chaque année, d'une manière régulière, une certaine quantité de fumier de ferme, soit cinq tonnes et nous serons amenés à constater une progression temporaire de la production jusqu'à ce que celle-ci ait atteint un certain niveau, progression qui obéira à une loi variable selon les cas. Comme nous l'avons dit plus haut, du fumier appliqué annuellement, une partie est décomposée dans l'année même de l'application; l'autre contribue à accroître la réserve du sol, se décompose ensuite dans un nombre d'années variable selon chaque cas et la productivité sera déterminée, savoir: la première année, par la réserve primitive et la fumure employée; la seconde année, par les mêmes éléments auxquels s'ajoute le reliquat de la fumure de première année resté dans la terre; la troisième année, par des éléments équivalents à ceux, de la seconde auxquels s'ajoute encore le reliquat laissé par la fumure de première année, et ainsi de suite, de sorte que la productivité est fonction, chaque année, d'une réserve de plus en plus grande jusqu'à ce que la première fumure soit épuisée. Cela peut demander un temps variable, comme nous l'avons dit, suivant le terrain et la dose employée. C'est seulement au bout de ce temps quel'on pourra noter des rendements constants, et selon sa durée variera la progression des rendements.

Si on dépassait une certaine mesure dans l'application de l'engrais, la situation serait différente. La décomposition totale n'aurait pas lieu et des accidents de végétation pourraient se produire. Notre raisonnement suppose une application rationnelle, c'est-à-dire n'atteignant pas la limite susceptible de déterminer ces accidents.

ta courbe *a, b, c, d*, etc., figure 7, donne une expression graphique hypothétique de cette loi. Les ordonnées *x ac, x,* etc. , représentent simplement les récoltes moyennes obtenues chaque année jusqu'au moment où le rendement devient constant.

Les frais occasionnés par l'application de l'engrais ne sauraient, dans ce cas, être inscrits en totalité au débit des comptes des plantes cultivées. Une partie seulement doit y figurer: c'est celle qui correspond au rendement obtenu. Quant à la différence, elle s'applique

évidemment à l'amélioration du fonds.
B. — Si, sur la même terre, au lieu d'avoir apporté un engrais, comme le fumier de ferme, complexe au point d'être complet, on avait employé un engrais incomplet, comme un phosphate, ou du guano, ou de la chaux, on aurait pu constater également une augmentation temporaire des rendements, mais celle-ci n'aurait pas tardé à être suivie d'une diminution plus ou moins sensible, suffisante peut-être pour ramener le niveau de la production au-dessous du rendement antérieur à l'application de cet engrais. On serait donc dans l'erreur, si on escomptait dans ce cas la permanence des résultats qu'auraient fournis les essais même le plus prudemment conduits. Il arrive en effet, alors, qu'au bout d'un temps assez court, les éléments qui n'ont pas été restitués, ou qui ne l'ont été qu'en quantité insuffisante, s'étant épuisés, les rendements sont déterminés par ce qui en re«te dans le sol, *y.' Sf 3-if $ Cannée*
Fig. 7. — Accroissement de la production sous l'influence d'un engrais.
c'est-à-dire par une réserve moindre qu'au début, et baissent conformément aux principes déjà posés.
L'accroissement des rendements ne saurait donc, dans ce cas, être attribué exclusivement à l'engrais appliqué, mais aussi à la fertilité antérieurement acquise par le sol, qui se trouverait moins riche et de moindre valeur ensuite. Il conviendrait donc d'ajouter à la dépense d'engrais la valeur perdue par le sol du fait de son appauvrissement.
*Pour que la constance de la production soit assurée ou la fertilité augmentée, il est dune indispensable de joindre à l'application de tout engrais incomplet, celle des matières qui peuvint en former le complément.*
A cet égard, l'histoire de l'emploi des engrais calcaires est on ne peut plus instructive, en ce sens que ces matières n'agissent pas seulement à titre d'engrais, c'est-à-dire en apportant le calcium aux plantes comme aliment, mais encore à titre d'amendement, qui accélère la décomposition des matières organiques et hâte par conséquent la mobilisation des autres éléments de nu-

trition.

Au début, l'emploi de la chaux et de la marne, sur des terres dépourvues de calcaire, produit des effets merveilleux. Mais après un certain temps les terres deviennent stériles, ce qui avait l'ait dire que « la chaux et la marne enrichissent les pères et ruinent les enfants ». Toutefois on s'est aperçu que la productivité se maintient et s'accroît même, si on a le soin de joindre aux applications d'engrais calcaires d'abondantes fumures au fumier d'étable, ce qui a permis de modifier le dicton de la façon suivante: « la chaux et la marne enrichissent les pères et assurent la fortune aux enfants ».

L'abus des guanos et des phosphates dont l'action sur les plantes est purement alimentaire, a donné lieu à de semblables faits, bien qu'avec une moindre exagération, et il en peut être de même de tout engrais incomplet: l'emploi peut n'en être avantageux que temporairement bien que sa qualité n'ait pas changé, comme on a trop souvent des tendances à le croire.

Mais dans les terres qu'ils complètent, les engrais de cette nature, judicieusement employés, peuvent déterminer une productivité d'une durée illimitée, et être une cause de prospérité longtemps ignorée, comme le démontrent les progrès réalisés depuis peu dans certains pays. Citons un exemple.

L'emploi des roches calcaires remonte à une époque assez éloignée, puisque les Gaulois en faisaient usage pour rendre leurs terres plus fertiles. Mais nos ancêtres historiques étaient loin d'en avoir tiré tout le parti possible. La faible puissance de leurs moyens de transport ne devait leur permettre d'en faire un usage avantageux que dans un faible rayon autour des points d'extraction, et pendant de longues années l'emploi dut en être stationnaire.

Mais depuis 1840, sous l'influence des théories nouvelles sur la nutrition des plantes, et de moyens de communication plus faciles, le chaulage des terres a pris une importance particulière dans l'ouest de la France. La création des chemins de fer devait étendre la zone d'application de la chaux au point d'amener en Limousin, dans la Mayenne et en Bretagne une véritable révolution agricole.

Complétées au point de vue chimique par la présence de l'élément calcaire, rendues aussi-plus faciles à ameublir, les terres devenaient propres à un plus grand nombre de cultures, favorables notamment à la création de prairies temporaires à base de légumineuses, et le trèfle remplaçait la jachère.

Le bétail se ressentit de l'abondance de la production fourragère. Accru en nombre et mieux nourri, il devint plus précoce, plus productif par lui-même et une source plus abondante de profits par les engrais qu'il fournissait. Ce sont là des faits maintenant trop connus, pour que nous y insistions davantage; ils ont servi d'exemple à d'autres contrées après avoir fait la fortune de celles qui les premières ont su appliquer la chaux au développement des cultures fourragères.

Un domaine entre tous dans la Mayenne, s'est signalé par la persistance dans un très large emploi de la chaux, ce qui n'a pas empêché sa productivité d'atteindre un niveau élevé: c'est celui de la Cocherie, appartenant à M veuve Guichard, et sur lequel, depuis quarante ans, chaque récolte est fumée avec un compost dans lequel il entre une quantité assez importante de chaux. Mais, concurremment avec la chaux, il est employé du fumier d'étable en abondance: tout celui que fournit un troupeau bien nourri représenté par deux têtes de gros bétail par hectare.

Nous ne voudrions pas affirmer qu'il serait impossible de réduire la quantité de chaux employée sur ce domaine sans diminuer la réussite; ayant la chaux sur place, M Guichard en use largement. Mais l'exploitation de la Cocherie, qui a obtenu la prime d'honneur en 1886 et un rappel en 1902, se place parmi les meilleures de la Mayenne, aussi bien par les rendements élevés des récoltes, que par la bonne tenue des cultures. D'autre part, il n'y est pas employé d'autres engrais complémentaires en sensible quantité, ce qui suffit pour établir que l'emploi prolongé de la chaux ne nuit pas à la fécondité du sol si on

sait y joindre le complément nécessaire. Il en sera de même, d'ailleurs, de tout engrais incomplet.

Enfin, ces faits établissent encore que les indications recueillies à la suite d'expériences de la nature de celle que nous avons analysée dans la figure 7 n'ont de valeur, à titre permanent, qu'à la condition d'avoir été obtenues par l'emploi d'un mélange aussi complet que possible et à la suite d'une période d'observation assez prolongée.

*Qu'il s'agisse d'une seule application ou d'applications répétées, les effets d'un engrais peuvent ne pas être proportionnels à la dose appliquée.*
S'il en était autrement, et s'il suffisait d'appliquer deux fois plus d'engrais pour récolter deux fois plus, il n'y aurait plus de limites à la production, attendu qu'après avoir appliqué dix tonnes d'engrais par hectare on en pourrait appliquer vingt, puis quarante, puis cent, etc., et passer de 10 à 100 hectolitres de grain facilement: à défaut d'une quantité suffisante d'engrais pour fumer de grandes étendues, on concentrerait la totalité de l'engrais sur la plus petite surface et on réduirait dans la même proportion les travaux de préparation du sol sans moins récolter.

Mais tout cultivateur sait qu'il n'en est pas ainsi et qu'il y a une limite, déterminée par la nature même de la récolte, et au-dessus de laquelle toute augmentation dans la fumure détermine des accidents, ou bien ne produit aucun effet.

Il est bon de remarquer, d'ailleurs, que cette limite n'est pas invariable, mais qu'elle dépend au contraire, dans une assez large mesure, tout à la fois, du milieu dans lequel on opère, de la nature de l'engrais employé, des procédés de culture et surtout de l'espèce et de la variété de la plante cultivée: certains blés verseront sans pouvoir donner audessus de 30 hectolitres de grain à l'hectare, alors que d'autres resteront droits tout en fournissant 50; et il est nécessaire de retenir que la limite de rendement, pour une espèce végétale, soit pour le blé, peut être reculée dans une certaine mesure, d'ailleurs difficile à fixer: il suffit pour cela, comme on l'a

fait avec tant de succès depuis cinquante ans, d'améliorer les semences par la sélection et l'hybridation jointes à divers procédés culturaux.

On peut, sans se livrer à un grand nombre d'expériences coûteuses, s'éclairer sur la loi de variation des rendements à I égard d'une plante quelconque, dans une terre donnée, par rapport à un engrais donné. Il suffit, pour cela, de délimiter dans cette terre, outre un carré témoin, qui sera traité sans engrais, un certain nombre de carrés, d'un are par exemple, bien homogènes, représentant l'ensemble du champ au sujet duquel on désire être renseigné, et d'ensemencer toute cette surface de la même façon en faisant varier la dose d'engrais surchacun des carrés d'une manière méthodique, soit comme $l$, 2, 3, 4, etc. L'expérience ayant été prolongée suffisamment pour que le rendement soit stationnaire et le produit étant pesé avec soin, au moment de la récolte, séparément pour chaque earré, on aura tous les renseignements nécessaires pour déterminer la loi cherchée dans les limites comprises entre les extrêmes constatés. On pourra en effet, grâce aux données recueillies dès que la constance du rendement aura été réalisée, et au moyen d'une construction graphique analogue à celle qui est représentée figure 8, déterminer le rendement probable que donneront toutes les doses intermédiaires entre les quantités extrêmes employées.

Dans la figure 8, la longueur $y$ $a$ représente, à une échelle donnée, la quantité d'engrais employée sur l'un des carrés, soit le carré 1; l'ordonnée $a$ $a'$ représente, également d'après une échelle connue, le rendement obtenu sur ce carré. De la même façon, les longueurs $y$ $b$, $y$ $c$, etc., représentent les doses employées sur les parcelles 2, 3, etc., et les ordonnées $W$, $ce'$, etc., respectivement, la récolte obtenue sur ces mêmes parcelles; au carré témoin, de culture sans engrais, correspond l'ordonnée $y$ $x$. En joignant les points.r $a$ $b'$ $c$, etc. , on détermine la courbe qui exprime la loi de variation du rendement. Enfin, si on veut savoir quel serait le rendement probable d'une parcelle ayant reçu par are 87i,o00 d'engrais, on mesurera de $y$ en c,, une longueur correspondant à cette quantité d'après l'échelle adoptée, de façon à déterminer le point c,, puis on mesurera la perpendiculaire c, c', dont la longueur, rapportée à l'échelle adoptée, donnera le rendement cherché.

Fig. 8. — Variations du produit selon la dose d'engrais.

iNous avons à peine besoin de faire remarquer que, comme dans toutes les expériences de cette nature, les renseignements n'ont de valeur qu'autant qu'ils ont été obtenus dans des circonstances normales de température et de culture, et qu'il faut, pour atténuer l'influence des anomalies, établir une moyenne sur plusieurs années. De plus, la valeur de ces renseignements est essentiellement limitée aux conditions locales, puisque, comme nous l avons vu, les résultats obtenus varient suivant les terrains où sont faits les essais, les variétés des plantes qui en sont l'objet, etc. lien résulte qu'on ne doit faire état, au point de vue comptable, qu'avec une extrême prudence, des données de cette nature qui seraient présentées comme ayant un certain caractère de généralité. *l'our toute cullure, il y a un rendement minimum qui ne procure ni bénéfice ni perte. Avec un rendement inférieur à celuilà il y a perte ; mais si on élève la production au-dessus de ce niveau par une addition d'engrais, on peut obtenir un bénéfice, d'abord croissant puis décroissant, qui se transforme de nouveau en une perte, passé une certaine limite, de sorte que le bénéfice le plus élevé est assuré par un rendement intermédiaire entre ces deux limites et non, dans lous les cas, par le plus élevé possible.*

Cette particularité est une conséquence de la précédente; elle se rattache au principe que M. Lecouteux a exprimé en disant: « Plus la culture intensive dépense par hectare jusqu'à la limite nécessaire pour ohtenir des récoltes maxima d'une certaine qualité, moins elle dépense par hectolitre ou par quintal récolté » (*Cours d économie rurale*, édition de 1879).

Si le rendement était proportionnel à la fumure, la dépense en engrais serait

sensiblement la même par quintal de récolte et le rendement le plus élevé possible serait toujours le plus avantageux, car il assurerait toujours, pour le produit, le prix de revient le moins élevé, attendu que ce prix se composerait toujours de deux éléments invariables pour chaque unité: le prix de l'engrais et celui des travaux de manipulation de la récolte, et d'un élément variable: le quotient de la division du prix des travaux de préparation et d'entretien du sol par le rendement, élément d'autant plus faible que le produit serait plus élevé; on constaterait sous ce rapport des faits de l'ordre de ceux que nous avons examinés précédemment avec les animaux.

Mais il en est autrement; et si nous procédons sur ce point à une analyse des faits, voici ce que nous pourrons constater:

Les dépenses qu'occasionne toute culture affectent, au point de vue de la variabilité, trois caractères différents, savoir: les unes, comme les labours, les hersages, etc., s'il s'agit de la culture du blé, sont indépendantes de l'abondance du produit futur, mais proportionnelles seulement à la surface cultivée; d'autres, comme les frais de rentrée, de haltage, de moisson (pour une partie), sont indépendantes de la surface qui a donné la récolte, mais proportionnelles au produit; enfin, d'autres, et ce sont les dépenses en engrais, peuvent suivre le mouvement ascensionnel du produit, sans qu'il y ait entre elles et celui-ci proportionnalité absolue, comme nous l'avons vu.

Supposons, sans accorder aux chiffres d'autre importance que celle qui s'attache à un exemple explicatif, que dans une situation déterminée, où le quintal de grain récolté procure une somme de 22 francs (18 par la vente du grain et 4 par celle de la paille qui l'accompagne), nous ayons estimé séparément les diverses dépenses de la culture du froment et que nous ayons été conduits aux constatations suivantes:

Dépenses en rapport avec l'étendue... 201,30 par hectare.
— le produit.. 2,50 par quint, de grain.

Supposons d'autre part que des expé-

riences nous aient fait connaître, comme nous l'avons admis plus haut, la loi de variabilité des rendements, nous pourrons déterminer la loi de variation de la dépense en engrais par quintal de produit, ainsi que le monfre la figure 9 (1) et nous pourrons enfin établir les comptes de la culture en même temps que connaître la loi de variation des bénéfices.

Le tableau suivant présente à la fois, dans un seul ensemble, l'expression numérique supposée de cette loi et les comptes indiquant le bénéfice que peut procurer la culture suivant la quantité d'engrais appliquée.

Il) Connaissant la loi à laquelle obéissent les rendements, sous l'influence de doses différentes d'un même engrais, il est facile de déterminer la loi de variation de la dépense en engrais par unité de produit. La courbe a, b', c', etc. (fig. 9) représente graphiquement cette loi pour le cas déjà supposé fig. 8. Les longueurs $ab$, $ac$, $ad$, etc. (fig. 9) représentent les quantités de récolte oblenues sur les carrés 1, 2, 3, etc., et les ordonnées $bb'$, $ce'$, $da''$, etc. , les quantités d'engrais employées respectivement sur ces mêmes carrés pour obtenir un quintal de récolte. Au moyen de cette figure, on pourra toujours déterminer la dépense probable d'engrais, par quintal de récolte, pour les rendements compris entre les limites île l'expérience, soit entre 4 et 21 quint2 6. Il suffira pour cela de mesurer, et de rapporter à l'échelte, l'ordonnée analogue aux ordonnées $x$, $x$, $x$, etc., qui correspond au rendement donné.

La courbe (fig. 10) donne l'expression graphique de la loi de variation des bénéfices ramenés à l'unité de capital engagé (à 100 des dépenses). La droite o,(V, limite le niveau où commence le bénéfice; les ordonnées $ad$, $bb'$, $ce'$, etc. représentent le produit total pour cent des dépenses.

La longueur $dy$ donne l'application d'engrais minima qu'il faut faire pour n'éprouver aucune perte et la longueur

Fig. 9. — Variations rie la consommation d'engrais selon les rendements.

$n'y'$ l'application qu'il ne faut pas dépasser pour rester dans la même situation. Les doses intermédiaires entre *dy* et *d'y'*, soit, d'après l'échelle de la construction, entre 9000 kilogrammeset 21000 kilogrammes à l'hectare environ donnent des bénétices variables dont la mesure est fournie par les portions des ordonnées c'e-, *ff*-, *g'g,* etc., situées au-dessus de la ligne 0-0-'. Pour connaître la dose qui procure le bénéfice le plus élevé, il suffit de mener la ligne T G, parallèle à o,o', et langénie à la courbe a, 6, e, etc., puis de joindre les deux parallèles par la perpendiculaire *m n* partant du point de tangence et limitant au point *m* la longueur *a' m* qui, rapportée à l'échelle de la construction, fera connaître le renseignement désiré: soit 14000 kilogrammes environ, ce qui correspond à un rendement de 20 quint2 ii de grain (m *n,* fig. 8). Enfin, le rendement minimum qui ne laisse ni bénéfice ni perte sera connu de la même façon au moyen des deux constructions (fig. 8 et 10) en portant la longueur *a'y* figure 10 de *y* en *z* figure 8 et en élevant une perpendiculaire sur le point z ainsi déterminé. L'ordonnée *z z* rapportée à l'échelle donne le renseignement demandé, soit 16 quintaux environ. Audessous de ce rendement, la culture du froment ne serait pas rémunératrice, à moins qu'il n'y eût possibilité de vendre plus cher le produit ou de réduire les dépenses sans réduire la récolte dans la même proportion. Dans le cas contraire il faudrait recourir à une autre culture pour utiliser le sol. *Le rendement le plus avantageux est essentiellement variable.*

Il est notamment sous la dépendance de la nature du sol, parce que celle-ci influe sur la loi d'accroissement des récoltes. On sait, en effet, que, quand il s'agit d'engrais organiques principalement, les terres légères sont plus sensibles à leur action que les terres tenaces, et que des doses moyennes y produiront un effet suffisant alors que des doses élevées pourraient déterminer la verse du blé ou d'autres accidents sans permettre d'obtenir le rendement visé. On sait également que les terres argileuses, après avoir retenu pendant un certain nombre d'années une plus grande proportion de l'engrais appliqué donneront des rendements plus élevés que ceux qu'on ne peut pas dépasser dans des (erres légères et peu profondes. On voit par là comment les unes et les autres peuvent être exploitées avec le même profit mais de manière différente: les terres légères, en ne leur demandant qu'un rendement moyen, les terres argileuses en faisant tous les sacrifices d'engrais nécessaires pour en tirer un rendement élevé. Cela n'exclut pas, d'ailleurs, dans certains cas, la possibilité de tirer des unes et des autres un grand produit brut en argent; mais aux premières, que l'on peut préparer rapidement, on le demandera en faisant des cultures dérobées, tandis qu'aux secondes, dont la préparation exige plus de temps, on le demandera en assurant, par tous les sacrifices nécessaires, la meilleure réussite d'une récolte unique.

Le rendement le plus avantageux est encore sous la dépendance de la richesse de la terre que l'on cultive, parce que de ce facteur dépend, dans une certaine mesure, la dépense qu'il faut faire en engrais par quintal de récolte.

Voici, par exemple, deux cultivateurs voisins et dans des conditions identiques à tous les points de vue, sauf celles-ci: que l'un a depuis longtemps entretenu sur son exploitation un nombreux bétail, fabriqué et employé beaucoup de fumier, tandis que l'autre prend une terre épuisée. Le premier peut retirer de ses terres, pourvues d'une abondante réserve, le rendement le plus économique correspondant au milieu dans lequel il opère, sans avoir à assurer l'alimentation des plantes au jour le jour; il lui suffit de satisfaire à la loi de restitution et il peut pour cela avoir recours en majeure partie et même exclusivement peut-être, à des éléments non immédiatement assimilables, comme l'acide phosphorique des phosphates, moins coûteux que celui des superphosphates. Le second, sans fumure, n'obtiendrait presque rien. Il doit employer des suppléments d'engrais, et recourir, pour le faire, soit à des éléments immédiatement actifs mais coûteux, soit à des éléments moins assimilables et d'un prix moindre, mais qu'il devra employer en plus grande quantité que le premier; il devra notamment préférer l'acide phosphorique des superphosphates à celui des phosphates ou bien employer de ceux-ci deux fois plus que son voisin. Il est bien évident que, dans ces conditions, la dépense en engrais par quintal de récolte ne suivra pas la même loi dans les deux cas et que, par conséquent, le rendement le plus économique ne sera pas le même pour les deux fermes.

De là ressort également l'avantage que l'on peut trouver à amener le sol à un certain degré de fécondité en laissant s'y accumuler les principes fertilisants: la dépense nécessaire pour assurer le maintien de la productivité de la terre est moins élevée.

*La fertilité qui permet d'obtenir le rendement le plus économique n'est pas la même pour toutes les cultures. On parvient à réaliser l'harmonie des rapports entre le degré de fertilité et les exigences des plantes qui se succèdent sur une même terre par le choix des plantes à cultiver. et la reparution convenable des engrais.*

En supposant que nous cultivions dans un même champ, successivement et dans l'ordre suivant: 1 du froment; 2 des betteraves; 3 de l'avoine; 4 des navets; 5 des pommes de terre, et que nous disposions pour l'ensemble de ces cultures de 30000 kilogrammes de fumier et de 1000 kilogrammes de superphosphate, nous pourrons procéder de diverses façons: ou bien enfouir, immédiatement avant d'emblaver chaque culture, la même quantité d'engrais, soit 6000 kilogrammes de fumier et 200 kilogrammes de superphosphate, ou bien répandre le tout en deux fois, soit par exemple une moitié : entre l'ensemencement du froment et des betteraves et l'aut entre les navets et la pomme de terre. Nous n'aurons poi les mêmes résultats dans les deux cas. La betterave et pomme de terre venant immédiatement après la fumure da le dernier donneraient plus que dans le premier et I autres piantes donneraient moins. Suivant les valeurs reli tives des divers produits de ces cultures, on pourra avo avantage à procéder d'une façon plutôt que de l'autre.

On pourrait encore appliquer le fumier pour certaines eu I ures et le super-phosphate pour d'autres. On aurait en-coi des résultats différents. En faisant l'application d'une part du fumier entre la culture du blé et celle des pommes d terre, nous aurions par rapport (au grain plus de paille qu'e n'y appliquant que du superphosphate, et nous trouverionj par conséquent, a le faire, un avantage variable selon lesprn relatifs de la paille et du grain. Cette pratique, qui serait pos sible avec un degré de fertilité n'amenant pas la verse, ne I sciait plus dans le cas contraire, cet accident étant d'autan) plus à craindre que le sol est plus abondamment pourv d'azote par rapport aux autres éléments. En outre, cet avan tage peut se trouver modifié par le danger de salir le sol dé mau-vaises herbes en apportant le fumier, qui d'habitude en renferme les germes; c'est là un inconvénient sérieux pour la culture des céréales, dont le sarclage est coûteux et parfois impossible.

Enfin il faut encore remarquer que l'application des 30 000 kilogramme» de fumier coûterait d'autant plus qu'ils seraient répandus sur une plus grande surface. Il faut en effet transporter le fu-mier sur le champ, où on le dispose en tas égaux, équidistants et à 7 mètres les uns des autres; puis par une première opération, l'épandage, disséminer sur tout le champ les mottes qui composent les tas. La dépense qu'entraînent ces premiers travaux est constante dans les mêmes conditions, elle est sensiblement proportionnelle à la quantité totale à transporter, qu'elle soit appliquée en une ou plusieurs fois. Mais il faut en-suite, par une autre opération, l'éparpillage, diviser les mottes pour en répandre les fragments sur le sol et l'en recouvrir d'une couche uniforme. Pour ce travail, la jèpense est proportionnelle à la surface sur laquelle on opère lutôt quà la quantité appliquée, de sorte qu'elle serait tre fois plus grande si la fumure au lieu d'être appliquée une fois l'était en quatre. Enfin, la répartition des fumures est encore subordonnée à rga-nisation générale des travaux et à la conservation du mier. Le travail d'application du fumier pourra être plus ou toinscoûteux selon L'époque à la-quelle aura lieu le transportet Ion le be-soin de main-d'œuvre pour l'exploitat ion en général2 fun autre côté, il se pro-duit dans le fumier qui reste entas un Bips prolongé, des déperditions que l'on éviterait si on renaissait plus tôt.

On voit combien sont multiples, en dehors de la manière e faire qui peut être imposée par des exigences absolues des Ibntes, les considérations qui doivent entrer en ligne de fomple quand il s'agit de régler la répartition des fu-mures. On peut dire que la considéra-tion dominante est celle-ci: faut régler la répartition de telle orle qu'avant de confier aque plante à la terre on ait réa-lisé la fertilité la plus connable qu'il soit permis d'obtenir avec les ressources dont Ion dispose. Mais il faut, tout en cherchant à réaliser cette condition, ré-duire au minimum possible les frais d'application de la fumure, les déper-ditions de matières fertilisantes, les chances d'enherbement du sol, etc. Le degré auquel il convient de satisfaire à chacune de ces considérations est va-riable et ne s'appréciera bien qu'après une élude sérieuse de la situation eu égard à ces divers facteurs.

Tels sont, pour la détermination du capital à confier au sol sous la forme d'engrais, les principes généraux qui doivent fjuider dans l'orientation à don-ner aux recherches par la voie d'essais personnels ou l'étude de résultats obte-nus ailleurs, dans l'interprétation de ces résultats et la mise en pratique des indi-cations que l'on en retire.

IX. — LES ENGRAIS AU POINT DE VUE COMPTABLE.

Il en est des engrais comme des four-rages. Ceux que l'on produit et emploie sur la ferme ne constituent qu'un pro-duit Jouzieh. — *Économie rurale.* ' intermédiaire dont la valeur pourrait ne pas figurer dans les comptes s'il ne s'agissait que de déterminer le bénéfice total obtenu sur l'exploitation. Ils ne donnent lieu, en effet, à aucun mouve-ment de fonds d'une manière directe et s'ils sont inscrits aux comptes d'animaux du côté des recettes, ils le sont aussi du côté des dépenses et pour la même valeur dans les comptes des cultures, de sorte que si le produit brut s'en trouve augmenté, le bénéfice total n'en est en rien moditié.

Mais la comptabilité qui ne ferait connaître que le bénéfice total, sans fournir aucune indication sur la part contributive des diverses opérations dans ce bénéfice, ne serait'pas pour le cultivateur d'un grand secoure. Elle lui indiquerait bien ce qu'il gagne ou ce qu'il perd chaque année, mais ne lui fournirait aucun indice sur la direction à suivre soit pour éviter les pertcs, soit pour gagner davantage. Pour obtenir de telles indications, il est indispensable de faire figurer la valeur des engrais aux comptes des diverses opérations dans lesquelles ils interviennent soit comme produits, soit comme agents de produc-tion, ou simplement comme actif.

Aces divers titres, les engrais doivent figurer dans plusieurs sortes de pièces comptables.

A. — Au fur et à mesure de leur pro-duction, ils doivent être évalués et ins-crits au *crédit* des animaux qui les four-nissent. Aussi lontemps qu'ils restent en tas, leur valeur doit figurer au compte des denrées en magasins; une fois ap-pliqués, elle figurera à celui des engrais en terre; et pour la quantité qui existe dans ces deux derniers états, à tout mo-ment où te cultivateur veut connaître sa situation financière, elle s'inscrira dans l'inventaire. Entin, après la consomma-tion des engrais par les piantes, cette valeur ira prendre place au débit des comptes des diverses cultures.

B. — Dans les expertises, il peut y avoir lieu de fixer l'indemnité qui serait due au propriétaire par un fermier qui, au lieu d'exploiter la terre en bon père de famille, comme la loi lui en fait une obligation, l'aurait systématiquement épuisée. Et de la même façon, si le bail avait prévu le cas, il pourrait y avoir à fixer l'indemnité due au fermier sor-tant pour une amélioralion apportée au sol sous la forme d'une augmentation dans la production des engrais. Dans ces deux derniers cas, il serait nécessaire d'évaluer, d'une part, la quantité de fu-mier fabriquée par le fermier, pour sa-voir jusqu'à quel point il a tenu ses en-gagements, et, d'autre part, la moins-va-lue causée par l'épuisement, ou la plus-value créée par l'amélioration, afin de fixer l'étendue des droits ou des obligations du propriétaire.

C. — Enfin, dans nombre d'autres cas encore, pour la bonne administration de l'entreprise, ou apporter à la combinaison culturale des modifications favorables, ou même pour créer une combinaison sur un domaine encore dépourvu de toute organisation, on doit se livrer à une estimation de la production probable des engrais sur la ferme. Des renseignements sur ce point sont nécessaires notamment pour fixer les dimensions de la fumière, pour évaluerle travail de transport qu'exigeront les fumiers, etc.

Les estimations auxquelles donne lieu l'établissement des comptes peuvent éclairer sur la marche à suivre dans tous les autres cas. Elles comprennent deux opérations distinctes:' 1 l'évaluation de la quantité qui doit figurer dans chaque compte; 2 l'estimation du prix de l'unité.

La première opération doit, elle-même, être envisagée à Jeux points de vue différents: il faut connaître la quantité produite, de façon à inscrire au compte de chaque étable la valeur de l'engrais qu'elle fournit; et il faut aussi connaître la consommation en vue de l'attribution au compte de chaque culture de la valeur du fumier qu'elle épuise.

Pour les fumiers qui seraient achetés, leurentrée s'effectue directement au compte des engrais en magasin, avec le prix auquel ils reviennent rendus sur la ferme, et on constate ensuite leur existence et leur emploi de la même façon que pour les autres denrées achetées. En ce qui concerne leur consommation parles plantes, ce que nous dirons des engrais (le la ferme leur est applicable en principe.

Estimation en quantité.

Plusieurs cas peuvent se présenter lorsqu'il s'agit d'évaluer la production du fumier sur une ferme. Tantôt c'est avant qu'elle ait eu lieu, qu'il faut évaluer cette production (avantprojets, expertises, organisation des travaux), tantôt c'est après (expertise, comptabilité) ou bien même dans le cours de la pro-

duction (comptabilité).

Si on se trouve en présence d'un tas de fumier fabriqué, encore existant, l'estimation en est facile. Il suffit, après avoir donné au tas une forme assez régulière pour en permettre le cubage, de le mesurer, et, en fonction du volume, de déterminer le poids total d'après celui du mètre cube. Ce poids est très variable selon que le fumier est plus ou moins tassé, plus ou moins pailleux, plus ou moins avancé en fermentation (1).

On comprend qu'il soit difficile, par ce moyen, de détermine' avec une grande exactitude le poids d'un tas de fumier. Si ce degré d'exactitude était nécessaire (expériences), le mieux serait de peser le tout par fraction. Mais le plus souvent, il sera inutile d'aller jusque-là et il suffira, après avoir mesuré le tas, d'en peser une partie susceptible de représenter la densité moyenne de l'ensemble, d'où on déduira le poids du tout.

Pendant que dure la fabrication, on peut procéder à des pesées, et à des mesurages comme dans le cas précédent. On peut peser la totalité de la production par fractions journalières, à mesure que le fumier sort de l'étable, ce qui est coûteux, lent et souvent inutile, ou bien se contenter de peser (1) D'après les renseignements cités par MM. Miintz et Girard *Les Engrais*, t. I), le mètre cube de fumier pèse:

Kilogr.

Fumier très pailleux sortant des étables 400

Le même fumier encore assez frais mais bien tassé 700

Le même fumier à demi consommé 800

— très consommé, humide, comprimé 900

Fumier frais, de bœuf 580

— gras, de bœuf 702

— frais, de cheval 365

— le même après huit jours de fermen tation 371

— gras, de cheval 4115 la production d'un jour, ou d'une semaine, et d'en déduire le poids total pour toute la durée de la période dont on veut connaître la production. Si le régime des animaux

venait à changer (alimentation, séjour à l'étable, etc.), il y aurait lieu de faire des pesées nouvelles à chaque changement de régime.

Dans les autres cas, c'est-à-dire dans le cas d'une estimation antérieure à la production ou postérieure à la consommation, on ne peut plus baser l'estimation sur le fumier lui-même, mais sur les moyens qui permettent de l'obtenir. Ces moyens sont de deux sortes: il y a, d une part, les machines qui fabriquent le fumier,c'est-à-dire les animaux, et, d'autre part, les matières premières employées à la fabrication, c'est-à-dire les fourrages et les litières.

A. — De la connaissance du nombre des animaux de chaque espè(e nourris sur la ferme on pourrait déduire le poids du fumier fabriqué, à la condition de savoir ce que produit chaque tête. Mais, c'est là une quantité très variable selon la nourriture consommée par les animaux et qui dépend de leur poids d'abord, et de la façon plus ou moins intensive dont ils sont nourris ensuite. Aussi est-il plus juste de prendre le poids au lieu du nombre de têtes. D'après M. Girardin, on aurait le poids du fumier en multipliant par 25 celui des animaux entretenus toute l'année. Ainsi sur une exploitation où l'on a tenu 10000 kilogrammes de bétail toute une année, il aurait été fabriqué 10000 x 25 = 250000 kilogrammes de fumier. Si l'effectif du bétail a été variable, il faudra déterminer le poids moyen pour l'année, ce qui ne présente aucune difficulté, et opérer de la même façon: y a-t-il eu 10000 kilogrammes de bétail toute l'année et 6000 kilogrammes en plus pendant 219 jours, le compte s'établira comme suit: / 6000 $X$ 219

25 x 10000H = 340 000 kilogr. 365 /

Une telle évaluation laisse encore beaucoup à désirer et ne peut servir de base à une expertise ou à la comptabilité. Les résultats qu'elle accuse ne peuvent valoir que comme simples renseignements pour permettre, à défaut d'autres plus précis, de se faire une idée de la production du fumier sur une ferme donnée. Il faut remarquer, en effet, que le poids du fumier, par rapport à celui des animaux qui le fournissent, est loin d'être constamment dans le rapport de 1 à 2-j. Ce rapport varie selon l'alimentation et diffère aussi selon les espèces, l'exploitation plus ou moins intensive à laquelle on soumet les animaux: le fumier des bovins est plus aqueux et plus lourd, par rapport à leur propre poids, que celui des chevaux, presque toujours nourris de fourrages secs et de grains. Pour chaque espèce, il y aura aussi des différences suivant que la culture et le climat permettent de faire une part plus ou moins grande à l'alimentation au vert. De plus, le coefficient 25 convient pour un certain ensemble d'animaux, consommant des fourrages déterminés selon une certaine quantité, mais avec une alimentation plus copieuse, le coefficient 28 pourra être nécessaire ou même insuffisant. Enfin, suivant la proportion des animaux de travail et le temps qu'ils passent sur les routes, le coefficient devrait encore varier, car il y a dans cette particularité une cause de déperdition d'importance variable.

B. —Pour tous ces motifs, il est plus juste de prendre comme base des évaluations les matières premières qui servent à fabriquer les engrais. Il faudrait, suivant divers auteurs, pour avoir le poids du fumier, multiplier le poids de la matière sèche contenue dans les litières et les fourrages par un coefficient variable de 2 à 3 et qui serait d'autant plus élevé que la proportion de litière serait plus grande. Il faut remarquer, en effet, que la litière se retrouve intégralement dans les fumiers, tandis qu'ils ne contiennent qu'une partie seulement du poids des fourrages, celle que les animaux n'ont pas retenue.

Un auteur allemand, Wolf, conformément à cette particularité, a conseillé de multiplier par le coefficient 4 le poids de la matière sèche contenue dans les litières, auquel on ajoute là moitié de celle que renferment les fourrages. On a ainsi le poids du fumier à l'état frais.

Mais il faut remarquer que ce poids est à l'état de continue variation, du moment où il est produit, jusqu'à celui où, ayant été incorporé au sol depuis longtemps, sa décomposition est complète.

Les fermentations dont il est l'objet sont une cause de perte de poids, puisqu'il y a comhustion de matière organique, production de gaz qui s'échappent dans l'air en même temps que de la vapeur d'eau qui se dégage sous l'influence de l'élévation de température que détermine la fermentation. Les arrosages, lorsqu'ils sont exécutés d'une maniere rationnelle, peuvent atténuer les variations, ils ne les font point forcément disparaître. Il faut, pour que le fumier conserve toutes ses qualités, éviter qu'il perde au delà d'un certain degré d'humidité et renferme au-dessous de 70 à 80 p. 100 d'eau.

Dans ces conditions, il ne suffira pas d'avoir mis sur une plate-forme 1000000 de kilogrammes de fumier au sortir des étables pour être assuré d'y en retrouver ce même poids. On en retrouvera plus ou moins selon l'état d'humidité où on prendra le fumier, selon le temps qu'il sera resté en las, et les variations affecteront le volume aussi bien que le poids.

Par suite de ses variations successives pour un même tas, et des difficultés pratiques que présente sa détermination, le poids du fumier ne nous parait donc pas pouvoir constituer une base d'appréciation suffisanle pour la comptabilité (1). D'ailleurs, il est encore nécessaire de remarquerque le fumier n'est pas une matière de composition et de valeur constantes ou peu variables, mais qu'il consiste dans un mélange en proportions diverses suivant les cas, de déjections solides et liquides, avec des litières dont la nature présente, elle aussi, des différences. Absente avec le système des liziers suisses, distribuée avec parcimonie, plus ou moins remplacée par des matières terreuses dansles situations où les pailles se vendent cher, la litière est abondante dans d'autres où la paille (1) Voici quelques renseignements tirés de l'ouvrage déjà cité de MM. Mûntz et Girard:

Dp trouve pas de même débouché, où des forêts, des landes, offrent à volonté des feuilles, des bruyères, des genêts, etc. Enfin, des différences dans la composition du fumier de ferme se produisent encore selon les espèces animales qui le fournissent, leur alimentation, le mode d'exploitation dont elle sont l'objet (voir note (1), p. 211). A ces différences dans la composition, doivent correspondre des différences dans les prix.

Il y a dans tout cela des raisons suffisantes pour faire préférer comme unité comptable, le poids des éléments fertilisants que contient le fumier, au poids du fumier lui-même.

La détermination du poids de ces éléments n'est pas, ellemême, sans présenter des difficultés au point de vue pratique. Pour être bien fixé, le meilleur moyen consisterait assurément à faire faire l'analyse chimique d'un nombre suffisant d'échantillons types du fumier des différents animaux et du mélange, connu sous le nom de fumier de ferme, qui en est le résultat. C'est un moyen coûteux, auquel on ne peut avoir recours que d'une manière tout à fait exceptionnelle.

Il est encore possible d'être renseigné avec une exactitude non pas absolue, sans doute, mais suffisante, au moyen de simples calculs établis en conformité du principe suivant: bri doit retrouver dans le fumier la quantité des matières fertilisantes que contenaient les fourrages et les litières, diminuée des quantités retenues par les animaux ou perdues à la suite de la digestion, pour des causes quelconques.

Il s'agit donc de connaître deux termes: d'une part, la quantité des éléments fertilisants utiles que renferment les litières et les fourrages, d'autre part les pertes qui peuvent porter sur ces divers éléments. Par différence entre les deux termes, on connaîtra la quantité de chaque élément utile qui reste dans le fumier.

l. Les nombreuses analyses chimiques qui ont été faites des fourrages et des litières d'un emploi courant permettent d'être fixé sur le premier point: le foin renfermant en moyenne par 100 kilogrammes 1 kil. 36 d'azote, si l'on distribue à un lot d'animaux 8 760 kilogrammes de foin, on leur 1 36 aura donné de ce fait $8760 \times = 119$ kil. 136 d'azote. En agissant de même à l'égard de tous les éléments chimiques qui peuvent intéresser et pour tous les fourrages distribués ainsi que pour la litière, on saura ce qu'a reçu chaque étable en azote, acide phosphorique, etc. II. En ce qui concerne les pertes subies, MM. Mûntz el Girard ont fourni, dans leur remarquable ouvrage que nous avons déjà cité, des renseignements permettant de les apprécier avec une exactitude suffisante. Par l'autorité scientifique dé leurs auteurs, par les conditions d'étendue dans lesquelles elles ont été entreprises, les expériences auxquelles ont procédé MM. Mûntz et Girard offrent toutes les garanties pratiquement désirables. Ces expériences ont montré que les pertes peuvent résulter: A. de la fermentation dans l'étable des déjections des animaux; B. de l'infiltration dans le sol d'une partie de ces mêmes déjections; et enfin, C. de la fermentation qui se poursuit dans le fumier après la mise en tas.

A_. Par la fermentation, les matières azotées, à l'état fixe dans les déjections, passent à l'état de produits ammoniacaux volatiles, et donnent au fumier son odeur bien connue. Ces produits ammoniacaux peuvent se répandre dans l'air, el se perdre pour l'exploitation, en proportions variables. C'est ainsi que, conformément à une loi bien connue en physique, les pertes sont d'autant plus grandes que les déjections sont plus riches en azote et plus pauvres en eau. Pour cette raison, les déperditions sont plus grandes avec le fumier relativement sec des moutons et des chevaux, qu'avec le fumier aqueux des bovins et des porcs. Les litières, par leurs propriétés absorbantes, peuvent diminuer ces déperditions et, sous ce rapport, 'es terres sèches et les tourbes sont douées de qualités sérieuses qui devraient les faire employer souvent concurremment avec les matières pailleuses. En recouvrant le sol des stables et les déjections, les litières abondantes diminuent la surface d'évaporation et réduisent encore les pertes de cette façon.

B. L'importance des pertes par infiltration est variable avec 'a perméabilité du solde l'étable. Pour les éviter complètement, un béton serait nécessaire, tout au moins sur la surface qui reçoit les déjections. Ce béton n'existe que trop rarement. Mais pourvu que l'on ait eu la précaution de faire un macadam dans lequel il entre une assez grande proportion d'argile imperméable, c'est-à-dire sauf le cas de grande négligence, ces pertes seront assez réduites, la couche de terre pénétrée par le purin étant assez promptement saturée. On peut les considérer comme nulles si l'on s'attache à bien recueillir le purin, soit pour l'incorporer au fumier, ou pour l'employer seul.

Dans ces conditions, les pertes ne portent que sur l'azote, le seul corps, parmi ceux qui nous intéressent, susceptible de donner naissance, dans le fumier, à des combinaisons volatiles en quantité appréciable. Pour peu que l'on s'applique à les réduire pratiquement autant qu'il est possible, en donnant des litières suffisantes, ces pertes peuvent varier de 25 à 30 p. 100 de l'azote contenu dans les fourrages pour les bêtes bovines et de 45 à 55 p. 100 pour les moutons. En dehors des soins apportés à recueillir les déjections, l'étendue des pertes pourra varier suivant l'alimentation:avec le régime sec, le fumier étant moins aqueux, les pertes seront plus élevées que dans le cas d'une nourriture verte.

MM. Muntz et Girard estiment, sans avoir fait porter leurs expériences sur le fumier d'autres espèces, mais en raison de la similitude qui se présente au point de vue de la teneur en eau des excréments, que le fumier de cheval doit donner lieu aux mêmes déperditions que celui du mouton et que le fumier du porc peut être assimilé à celui de la vache.

C. La fermentation en tas n'est pas une cause de pertes sensibles pourvu que le fumier soit l'objet de quelques soins, c'est-à-dire pourvu que le las soit commencé sur une surface assez réduite pour être monté rapidement, qu'il soit établi par couches uniformes, épaisses et bien tassées, maintenu humide et recouvert, une fois terminé, d'une couche de terre, mèmejnince, destinée à absorber les gaz ammoniacaux qui se dégagent. D'une expérience de Vœlker, rapportée par les auteurs que nous citons, il résulte que six mois après la mise en tas on a retrouvé dans un fumier, sensiblement la quantité d'azote qu'il contenait au début.

D. Des pertes peuvent encore résulter pour les animaux de travail et pour ceux qui vont au pâturage, de *leur passage suites chemins*. On peut les considérer comme proportionnelles au temps passé sur ces chemins. Il est clair que le séjour au pâturage n'entraîne pas de déperditions plus grandes que celles qui se produiraient à l'étable, puisque les déjections sont immédiatement incorporées au sol et parfaitement utilisées si on a le soin de les répandre avec régularité, chaque semaine, au lieu de les laisser dans l'état d'accumulation où lanimal les dépose. Au point de vue comptable, l'engrais est simplement appliqué au moment où il est produit et à la cul. ture même qui en a déterminé la production.

E. Entin, il doit manquer dans les déjections, les éléments que les animaux retiennent pour former les produits qu'ils nous livrent. Ces produits sont de deux sortes: des denrées, lait, laine, viande, œufs; et du travail. L'analyse chimique peut nous fixer sur la composition des premières. En ce qui concerne le second, il est admis que sa production n'entraîne aucune déperdition d'éléments fertilisants.

Proposons-nous, en application de ces principes, de déterminer ce que serait la production du fumier dans une ferme où on entretient six vaches laitières, deux bœufs fournissant du travail, et vingt brebis avec leurs agneaux vendus annuellement au nombre de vingt-cinq âgés d'un an. Nous supposerons, pour les produits d'animaux qui empruntent aux fourrages leurs éléments constituants, les quantités suivantes: l-jOOO litres de lait; 6 veaux de 100 kilos l'un; 5OO kilogrammes d'accroissement pour deux bœufs; 1000 kilogrammes de viande d'agneaux et 135 kilogrammes de laine lavée.

Le tableau suivant donne la consommation supposée des six vaches et la composition des fourrages pour ce qui se rapporte à la question qui nous occupe.

Afin de nu pas étendre inutilement cet exposé, nous admet tronsque les trois étahles ont reçu les mêmes fourrages, sui vant la même proportion, les bœufs avant consommé h 4476 moitié et les moutons les de ce qu'ont consommé le 10000 vaches. Il en résultera le tableau suivant:

Ktables. Azote. Acide Potasse. phosphorique.

Vacherie 534,880 171,919 595,859
Bouverie..., 267,440 85,959 297,979
Bergerie 239,412 76,951 266,706

Enfin la quantité de litière fournie à chaque étahle serait la suivante:

Vacherie. Bouverie. Bergerie.
Kil. Kil. Kil.
, Paille de froment.. 4.865 2.100 1.855
— d'avoine 1.900 815 723

En possession de ces renseignements et connaissant la composition normale des produits d'animaux et des litières, voici comment pourra se présenter le calcul de la quantité d'éléments fertilisants recueillis dans le fumier et le purin de chaque étahle.

Conformément à ce détail, il y aurait dans le fumier de la ferme et le purin (1):

Azote. Ac. phosphorique. Potasse2
kil. ill. kil.

Par la vacherie 313,32 149,50 616,40
Par la bouverie 194,59 80,97 314,60
Par la bergerie 87,80 66,67 271,95
Totaux 595,71 297,14 1202,95

Connaissant la quantité d'azote que renferme habituellement le fumier de ferme, il est facile de déduire de ces renseignements le poids approximatif de la production du fumier, et sa richesse par tonne en acide phosphorique et en potasse. Le dosage habituel du fumier en azote étant 4 p. 1000, le poids total du fumier sera voisin de: 59",71: 4 = 148 tonnes 927. En divisant par ce poids le total de l'acide phosphorique et celui de la potasse, on a:

Richesse probable en acide phosphorique:

297k,14: 148',927 = 1,99.

Richesse probable en potasse: 1202k,95: 148«,927 = 8,07 (2).

(1) Nous supposons la laine lavée avant la vente et les eaux de lavage incorporées au purin. (2) Si nous rapprochons les résultats auxquels nous conduisent ces calculs de ceux qu'accuse habituellement l'analyse chimique, voici ce

qu'il en ressort:

Azote. Ac. phosphorique. Potasse.

Dosage accusé par l'analyse chimique 3,2 à 7,2 1,8 à 6,1 3,2 à 8,2

Dosage moyen accusé par l'analyse chimique 3,8 2,2 5,1

Dosage accusé par les calculs ci-dessus 4,0 1,9 8,07

Il en résulte que la richesse en potasse accusée par les calculs serait au-dessus de la normale et la richesse en acide phosphorique au-dessous. Ce fait en lui-même n'infirme nullement la valeur de ce procédé d'évaluation, car nous avons supposé toutes les déjections, tant liquides que solides, incorporées au fumier, ce qui n'arrive pas toujours. Dans le cas où une partie du purin serait distraite de la masse et employée seule, ce dont on devrait évidemment tenir compte, le fumier serait plus riche en acide phospho

On pourra donc admettre, comme unité comptable, la tonne ainsi déterminée, c'est-à-dire non pas' une tonne métrique exactement, unité qui varierait essentiellement de valeur selon que le tas dans lequel on la prendrait serait plus ou moins sec, mais *une quantité voisine d'une tonne, caractérisée par une richesse fixe en azote de* 4 *kilogrammes et renfermant en outre approximativement 1 kilog. 99 d'acide phosphorique et 8 kil. 07 députasse* (1).

Ceci admis, il sera facile de suivre le fumier, des étahles aux champs, et de dire quelle fraction de la production totale resle en tas, quelle fraction a été enterrée. Le tas ayant été monté d'une manière homogène, par couches successives, avec une épaisseur constante, on pourra admettre que les quantités sont proportionnelles aux surfaces et, partant de ce principe, en faire la répartition entre les divers champs. Il importera peu que l'on ait pris au tas un mois après qu'il fût terminé, alors qu'il avait encore une hauteur de 2 mètres, ou bien deux mois plus tard, quand tassé et fermenté, il ne mesurait plus que l,80:de la même surface on aura toujours tiré la même quantité de fumier.

rique et moins liche en potasse; car, d'après la composition moyenne du purin, en enlevant au fumier sous cette

forme l,'J!) d'acide phosphorique, nous lui aurions enlevé également 10,3(i de potasse au lieu de 8,07 qui accompagnent 1,99 d'acide phosphorique, dans le fumier. (1) Est-il besoin d'ajouter que cette unité ne vaut que dans la situation pour laquelle elle a été déterminée '. ' Non, sans doule, tout le monde comprendra qu'avec une autre alimentation des animaux, avec d'autres produits livrés à l'exportation, les résultats ne seraient plus les mêmes. Il est bien nécessaire de remarquer aussi que la composition des fourrages et des litières, celle des produits livrés par les animaux est loin d'être constante et qu'il faut s'entourer de renseignements précis sur ce point, renseignements que l'on ne peut recueillir en consultant les tables d'analyses, sans avoir acquis par une étude monographique de chaque espèce de fourrages, litières ou produits, la connaissance de leurs caractères particuliers et des circonstances qui déterminent les variations dans leur composition. Pour une élude de ce genre, qui serait déplacée ici, nous renvoyons le lecteur aux ouvrages spéciaux d'agriculture proprement dite, de technologie et de chimie agricole.

Estimation du prix.

Nous devons maintenant nous demander quelle sera la valeur de l'unité que nous venons de caractériser et que, pour simplifier, nous appellerons la tonne de fumier comme si elle pesait 1 000 kilogrammes exactement.

Il ne faudrait pas croire que l'on peut prendre, comme base des estimations, un prix quelconque, celui du marché par exemple, sans changer profondément la nature des résultats accusés par la comptabilité. Si nous nous trouvons en présence de deux cultures quelconques, du blé et de l'avoine, dépensantpar hectare la même valeur en argent, soit400 francs, mais consommant en outre la première 20000 kilogrammes de fumier et la seconde 10000, et donnant l'une 700 francs de produit brut, l'autre 600, voici ce que nos comptes accuseront selon que nous les établirons avec le prix de 5 francs ou avec celui de 10 francs pour le fumier:

Contre toute apparence., le bénéfice'

total n'est point changé, soit que l'on prenne le prix de 5 francs ou celui de 10. Seules, les parts respectives attribuées au blé, à l'avoine et aux animaux sont modifiées. Le bénéfice apparent est en effet:

Avec l'estimation Avec l'estimation à ô fr. à 10 fr.

Par le blé 200 » 100 »

Par l'avoine 150 » 100 »

Total 350 » 200 » soit une diminution de 150 francs dans le deuxième cas. Mais pour qui connaît le mécanisme de la comptabilité, il est clair que les sommes inscrites au débit des céréales comme valeur du fumier sont inscrites au crédit des animaux auquel il est porté pour cela une recette de 150 francs si le fumier est estimé ″ francs et une recette de 300 francs, s'il est estimé 10 francs; soit, dans ce dernier cas, en plus, les 150 francs dont se trouve diminué le bénéfice au compte des céréales.

En élevant le prix de l'engrais, on grossit donc le bénéficeo îles animaux de la somme dont on diminue celui des cultures et réciproquement, de sorte que l'on peut ainsi à volonté faire gagner plus ou moins les uns ou les autres. En même temps, ainsi qu'il est facile de le remarquer, on modifie la part de chacune des céréales dans les bénéfices au point (pie celle qui parait la plus avantageuse dans le premier cas, leblé, semble l'être le moins dans le second, ce qui estvtout à fait impossible.

A quelle limite s'arrêter, dans le prix de l'engrais, pour qu'il ressorte des résultats accusés par la comptabilité, des indications sérieuses sur l'origine des bénéfices'? Ou bien, d'une manière plus générale, sous quelle face examiner les rapports qui peuvent exister entre la manière d'agir et le résultat de l'action, pour en déduire Ja meilleure règle de conduite?

Nous sommes obligés de reconnaître qu'il y a là un problème fort compliqué. Même pour l'exploitation qui ne livre au marché qu'un seul produit, semblable question peut être posée dès qu'on y emploie plusieurs moyens de production, et notamment du travail et du capital; l'un pouvant remplacer l'autre plus ou moins complètement, on

peut se demander dans quelle mesure les substitutions peuvent être faites: quand doit-on se contenter de la bêche, quand doit-on faire intervenir la charrue'?

Maintenu dans ces limites, il est vrai, le-problème est d'une solution relativement facile; l'action des deux machines pouvant être sensiblement la même, il n'y aura qu'une question de prix de revient du travail assez facile à résoudre. Mais, si, i la pluralité des moyens de production, s'ajoute la pluralité des entreprises productives; si réunissant sur une même exploitation la culture des céréales et l'élevage du bétail, avec la production du lait, on se demande laquelle de ces entreprises donne le plus de bénéfice et doit recevoir le plus grand développement, il surgit des complications sans nombre qui l'ont considérer par certains un tel problème comme inso lubie.

En effet, non seulement les animaux fournissent aux céréales du fumier, et celles-ci de la paille pour les animaux, mais encore, par la pluralité des opérations, on réalise une meilleure utilisation des forces productives: que l'on ne cultive que du froment sur une terre, en admettant que l'on puisse se procurer l'engrais nécessaire sans entretenir de bétail, et il faudra faire de grands frais pour nettoyer la terre des mauvaises graines dont la culture du blé favorise la multiplication. L'introduction d'une plante sarclée, alternant avec le froment, permettra d'opérer à moins de frais ce nettoyage et prêtera un véritable appui à la culture du froment dont le prix de revient se trouvera ainsi diminué: des capitaux qui donnaient 10 p. 100, on va retirer maintenant un bénéfice de 15.

Dans ces conditions, cependant, il ne serait pas juste d'attribuer toute l'augmentation de bénéfice à cette plante sarclée, car cultivée seule, elle utiliserait moins bien le capital et le travail disponibles, exigeant toutes les opérations de culture à la même époque pour laisser les bras inoccupés le reste de l'année. Ou bien elle pourrait présenter quelqu'autre défaut qui s'atténue par suite du confact avec la céréale. Il est

logique de considérer le profit comme étant le fruit de l'union de ces deux productions, et il en est de même quel que soit le nombre des denrées don ton poursuitla production dans une même entreprise. Il y a, entre les diverses opérations réalisées dans une ferme, plus qu'une réunion, il y a union véritable, éebange de bons procédés, comme entre les divers éléments du corps social, l'une abandonnant à l'autre telle portion de capital qu'elle ne peut plus utiliser, ou bien un résidu de sa fabrication qui devient pour l'autre une précieuse matière première: c'est ainsi que le semoir, après avoir travaillé en mars pour l'orge, en avril pour la betterave, en mai et juin pour le maïs, le sarrasin, travaillera en septembre et octobre pour l'avoine, en novembre pour le blé et, ne chômant jamais, fournissant le maximum de services pourra procurer le maximum de bénéfices; c'est ainsi, également, que la vente journalière du lait nous permet d'encaisser chaque jour une partie du prix des fourrages qu'il faudrait attendre plus longtemps, si cette opération n'était jointe à l'élevage du mouton ou du bœuf; les sommes encaissées nous permettront de payer le vacher, mais aussi contribueront au paiement du berger, alors que la vente des laines, un peu plus tard, pourra permettre de payer les moissonneurs, etc. Avec les vaches seules, la recette qu'elles procurent serait donc moins bien utilisée, elle resterait inactive une partie de l'année et, de ce fait, l'élevage des moutons, la culture du blé, contribuent d'une manière indirecte à accroître le profit total. Réciproquement, les vaches, en fournissant ainsi chaque jour le prix de leurs produits, viennent en aide à la production de la laine et du blé. Enfin, de même que les animaux donnent plus de profit si on les couche mollement que si on les laisse reposer sur leurs déjections, de même les céréales tirent meilleur parti, pour leur propre nutrition, des pailles triturées, transformées en fumier par les animaux,que de pailles qui seraient enfouies dans la terre à l'état sec.

Il n'est guère de production dans une ternie que l'on puisse considérer comme réellement indépendante des autres. Et, dans ces conditions, il est juste de dire que le profit est l'œuvre commune de toutes les productions, que l'on ne saurait en faire entre elles une répartition sans recourir à l'arbitraire.

Mais il n'est pas moins vrai, également, qu'à côté de la combinaison qui admet sur la ferme une tête de bétail par hectare avec un tiers de la surface en céréales, il peut y avoir place pour celle qui fait place à deux têtes avec un quart seulement en céréales, ou bien pour une troisième qui réduira le bétail à une demi-tête par hectare pour augmenter l'étendue des céréales; à côté de la combinaison qui accorde la plus grande place au blé, il peut y avoir celle qui admet plus d'avoine, ou bien une plante industrielle, etc. Comment distinguer la voie dans laquelle il faut s'engager?

Beaucoup d'auteurs, et non parmi les moindres, pensent que l'on peut s'éclairer sur re point en admettant comme base des estimations le prix du marché. Les cultivateurs sont d'autant plus tentés de suivre leurs conseils qu'ils n'ont pas, sur ce point, la ressource d'un prix de revient réel, comme lorsqu'il s'agit des fourrages. Les engrais étant obtenus concurremment avec d'autres produits, ce prix de revient ne peut pas être déterminé. On estime donc le fumier en accordant à chacun des éléments utiles qui entrent dans sa constitution le prix auquel il se vend sur le marché au même degré d'assimilabililé, de sorte que la tonne de fumier vaudrait:

Dans le voisinage des villes, où il se vend d'importantes quantités de fumier, la base de l'estimation est le prix du mètre cube sur le marché augmenté des frais de transport jusqu'à la ferme.

Ces diverses façons de procéder n'ont qu'un avantage: la simplicité de la méthode. Mais elles présentent un grave inconvénient, c'est qu'elles ne fournissent que des indications sans valeur au point de vue de l'orientation à donner à la culture. Le prix du marché indique le sacrifice que l'on devrait faire si l'on achetait des engrais, il ne donne nullement la mesure du sacrifice que l'on fait pour ceux que l'on produit et il en résulte des erreurs dans l'attribution des

bénétices. C'est à la faveur des résultats de comptes établis sur de semblables données que s'est si longtemps perpétué ce malentendu: *le bétail est un mal nécessaire.* Les grands cultivateurs sont revenus de cette erreur sans modifier leur comptabilité. Bien que les comptes d'animaux soient en perle par rapport à ceux des plantes dont les produits s'exportent directement, ils n'en continuent pas moins à suivre la même combinaison cul tu raie. On ne saurait trouver de preuve meilleure du peu de valeur de la comptabilité qui s'établit sur cette base.

A défaut du prix de revient, qui n'existe pas pour le fumier, et du prix du marché, qui ne peut qu'induire en erreur, M. Londet a proposé un procédé d'estimation empreint d'un esprit de profonde logique et qui jouirait certainement d'une faveur plus grande, si sa mise en pratique ne présentait l'inconvénient d'une certaine complication inhérente à la nature même du sujet. Ce mode d'estimation nous parait de nature à rendre de réels services, aussi malgré le défaut que nous lui reconnaissons volontiers, nous parait-il nécessaire de le faire connaître.

Si l'application en est un peu compliquée, le principe en est fort simple. Si, conformément à l'idée que nous avons développée plus haut, le bénéfice est l'œuvre commune de toutes les opérations élémentaires auxquelles on se livre: vente du lait, de la laine, du blé, etc., il n'est pas possible de considérer chacune d'elles isolément, il faut se borner à considérer la place que chacune occupe dans l'ensemble.

Plaçons-nous, d'abord, dans l'hypothèse d'une culture stationnaire, quitte à reprendre après l'examen des autres cas qui peuvent se présenter; puis, ceci entendu, remarquons que l'ensemble est harmonique, peut se maintenir, être continué, avant tout parce que la production du fumier correspond à la consommation qu'en font les plantes dont les produits sont exportés. S'il en était autrement, les rendements diminueraient ou augmenteraient, ce qui n'est pas notre hypothèse. Nous avons donc dans cet ensemble

deux branches distinctes par leurs fonctions, mais travaillant de concert: celleci, constituée par les cultures fourragères destinées aux animaux et intimement liée à leur exploitation, contribue à l'amélioration de la fertilité du sol; celle-là, la culture des céréales ou autres plantes dont on exporte les produits, utilise la fertilité accrue, mieux que ne le pourrait faire la première seule. Si nous ne pouvons pas savoir d'une manière précise quelle est l'action de chacune dans la formation du bénéfice, il est tout au moins logique d'en attribuer à chacune une part proportionnelle aux moyens d'action qu'elle utilise, moyens d'action dont l'étendue s'apprécie sous la commune mesure du capital engagé. Dès lors, nous demanderons à la comptabilité de nous fournir les renseignements suivants 1 Le capital engagé en vue de la production animale; 2 Le capital engagé en vue de la production des plantes dont les produits sont exportés sans contribuer à l'alimentation du bétail; 3 Séparément, pour chacune, et le fumier mis à part, les dépenses annuelles qu'entraînent ces deux branches de la production; 4 De la même manière, les recettes que procure chacune d'elles.

Nous serons alors en possession de tous les éléments nécessaires pour déterminer d'abord le bénéfice total obtenu sur l'exploitation (I), puis le taux moyen du bénéfice, c'est-àdire le bénéfice rapporté à l'unité, soit à 1 franc de capital engagé. Entin, nous pourrons fixer aussi la part de bénéfice qui doit être attribuée à chacune de ces deux branches de la production. Rien ne nous sera plus facile ensuite que de déterminer le prix du fumier en remarquant que, les deux comptes une fois terminés, chacun se composera de deux parties qui devront être égales: le *débit* et le *rrédit* et que, de plus, la valeur du fumier restera la seule inconnue à inscrire d'une part au débit des céréales et de l'autre au crédit des animaux. Quelques chiffres feront comprendre la simplicité du calcul.

Supposons que nous puissions retirer des comptes les renseignements suivants:

Animaux Céréales. T,»tal. et fourrages.

Fr. Fr. Fr.

Capital engagé 8.487 42 1.896 13 10.383 55

Dépenses autres que l'engrais 6.0oT 48 600 12 6.657 60 l'roduits autres que l'engrais 6.878 50 1.303 42 8.181 92

Tonnes. Tonne». Tonnes.

Produits en engrais.. 148,927 » 148,927

Dépenses en engrais de la ferme 101,827 47,1 148,927

(1) Ainsi que nous l'avons déjà remarqué, le bénéfice total ne saurait en effet être modifié par l'inscription clans les comptes de la valeur du fumier produit sur la ferme, puisque si cette valeur figure au débit de certains comptes, elle figure au crédit des autres.

En faisant la différence entre les recettes et les dépenses d toute nature, nous en concluons que le bénéfice total est: et que 1 franc de capital engagé dans la combinaison rapporte: 1524,32: 8487,42 = 0M468. Bénéfice total divisé par capital engagé = taux du bénéfice.

La part à attribuer à chacune des deux brandies de la production dont nous nous occupons serait alors:

Animaux et fourrages: 0,14(i8 x 8487,42 = 1,245',95.

Céréales: 0,1468 x 1896,13 278',36.

Si maintenant nous représentons par F la valeur de la tonne de fumier et si nous établissons sur ces données le compte de chaque production, nous aurons: 1 *Animaux et fourrages.*

Débit.

Dépenses div. des animaux et fourrages... 6057,48

Dép. en fumier des cultures fourragères... 101,827F

Bénéfice des fourrages et des animaux 1245 93

Becettes procurées par les animaux..

Engrais fourni par les animaux

De l'un ou de l'autre de ces comptes, on tire facilement la valeur de la tonne de fumier: F = 9 fr. 02.

Il est bien évident que, le bénéfice attribué à chacune de ces deux branches de production étant le même, à égalité de capital engagé, il ne saurait fournir par lui-même aucune indication sur l'orientation à donner à la culture, soit dans le sens d'une extension des productions animales, soit dans celui d'un plus grand développement de la culture des céréales. Mais ces indications peuvent résulter du prix auquel ressort la tonne de fumier. Remarquons, en effet, que ce prix n'est pas autre chose que la somme qu'il faut ajouter aux recettes dans le compte des animaux pour lui permettre de se solder avec le taux du bénéfice commun aux deux productions réunies. Il est bien clair que la somme à ajouter sera d'autant plus grande que la recette procurée par les animaux sera moindre par-rapport à leurs dépenses, ou bien, ce qui revient au même, il est évident que le prix de l'engrais ressortira à un taux d'autant plus élevé que les animaux auront, par rapport aux céréales, donné moins de bénéfice. Réciproquement, le prix de l'engrais étant la somme qu'il faut ajouter aux dépenses directes, dans le2 compte des céréales, pour arriver à solder ce compte avec le taux de bénéfice donné par l'ensemble, il esl certain que le prix de l'engrais est d'autant plus élevé que, par rapport aux animaux, les céréales ont donné plus de bénéfice. Enfin, d'une manière plus simple nous dirons: *plus le prix de l'engrais ainsi déterminé est élevé, plus il est avantageux de cultiver des céréales; plus il esl bas, et plus on doit s'orienter vers la production fourragère.*

Ce prix peut même ressortir à zéro, c'est-à-dire à une valeur nulle. Cela se présentera lorsque les animaux et les plantes exportables considérés isolément et sans tenir compte du fumier, pas pins au crédit des uns qu'au débit des autres, donnent le même taux de bénéfice. Dans ces conditions, il y a tout avantage à développer la production animale, puisque celle-ci procurera les mêmes bénéfices en argent, tout en permettant d'augmenter la fertilité des terres.

Enfin, deux cas peuvent se présenter où la valeur est négative: c'est quand la culture se solde en perte ou bien quand les animaux, considérés isolément donnent, relativement aux dépenses qu'ils occasionnent, plus de profit que les céréales. Cette dernière condition correspond à des terres peu productives et indique encore la nécessité d'orienter l'organisation dans le sens du développement de la production animale. Quant à la combinaison qui donne de la perte, il n'est pas besoin de dite qu'il y a urgence à l'abandonner, à moins qu'aucune autre combinaison moins mauvaise ne soit possible et que la cessation de culture n'entraîne des pertes plus grandes. Il n'est pas nécessaire, d'ailleurs, pour connaître le résultat d'une telle entreprise, de se livrer à la détermination du prix de l'engrais, l'examen de l'inventaire annuel bien établi suffit.

Une observation est nécessaire. A la condition de l'aire figurer dans les dépenses des animaux les Irais de préparation des engrais et dans celles des cultures le prix du transport aux champs, le prix tel que nous venons de le déterminer est celui qui s'inscrit dans les comptes des cultures au débit et, sauf la rectification que nous indiquons plus loin, au crédit dans les comptes d'animaux. Dans le cas où la main-d'œuvre de préparation des engrais serait inscrite aux comptes des cultures, ce prix devrait être diminué d'autant pour figurer dans les comptes d'animaux.

Il nous sera facile de faire comprendre pourquoi ce prix du fumier, introduit dans les comptes conformément aux prescriptions de Londet, permettra d'en tirer des indications plus 3Ûres que celui du marché. Le prix auquel conduit cette méthode de détermination étant celui qui permet à l'ensemble des animaux exploités de solder leur compte avec le bénélice commun à toutes les productions, il est facile de comprendre que l'étable à laquelle ce prix ne permettrait pas de donner les mêmes résultats serait moins avantageuse que les autres; et réciproquement, celle qui, créditée seulement de ce prix, soldera ses comptes par un bénélice supérieur au bénélice moyen sera une plus grande source de profils. Pour ce qui est des cultures de plantes destinées à la vente, il n'est pas moins évident que si, toutes réunies, elles peuvent payer le bénélice moyen tout en supportant le prix de 9 fr.

02 pour la tonne d'engrais, considérées isolément elles devront donner le même résultat ou présenter des avantages différents.

Il est encore un détail qui doit retenir notre attention. C'est que la composition de la tonne de fumier, déterminée comme nous l'avons fait, ne sera point la même si nous considérons la production de chaque étable au lieu de considérer la totalité du fumier. Alors que 4 kilogrammes d'azote dans le fumier de la ferme sont accompagnés de 1 kilogr. 09 d'acide phosphorique *et* de H kilogr. 07 de potasse, on trouvera avec la même quantité d'azote:

Acide Potasse2 phosphorhlue.

Dans le fumier de la vacherie 1,90 7,86

— de la bouverie 1,66 6,46

— de la bergerie.... 3,03 12,38

On commettrait donc une erreur si on comptaît la tonneau même prix pour chacune des étables. Il suffira, pour éviter cette erreur, de répartir le prix total à attribuer au fumier de la terme, soit 1 3 43 fr. 62 (1), entre les trois étables en proportion de ce que chacue a fourni d'éléments fertilisants et en conservant à ceux-ci les mêmes valeurs relatives que dans le commerce. Ces valeurs étant par kilogramme 1 fr. 50 pour l'azote, 0 fr. 5Opour l'acide phosphorique assimilable et 0 fr. 45 pour la potasse, on peut admettre que: 1 kilogr. d'azote vaut: 1,50: 0,50 = 3 kilogr. / d'acide

1 — de potasse vaut: 0,45: 0,50 = 0,3 ) phosphorique.

D'après ces conventions qui conservent à chacun des élément s leur valeur relative, la valeur des fumiers des diverses étables, exprimée en acide phosphorique, serait la suivante:

Vacherie. Bergerie. Bouverie. Fumier de la ferme.

Par l'azote (X 3)....... 93H.96 263,40 583,77 1787,13 l'ar l'acide phosphorique (x 1) 149,30 66.76 80,97 297,23

Par la potasse (X 0,9).. 554,76 244,75 283,14 1082.66

Totaux 1644,22 574,91 947,88 3167,02

Le fumier de la ferme, qui équivaut à 3 167,02 d'acide phosphorique, ayant une valeur de 1343 fr. 62, le kilogramme d'acide phosphorique ressort à 1343,62: 3167,02; et les fumiers des diverses étables ressortent à:

Vacherie: 1343,62 x 1644,22: 3167,02 = 6:)7f,56.

Bergerie: 1343,62 x 574,91: 3167,02 = 402U4.

Bouverie: 1343,62 x 947,88: 3167,02 = 243",92.

(1) 9',022x 148',927 = 1343,62.'
148vJ27 à 91,022.

Telle est l'origine des crédits inscrits pour le fumier dans les comptes que nous donnons page 128 et suiv.

Pour compléter les indications qui en ressortent, nous donnerons maintenant les comptes des deux cultures, blé et avoine, que nous avons supposées accompagner les opérations animales.

Culture de froment sur 1 bect. 75.

1. *Capital engagé.*

Fr.

*a.* Mobilier mort général de culture 728 48 *b.* — spécial (trieurs, tarares, etc.)... 134 10 *c.* Avances diverses 476 66

Total 1.339 24 2. *Dépenses.*

Fr.

*a.* Fermage et impôts 89 92 *b.* Achats de semences 40 » *c.* Préparation du sol, frais de récolte, de bat tage, etc 261 23 *il.* Achats d'engrais phosphatés 5 40 *e.* 38',S de fumier de ferme à 9',022 la tonne.. 347 35 *f.* Service des avances à 3 p. 100 (lt 14 29 *g.* Frais généraux (mémoire) »

Total 758 19 758 19 3. *Produits. a.* 49 quintaux de grain à 19 fr 931 » 4. 8 820 kilogr. de paille à 7',40 les 1 000 kilogr. 65 26

Total 996 26 996 26 4. *Bénéfices.*
Bénéfice total 238 07 238,07.x 100
Bénéfice p. 100 du capital engagé: ———— = 17,77

Culture de l'avoine sur 86 ares.

1. *Capital engagé.*

Fr.

*a.* Mobilier mort général de culture 358 » *b.* — spécial (tarares, trieurs, etc.) 65 90 *c.* Avances diverses 132 99

Total 556 89 . (1) Voy. p. 129, note.

2. *Dépenses.*

Fr.

*a.* Fermage et impôts 44 20 . Achats de semences: 14 40 *c.* Préparation du sol,

frais de culture et de ré coltes, etc 125 50 *d.* Achats d'engrais phosphaté 1 20 *e.* 8',6 de fumier à!)',022 la tonne 77 59 *f.* Service des avances à 3 p. 100 (1) 3 98 *y.* Frais généraux (mémoire) »

Total 266 87 266 87 3. *Produits. a.* 17q,20 de grain à 16 fr 275 20 6. 3 440 kilogr. de paille à îJ,30 les 1000 kilogr.. 31 06

Total 307 16 307 16 4. *Bénéfices. a.* Bénéfice total 40 29 40,20 x 100 *b.* Bénéfice p. 100 du capital engagé: ——— —— = /',lo

De l'examen de ces comptes et de ceux des animaux, on devrait conclure que les opérations les plus avantageuses consistent dans la vente du lait et du froment et qu'il y aurait lieu de leur donner toute l'extension compatible avec les débouchés et l'organisation générale de la ferme. L'élevage des bœufs serait de beaucoup moins avantageux et il serait nécessaire de limiter cette opération selon les besoins de l'exploitation en travail d'attelages. De même, il pourrait y avoir lieu de supprimer la culture de l'avoine; toutefois, on devrait, avant de s'y décider, se demander s'il ne serait pas possible d'en améliorer le produit sans atteindre sérieusement les autres productions, au moyen d'un simple changement dans la répartition des fumures. On devrait aussi s'assurer que le défaut de productivité de cette culture ne serait point dû à une faute de l'ordre technique.

Il peut arriver que le fumier, tel que le donnent les animaux, soit insuffisant à lui seul pour assurer le maintien de la (1) Voy. p. 129, note.

fertilité, mais qu'il suffise, pour obtenir ce résultat, sans en produire une quantité plus grande, de le compléter par l'addi tion d'engrais commerciaux. Dans ce cas, le prix de ceux-ci pour chaque culture doit naturellement s'ajouter au prix du fumier selon la proportion dans laquelle elle en profite. Avec la combinaison qui nous a servi d'exemple, il serait tout indiqué, pour nombre de terrains, de compléter les fumures par des applications d'engrais phosphatés. Dans la majorité des situations, la manière d'agir la plus pratique consisterait à mélanger des phosphates aux fumiers et, dans ce cas, on en pourrait répartir le prix entre les diverses cultures, en raison de leur consommation de fumier ou bien, ce qui reviendrait au même, on ajouterait au prix de la tonne de fumier, 9 fr. 022, le prix du phosphate additionnel. Devrait-on, par exemple, ajouter 500 kilogrammes par an à la production dans le cas qui nous occupe, là dépense serait en totalité 500 X4,20 = 21 francs; et Ta tonne d'engrais de ferme ainsi modifié devrait figurer dans les comptes au prixde9 fr. 163 (1).

Sans doute, c'est là une répartition arbitraire, les exigences des plantes en phosphate additionnel pouvant ne pas être proportionnelles à leur consommation d'engrais de ferme, aussi ne la proposons-nous qu'à défaut d'une base plus juste. Si on veut bien remarquer, d'ailleurs, que le prix de la tonne d'engrais ne s'en trouve élevé que de 0 fr. 141, on reconnaîtra facilement que les résultats des comptes n'en seront guère modifiés.

Il nous reste à envisager les cas correspondant aux deux hypothèses que nous avions réservées, celle de la culture améliorante et celle de la culture épuisante.

Si le fumier produit sur la ferme, joint à celui qui serait importé, aux engrais complémentaires achetés, n'est pa entièrement consommé, le sol s'enrichit progressivement, ainsi que nous l'avons vu (p. 177 et 178), jusqu'à ce que l'équilibre se soit établi, entre les exportations d'éléments fertilisants et la restitution opérée par tous les moyens mis en œuvre. Cette particularité se manifeste par une hausse des rendements.

Dans ce cas, il faut s'attacher à déterminer la part qui, dans le fumier appliqué, est consommée parles plantes et celle qui reste dans le sol; la valeur de la première devant passer au débit du compte des cultures, la seconde à un compte spécial d'amélioration foncière. D'autre part, ayant estimé la plusvalue acquise par le sol, du fait de son amélioration, on en ajoutera le montant à celui des recettes obtenues, comme dans le cas d'une culture stationnaire, puis on déterminera la valeur du fumier comme s'il s'agissait de ce dernier cas.

Le compte amélioration foncière spécialement ouvert à cet effet se trouvera grevé du prix du fumier absorbé par l'opération à laquelle il correspond et crédité de la plus-value acquise par la terre. Il est clair, pour lui comme pour les autres comptes, que s'il ne peut pas se solder avec le taux du bénétice donné par l'ensemble de l'exploitation, tout en payant le fumier au prix commun, on en devra conclure que les circonstances ne sont pas favorables à ce genre de culture améliorante.

On pourrait encore procéder d'une autre façon. Connaissant la proportion du fumier laissé dans Je sol, soit le 1/5 de la production totale, on pourrait admettre qu'il y a dans la ferme deux combinaisons parallèles; l'une, ayant pour but la vente de produits végétaux et animaux, occuperait les 4/5 du bétail exploité, l'autre occupant le reste et ayant comme résultats la vente de produits animaux et l'amélioration du sol. La première de ces deux combinaisons donnerait lieu au raisonnement qui s'applique au système stationnaire, l'autre à un compte unique, au débit duquel figureraient les dépenses des animaux correspondants, soit le I/o du bétail de la ferme. Au crédit figureraient le 1/5 des recettes fournies par la verile des produits animaux de toute sorte et la plus-value acquise par le sol. La différence entre le bénétice accusé par la comptabilité en faveur de chacune de ces deux combinaisons, permettrait de juger de leur valeur relative.

Si la culture est épuisante, ce qui se manifeste par une baisse progressive des rendements, on procédera à la détermination du prix du fumier comme s'il s'agissait d'une culture stationnaire, mais en remarquant toutefois qu'aux dépenses propres à celle-ci, doit s'ajouter la valeur perdue par le sol du l'ait de son épuisement; valeur qui se répartira entre toutes les cultures, en proportion du fumier qui fait défaut pour en assurer le produit.

On pourrait encore procéder de la façon suivante: établir dans la production des plantes exportables deux divisions; l'une correspondant à la surtace à laquelle il faudrait restreindre les apports d'engrais pour réaliser une culture stationnaire, l'autre comprenant le reste de l'étendue. La première, réunie aux animaux, serait l'objet d'un raisonnement en tous points semblable à celui que nous avons appliqué à la culture stationnaire; l'autre serait considérée à part, et débitée de la perte ti.tale de valeur du sol due à l'épuisement, au lieu de l'être du prix de la fumure, puisque cette portion de la culture serait faite, en réalité, sans fumier. mais avec la fertilité antérieure. Par la comparaison de l'unité de bénélice obtenue dans les deux cas, on aurait des indications sur l'opportunité de poursuivre la culture épuisante.

Pans doute il y a dans cette façon d'établir les comptes une complication regrettable. Mais il faut remarquer qu'elle est bien plus apparente que réelle et qu'elle tient à la nature même des choses, à la multiplicité des relations qui s'établissent entre les diverses productions à différents points de vue, comme nous l'avons montré. Adopter le prix du marché comme base des estimations, c'est méconnaître ces rapports et s'abandonner à l'arbitraire, car le prix du marché n'est pas autre chose quand il s'agit d'une matière que l'on ne peut ni vendre ni acheter d'une manière courante et au sujet de laquelle, par conséquent, il n'y a aucune mercuriale sérieusement établie dans le plus grand nombre des localités.

Évaluation de l'engrais comme dépense des cultures.

Toutes les plantes cultivées ne présentent pas les mêmes exigences en engrais. Dans une terre donnée, les unes pour procurer un produit rémunérateur, doivent être ensemencées dans l'année après l'application d'une abondante fumure, telle est la betterave; d'autres, comme le froment, et mieux encore l'avoine, pourront être ensemencées un an plus tard, sans fumure nouvelle, et enfin il en est, comme les arbres forestiers, ou la vigne dans bien des cas, dont les exigences en fumier peuvent être nulles. En raison de ces différences, il devient indispensable d'évaluer ce que chacune des plantes qui se succèdent sur une même terre consomme de fumier, si l'on veut être fixé sur les avantages procurés par chaque culture.

Bien peu de cultivateurs reconnaissent la nécessité de s'éclairer jusqu'à ce point sur les détails de leur production. Parmi ceux qui en conçoivent l'importance, le plus grand nombre, considérant le problème comme insoluble, ne cherchent pas à le résoudre et font une répartition purement arbitraire de la fumure entre toutes les plantes appelées à en profiter. Est-il appliqué 60000 kilogrammes de fumier tous les quatre ans, pour quatre cultures successives, on attribuera a chacune la consommation de 15000 kilogrammes de fumier; ou bien, sans s'appuyer sur aucune expérience précise, on attribuera à l'une 20000 kilogrammes, à une autre 15000 kilogrammes, etc. On pourrait dire que c'est une répartition à vue d'oeil.

Il peut certes y avoir des raisons pour attribuer à l'une des plantes une consommation plus grande qu'aux autres, puisque comme nous venons de le reconnaître, en principe, des différences se présentent dans la pratique. Mais rarement la répartition de la fumure est établie sur des bases bien raisonnées.

Le moyen qui se présente tout naturellement à l'esprit comme le plus rationnel, pour opérer cette répartition, est celui qui consisterait à mettre à la charge de chaque culture les éléments fertilisants que contient la récolte, estimés au cours du commerce, si l'on admet le prix du marché, ou conformément au procédé d'estimation que nous avons proposé, par exemple, dans le cas contraire. Ainsi, d'après nos évaluations précédentes, l'acide phosphorique revient dans le fumier de la ferme à i 343 fr. 62: 3167,02 =0 fr. 424 le kilogramme; l'azote, qui vaut trois fois plus, revient à 0,424 X 3 = 1 fr. 272, et la potasse, qui vaut les 9/10 de l'acide phosphorique, reviendrait à 0 fr. 381. Dans ces conditions, on pourrait croire agir logiquement en fixant comme suit la dépense de fumure pour le blé (1), d'après la composition de la récolte: Prix Prix du kilogramme. de la totalité.

Fr. Fr.

Azote, 131k,70 1 272 167 52

Ac. phosphoritue, 58X44.. 0 424 24 78

Potasse, 81M5 0 381 30 92

Total 223 22

Il nous sera facile de montrer que cette façon de procéder n'a de la logique que l'apparence et que les exigences en engrais d'une même plante pour donner le même produit, seront variables suivant les cas.

La betterave ne réussit bien qu'à la condition d'être cultivée sous un climat assez frais. Pour en obtenir des rendements élevés sous un climat sec, il faudra une terre plus fertile ou, à défaut, des fumures plus abondantes que sous un! climat humide. Le chou, dans ses variétés fourragères non cabues, est sous ce rapport plus exigeant que la betterave; et dans sa culture, l'abondance des fumures ne suppléera pas toujours à l'insuffisance de l'humidité. Qui ne sait, enfin, que sous un climat humide, comme celui de la Bretagne particulièrement, on obtiendra plus de loin par hectare de prairie, qu'en Provence, à fertilité ou fumure égales. D'une manière générale, on peut considérer le produit comme la résultante d'un certain nombre de forces: action de la chaleur, de la lumière, de l'humidité, du sol quant à sa nature physique ou chimique, de l'engrais, de la semence qui, par hérédité, donne à la plante des dispositions plus ou moins grandes à utiliser tel ou tel facteur, etc.

Il est bien évident que l'action de chacune de ces forces n'est pas constante; elle n'est pas la même, à l'égard d'une plante donnée, dans le nord et dans le midi, elle varie suivant le milieu physique dans lequel on opère, suivant la variété de la plante considérée. Dès lors, il faut admettre que (1) Il s'agit de la récolte dont le compte a été établi p. 231.

pour obtenir le même produit dans deux milieux physiques inégalement favorables, il faudra demander aux soins particuliers, *à l'engrais* et à la puissance héréditaire de la variété, dans certaines limites, ce que ne peuvent pas donner le sol et le climat.

On peut dire que le nombre des situations différentes susceptibles de se présenter est infini. Sans doute, d'une ferme à l'autre, les différences pourront ne pas être très grandes, bien que le contraire puisse arriver, mais il suffit que nous ayons montré la possibilité de ces différences, pour condamner tout procédé d'évaluation basé uniquement sur la composition des plantes, lorsqu'il s'agit d'apprécier ce (pie chaque récolte consomme d'engrais.

Il ne faudrait pas croire, d'ailleurs, que les produits de la décomposition du fumier qui ne sont pas absorbés par les plantes restent dans le sol qui les retient et les emmagasine sûrement pour des récoltes futures. INous nous sommes déjà expliqué sur ce point. Les terres possèdent à un degré très variable la propriété de retenir les aliments des plantes; aussi, la consommation d'engrais, par quintal de récolte, varie-rat-elle, les autres conditions restant les mêmes, selon les propriétés de la terre et aussi selon la façon dont les plantes se succèdent sur le sol (1).

(1) Nous tirons les chiffres suivants, dus à M. Dehérain, du *Dictionnaire d'agriculture* (Barrai et Sagnier).

Azote nitrique entraîné par les eaux de drainage au champ d'expériences de Grignon, à l'automne de 1890.

Azote nitrique entraîné

Cultures en 1890. Culture dérobée suivante. à l'hectare.

Ut.

Maïs. Pas de culture dérobée. 10,358

Avoine. Colza. 0,343

Chanvre. Pas de culture dérobée. 7,200

Betteraves. — 5,400

Pois. Navette. 1,107

Trètle. Trèfle resté en place. 1,856

Ray-grass. Prairie resiée en place. 0,327

Il en résulte que l'ahsence de végétation sur le sol est une cause de déperdition de matières fertilisantes et que la consommation d'engrais par quintal de récolte doit augmenter quand de longs intervalles séparent deux cultures successives.

De lous ces faits, il nous paraît résulter qu'il ne faut pas espérer mesurer les exigences des plantes en fumier à leur composition chimique.

Mais, nous objectera-t-on, que les plantes absorbent dans l'atmosphère une partie de l'azote quelles contiennent, partie variable selon les espèces; que le sol s'appauvrisse pour des causes étrangères à l'absorption de nourriture par les plantes, et il n'en résulte pas moins que le terrain fournit à chaque récolte une quantité d'azote qui pourrait être évaluée, pour débiter de sa valeur les comptes des cultures; qu'il fournit à lui seul, dans tous les cas, les éléments minéraux, dont la valeur, par-conséquenf, fournirait la dépense en engrais minima qu'il faudrait inscrire pour chaque récolte. Malheureusement, si la quantité des éléments minéraux à inscrire est assez facile à déterminer, il n'en est plus de même quand il s'agit d'en fixer le prix. Cette estimation serait facile s'il n'existait qu'une seule source pour fournir azole et éléments minéraux ainsi puisés dans la terre par les piaules; mais il y en a plusieurs, il y a: le fumier de ferme, les engrais complémentaires que l'on y joint, et la réserve même que renferme la terre, réserve qui se renouvelle lentement, mais qui se renouvelle. Les éléments minéraux et l'azote épuisés ont des valeurs très différentes suivant la source dont ils proviennent, ainsi qu'il est facile de le prouver.

Dans le commerce, l'azote se vend environ 1 fr. 50, l'acide phosphorkjue 0 fr. 50 environ à l'état soluble et 0 fr. 20 à l'état insoluble; la potasse vaut de 0 fr. 40 à 0 fr. 50. Dans le fumier, le prix en est généralement moins élevé au même degré assimilable, sans cela on aurail recours au commerce et on ne produirait pas de fumier. Enfin, la réserve que confient la terre offre ces éléments à des prix bien plus bus encore: quand on achète une terre de bonne qualité ordinaire, qui se paie environ 2 500 francs l'hectare en moyenne, on reçoit par hectare, nous l'avons vu (170), au moins 5 000 kilogrammes d'azote, autant d'acide phosphorique et 8000 kilogrammes de potasse; on reçoit en outre: des bâtiments, des chemins, des plantations, etc., dont la valeur peut être fixée à 1 000 francs au minimum; il reste donc,Vii faisant à la fertilité une part plutôt large, 1 "00 francs pou payer; ce qui représente, en attribuant, selon que l'avons déjà fait, les valeurs relatives de 3 à l'azote, l'acide phosphorique et 0,9 à la potasse: 0 fr. 055 par gramme d'acide phosphorique, 0 fr. 165 par kilogra d'azofe, 0 fr. 0o0 par kilogramme de potasse.

Il y a loin, on le voit, de ces prix à ceux qui resso pour les engrais produits ou achetés. Comme il n'est démontré que toutes les plantes prennent de leurs élénie constituants la même fraction à chacune des sources diffl rentes qui les leur présentent, on voit l'inconvénient qu'il aurait à grever chaque culture des éléments minéraux qu'el renferme estimés à un taux moyen unique.

La question qui se pose est en réalité celle-ci: posséd une terre de fertilité donnée, dont on retire une récolte détert minée, quelle est la quantité de chacun des engrais donf (à dispose qu'il faudra lui appliquer, après la culture, pow ramener la fertilité à son degré primitif? On comprend que cette quantité d'engrais soit justement considérée comme étant celle que consomme la culture et dont il faut débiter le compte de celle-ci.

La détermination n'en est évidemment possible que parla voie expérimentale et, malheureusement, le temps nécessaire pour obtenir des renseignements de valeur est long. Néanmoins, l'intérêt que présente le problème et assez grand pour qu'on s'attache à le résoudre. Pour y arriver, il suffirait de cultiver d'une manière isolée chacune des plantes qui sont appelées, dans la culture de la ferme, à se partager l'engrais et de noter les résultats obtenus, ainsi que nous l'avons indiqué dans un chapitre précédent. En se reportant aux ligures 8, 0, 10 (p. 196, 200, 211, chap. VIII) et au texte qui les accompagne, il est facile de comprendre comment on peut évaluer l'épuisement, ou, plus exactement, *la consommation du fumier par le sol et une récolte donnée.*

Pris à la lettre, les résultats accusés par de semblables expériences pourraient cependant induire en erreur el aboutir à des conséquences impossibles. Car l'association ilniAme des plantes qui se succèdent sur une terre, suivant un-dre désigné sous le nom de rotation, est réglée de façon à jiif terer la meilleure utilisation de la totalité des engrais: par i,force des choses, on en est arrivé à admettre à se succéder *yfk* unes aux autres, sur une même terre, des plantes à cines pivotantes et d'autres à racines moins profondes, des ntes relativement exigeantes en potasse et d'autres plus igeantes en acide phosphorique, de telle sorte que la couche terre qui serait moins fouillée par les unes le soit plus par autres, que les principes non absorbés par certaines «lires soient utilisés par d'autres, etc. Il en doit forcément Résulter des indications trop élevées dans les cultures d'expéMenées où Ion ensemencera constamment la même plante lur une même surface. U suffira, pour se rapprocher *le plus Mossible* de la vérité, de réduire les donnnés obtenues, d'une liianière proportionnelle, jusqu'à ce que la consommation pccusée en totalité corresponde à la consommation réelle dont mesure est donnée par la production de la ferme. Supposons que l'application des renseignements tirés des graphiques analogues à ceux des ligures 8 et 9 ait accusé une consommation de: 112 009 kilogrammes par les cultures fourragères diverses, 42 3o0 kilogrammes par les cultures de froment et 9 460 kilogrammes par les cultures d'avoine, en tout, 163 819 kilogrammes; la production de la ferme, en fumier, connue et limitée à 148 927 kilogrammes, suffisant à maintenir la fertilité, ce que l'on reconnaît à la constance des rendements, il est bien évident que la consommation totale réelle doit être limitée à 148 927 kilogrammes, nombre inférieur de 1/11 à la consommation accusée par les calculs. En réduisant de 1/11 les consommations partielles accusées par les données expérimentales, nous aurons:

Kil.
10
Pour les cultures fourragères... — x 112.009 101.827 10
— de froment — x 42.350 = 38.500 11 10
— d'avoine — X 9.460 = 8.600 11
Total 148.927

Jouzier. — *Économie rurale.* 14

Si, partant d'un système stationnaire, on pratique une culture améliorante, on pourra réduire les indications proportionnellement de la même quantité, pour fixer la part à inscrire au compte des diverses cultures et celle qui doit figurer à celui de l'amélioration. Enfin, on procédera d'une manière analogue dans le cas d'une culture épuisante.

Il ne faudrait point se faire illusion, et croire que de semblables déterminations sont susceptibles d'une très grande exactitude, mais cela n'en diminue-point l'intérêt, puisqu'il n'existe aucune source de laquelle on puisse tirer des indications plus certaines.

Sans doute, le sens pratique le plus développé, appuyé sur des notions précises concernant les influences autres que celles qu'exercent les engrais, sera nécessaire pour interpréter les enseignements fournis par les résultats d'expériences et il pourra être insuffisant pour exclure toute cause d'erreur. La clarté projetée sur cette partie du problème agricole est loin d'être bien vive. Serait-il sage, pour cela, de refuser de s'y éclairer et de commettre des erreurs plus grandes en se livrant à des estimations purement arbitraires? Nier l'erreur ne serait point se soustraire à ses conséquences. Il nous parait préférable de chercher dans toute la mesure possible à en limiter le domaine.

X.-LES LITIÈRES ET LES SEMENCES.

On fournit aux animaux des litières de diverses natures. Le plus souvent, ce sont les pailles des céréales, d'abord parce qu'on n'en peut faire un meilleur emploi, et ensuite parce que, par leurs propriétés physiques, elles sont particulièrement propres à absorber les déjections des animaux en même temps qu'à fournir à ceux-ci un coucher moelleux et hygiénique.

dépendant, il peut arriver que la culture des céréales soit peu avantageuse, comme cela se présente dans certaines régions montagneuses, ou bien qu'un marché voisin permette une vente profitable des pailles, ou bien, enfin, que la rareté des fourrages de toutes sortes, ou simplement la pénurie des fourrages fibreux rende nécessaire l'utilisation des pailles pour l'alimentation des animaux.

On a recours, alors, pour remplacer les pailles à des matières très diverses: les feuilles sèches, les bruyères, les divers végétaux à peine ligneux qui poussent en sous-bois et dans les landes de certains pays, ta tourbe, la terre desséchée, sont propres à cet usage. Dans les environs de certaines villes, en particulier autour de Rennes où la paille constitue avec le pâturage le fonds de la ration des vaches laitières pendant les 2/3 de l'année, les petits cultivateurs utilisent comme lititre le fumier desséché des écuries de la ville. Dans certaines parties de la Suisse, enfin, on n'emploie aucune litière; les déjections sont diluées au point de constituer un engrais liquide d'une application facile sur les prairies.

Ces pratiques montrent que la paille des céréales n'est pas indispensable pour coucher les animaux et que le défaut de paille n'est pas un obstacle absolu à l'entretien du bétail, Combien de cultivateurs, cependant, qui cultiveraient moins de céréales, dans les mauvaises terres, s'ils n'avaient surtout en vue d'assurer à leurs animaux une provision de litière suffisante. Ils s'enferment d'ailleurs dans un cercle vicieux; car la trop grande étendue qu'ils accordent aux céréales est un obstacle à l'amélioration de leurs terres, et le peu de fertilité de celles-ci s'oppose à ce que la récolte des pailles soit abondante.

C'est donc une grave erreur économique, que de régler d'une manière trop étroite l'étendue des céréales sur la quantité de litière réclamée par le troupeau, ou de limiter celui-ci aux ressources que fournissent les pailles comme litière. Kl si la suppression complète des matières pailleuses n'est pas recommandable, on peut, si elles sont insuffisantes, recourir à l'emploi de la terre sèche dans une très large mesure.

L'évaluation des litières pour la comptabilité exige une certaine attention. Leur valeur s'inscrivant au débit des comptes d'animaux et au crédit de celui des céréales lorsqu'il s'agit des pailles, on comprend qu'une estimation trop élevée aurait pour conséquence de mettre d'une manière fictive les animaux en perte et les céréales en béné-

fice. Le mieux serait de les faire figurer dans les comptes pour leur prix de revient, mais celui-ci n'existe point, lorsqu'il s'agit des pailles, puisqu'elles constituent en quelque sorte un déchet de la production des grains. Ce prix de revient n'existe réellement que pour les litières recueillies dans les landes, les broussai lies, etc., ou bien quand il s'agit de terre-sèche mise en réserve dans ce but spécial.

Pour évaluer les pailles destinées à être employées comme litière d'éviter de modifier arbitrairement les résultats des comptes, on devra s'inspirer de la situation réelle dans laquelle se trouve l'exploitation.

Le cultivateur qui se trouverait dans l'impossibilité de vendre ses pailles, taule d'aucun débouché, devrait les estimer, comme litière, d'après leur teneur en éléments fertilisants utiles et d'après le prix auquel ceux-ci ressortent dans le fumier. Par' exemple, la paille de froment renfermant par 100 kilogrammes 0s,320 d'azote, 0»,22l d'acide phosphorique et 0,628 de potasse, sa valeur serait donnée, d'après les prix dont nous connaissons l'origine (230 et 236), par le calcul suivant:

Kr.

0,320 d'azote à l',272 0,40704 0K.221 d'acide phosphorique à 0f,424 0,09370 0,628 de potasse à 0',381 0,23926 Total 0,74000 soit 7 fr. 40 les 1000 kilogrammes.

Le cultivateur qui pourrait vendre la totalité de sa récolte de paille et qui en réserverait une partie pour l'employer comme litière, devrait évidemment inscrire les quantités réservées aux mêmes prix que les quantités vendues, à qualité égale; car admettre un prix moindre serait retrancher du compte des céréales une somme qui doit y figurer bien réellement, et supposer un prix plus élevé serait grever sans raison d'une manière excessive les comptes d'animaux. C'est là ce qu'il faut éviter. Il est bien entendu, dans ces conditions, que le prix à inscrire dans les comptes n'est pas celui-là même auquel on a vendu, mais ce prix diminué des frais de vente (bottelage, livraison, transport, etc.) qui resteraient à la charge de l'exploitation d'après les conditions du marché.

Si le prix net, c'est-à-dire le prix de vente diminué des frais de bottelage, transport, etc. à la charge du vendeur était de beaucoup supérieur à celui que l'on devrait attribuer aux pailles en raison de leur richesse en éléments fertilisants, comme nous le disons ci-dessus, il faudrait y voir des indications en faveur de la vente. Sauf le cas où le sol serait très pauvre en matière organique, et où les pailles seraient nécessaires pour la lui apporter, on devrait, dansces conditions, n'en réserver que la quantité strictement utile pour les animaux et recourir pour avoir les litières suffisantes à tous autres moyens moins coûteux dont on pourrait disposer.

Enfin, le fait de vendre seulement une partie des pailles ne suffit point pour autoriser à attribuer le même prix de vente à la quantité réservée. Car ce prix peut être fort éloigné de l'expression de la véritable utilité des litières pour les animaux et par conséquent aussi, de la mesure selon laquelle les céréales seraient utiles à l'exploitation par la production de cette partie des pailles.

Pour peu que l'on reconnaisse la nécessité d'éviter les exagérations dans le prix à accorder aux litières, il sera donc facile de se rapprocher de la vérité en s'inspirant de la réalité de la situation dans laquelle on se trouve. Mais rien ne serait moins justifié que de recommander un mode unique d'appréciation applicable à toutes les conditions d'exploitation qui peuvent se présenter.

Il faut d'ailleurs remarquer que les exagérations que Ton peut commettre dans l'estimation des litières, soit dans un sens, soit dans l'autre, auront moins d'importance que celles pi s'appliqueraient aux fourrages et aux engrais, car leur valeur est, sur la ferme où le tout est obtenu, de beaucoup inférieure à celle des deux autres produits.

On estime que le poids de la litière doit représenter en matière sèche le quart ou le cinquième de la matière sèche que renferment les fourrages. De la sorte, il faudrait pour une vache de 450 kilogrammes, qui doit trouver environ 4;00 kilogrammes de matière sèche dans les fourrages qu'on lui distribue

annuellement, une quantité de litière renfermant 900 kilogrammes de matière sèche, ce qui représente seulement de 1000 à 1100 kilogrammes de paille. Pour des animaux qui passent une partie de leur temps hors de fétahle, soit au travail, soit à l'herbage, le besoin de litière se trouve toul naturellement réduit en proportion de la durée de leur absence.

Les semences. — L'importance du choix des semences dépasse de beaucoup les valeurs qu'elles engagent, et cette importance s'accroît à mesure que s'élèvent les sacrifices consentis en vue de la culture. De là dépend, en effet, dans une très large mesure le succès financier des opérations, et plus on aura mis d'engrais, plus on aura dépensé de travail pour préparer un champ, plus on perdra si les semences ne réunissent pas les qualités désirables.

Cesqualités sont d'ordres très divers suivant la nature du produit demandé à la culture: on ne recherchera pas la même aptitude chez la betterave à sucre et chez la betterave fourragère, chez la p'omme de terre destinée à l'alimentation de l'homme et chez celle que l'on destine aux animaux, etc. Mais, d'une manière générale, les qualités à rechercher dans les semences sont les suivantes: A. les facultés germinatives doivent être intactes; B. les graines doiventêtre pures de tous germes étrangers nuisibles; C. elles doiventêtre d'une variété bien adaptée au milieu dans lequel on opère et au but que l'on se propose.

A. Le défaut de facultés germinatives des semences n'est pas le plus grave qu'elles puissent présenter, en ce sens qu'il est assez facile de se rendre compte de leur valeur sous ce rapport, par un essai rapide, sinon avant d'acheter, au moins avant d'ensemencer. Les grandes maisons de commerce vendent en général avec garantie et acceptent comme basé des indemnités qu'elles auraient à payer, les expertises faites dans des conditions régulières par la station d'essais de semences annexée aux laboratoires del'lnstitut national agronomique, de sorte que les contestations se règlent facilement. La station renseignera d'ailleurs, moyennant un prix modique,

le cultivateur qui ne pourrait pas faire lui-même les essais, sur la valeur de ses graines au point de vue de la germination. Si au lieu de germer à 90 p. 100 les semences ne donnent que 80 p. 100 de réussite, il suffira de semer 1/8 de graine en plus, pour avoir sensiblement le même résultat.

B. Le degré de pureté se détermine assez aisément par rapport aux germes étrangers que l'on peut découvrir à l'œil nu ou à la loupe, comme les graines des mauvaises herbes. Mais c'est une opération délicate, quand il s'agit de germes microscopiques. Souvent, malheureusement, on ne s'aperçoit des défauts de la graine dans ce sens qu'après son emploi et quand la culture est déjà envahie par le parasite donf le germe a été apporté avec les semences de la plante cultivée.

On évitera cet inconvénient dans certains cas en soumettant la semence à divers traitements indiqués dans tous les bons ouvrages d'agriculture spéciale, ou bien, comme nous le disons ci-dessous, en s'adressant à de bonnes maisons de commerce, ou récoltant soi-même les semences en y apportant tous les soins désirables.

C. La variété de la plante ensemencée présente dans ceitaines espèces une haute importance, certaines variétés d'une même espèce bien qu'en tous points semblables dans leur ', graines pouvant donner des résultats très différents: tel bit, vigoureux en terre maigre, y donnera une récolte suffisante et verserait dans des terres riches; de tel autre dont on n'aurait rien en mauvaise culture, on aura un abondant produit dans des cultures très soignées, etc. On s'est attaché, depuis une trentaine d'années surtout, à modifier par sélection les anciennes variétés et on a obtenu parfois des résultats vraiment surprenants soit au point de vue de l'abondance de la récolte, comme dans certaines variétés de blés et de pommes de terre, soit au point de vue de la qualité du produit, comme dans la betterave à sucre notamment. Ces variétés améliorées ne conviennent pas partout; il faut, avant de les introduire dans sa culture, réaliser certains progrès. Elles sont souvent plus exigeantes, au point de vue des soins et de la fertilité du sol, que les types anciens, elles résistent souvent moins bien que les variétés locales à divers accidents occasionnés par les cryptogames, aussi doit-on se renseigner sur leur valeur, les essayer au besoin, avant de les adopter en grand. Mais il y a souvent en elles une *force productive considérable* qui peut justifier des prix d'achat élevés.

On évitera d'ailleurs, les dépenses excessives en limitantles achats de graines ou de plants à de-petites quantités que l'on multipliera chez soi, au besoin par les procédés rapides de l'horticulture, pour en obtenir la semence nécessaire à de grandes étendues.

On trouvera dans les ouvrages d'agriculture spéciale (étude monographique des plantes) les indications particulières à chaque variété pour permettre de faire un choix convenable. Il n'entre point dans notre programme de faire cette étude de détails.

La vaïïétédelaplante à laquelle appartiennent les semences est en général, des (rois qualités qui nous occupent, la plus difficile à distinguer. On ne peut guère se mettre à l'abri des fraudes sur ce point, qu'en cultivant soi-même ses graines ou en s'adressant, pour se les procurer, à un cultivateur dont on connaît les cultures et l'honorabilité, ou bien à une maison de commerce présentant toutes garanties.

Sous ce rapport, les maisons bien organisées récoltent ellesmêmes les graines qu'elles mettent en vente, ou bien ne les achètent que chez des cultivateurs auxquels elles fournissent les semences, et dont elles font inspecter sérieusement les cultures. Naturellement, ces maisons font payer les garanties qu'elles offrent. Toutefois, la sécurité qu'on trouve à s'y approvisionner, soit directement soit en s'adressant à leurs dépositaires ou aux syndicats, compense très largement le surcroît de sacrifices qu'elles demandent. En payant la semence deux fois plus cher, ce qui est excessif, on n'engage le plus souvent qu'une faible dépense supplémentaire par hectare et quand cela suffit pour écarter la possibilité d'un échec,

on ne saurait hésiter.

On pourra, d'ailleurs, fréquemment, répartir la dépense supplémentaire à laquelle on est entraîné sur plusieurs exercices en récoltant soi-même ses semences pendant les années suivantes. Des échanges faits avec les cultivateurs voisins les plus soigneux permettront de renouveler la semence, ce qui est en général une condition favorable, sans avo. r à renouveler fréquemment les sacrifiées exceptionnels auxquels obligent les achats faits au commerce.

XL — LA VENTE DES PRODUITS.

Les diverses transformations de produits entreprises sur la ferme aboutissent, après des manipulations variées, à l'obtention de denrées qui forment un groupe spécial dans le capital circulant, prennent place dans les magasins, y séjournent un temps plus ou moins long, fournissent aux besoins directs de l'exploitant pour une certaine part, mais, pour une autre part, doivent être finalement vendus. Ce sont les grains, le lait, le beurre, les fromages, le vin, le cidre,... les fourrages euxmêmes lorsqu'on se propose de les vendre. C'est par la vente de ces produits que le cultivateur va rentrer en possession du capital monnaie nécessaire pour se livrer à de nouveaux actes de production et enfin, puisque c'est le but même de l'entreprise, pour assurer d'une manière indirecte sa subsistance et celle de sa famille. La consommation exclusive des produits de l'exploitation ne peut se concevoir qu'avec une civilisation des plus primitives.

Il ne suffit donc pas d'avoir bien produit, il faut encore bien vendre. Et cette partie de l'action du cultivateur n'est pas toujours la moins difficile. Elle suppose non seulement des connaissances spéciales qui peuvent s'acquérir par l'étude, par l'observation, relativement à l'appréciation de la qualité des oprduits, de l'état du marché ou des prix courants, mais encore, en agriculture plus que dans tout autre commerce,elle suppose aussi des qualités de l'ordre diplomatique qui ne s'acquièrent pas à un degré élevé sans une certaine aptitude native. Il suffit, pour s'en rendre compte, d'observer les débats auxquels

donne lieu la conclusion d'une affaire de quelque importance, au sujet d'un produit agricole quelconque, pièce de béfail, récolte de froment ou autre.

C'est que les produits agricoles sont loin de se présenter avec un ensemble constant de qualités d'une appréciation facile. Telle ferme livrera du beurre excellent, telle autre, dont les pâturages sont plus maigres, ou la ménagère moins soigneuse, le livrera moins bon; tel animal qui paraîtra ne peser que 'iOO kilogrammes en pèse en réalité S50, etc. , et celui qui veut acheter espère toujours obtenir une réduction du prix en dépréciant la qualité. Ëntin, l'appréciation des deux principaux éléments qui déterminent la formation du prix, offre et demande, stock des produits disponibles d'une part et de l'autre ressources qui en permettent l'achat, est assez difficile. Il en résulte forcément que l'habileté particulière apportée par chaque partie, vendeur et acheteur, pour apprécier le produit mis en vente, dissimuler le trop vif désir de vendre ou d'acheter, exerce de l'influence sur le prix auquel l'accord s'établira. II en est ainsi de ce que vend la ferme, comme de beaucoup des choses qu'elle achète.

Il y a là un ensemble de circonstances avec lesquelles il faut compter. Ce serait perdre son temps que de l'employer en vaines récriminations contre une organisation sociale que l'on peut déplorer, si l'on manque de l'habilté nécessaire pour y trouver son profit, mais que l'on est soi-même impuissant à modifier et qui ne peut manquer de présider, de longues années encore, aux innombrables rapports commerciaux qui s'établissent entre la ferme et ses clients ou fournisseurs. A côté des défauts qu'elle présente, il faut reconnaître à cette organisation des avantages assez sérieux pour constituer un gage de sa durée. Le plus sage parti est donc d'apprendre à la bien connaître et de régler sa conduite de façon à y trouver profit ou n'en pas trop souffrir.

Delà, la diversité des manières de procéder, selon les cas, en dehors de celles qu'impose le milieu physique. Tel cultivateur, dont les aptitudes commerciales sont très marquées, s'attachera à changer fréquemment ses bestiaux, à développer sa production fourragère, pour lui permetre d'étendre davantage ses spéculations sur le bétail; tel autre, dont les aptitudes son) différentes, fera naître chez lui desanimaux, qu'il vendra seulement alors qu'ils auront atteint le maximum de valeur.

Il y a donc dans le nombre même des rapports commerciaux à établir un moyen de faire varier le profit.

D'autre part, il faut *connaître son marche.* Si l'on étudie les prix moyens pratiqués dans tout le cours de l'année sur un marché quelconque, à legard de certains produits, on s'aperçoit qu'ils sont variables suivant les saisons et même selon les mois. Les variations peuvent être normales et consister dans une hausse légère et régulière à mesure que l'on s'éloigne de l'époque de la récolte qui a fourni le produit, cette hausse représentant les frais de conservation de la marchandise; mais ces variations peuvent aussi être anormales tout en présentant une certaine constance, et tenir à l'irrégularité des apports sur le marché: c'est ainsi que, dans certains départements, la culture met une très grande partie de ses blés en vente peu après la récolte et procure au commerce des bénéfices faciles. Il va sans dire que le cultivateur attentif à ces mouvements spéciaux des prix s'attachera à éviter les cours les plus bas.

Il suffirait d'ailleurs assez souvent d'un peu de prévoyance chez l'ensemble des cultivateurs pour réserver à la culture-les bénéfices qu'ils abandonnent ainsi au commerce. Il suffirait de se constituer le capital de roulement nécessaire, même en faisant appel au crédit, en casde besoin, pourpermettre de régulariser les offres, et de les répartir sur l'ensemble de l'année. Une campagne de presse faite dans ce sens depuis quelques années, notamment par M. 'agnier, directeur du *Journal de VAgriculture* et par le Comité permanent de la vente du blé, semble porter ses fruits, mais il reste encore beaucoup à gagner sous ce rapport.

Les différences dans les prix que l'on relèvera pour un même produit selon les époques de l'année, peuvent tenir aux difficultés de production spéciales à chaque époque: c'est ainsi qu'en hiver le lait, le beurre, les œufs et d'autres produits sont rares, et recherchés à des prix notablement plus élevés que ceux de l'été ou du printemps. Il y a là encore une situation à étudier. Il faut reconnaître que bien souvent dans ce cas c'est un peu par négligence si on ne peut pas profiter de la hausse, n'ayant pas ou n'ayant guère de ces produits à vendre. Combien d'exploitations, dans certaines contrées, où on ne produit guère de lait en hiver, uniquement faute de ressources suffisantes ou suffisamment variées, alors qu'il eût été relativement facile de se procurer ces ressources!

La culture pourrait encore, dans nombre de cas, grossir ses revenus en vendant ses produits au consommateur directement au lieu de les livrer au commerce. Cette façon de procéder pourrait prendre une très grande extension, grâce à la possibilité des expéditions par colis postaux: elle convient particulièrement pour les produits de la basse-cour, viande et œufs, pour le beurre, les fromages, les fruits frais, les eauxde-vie, et en somme pour toutes les choses qui ne se livrent chaque l'ois que par petite quantité à chaque ménage et qui doivent être consommées dans un assez grand état de fraîcheur, ou bien encore pour les denrées d'une valeur assez grande pour supporter les frais qu'entraîne ce mode de transport. Ces frais sont d'ailleurs assez réduits à partir d'une certaine distance, par suite de la fixité du tarif. Quant aux boissons hygiéniques, vin et cidre, elles-sont de plus en plus l'objet d'un commerce direct entre le producteur et le consommateur.

Les cultivateurs ne retireraient pas seulement de cette pratique les avantages d'un prix plus élevé, ils y trouveraient encore celui d'offrir leurs produits avec leurs qualités natives, d'éviter les falsifications que le commerce déloyal leur fail subir trop souvent. Ces altérations ne manquent pas d'entraîner une diminution dans la consommation, une réduction du débouché et tournent au détriment du producteur en même temps que de la santé du consommateur. Des pertes incalculables sont certainement causées à la production vinicole tout entière, par les falsifications auxquelles se sont livrés certains industriels, d'ailleurs peu intéressants, sur les vins et les eaux-de-vie, à la faveur de la rareté causée par l'invasion phylloxérique. Ces falsifications sont devenues moins fréquentes, mais nuisent encore en ce qu'elles ont motivé l'ardente campagne menée contre la consommation des boissons alcooliques, le vin compris, par une partie du corps médical.

Les cultivateurs doivent donc faire les plus grands efforts pour lier, toutes les fois qu'ils le peuvent, des relations directes avec les consommateurs de leurs produits. Ils doivent s'attacher à réaliser dans les livraisons la ponctualité du commerce et y appoiter une loyauté parfaite alin de provoquer une plus grande consommation et de s'attacher plus sûrement leur clientèle.

Mais cela ne suffit pas. Beaucoup de régions, dont les produits sont renommés, ont à lutter contre la mauvaise foi de producteurs moins habiles ou moins favorisés: ce n'est un secret pour personne, que le port de Hambourg réexporte bien des fois plus de rhum qu'il n'en importe. Ce n'est un secret pour personne, non plus, qu'il se vend chez nous et plus encore à l'étranger, sous les noms pompeux de cognac ou line Champagne, des produits mal rectifiés de la distillation des grains, des betteraves, des pommes de terre, etc. On en pourrait dire autant de nombre de nos produits français, que l'étranger n'a jamais pu imiter, mais qu'il vend en abondance sans nous en acheter beaucoup.

Que certains Français se prêtent à une telle exploitation d'une renommée qui est le patrimoine de tous, le fait peut n'être que trop réel et ne pourrait qu'aggraver la situation si on laissait leur nombre s'accroître librement. Il appartient aux intéressés eux-mêmes d'y mettre un terme et de prendre les précautions nécessaires pour démasquer la concurrence déloyale qui leur serait faite par des nationaux ou des étrangers sans scrupule. A ceux qui comprennent que la prospérité d'une industrie, quelle qu'elle soit, peut être assise sur la loyauté des transactions plus solidement que sur la fraude, il appartient de se syndiquer et de présenter leurs produits sous la garantie d'un certificat d'origine délivré par le syndicat même qu'ils peuvent constituer.

Les syndicats locaux sont ceux qui peuvent présenter sous ce rapport les garanties les plus sérieuses, la surveillance mutuelle des syndiqués, les uns par les autres, étant la plus efficace pour assurer l'exclusion du syndicat de toute personne qui se livrerait à la fraude. Sous ce rapport, la sévérité si grande qu'elle soit ne saurait être excessive.

Dans bien d'autres cas, encore, les syndicats peuvent faciliter la vente des produits agricoles sans cesser de servir les intérêts sociaux, soit en favorisant les relations entre producteurs et consommateurs, ou producteurs et commerçants. Nous ne saurions entrer ici dans les détails d'organisation que Joczier. — *Économie rurale.* comportent ces divers genres d'action, on en trouvera l'exposé dans les ouvrages spéciaux. Les résultats acquis dans l'exportation des œufs, notamment par l'Allemagne, la Russie, le Danemark, prouvent qu'il y a là des moyens d'action d'une grande puissance.

CAPITAUX DE RÉSERVES
l.-CAPITAUX D'AMORTISSEMENT.
Le capital d'amortissement représente la partie des améliorations et objets mobiliers qui a repris la forme de numéraire. Nul au début d'une entreprise qui s'organiserait de toutes pièces, sur une terre nue, avec des machines neuves, il se constitue annuellement, au moyen des annuités prélevées sur le prix des produits vendus ainsi que de l'intérêt qu'elles produisent et sa valeur s'accroît jusqu'à ce qu'il y ait lieu de pourvoir au remplacement des machines, au renouvellement des améliorations, à la reconstruction des bâtiments, etc., usages en vue desquels il est spécialement réservé.

Dans nombre d'exploitations, même parmi celles où il existe une comptabilité tenue avec régularité, ce capital n'apparaît pas nettement. Il se trouve disséminé, réparti entre diverses spéculations, auxquelles il vient en aide, confondu avec l'ensemble de l'actif. Cette confusion n'est pas toujours sans inconvénients. Il arrive fréquemment, dans ces conditions, que l'exploitant perde de vue la véritable destination de ce capital, l'emploie sans discernement et se trouve plus ou moins gêné quand il y a lieu de bâtir ou de remplacer des machines usées. Il suffirait, pour éviter ces difficultés, de suivre les transformations des capitaux d'une certaine durée et d'en faire figurer dans la comptabilité la valeur détruite, sous forme de réserve d'amortissement.

Par exemple, voici un cultivateur qui a été mis en possession il y a un an d'une exploitation où tout le matériel était neuf. Il vient de clore les comptes du premier exercice. II résulte de ces comptes qu'il possède le même matériel qu'à son entrée en ferme et que ses recettes excèdent ses déboursés de 10 000 francs. S'il est prévoyant, il se gardera bien d'en conclure que cette différence est pour lui tout bénéfice, qu'il peut la dépenser pour ses satisfactions personnelles et pour sa famille, sans craindre de voir s'amoindrir ses moyens de production. Il devra remarquer que ses machines ne seront pas toujours neuves, ses bâtiments toujours solides, ses chevaux de trait toujours vigoureux et, ainsi que nous l'avons indiqué ailleurs, il devra déterminer la somme à mettre de côté chaque année pour faire face au renouvellement de toutes ces choses en temps voulu. Les 10000 francs doivent donc être diminués tout naturellement de cette somme, soit de 1 000 francs. Pareille valeur étant prélevée chaque année, il y a lieu de savoir quel usage on en peut faire et à quelles opérations de comptabilité donne lieu le capital qui en résulte.

Pour ce qui est de l'emploi, il est nécessaire de remarquer que la somme annuelle de 1000 francs se compose de diverses fractions ayant chacune une destination différente et, pour cette raison, disponibles chacune pendant un temps différent. A la clôture d'un exercice, telle fraction de 50 francs qui correspond à l'amortissement d'un cheval peut être considérée comme disponible pendant dix ans, pour d'autres usages, si l'animal en question peut durer ce temps; telle autre fraction, qui doit contribuer au remplacement d'une charrue, ne sera nécessaire que dans quinze ans; une troisième, destinée à constituerleprixd'achat d'un nouveau semoir, fera besoin pour cet usage dans vingt ans; une quatrième, qui correspond à l'amortissement des murs des bâtiments, ne sera réellement employée de cette façon que dans un siècle, etc.

A la clôture de l'exercice suivant, on recueillerait les mêmes sommes, disponibles jusqu'aux mêmes termes, c'està-dire pendant une durée moindre que les précédentes d'une année, et ainsi de suite.

Avec de l'ordre, il est donc possible de prévoir à l'avance, avec une certaine exactitude, le temps qui s'écoulera entre le moment où chaque somme est mise de côté et celui où elle recevra la destination principale en vue de laquelle elle est réservée. Il est nécessaire de se livrer à cette prévision. Faute de l'avoir fait, on s'exposerait à ne pas tirer des capitaux ainsi réservés le meilleur parti possible jusqu'au moment de leur emploi définitif; on s'exposerait ou bien à les laisser improductifs, ou bien à les engager dans des opérations d'une trop longue durée, d'où il ne serait pas possible de les retirer à temps pour permettre de satisfaire aux exigences auxquelles ils correspondent. Au contraire, si on est fixé sur la durée probable de leur disponibilité, on pourra leur donner une affectation correspondante dans laquelle ils seront productifs sans cesser d'être réalisables selon les besoins.

Si on n'en trouve pas un emploi avantageux sur la ferme, on peut les placer sous la forme de prêts, soit à des particuliers (prêts hypothécaires), soit en rentes sur l'Etat, en obligations ou actions d'entreprises industrielles présentant toute la sécurité désirable, et en ayant le soin de limiter la durée du prêt à celle de la disponibilité.

Le plus souvent, on en trouvera l'emploi sur la ferme, où ils pourront servir à des achats d'engrais, à des entreprises d'améliorations foncières telles que défoncements, création de prairies naturelles, de plantations, etc., pourvu que la productivité de ces améliorations permette de reconstituer les capitaux en temps opportun.

La ferme sur laquelle aurait été introduit un matériel d'une valeur de 20000 francs dont l'emploi correspondrait à une usure totale en dix années, devrait mettre de côté chaque année, si l'amortissement avait lieu au taux de 3 p. 100, une somme de 1745 fr. 19 et disposerait de ce fait, à la fin de la cinquième année, de 9 249 francs qui ne seraient nécessaires au remplacement du matériel que cinq années plus tard. Cette somme pourrait évidemment être d'un grand secours jusqu'à cette époque, mais il faudrait bien se garder de l'engager pour un temps sensiblement plus long.

La comptabilité à tenir doit fournir en temps voulu, soil à la fin de chaque année, des renseignements sur la valeur du capital d'amortissement, sur les détails de sa constitution, de sa destination et de l'emploi provisoire qui en est fait. Ou tirera de cette comptabilité de nombreuses indications utiles sur la valeur relative des divers modèles de machines, sur la nécessité de modifier les prévisions auxquelles on s'est livré relativement à la durée de chacune, etc. (1). L'annuité ayanf été calculée sur un travail annuel fixe, bien que cette fixité ne puisse pas être obtenue, on pourra la modifier de façon à ce que les charges restent sensiblement les mêmes par journée de travail. Ainsi, avons-nous établi l'annuité d'amortissement, pour une charrue de 300 francs, sur un travail annuel de 150 journées moyennes de dix heures et sur une durée de 10 années, ce qui donne 0 fr. 1656 par jour, nous inscrirons les annuités suivantes:

L'année ou la machine aura travaillé l50 jours: 0,1656x150= 24,87
— 160 — 0,1656 x 160 = 26',50
— 145 — 0,1656 x 145= 24,01 etc.
Bien que cette façon de procéder ne soit pas mathématiquement exacte, elle présente l'avantage d'offrir des résultats plus comparables d'une année à l'autre. Enfin, si on s'apercevait que la machine ne répond pas à ce qu'on attendait d'elle

commedurée,onmodifieraiten conséquence les estimations.

La comptabilité avenir ne demandera que fort peu de place et guère de temps. Si on désigne chaque exemplaire des objets ou machines d'un même type par un numéro différent, et si, en notant les travaux, on indique par ce numéro la machine qu'on y a employée (2), on aura dans la comptabilité ordinaire, par un simple relevé annuel, tous les renseignements nécessaires pour établir le tableau I ci-après. Ainsi qu'on peut le voir, il n'est rempli qu'une seule ligne chaque année dans (1) « L'amortissement est estimé, dans les comptes de prévision, d'après l'usure probable des instruments suivant les travaux à exécuter, et, dans les comptes de vérification, d'après l'usure réelle. Il est évident que l'on ne peut estimer rigoureusement l'amortissement d'un instrument, d'une machine, qu'après la mise à la réforme, c'est-à-dire cinq ans, dix ans et même plus après l'acquisition. Mais, chaque année on doit porter, dans la comptabilité, au prix du travail, la diminution de valeur des instruments; de là, la nécessité d'une évaluation préalable de l'amortissement, basée sur l'usure pendant l'année; je ne regarde pas cette évaluation comme étant prévisionnelle, car elle est réelle et vraie si les appréciations sont exactes. » (Londet.) (2) Labour 1, par exemple, indiquera que le labour noté a été exécuté avec la charrue n 1, ce tableau et en trois pages, quatre au plus, on réunira facilement les machines et les bâtiments ou objets mobiliers d'une moyenne exploitation, car les outils et menus objets mobiliers seront portés en bloc sans inconvénient. De ce tableau l, on passera facilement au tableau II, d'après ce que nous savons du calcul des annuités et de la constitution du capital d'amortissement. Comme il est facile de le remarquer, ce lableau permet de suivre dans ses détails la constitution du capital afférent à chaque objet à amortir et fournit les indications nécessaires pour permettre de limiter la durée des affectations à celle des disponibilités, c'est-à-dire d'assurer une bonne administration de ces capitaux. Enfin, le tableau III permet

d'embrasser d'un seul coup d'œil la situation de chaque objet mobilier soumis à l'amortissement et, comme nous le verrons plus loin, facilite l'établissement de l'inventaire. Trois lignes s'inscrivent annuellement dans le tableau 2, et le contenu en est rapidement déterminé grâce au tableau I. Quant au tableau III, il est annuel, mais ne saurait, même pour une grande exploitation, représenter plus d'un feuillet. Comme il ne fait que résumer le tableau II, il n'exige aucune recherche.

Enfin, il sera facile de dresser également un état de l'emploi de ces capitaux.

II. — État détaillé de la constitution du capital d'amortissement.

III. — État récapitulatif des capitaux soumis à l'amortissement au 1 janvier 1903.

II. — ASSURANCES.

Les capitaux agricoles couient de nombreux risques de destruction. Pour les bâtiments, et les valeurs de toutes sortes qu'ils servent à abriter, pour les meules de bois, de grains et de fourrage, c'est l'incendie; pour le bétail, c'est, en outre de l'incendie, la mortalité; pour les récoltes sur pied, ce sont la grêle, la gelée, l'inondation, les insectes, etc.

Il importerait bien moins, cependant, de produire en abondance, que de conserver en quantité suffisante et en toute sécurité les choses qui seront utiles. On s'en rend compte quand à la suite d'un incendie, ou de toute autre calamité, on se trouve dans le dénuement après avoir connu l'aisance.

Mais, contre tous les agents de destruction qui menacent ses biens, l'homme est souvent impuissant. Quelques précautions qu'il prenne, pour éviter les causes d'incendie, empêcher la mortalité de sévir sur ses animaux, les insectes de ravager ses récoltes, les intempéries d'en contrarier le développement, il ne peut se flatter d'en triompher toujours. Il lui est impossible de ne pas laisser à chaque ennemi une proie.

Veiller à la conservation de ses biens n'est donc pas un moyen suffisant pour s'en assurer la jouissance, il fallait en découvrir un autre. Ce moyen, on l'a trouvé depuis longtemps déjà dans *l'assurance,* combinaison que tout le monde connait et qui consiste essentiellement, pour l'assuré, à faire le sacrifice d'une partie de ses biens, sous le nom de *prime d'assurance,* en faveur d'une association le plus souvent, qui se charge de lui rembourser, sous la forme d'une *indemnité,* les pertes qu'il pourra éprouver.

Le principe sur lequel repose l'assurance est fort simple. Si, pour un territoire assez étendu et pour un temps assez long, on observe la façon dont les pertes se produisent à l'égard d'une cause quelconque, on constate qu'elles se présentent dans un rapport à peu près constant avec le nombre ou la valeur des biens sur lesquels elles peuvent porter. En ce qui concerne l'incendie, par exemple, on constatera que, d'une manière assez régulière, il brûle, dans une année, une maison sur 2 000. Il suffira, dans ces conditions, à l'assureur, d'exiger de l'assuré 1/2000 de la valeur de chaque immeuble pour être en mesure de réparer les pertes: si chaque maison vaut 10000 francs, le propriétaire de chacune paiera, en effet, 1 10000 X Ttûvî = 5 francs, et pour 2000 maisons assurées, 2 000 l'assureur recevra o X 2000 = 10000 francs, valeur de l'immeuble à payer. Pour avoir un bénéfice, il suffira à l'assureur de demander plus de 5 francs, soit 5 fr. 50.

Le propriétaire qui posséderait 2000 maisons lui appartenant, n'aurait pas intérêt à s'assurer. Il paierait en effet, pou-lie faire, 11000 francs, alors que, s'il ne s'assure pas, il ne perdra que la valeur d'une maison, soit 10 000 francs, d'une manière assez régulière chaque année. Il en est ainsi en principe pour tout le monde: en principe, l'assurance ne peut pas être une source de bénéfice pour l'assuré, c'est un contrat *aléatoire.* Toutefois, la situation serait fort différente pour le propriétaire d'un seul immeuble. Certes sa maison pourra être épargnée par le feu, durant de longues années, ne brûler jamais, et dans ce cas il sacrifie en pure perte la prime qu'il paie à l'assureur. Mais c'est une éventualité qui n'est point certaine et s'il avait à subir un incendie, ce serait pour lui la ruine. De là, le service que peut lui

rendre l'assurance. Pour les mêmes motifs, le petit cultivateur, qui possède cinq ou six vaches, devra rechercher l'assurance plus que son voisin qui en possède cent; car chez ce dernier, les pertes se présenteront sensiblement avec la même régularité que s'il était assuré. Celui dont les animaux, aussi nombreux, seraient répartis en dix étables éloignées les unes des autres y aurait encore moins d'intérêt, car les maladies se transmettraient moins facilement d'un animal à l'autre. Voilà comment, suivant le nombre qu'on en possède et l'état de dissémination des objets exposés à la destruction, l'utilité que présente l'assurance est variable. En vertu du même principe, plus un assureur a conclu d'assurances, plus le territoire sur lequel il exerce son action est étendu, et plus il y a de régularité dans les pertes qu'il doit rembourser annuellement, plus il offre de sécurité à l'assuré.

Dans la pratique, l'assureur se présente généralement sous l'une des deux formes suivantes: compagnie commerciale ou société mutuelle.

La compagnie commerciale est une société qui cherche dans l'assurance un moyen de réaliser des bénétices. Elle exige donc une prime suffisante pour couvrir les pertes sur les valeurs assurées, pour faire face aux frais d'administration et pour retirer de ses opérations dans l'ensemble un profit.

La société mutuelle est une association de propriétaires, ou possesseurs des biens assurés, constituée dans le but de supporter les pertes en commun, sans chercher à réaliser de bénéfices: 2000 propriétaires de maisons formant une association de cette nature, conviennent que celui d'entre eux qui éprouverait des pertes par incendie sera indemnisé par les autres, proportionnellement à la valeur des biens dont ils ont demandé la garantie; si chacun des immeubles assurés vaut 10 000 francs et s'il brûle une maison dans l'année, chacun devra verser au sinistré une somme de 5 francs (1).

De cette façon, les assurés n'ont pas à supporter la dépense qui, dans l'autre forme, assure un bénéfice à la compa-

gnie; aussi la mutualité doit-elle, en principe, être plus avantageuse.

Cependant, et grâce à l'extension vraiment immense que les compagnies ont su donner à leurs affaires, elles sont parvenues à réduire à fort peu de chose leurs dépenses d'administration et ne souffrent guère de la concurrence des mutuelles.

Sous leur forme primitive, les mutuelles présentaient des inconvénients. Dépourvues de capitaux, elles ne pouvaient pas opérer les paiements d'indemnités aussitôt les pertes subies, il fallait alors que le sinistré attendit ce remboursement jusqu'en fin d'année, au moment où, toutes les pertes 10 000, valeur à payer.

2000, nombre des biens de même valeur qui supportent la perte. ayant été déclarées, la répartition en pouvait être faite et les primes payées. Les associations de cette nature font disparaître cet inconvénient en se constituant une réserve, soit au moyen d'apports, ou de primes supplémentaires, qu'elles prélèvent au début de leur existence, jusqu'à ce que la réserve soit suffisante.

Si la société mutuelle est dépourvue de réserve et n'étend pas son action à des capitaux suffisamment nombreux, elle peut présenter un défaut sérieux: la variabilité des cotisations. Le total des cotisations doit en effet couvrir les pertes de chaque année. Or, celles-ci ne peuvent pas présenter une régularité absolue et les différences seront d'autant plus sensibles que les capitaux assurés seront moins importants. Par exemple, avec le taux de 2 p. 100 pour les pertes moyennes, si l'association ne réunissait que 500 immeubles, il en pourrait brûler 2 la même année, ce qui obligerait à payer, cette année-là, 4 p. 1000 des valeurs assurées, pour ne rien payer ensuite, peut-être, de plusieurs années. Avec 50 immeubles seulement, il faudrait payer 20 p. 1000 l'année où il se produirait un sinistre, etc. Ce défaut disparaît dès que les mutuelles se sont constitué une réserve; car elles prennent sur cette réserve dans les mauvaises années et la reconstituent dans les suivantes en réclamant des cotisations à peu près fixes. Sauf des exceptions résultant de la nature du risque à assurer, on peut donc placer sensiblement sur le même pied, au point de vue de l'ensemble des avantages, sociétés mutuelles et compagnies commerciales. Les unes et les autres subsistent côte à côte et se développent avec le même succès pour l'assurance du risque d'incendie.

Il n'est pas nécessaire d'insister plus longuement sur les avantages de l'assurance pour en faire comprendre toute l'utilité. Si elle ne permet pas d'éviter les pertes, elle constitue un moyen de les circonscrire pour chacun par la répartition qui en est faite entre tous ceux qui sont exposés à les subir. Elle en atténue ainsi les conséquences. Assuré, le cultivateur qui perd ses fourrages en touchera la valeur, pourra s'en procurer d'autres et la marche normale de son exploitation s'en trouvera à peine affectée. Sans l'assurance, ce serait pour lui une perte immédiate très grande en même temps qu'une cause de désorganisation de son entreprise: l'obligation de vendre son bétail et comme conséquence une diminution sérieuse de la fertilité de ses terres, une baisse du taux des profits, pour un temps assez prolongé. Enfin, sans assurance, point de crédit agricole, car le gage de ce crédit serait essentiellement fragile.

Malheureusement, l'assurance présente un inconvénient qui en rend parfois la réalisation difficile: elle diminue l'intérêt que peut avoir le propriétaire à veiller à la conservation de ses biens, à éviter les causes de destruction et, en cas de sinistre, à opérer le sauvetage. C'est là la cause qui, pendant longtemps, s'est opposée à la réalisation de l'assurance contre la mortalité du bétail. Mais le problème est actuellement résolu, et, après avoir été limitée pendant très longtemps aux risques de la navigation maritime, l'assurance tend à s'appliquer à toutes les formes du capital et à l'homme lui-même.

Si l'assurance ne varie pas dans son principe, sa réalisation présente cependant suivant la nature des risques des particularités auxquelles nous devons consacrer quelques paragraphes spé-ciaux.

Assurance contre l'incendie. — Le risque d'incendie est celui qui menace le plus grand nombre des capitaux agricoles. C'est en même temps celui qui peut entraîner en une seule fois les pertes les plus considérables, celui qui présente le moins de variations, et enfin celui dont la gravité se définit le plus facilement. Comme d'autre part il peut être couvert moyennant une très faible prime, il en résulte que l'assurance contre l'incendie est une des formes les plus répandues. Il n'est guère de cultivateur, d'industriel, ou de chef de famille qui ne soit convaincu de la nécessité de contracter cette assurance et qui ne se décide facilement aux sacrifices nécessaires. Compagnies commerciales et sociétés mutuelles offrent sensiblement les mêmes avantages.

Le taux des primes demandées par les compagnies françaises à primes fixes varie en matière agricole de 0 fr. 60 à 3 fr. ii0 pour 1000 francs des valeurs assurées et par an. La gravité du risque dépend des objets assurés et des logements qui leur sont assignés (1).

(1) Voici les tarifs du syndicat général des compagnies françaises en ce qui concerne les risques simples ou ordinaires et les risques agricoles pour 1 000 francs des valeurs assurées:

I. — *Risque simples.*

Maisons d'habitation

Mobiliers, ustensiles, provisions, marchandises ordinaires II. — *Risques agricoles.*

Bâtiments

Mobiliers, bestiaux, grains, racines, fruits, batteurs à poste fixe mus par un manège ou une machine à vapeur

Récoltes en gerbes, foins, pailles, fourrages en granges ou greniers

Récoltes ƒ Pour 6 mois et auen meules Vlessous,3f. p. 1000. en J Pour l'année, 4 IV.

plein air. (p. 1000

Magnaneries (bâtiments, mobiliers, ustensiles, marchan ! dises) Vers à soie en travail

« La première classe est applicable dans le cas de bâtimenls couverts en tuiles, pierres, moellons, briques, dalles cimentées, ardoises, pannes, métaux,

asphalte, bitume mêlé de sable avec une couche de plâtre ou mortier au-dessous de l'asphalte ou du bitume. »

« Les bâtiments couverts en chaume, mais sur lesquels il a été posé une seconde couverture en tuiles sur chevrons et lattes de bois, sont de 1" classe et, par suite, sont passibles du risque auquel ils appartiennent. »

Par couvertures mixtes, on entend les bâtiments « couverts en

Mortalité du bétail. — Le bétail représente sur chaque ferme une valeur que l'on peut estimer en assez bonne culture à 350 francs par hectare. Assuré contre l'incendie, il reste encore exposé au risque de mortalité, qui peut entraîner de grosses pertes, principalement dans le cas d'épizootie. L'assurance contre ce risque présente donc pour le cultivateur un très grand intérêt, et de nombreuses tentatives ont été faites, sous la forme d'associations mutuelles ou de compagnies commerciales, pour parvenir à la réaliser. Toutes n'ont pas été heureuses.

Non seulement le cultivateur n'a pas intérêt à soigner matières dures, avec partie en bois ou chaume ne dépassant pas la moitié de la couverture ».

La 2 classe comprend les bâtiments « couverts en bois ou chaume, ou en bois, papiers ou toiles goudronnés ou bitumés ». Toutefois « les bâtiments couverts en carton ou feutre bitumé sont assujettis à la prime du 2 risque de la 1" classe ».

Dans chacune de ces trois catégories, le premier risque s'applique aux « bâtiments en pierres, moellons ou briques ou de construction mixte où la pierre domine », et le deuxième risque aux « bâtiments en bois, torchis ou pisé ou de construction mixte où la pierre ne domine pas ».

La catégorie des maisons d'habitation comprend « les maisons ou leurs dépendances comprenant granges, remises, écuries, greniers à fourrages, pourvu que les occupants (propriétaires ou locataires) ne vendent habituellement aucun produit provenant de la culture de leurs terres, qu'ils ne reçoivent sous leurs bâtiments que les récoltes et fourrages nécessaires aux besoins de la maison; que leurs chevaux et bestiaux ne servent pas à une exploitation agricole; et que lesdits propriétaires ne possèdent ou n'emploient ni Irain de culture, ni attelage, ni charrue. ... Lorsque les conditions sus-énoncées ne sont pas réunies, le risque devient passible des primes des risques agricoles.

« Sous aucun prétexte les petits cultivateurs ne peuvent être considérés comme simples propriétaires non exploitants. »

Par contre, « les maisons d'habitation (comprises dans les risques agricoles) séparées des bâtiments d'exploitation (pourvu que ces bâtiments d'exploitation ne soient pas couverts en chaume ou de couverture mixte) ou y contigués sans communication et ne renfermant ni fourrages ni récoltes non battues, peuvent être assurées, ainsi que leur contenu, à la prime des risques simples ou ordinaires, si les risques contigus ne rendent pas ces maisons et leur contenu passibles d'une prime supérieure ». Tarif A du Syndicat général des compagnies françaises.)

Ianimal assuré, mais il trouvera au contraire un avantage à le laisser périr dans bien des cas: amaigrie à la suite de la maladie, la vache donnera peu de lait pendant quelque temps, aura perdu beaucoup de sa valeur, bien que son propriétaire n'ait acquis aucun droit à une indemnité, la mortalité seule pouvant créer ce droit. Dans ces conditions, s'il n'est pas scrupuleusement honnête, et si la compagnie qui l'assure ne possède pas tous les éléments d'un contrôle sévère, il suffira au propriétaire de laisser périr la bête pour éviter toute perte.

Pour se préserver de la fraude, les compagnies ont le soin de stipuler que les pertes ne seront remboursées que pour une partie de leur valeur, soit jusqu'à concurrence des 3/1 seulement. Mais cette précaution est insuffisante le plus souvent, en raison de la facilité avec laquelle les assurés obtiennent des estimations exagérées.

Obligées de stipuler des primes très élevées, les compagnies ne faisaient que très peu d'affaires et ont dû, pour le plus grand nombre, cesser leurs opérations. Celles qui subsistent ne présentent guère d'avantages.

Parmi les mutuelles qui se sont organisées, il en est de *générates,* qui ont étendu leur action à un vaste territoire, comme la France entière par exemple; d'autres sont *locales,* et s'attachent à la limiter à un canton et même quelquefois à une commune. Les premières ont éprouvé les mêmes difficultés que les compagnies commerciales. Les autres, au contraire, les *mutuelles locales,* ainsi qu'on les nomme, ont assuré de la manière la plus complète, la solution du problème. Composées de cultivateurs qui se connaissent, et dont la moralité déjà est une garantie, elles doivent encore leur réussite à la surveillance qu'exercent tout naturellement les assurés les uns sur les autres par suite de leur voisinage. Après s'être présentées à l'état isolé, d'abord dans la région de l'est, ces sortes d'associations se sont rapidement multipliées, dans ces dernières années, grâce aux encouragements qui leur ont été prodigués par le Gouvernement, au zèle qu'ont apporté les promoteurs dans leur propagande et aussi, en raison des services mêmes que rend l'institution (1). Il devrait exister au moins une de ces associations dans chaque canton.

Les compagnies commerciales et les mutuelles générales ne sauraient entrer en concurrence avec elles et ne peuvent rendre de services qu'en l'absence d'associations locales. De la comparaison à laquelle nous nous sommes livré des opérations d'une mutuelle locale et de l'une des meilleures parmi les mutuelles générales, il résulte que la première n'avait demandé après dix-sept années d'existence, à titre de prime annuelle, que 7 fr. 70 pour 1000 francs de valeurs assurées, tandis que la dernière avait absorbé 40 fr. 30 p. 1000, soit près de 6 fois plus (2).

Le principe sur lequel repose le fonctionnement de ces sociétés est des plus simples: un certain nombre de propriétaires conviennent qu'ils se rembourseront mutuellement les pertes par mortalité que chacun d'eux pourra éprouver sur son bétail, fixent dans des statuts la procédure à suivre pour évaluer les animaux assurés, les pertes, etc. puis,

se réunissant deux fois l'an, ils versent, chacun au prorata des valeurs qu'il a assurées, une cotisation suffisante pour que l'ensemble couvre les pertes éprouvées: si les propriétaires associés possèdent pour 50 000 francs de bétail, par exemple, la mortalité ayant causé dans le cours du semestre, et dans l'ensemble, des pertes de /Oкn V 100 1 2S0 francs, soit 1/2 p. 100, ( 'q = = e fr-50 », chacun paiera 0 fr. 50 pour chaque 100 francs des valeurs qu'il a assurées, de sorte que l'ensemble des versements fournira les 250 francs nécessaires pour couvrir la perte totale. Il ne res (1) Mise à l'étude en 1897 par la Société d'agriculture, de commerce et d'industrie pour le département d'Ille-et-Vilaine, qui a fait il est vrai une propagande très active, la création de ces sociétés y a fait de rapides progrès. Il résulte du rapport de M. Pic, pour 1902, qu'à la fin de cette année, on comptait dans ce département vingt-neuf mutuelles locales, constituées, pour la plupart, conformément au type recommandé par la Société d'agriculture. (2) E. Jouzier, Rapport présenté à la Société d'agriculture pour le département d'Ille-et-Vilaine, reproduit dans le bulletin de la Société (mars 1897). tera plus qu'à attribuer la somme à ceux des associés qui ont subi les pertes, ce qui est facile.

Comme nous l'avons montré dans un autre chapitre, les pertes par mortalité sur le bétail sont variables selon les espèces exploitées, le mode d'exploitation auquel sont soumis les animaux, l'âge de ceux-ci, etc. Il en résulte que l'association qui veut garantir tous les risques doit créer plusieurs sections distinctes: l'une comprenant les bovidés, l'autre les chevaux, etc.; et, dans chaque section, des divisions correspondant aux modes d'exploitation. Par exemple, en ce qui concerne l'espèce bovine, les vaches laitières et les animaux d'élevage, pour lesquels les risques ne sont ias les mêmes, formeront deux divisions distinctes; il en sera de même pour les chevaux d'élevage et les chevaux de travail adultes, si on trouve ces deux modes d'exploitation en proportion suffisante sur le même territoire.

Dans les situations normales, il suffirait à l'association de réunir quelques centaines de têtes de bétail seulement pour que les cotisations à payer présentent une certaine régularité; dans ces conditions, les cotisations pourraient varier chaque année dans la proportion de 0 fr. 50 à 1 fr. 50 ou 2 francs p. 100 des valeurs assurées, ce qui n'est pas excessif (1). Mais en cas d'épizootie, il n'en serait plus ainsi. Les pertes, dans les étables atteintes, peuvent, selon les maladies, entraîner la perte de la presque totalité du bétail, et si l'association était limitée à une commune, même à un canton, les cotisations à payer certaines années pourraient être très élevées, atteindre et peut-être dépasser 10 p. 100. Pour éviter de telles surprises, et pour établir la régularité des sacrifices, on convient, dans certaines sociétés, que les cotisations à payer ne dépasseront pas 3 p. 100. Mais dans ce cas, ceux qui éprouvent les pertes ne peuvent pas être intégralement remboursés, ils ne peuvent l'être qu'à raison de 30 p. 100 si la cotisation nécessaire pour (1) Dans la Société de la Mothe-Achard (Vendée), dont les résultats, qui nous ont été communiqués par M. Pic, ont servi de base à la comparaison rapportée ci-dessus (268), la cotisation annuelle a varié en dix-sept années de 2,94 à 18,20 p. 1000 pour rembourser les pertes à raison de 80 p. 100.

permettre le remboursement intégral se lève à 10. El cependant, par leurs cotisations antérieures, les sinistrés ainsi atteints auront assuré une réparation intégrale à leurs coassociés. L'assurance perdrait donc dans ce cas beaucoup de ses avantages. .Mais si on observe que les maladies contagieuses peuvent être enrayées dans leur marche envahissante au moyen de certaines précautions indiquées par la médecine et l'hygiène, prescrites par la loi, on est amené à penser que les pertes excessives conserveront le plus souvent un caractère local et qu'il suffirait, pour réduire notablement leur influence sur le (aux de la prime, d'étendre l'association à un département entier. On retomberait, il est vrai, si certaines précautions n'étaient prises, dans les inconvénients que crée

une action trop étendue en cette matière. Mais on évite cet écueil, tout en luisant rendre à l'assurance le maximum de ses avantages, en constituant une *union* des sociétés d'un même territoire arrondissement, département, etc.), tout en leur conservant leur autonomie locale. Dans ce cas, il y aura donc une société dans chaque canton,fonctionnant d'une manière autonome, et une union des sociétés locales. Au sein de chacune de celles-ci, s'opérera le remboursement des pertes éprouvées par les associés jusqu'à concurrence de ce qui sera permis par le produit du maximum de cotisation fixé, soit 1 franc p. 100 pour l'espèce bovine (1); et si les cotisations ainsi perçues ne suffisent pas pour permettre le remboursement suivant la qualité convenue, on fera appel à l'union. Voici par exemple une mutuelle locale qui a réuni pour 100000 francs de bestiaux. Le maximum de cotisation y a été fixé à 1 p. 100 et, une certaine année, les pertes atteignent 2 p. 100. Il y aura donc à rembourser 2000 francs alors que les cotisations n'en peuvent produire que 1000. On demandera la différence à *l'union* et si celle-ci s'étend à 20 mutuelles locales réunissant chacune pour 100000 francs d'animaux, soit 2 000000 en tout, chacun des adhérents devra verser, en outre de la cotisation locale, (i) Ce maximum doit être égal au taux moyen des pertes sur le territoire auquel s'étend l'union, et non point fixé arbitrairement. 100 francs de valeurs qu'il assure. Ce sacrifice insignifiant permet le remboursement intégral des pertes. La répartition de la somme à payer par les membres de l'union donne lieu à une assemblée de ses représentants dans des conditions qu'il est facile de fixer à l'avance au moyen de statuts.

La constitution des sociétés locales, et l'union de celles-ci, rend donc tous les cultivateurs du territoire assuré solidaires pour supporter les pertes par mortalité qui peuvent survenir sur ce territoire. Il en résulte que tout cultivateur assuré dont le bétail est atteint d'une maladie contagieuse a grand intérêt à empêcher le mal de passer dans les étables de ses voisins. Afin de réduire l'étendue de dommages dont il sera ap-

pelé à supporter sa part, il se conformera donc plus sûrement aux prescriptions de la législation sanitaire et on peut dire qu'il y a dans l'existence de ces sociétés, non seulement un moyen de rendre les pertes moins lourdes par la répartition qui en est faite, mais un moyen de les réduire réellement au minimum; de là la double utilité de ces institutions.

Les frais d'administration étant supprimés d'une manière presque absolue, l'assurance est d'ailleurs réalisée moyennant des sacrifices aussi réduits que possible et, nous le répétons, le problème est bien résolu (1)..

Assurances contre la grêle. — Les assurances contre la grêle sont d'une réalisation beaucoup plus difficile que les précédentes, à tel point qu'on en est encore, en ce qui les concerne, dans une période de recherches.

L'assurance contre la grêle n'existe, en effet, réellement que dans les pays où il grêle peu et où, par conséquent, elle présente le moins d'utilité. Les moyens employés avec tant de succès contre la mortalité du bétail ne sauraient donner là les mêmes résultats, le risque étant beaucoup plus variable selon (1) Les sociétés locales d'assurances mutuelles et les unions de ces sociétés sont soumises, au point de vue de leur constitution et de leur fonctionnement, à la loi du 21 mars 1884 sur les syndicats professionnels.

les localités, d'une appréciation beaucoup plus difficile et surtout d'une importance de beaucoup différente dans ses manifestations.

En effet, la statistique montre bien clairement que la grêle n'exerce jamais ses ravages dans certaines régions alors qu'elle est fréquente dans d'autres; que dans ces régions il est des localités frappées plus gravement et plus fréquemment que d'autres (1). Les pertes, au lieu de s'appliquer à des unités semblables, comme quand il s'agit de la mortalité du bétail, s'étendent à des produits très divers quant à leur nature ou à leur valeur: blé, betteraves, bois, prairies, etc., qui sont atteints, suivant les cas, à des degrés très différents, ce qui rend d'autant plus difficile l'évaluation du risque. Enfin, si la grêle n'exerce ses ravages qu'assez rarement, ceux-ci affectent parfois, quand elle se produit, le caractère d'une véritable dévastation (2). Comment les habitants du territoire assuré pourraient-ils se secourir les uns les autres, s'ils sont tous atteints au même degré, ce qui se produira forcément si l'assurance se présente sous la forme locale? Et comment répartir les pertes entre les associés si le degré du risque est variable pour chaque hectare, ce qui ne manquera pas de se (1) D'après une statistique reproduite par M. Chaufton *Les Assit rances,* ouvrage couronné par l'Académie des Sciences Morales et Politiques), 20 726 communes ont été grêlées de 1826 à 1851, et 16 031 ne l'ont pas été dans le même laps de temps.

(2) Nous extrayons les lignes suivantes de la relation des effets d'un orage à grêle, consignée dans les registres des baptêmes de la commune de Ronsenac (Charente), pour 1764 et due au vicaire de la paroisse: «... Pour ce qui est des fruits de la terre... la récolte a été non seulement toute emportée jusqu'à la paille sans aucun vestige de ce qui était ensemencé, mais même la vigne dépouillée jusqu'au cep de ses sarmens qu'on a vu broyés comme dans un mortier, et tous les arbres fruitiers et quantité d'autre ont été ou arrachés ou brisés. — Ce funeste accident a porté quantité d'habitans d'icy et des environs à abbandonner leur patrie pour se procurer des vivres ailleurs, quoi qu'on fasse espérer que le roy bien aimé Louis XV fournira des semences et des vivres, et qu'il donnera trois ans pour payer les impôts écheus. Je ne cite point le nombre des paroisses maltraitées par le d. orage; la gazette qui en fait mention nomme une partie du Périgord, de l'Angoumois et de Xaintonge ce qui fait assez voir que le nombre en est grand... » présenter quand l'assurance s'étendra à un vaste territoire, et si, en outre, la gravité du risque ne peut pas s'exprimer à l'avance? La mutualité ne paraît donc pas devoir rendre dans ce genre d'assurance des services suffisants.

La situation faite, par les caractères mêmes du risque, aux compagnies à primes fixes est loin d'être favorable.

Les variations très locales qu'il présente dans bien des cas, obligent celles-ci à ne proposer que des tarifs élevés, sous peine d'y perdre. Le chiffre de leurs affaires s'en trouve considérablement réduit et les frais généraux proportionnellement plus considérables. Outre que leurs tarifs n'offrent d'avantages qu'aux cultivateurs qui courent des risques élevés, la sécurité qu'elles présentent est quelquefois précaire.

Diverses combinaisons ont été proposées, notamment l'intervention de l'État, mais ce moyen lui-même n'est pas sans danger, en raison des difficultés que l'on rencontre dans la définition du risque, qui seule pourrait permettre une équitable répartition de l'impôt à créer pour couvrir les pertes. Il y aurait évidemment à redouter en cette matière les injustices qui se glissent dans la répartition des impôts ordinaires; aussi, cette idée a-t-elle rencontré une très vive opposition et n'a-t-elle pas jusqu'ici été mise en pratique.

En l'état actuel, le cultivateur aura assez rarement un avantage réel à souscrire une assurance contre la grêle, le taux des primes à payer dépassant beaucoup celui des services rendus. Le propriétaire dont l'exploitation n'est grevée d'aucune dette trouvera dans bien des cas plus de profit à se constituer sous ce rapport une caisse d'assurance comme il se constitue une caisse d'amortissement, au moyen de prélèvements annuels sur le produit. Seul, le petit propriétaire dont l'avoir est trop modeste, ou celui dont l'entreprise repose sur le crédit, pourront rechercher l'assurance contre la grêle malgré son prix élevé. Pour ceux-là, la charge créée par les ravages de la grêle pourrait être très lourde, et difficilement supportable en une fois, elle serait pour l'entreprise une cause de déconfiture. Pour le riche propriétaire, l'effort à faire pour reconstituer le capital après la perte sera moins pénible.

Quel doit être le taux des prélèvements? Il sera indiqué par le rapport entre la valeur des pertes et celle de la production, ce qui suppose la connaissance de ces deux facteurs. On pourra s'éviter de semblables estimations,

d'ailleurs délicates, en prenant comme base des prélèvements les tarifs des compagnies d'assurance. Que ces tarifs soient trop élevés, et il en résultera seulement que la caisse d'assurance sera trop bien dotée, mais cela n'entraînera pas de sérieuses difficultés au point de vue de l'administration de l'entreprise (1). lisation du propres social, son contingent de travail et (l'it La mort d'un homme laborieux et probe, en pleine posses' de ses facultés, constitue donc une perte au point de social.

Il est important de noter qu'après une grêle relativement bénigne, les dégâts ne sont pas immédiatement appréciables, principalement lorsque les plantes atteintes sont jeunes et tendres. C'est après quelques jours seulement qu'une expertise pourrait être faite d'une manière rationnelle.

Assurances sur la vie humaine. — L'homme lui-même représente un capital et peut, pour cette raison, être l'objet d'une combinaison d'assurance. Il est un capital pour la société, d'une part en ce qu'il représente les richesses qui ont assuré son développement moral et physique, d'autre part en ce qu'il apporte dans la production en général, et dans la réa (1) On trouvera page 275, à titre de renseignement, le tableau do la gravité du risque de grêle et des prix correspondants, suivant les propositions de M. du Boucheron.

Le premier degré comprend les communes qui pendant vingt années consécutives n'ont éprouvé aucun sinistre de grêle: le deuxième degré celles qui, dans le même temps, ont été grêlées une fois; le troisième degré celles qui ont été grêlées deux fois, etc.: le seizième degré comprend les communes qui dans le même temps ont été grêlées quinze fois et plus.

La première classe comprend les prairies en général, les tuberculeux, les bois taillis au-dessus de cinq ans, les toitures en tuiles. — La deuxième classe comprend toutes les céréales sauf celles comprises dans la troisième classe, les pépinières, les bois taillis au-dessous de cinq ans, les toitures en ardoises. — La troisième classe comprend les sarrasins et les maïs, tous les légumineux. les semis d'arbres et d'arbustes, les vitrages des habitations et autres à position verticale non exposés au sud ni au sud-ouest, et les plantes oléagineuses. — La quatrième classe comprend tous les fruits, les cloches de verre et les autres vitraux non compris dans a troisième classe, pour toitures et autres. — La cinquième classe comprend les vignes, les olives, les houblons, les oseraies et les tabacs.

Il ne saurait, il est vrai, considéré sous ce rapport, i l'objet d'un contrat d'assurance, puisque la société figura à la fois comme débiteur et créancier de la valeur assui Mais il n'en est plus ainsi quand on considère l'homme rapport à lui-même ou aux membres de sa famille dont il" le soutien. Par son travail il crée des ressources qui peuv ' disparaître s'il vient à être frappé par la maladie, les accide ou la mort. L'assurance sur la vie, combinée avec l'assurai contre la maladie et les accidents, vient parer à la gène ( pourrait en résulter.

Ces genres d'assurances présentent donc un grand intérêt plusieurs points de vue: pour l'homme lui-même, s'il survit l'accident qui le prive de la faculté de travailler, puisqu'il cessera point pour cela de consommer; pour ceux dont était le soutien, puisque ceux-ci ne sauraient se passer d£ secours qu'il leur procurait; pour les créanciers vis-à-v desquels il a pu contracter des engagements, puisque, désoil mais incapable de tout travail, il lui serait impossible de lei remplir: enfin pour la société elle-même, il y a dans l'exis tence des ressources procurées à l'homme par l'assurant. des avantages incontestables. Non assurée, la victime d'un accident qui tombe dans le dénuement devient une charge pour la société: charge matérielle, puisqu'il y a lieu de secourir l'indigence; mais encore plus charge inorale, car l'organisation sociale ne se prête pas constamment autant qu'il serait nécessaire à la distribution des secours et le spectacle du miséreux, victime de la fatalité, qui n'est pas assisté, dénonce vraiment une lare de l'organisation sociale. Au contraire, celui qui s'est assuré ne demandera à la société rien qu'il ne lui ait déjà payé en épargnant les primes abandonnées à l'assureur. Il ne constituera donc pas à proprement parler une charge pour elle et ne saurait se présenter, ainsi que le premier, à l'observateur abusé, comme une preuve vivante de l'iniquité sociale. l y a donc dans les assurances qui ont l'homme pour fet, mieux encore que dans celles qui portent sur ses biens, institutions de la plus haute portée morale, dont l'usage yrait être beaucoup plus général. Si chacun, parmi ceux ît le travail est assez productif, avait la sagesse de songer '''!'' s infortunes que peuvent causer sa mort ou son incapacité ' travail, et faisait sous forme d'assurances les sacrifices ":essaires pour y porter remède, ces infortunes seraient s notablement adoucies. S'il ne restait à secourir que idigence naturelle, celle qui tient à une insuffisance Itive des facultés de production, la misère serait rare dans tre état de civilisation et ne pourrait évidemment pas vir de prétexte pour accuser l'organisation actuelle, comme fia se présente fréquemment.

Une si grande importance de la question au point de vue ocial ne saurait cependant, dans cette étude, nous amener i franchir certaines limites; et laissant de côté l'examen des »mbinaisons qui permettraient de donner satisfaction aux itérêts sociaux, no usnous contenterons de signaler celles qui euvent présenter un certain intérêt au point de vue agricole.

L'assurance sur la vie peut constituer un moyen de crédit forme la plus simple à ce point de vue consiste à payer à issureur soit une *prime unique,* soit une prime annuelle, ur se créer vis-à-vis de Lui un droit à une indemnité lyable à une époque déterminée, soit par exemple au décès de l'assuré. Il suffit dans ce cas d'affecter l'indemnité à la garantie du paiement d'une dette, pour que cette assurance devienne un moyen de crédit.

Un exemple nous permettra de le mieux faire comprendre. Une personne ayant emprunté une somme de 10000 francs, la consacre entièrement à une entreprise agricole, l'employant ii des achats de semences, engrais, bestiaux, ustensiles divers, etc. Son créancier pourra perdre une grosse part de cette somme, en même temps que les intérêts, dans le cas où l'emprunteur serait un mauvais gérant, ou bien même dans le cas où celui-ci viendrait à mourir au bout de peu de temps; car la liquidation anticipée d'une entreprise de cette nature est fréquemment une cause de perte. Les engrais en

Jouzier. — *Économie rurale.* lo terre s'estiment difficilement et les machines en cours d'usage ne tentent généralement l'acquéreur que par leur bon marché.

Mais la situation serait tout autre, si notre cultivateur avait consacré une partie de la somme empruntée à contracter une assurance sur la vie. Pour assurer à ses héritiers une somme de 10 000 francs, à son décès, à quelque époque qu'il survînt, il lui suffirait de payer à la compagnie 3 701 francs s'il effectuait le versement à l'âge de vingt-cinq ans. S'il s'engage vis-à-vis de son créancier à agir de même, il trouvera à emprunter plus facilement, la valeur morale et industrielle de l'emprunteur, jointe à l'assurance, pouvant constituer des garanties de remboursement suffisantes. Toutefois, il faut reconnaître que ce gage est loin d'être habituellement considéré comme suffisant.

Assurances contre les accidents du travail et la responsabilité civile. — Les assurances contre les accidents du travail présentent au point de vue agricole une utilité beaucoup plus grande que les assurances sur la vie. Le cultivateur y trouve des avantages en s'assurant lui-même contre les accidents qui peuvent l'atteindre puis en assurant les ouvriers qu'il emploie.

On sait combien sont nombreuses les causes d'accidents pour les ouvriers de la culture. L'engrangement ou la coupe des récoltes, la conduite des animaux, attelés ou non, leur dressage, le maniement des machines, offrent de nombreuses occasions de se blesser.

Les risques courus dépendent dans une très large mesure de la nature même du travail exécuté, ils sont *professionnels,* mais ils peuvent aussi, dans certains cas, tenir à ce qu'une faute a été commise par l'ouvrier ou celui qui l'emploie (1). Dans tous les cas, les conséquences ne peuvent manquer d'en être fâcheuses pour les deux parties.

S'agit-il de dresser un jeune cheval au travail, il faudra vaincre une résistance plus ou moins violente, dans laquelle (1) D'après une statistique allemande, rapportée dans le *Dictionnaire du Commerce* (par Y. Guyot et Raffalowitch), et portant sur 861 560 ouvriers de l'industrie, 12 508 001 travailleurs agricoles, il notre animal se défendra par tous les moyens. Sans doute, avec de la prudence, de l'habileté, on pourra éviter ses coups, le maintenir jusqu'à ce qu'il ait compris le service qu'on lui demande et se soit résigné à le fournir; on ne saurait se flatter, cependant, de pouvoir sortir toujours indemne de la lutte. Le serviteur atteint ne peut supporter seul les conséquences de l'accident, s'il a fait tout ce qui dépendait de lui pour l'éviter. De son côté, le patron qui a pris lui-même, dans ce but, toutes les précautions possibles ne saurait en être déclaré responsable entièrement: *le risque professionnel fait partie des frais de production* et doit être supporté en commun parles deux parties. En fait, l'ouvrier ne peut, le plus souvent, en supporter sa part, si l'accident est grave, sans tomber dans la misère; aussi arrivera-t-il fréquemment que le patron, même s'il n'est pas exposé à se voir déclarer responsable par les tribunaux, en prenne la charge et assure l'existence de la victime. Il ne manquerait jamais de le faire s'il était assez prévoyant pour parer à toute éventualité fâcheuse au moyen de l'assurance. Car dans ce cas, au lieu d'avoir à payer en une seule fois une lourde indemnité, il lui suffirait de débourser des primes annuelles très faibles et le sacrifice lui paraîtrait moins lourd,

Même si l'accident est dû à une faute de l'ouvrier, les conséquences en peuvent parfois être mises, logiquement, pour une part, à la charge du patron. Ce sera le cas, si la faute consiste en une simplification de la manœuvre, recherchée, réalisée, pour permettre de gagner du temps, de rendre plus de travail pour le profit commun des deux parties et avec leur aurait été relevé 15 970 accidents dans l'industrie et 19 359 en agriculture, répartis d'après leurs causes, savoir:

Causes des accidents. Industrie. Agriculture,

Faute du patron 19,76 18,20
— de l'ouvrier 25,64
— del'un etdel'autre. 4,45
— des tiers 3,28
Nature du travail 43,40
Causes indéterminées.. 3,47 consentement tacite. N'arrive-t-il pas, en effet, que le patron assiste sans mot dire à des manœuvres semblables?

Enfin, l'accident peut avoir pour cause l'imprudence du patron, et dans ce cas, non seulement il y aura pour lui une responsabilité morale, mais encore responsabilité civile: la loi interviendra pour l'obliger à réparer dans la mesure du possible le préjudice causé à l'ouvrier, et le condamnera à payer à celui-ci une indemnité (Code civil, art. 1382 et suivants). La responsabilité civile du patron sera même engagée en principe, sans qu'il y ait faute de sa part, dans le cas d'un accident du travail dont serait victime l'ouvrier attaché au service d''m moteur inanimé (lois du 9 avril 1898 et du 30 juin 1899).

Il est de la prudence la plus élémentaire de se prémunir contre de telles éventualités, au moyen d'assurances contre les accidents.

La responsabilité du chef d'exploitation peut encore se trouver engagée du fait des dommages qui seraient causés à des tiers par ses domestiques et préposés dans les fonctions auxquelles il les emploie (art. 1384 du Code civil) et par ses animaux (art. 1385) attelés ou non, par ses chiens atteints de rage, etc. Il peut encore de ce fait être condamné à payer aux victimes des sommes très élevées. Sous ce rapport encore, il peut trouver dans l'assurance une grande sécurité.

Rien ne s'oppose à ce que ces assurances soient réalisées par voie de mutualité. Toutefois, il existe des compagnies commerciales qui peuvent donner satisfaction et auxquelles le plus souvent il sera plus facile de recourir. « La caisse nationale d'assurances en cas d'accidents », instituée sous la garantie de l'Etat, procure une très grande sécurité, mais elle ne s'applique qu'aux accidents du travail, et en outre ses tarifs sont élevés.

Les contrats proposés par les compagnies sont de forme assez variable. Tantôt l'assurance est *individuelle*, s'appliquant à chacun des ouvriers en particulier, tantôt elle est *collective* et s'applique à l'ensemble. Elle peut comprendre *toute la responsabilité civile* encourue par le chef d'exploitation ou être limitée seulement à *une partie de cette responsabilité*; elle peut s'étendre à *tous les cas d'accidents*, ou bien n'admettre *que ceux qui entraînent une responsabilité civile*. La *prime* à payer peut être calculée sur Cimportance des salaires payés aux ouvriers, ou *fixée enraison de la surface en exploitation*. Enfin, l'assurance peut aussi être *étendue au chef d'exploitation en même temps qu'à ses ouvriers,* elle peut s'appliquer *aux accidents qui swviennent sur le domaine exclusivement,* ou bien également à *ceux qui se produisent sur lesroutes, les foires,* etc.; être *limitée à ceux qui atteignent le personnel de l'exploitation* ou *étendue à ceux qui causent du dommage aux tiers ou à leurs biens*; elle peut aussi assurer une indemnité à l'exploitant en raison des dommages qui seraient causés à ses chevaux et voitures par des tiers *tierce assurance)*, etc. , etc.

On comprend que la prime à payer soit fort différente suivant les cas et nous ne saurions, sans donner à ce chapitre de trop grands développements, procéder à ce point de vue à un examen de tous les types susceptibles de se présenter. Disons seulement qu'il appartient au cultivateur qui désire s'assurer de provoquer des propositions de plusieurs compagnies, sous des formes diverses, et de ne se décider qu'après avoir pris en sérieuse considération les tarifs et les avantages spéciaux que peuvent présenter les combinaisons qui lui sont soumises.

Certaines compagnies recherchent, pour la conclusion des contrats, l'appui des syndicats professionnels. Elles trouvent chez l'assuré une garantie de moralité du fait même de son admission dans un syndicat, et consentent en faveur des syndiqués des avantages spéciaux. Il y a là une raison de plus, pour le cultivateur, de faire partie d'un syndicat agricole.

Assurance préventive. — Si, dans l'état d'organisation où elle se présente actuellement, l'assurance peut rendre de grands services, elle ne saurait répondre à toutes les exigences. Il est de nombreuses circonstances dans lesquelles elle n'est pas applicable et où elle doit être remplacée par des mesures administratives spéciales destinées à réduire les pertes au minimum.

En ce qui concerne la sécheresse, la gelée, des inconvénients de la nature de ceux qui se présentent avec la grêle rendent illusoires les avantages de l'assurance. Mais on peut réduire très notablement les dégâts causés dans les récoltes par ces intempéries au moyen de *mesures préventives* parmi lesquelles se placent: le choix de cultures appropriés au climat, de façon à ne souffrir réellement que des exagérations qu'il présente; la variété dans les productions, afin que les circonstances étant défavorables aux unes soient favorables aux autres; la constitution de réserves, sous la forme des produits les plus susceptibles d'être atteints; etc. Contre la sécheresse, qui nuit surtout aux fourrages, on s'attachera à constituer des réserves durant les années d'abondance.

Contre les insectes, les animaux nuisibles de toutes sortes, les cryptogames, différents moyens de destruction peuvent être employés, dont l'étude se rattache à la zoologie, à la botanique agricole, et à l'agriculture. Nous ne pouvons ici qu'en signaler l'importance (1). On aura parfois dans l'alternance des cultures des moyens de défense suffisants: il en sera ainsi foules les fois que l'ennemi d'une culture ne sera pas commun à plusieurs et qu'il ne se déplacera pas facilement pour passer d'un champ à un autre.

On voit que s'il n'est pas de panacée universelle qui permette d'enlever à l'entreprise agricole son caractère aléatoire, commun d'ailleurs à toutes les industries, on peut au moins en réduire sérieusement l'importance au moyen d'un ensemble de mesures habilement com-binées, appropriées aux circonstances. Ces mesures ne sauraient faire l'objet d'une énumération abstraite. Elle se déduisent facilement de la connaissance que l'on peut avoir de la manière d'être de chacune des productions menacées et de chacun des ennemis qui les menacent.

Administration des capitaux d'assurances. — Nous ne pouvons clore ce sujet sans dire quelques mots de l'administration des capitaux d'assurances. Au lieu de demander la sécurité à des contrats, comme il y a lieu de le faire le plus souvent, nous avons vu que le cultivateur peut (1) Voy. les volumes de *Encyclopédie agricole* rédigés par MM. DifiloIh et Guenaux.

également trouver profit à rester son propre assureur en mettant de côté des primes, au lieu de les payer à des compagnies, et en les accumulant avec leurs intérêts comme il le fait pour les capitaux d'amortissement.

Mais, il ne doit pas agir en tous points de la même façon à l'égard de ces deux groupes de capitaux. Les uns, ceux qui proviennent des annuités d'amortissement, peuvent être engagés dans des opérations d'une durée plus ou moins longue pourvu qu'elle soit connue, le moment où ils seront nécessaires dans la caisse étant prévu avec une exactitude suffisante pour le permettre. Les capitaux d'assurances, au contraire, doivent parer à une éventualité dont le terme est inconnu et qui peut ne jamais s'offrir, mais qui peut aussi bien dès demain se présenter. Il faut donc qu'il soit possible de les retirer facilement de la combinaison dans laquelle on les engage sans éprouver de pertes sensibles, ce qui ne se présente guère que pour les valeurs *mobilières dites de tout repos,* telles que les rentes sur l'État, ou les valeurs dont l'État garantit l'intérêt, comme les obligations de chemin de fer, etc.

Suivant les situations, cependant, ces capitaux pourraient être représentés par le crédit que peut procurer la possession d'un immeuble: le propriétaire foncier qui perd ses bâtiments par incendie pourra, grâce à la valeur du fonds, emprunter les sommes nécessaires pour les reconstruire. Il se trouvera gêné, non pas ruiné. Il n'en serait pas de même du fermier qui perdrait son mobilier sans avoir constitué de réserves. A défaut de posséder les réserves suffisantes, il sera prudent de contracter une assurance. Or, il faut remarquer que le montant de la réserve dépend beaucoup de la nature du risque et qu'elle doit être proportionnellement d'autant plus élevée que les capitaux à garantir sont moins nombreux et moins disséminés (261).

111. — CAPITAUX DE ROULEMENT ET DE PROVISION.

Capitaux de roulement.

Le cultivateur doit toujours posséder un certain capital de roulement, c'est-à-dire avoir disponibles, sous forme de numéraire, les sommes nécessaires pour solder, au moment de leur échéance, les dépenses de l'exercice en cours, sans être obligé de vendre ses produits aussitôt la récolte achevée. S'il ne possédait pas ces ressources, ils s'exposerait à vendre aux cours les plus bas et perdrait par conséquent beaucoup, ou gagnerait moins, cela revient au même.

On peut fixer la valeur de cette réserve en dressant un état des échéances probables, en regard duquel on placera celui des encaissements que peut procurer l'écoulement des denrées dont la vente a lieu au jour le jour, comme le lait, le beurre, les légumes, etc., ou dont le débouché est assuré et le cours régulièrement établi. Il sera facile de voir ainsi la somme la plus élevée qu'il puisse être nécessaire de réserver.

Cette somme sera variable selon que les marchés voisins offrent plus ou moins de variations dans les cours, selon la nature des produits vendus: avec la vente du lait au jour le jour, si on ne vend pas à crédit, elle sera très réduite; elle sera plus élevée avec l'élevage des bestiaux, qui ne permettra guère que des ventes annuelles; elle sera maxima avec la culture de la vigne, surtout si le climat convient peu à cette plante et l'expose à des gelées printanières, à la coulure, ou à d'autres accidents susceptibles de faire varier la récolte dans de grandes proportions. Même dans de semblables situations, la production du vin, sur une certaine étendue, peut procurer des bénéfices suffisants; seulement, il faut pouvoir faire les avances nécessaires sans être obligé de vendre le vin à la récolte chaque année.

Sans avoir à redouter de semblables accidents, la vigne pourra exiger un capital de roulement élevé, si le cultivateur veut se livrer à la vente directe au consommateur. Pour se constituer une bonne clientèle et la conserver, ce qui est nécessaire pour tirer de cette opération des profits sérieux, il faut en effet s'attacher à pouvoir fournir à toutes les demandes et chercher à livrer des types à peu près constants, ce qui suppose des réserves importantes, pour parer à l'irrégularité des récoltes et permettre d'opérer les mélanges, qui, seuls, assurent l'uniformité dans les livraisons.

Il y a là un moyen de retenir une part notable des bénéfics que s'attribue le commerce, mais il ne faudrait point espérer y réussir sans posséder une certaine aptitude commerciale et sans adopter une organisation générale conformeaux exigences du service à satisfaire. Chaque production aura ainsi ses besoins particuliers.

Les capitaux déroulement peuvent être conservésen caisse. Mais ils peuvent, s'ils sont importants, être l'objet de dépôts en compte courant dans une banque et, dans ce cas, rapporter un certain intérêt.

Le cultivateur dont l'entreprise serait très productive pourrait aussi avoir avantage à lui consacrer toutes ses ressources et demander facilement au crédit cette partie de ses capitaux.

Capitaux provisionnels.

Enfin, il est un autre groupe de valeurs dont il est prudent de s'assurer la possession en vue de certaines éventualités. Ce sont des capitaux destinés à parer à toute situation imprévue qui obligera à apporter à l'entreprise quelques modifications de détail.

Par exemple, le cultivateur pourrait voir son entreprise complètement désorganisée, en cas de sécheresse excessive, si ses ressources étaient strictement limitées aux capitaux que nous avons étudiés jusqu'ici. Par suite de la disette de fourrages, il devrait réduire plus ou moins son bétail et supporter une perte

immédiate par réduction des produits à vendre. Puis il obtiendrait, dans ce cas, moins d'engrais, d'où fertilité moindre, pendant plusieurs années. Ce serait une perturbation profonde et d'autant plus prolongée, qu'un peu plus tard, des circonstances contraires venant à se produire, il y aura abondance de fourrages et de nouveau manque de ressources, pour acheter, cette fois, le bétail nécessaire pour les utiliser. Les difficultés qui se présentent dans ces circonstances sont d'une gravité bien connue. Elles seraient singulièrement diminuées, si une *provision* avait été mise en réserve pour permettre dans la période de sécheresse, d'acheter des résidus industriels tels que sons, tourteaux, drèches, etc., à joindre aux fourrages insuffisants de la ferme; des engrais du commerce, lxiui' parer à l'insuffisante restitution obtenue des cultures fourragères, etc., voire même pour permettre d'acheter à vil prix, comme il est souvent possible de le faire alors, quelques animaux qui seront précieux plus tard. On le pourra, si on a eu le soin de conserver quelque peu de fourrages pendant les périodes d'abondance et de réserver un certain capital disponible en numéraire.

Dans d'autres situations, ce capital pourra trouver des destinations différentes non moins utiles. On sait que la situation économique se transforme sans cesse; un débouché accessible à tous disparaît pour certains des conditions plus favorables venant à se présenter pour d'autres producteurs, qui peuvent offrir à plus bas prix. Il en résulte qu'il faut changer plus ou moins la combinaison suivie, ce qui ne peut se faire le ldus souvent, sans débourser de l'argent: après avoir pu écouler en nature tout le produit en lait d'une ferme, il arrivera qu'on n'en pourra plus vendre que la moitié.; le reste devra être converti en beurre et en viande. Mais, pour y parvenir, il sera nécessaire d'accroître le matériel de la laiterie, de créer une porcherie. Il faut pouvoir suffire à ces exigences nouvelles ou se résigner à des bénéfices moindres.

Le capital provisionnel ne peut représenter qu'une fajble partie de l'actif du cultivateur dans une exploitation bien

organisée; car le fonds du matériel: bâtiments, machines, restera le même pour la plupart des opérations auxquelles on peut se livrer, de sorte que les modifications à apporter dans l'ensemble n'entraîneront pas de très grosses dépenses. Pour cette raison, ce capital,comme celui du groupe précédent,pourra assez facilement être obtenu par la voie du crédit, pourvu que l'actif du cultivateur soit resté intact et n'ait pas été engagé déjà pour garantir d'autres emprunts.

On voit facilement, à la suite de cette étude, combien il peut être gênant et parfois dangereux, de faire appel au crédit pour se procurer une partie de la terre, ou même le mobilier mort et le mobilier vivant. Obéré dès l'origine, le cultivateur ne possède plus la liberté d'action nécessaire pour mettre son entreprise en harmonie avec les exigences du milieu où il l'installe et ne peut réussir qu'en apportant dans ses dépenses personnelles les plus grands ménagements.

Sans doute, il n'est pas possible de dire le rapport suivant lequel tous ces capitaux doivent se présenter dans une entreprise. Il n'est pas possible, non plus, d'exprimer par des formules simples la détermination de ce rapport, la valeur en étant subordonnée à cet ensemble de facteurs si nombreux, si divers selonles cas et de relations si variables dont on exprime l'influence sous le nom de *situation économique.* Mais il était nécessairedemontrerqu'il y adans cette détermination un côté des plus importants du problème économique en matière d'agriculture, côté dont le cultivateur néglige trop souvent l'examen. Que de fois ne le voit-on pas consacrer une trop grosse part de ses ressources à l'achat dela terre seule, de la terre sinon nue, au moins dépourvue des améliorations les plus nécessaires, pour l'époque où nous vivons, où le prix du travail oblige à faire de la culture àgrands rendementsd'une manière presque générale. Qu'il survienne alors les moindres modifications dans la situation économique, et l'entrepreneur de culture est à la merci du commerce, ou de ses ouvriers, quand il ne succombe pas sous les coups répétés que lui porte la nature elle-même en frappant les récoltes. Il lui aurait suffi de faire de toutes ses ressources un emploi plus prudent, pour éviter pareille détresse.

Ces considérations, jointes à la nécessité d'établir une bonne comptabilité, nous ont paru de nature à justifier la place très large que nous faisons dans cet ouvrage à l'étude des capitaux agricoles.

IV.-LE TRAVAIL.

En mécanique, on entend par travail *le produit de l'effort exercé* pour déplacer un mobile, *par le chemin que parcourt ce mobile* dans la direction de l'effort qui le déplace. Ainsi, le travail fourni par un cheval qui traîne un chariot en ligne droite sera connu en kilogrammètres, en multipliant la distance que parcourt le cheval, exprimée en mètres, par l'effort qu'il exerce exprimé en kilogrammes. Si cet effort est 80 kilogrammes, le cheval produira 80 x 1 000 = 80 000 kilogrammètres par kilomètre de route. L'idée de travail, en mécanique, est donc inséparable de l'idée d'une résistance physique, à vaincre sur un espace plus ou moins étendu.

En économie, il n'en est pas ainsi, l'idée est plus large. On en tend par travail « *l'action des facultés de l'homme appliquées à la production* ». Ainsi, l'ingénieur qui se livre à l'étude purement mentale d'une combinaison quelconque travaille au même titre que le manœuvre qui conduit un attelage, que le faucheur qui coupe le foin, etc. Ilya donc travail toutes les fois que l'action de l'homme aboutità une production, c'est-àdire à une création d'utilité ou de valeur.

Il en résulte qu'il ne saurait y avoir de travail rationnel improductif et que celui de l'ingénieur et celui du manœuvre, du directeur de l'entreprise agricole et de son charretier, sont productifs au même titre sinon au même degré.

(i en résulte encore, que le travail peut se présenter sous des formes aussi variée que les facultés de l'homme elles-mêmes. C'est ainsi qu'à l'exercice des facultés intellectuelles correspond le *travail intellectuel,* à la force physique le *travail physique,* encore appelé *travail manuel,* en raison de la part prépondérante que prennent les mains dans son exécution.

Le travail ne saurait aboutir à aucune production sans qu'il y ait réunion de ces deux formeset si, dans la production du travail originel les efforts à exercer ont été surtout physiques, la forme intellectuelle a pris, avec le temps, une très grande importance. La spécialisation s'est réalisée sous ce rapport à tel point que l'on distingue parfois les ouvriers en *travailleurs manuels* et en *travailleurs intellectuels.*

Ainsi qu'on le constate tous les jours, la spécialisation porte encore les hommes à se subordonner les uns aux autres, lorsqu'ils collaborent à une même entreprise, à tel point que les uns ont dans la tâche commune un *travail de direction,* les autres étant chargés des détails de l'exécution. Toutes ces particularités doivent être prises en sérieuse considération par l'exploitant, car elles constituent le point de départ de toute organisation logique du travail, ainsi que nous allons le constater.

*La..quantité de travail* que peut fournir un ouvrier quelconque *dépend de sa volonté,* de ses *facultés,* de son savoir et de *la nourriture qu'il consomme.* Le produit qui peut en résulter, ou, en d'autre termes, *la productivité de son travail,* dépend, en outre, des conditions dans lesquelles il opère.

Il est clair que la volonté de l'ouvrier influe sur le travail qu'il fournit. C'est sur l'influence de ce facteur que s'établit la distinction de la paresse. Mais à volonté égale, les ouvriers fournissent plus ou moins de travail selon que le leur permettent un certain nombre de facultés, connues en économie politique sous le nom de *facteurs du travail,* et qu'il est intéressant de considérer; ce sont: la force musculaire, ou force physique, l'activité, l'intelligence, l'habileté et l'aptitude spéciale.

Ces termes se définissent d'eux-mêmes et ne sauraient motiver de longues explications. Toutefois, il est important d'éviter de confondre entre elles ces diverses facultés. La force musculaire est caractérisée par l'aptitude à transporter ou à soulever des fardeaux pesants; l'activité, par la rapidité d'exécution des mouvements; l'intelligence, par l'aptitude à comprendre ou à réaliser l'organisation du travail; l'habileté, par la précision apportée dans l'exécution d'une tâche en général, des mouvements dans le travail manuel; et, enfin, l'aptitude spéciale, est comme la résultante du degré auquel existent les autres facultés, en même temps qu'une prédisposition morale pour certains genres d'occupations de préférence à d'autres: tel ouvrier s'intéressera particulièrement à la conduite des machines, tel autre préférera soigner les animaux, etc., mais le premier ne pourra faire un bon mécanicien, le second un bon berger,qu'autant qu'ils posséderon t l'habileté correspon dan t à ces genres d'occupations.

Les facteurs du travail se présentent chez les ouvriers à des degrés différents et sont réunis en proportions très diverses. Les natures d'élite, qui incarnent toutes les qualités, sont rares et méritent qu'on fasse des sacrifices pour s'attirer leur collaboration. A défaut de les rencontrer, on doit s'attacher à tirer le meilleur parti possible des facultés que réunit l'ouvrier qui se présente.

Jouzier. — *Économie rurale.* 17

On comprend facilement que les facultés à l'ouvrier n'auront pas la même influence dans tous les genres d'occupations.

La force physique servira particulièrement le manœuvre, l'intelligence sera plus utile au chef d'exploitation. Il appartient à l'ouvrier de s'étudier, de façon à découvrir ses aptitudes spéciales et de s'attacher à lesutiliserle mieuxpossible.il appartient aussi au patron d'étudier ceux qu'il emploie et de leur donner des occupations en rapport avec leurs facultés. C'est le meilleur moyen pour les deux parties de retirer du travail la plus grande somme d'avantages possible, d'arriver le plus facilement à tomber d'accord et à prolonger, pour leur profit commun, la durée de leurs relations.

La production du travail par l'homme entraîne pour son organisme des pertes qui doivent être réparées par la nourriture. Les pertes à réparer de ce fait sont variables suivant le genre des occupations et l'activité dépensée. Lorsqu'il s'agit d'exécuter des travaux physiques, on estime, d'après des observations assez précises, que la quantité qui en peut être obtenue est proportionnelle à la nourriture consommée au delà de ce qui est nécessaire pour l'entretien de la vie. D'où, la nécessité de fournir à l'ouvrier des aliments substantiels. Les ouvriers qui manquent des ressources suffisantes pour se bien nourrir ne sauraient fournir beaucoup de travail. On estime que les aliments doivent renfermer, par vingt-quatre heures, 25 grammes d'azote pour constituer une ration complète suffisante, c'est ce que renferment 1 kilogramme de pain et 500 grammes de viande. Sur cette quantité, la moitié environ correspond à la ration d'entretien.

A dépense égale en force et activité, l'homme obtiendra un effet utile variable suivant les conditons dans lesquelles il opère, et parmi celles-ci, il faut distinguer celles qui tiennent au milieu et celles qui tiennent à l'organisation adoptée.

A. Il est facile de comprendre comment s'exerce l'influence du milieu. L'homme qui cultive du froment dans une terre très fertile, obtiendra plus de grain, à dépense égale de travail, que celui qui cultive une terre pauvre; celui qui opère dans les environs d'une ville, vend plus cher son travail que celui qui travaille au loin. Comme l'ouvrier doit aussi, dans le premier cas, payer plus cher la terre la plus fertile, et dans le second, près de la ville, dépenser plus pour sa nourriture il en résulte que les situations sont le plus souvent équivalentes. S'il était autrement, les terres maigres ne trouveraient pas de preneurs, et les campagnes pas d'ouvriers.

B. Par unebonneorganisation, et notamment par la *division du travail,* on parvient à en augmenter la productivité dans d'énormes proportions.

La *division du travail,* réalisée au plus haut degré dans les manufactures, n'est pas autre chose que la *spécialisation* poussée jusqu'aux extrêmes limites: elle consiste à décomposer le travail en autant d'opérations élémentaires qu'il est possible, pour faire exécuter chacune d'elles par un ouvrier différent. S'.agit-il, par exemple, d'effectuer un transport de terre, de fumier, de pierres, etc., à la brouette, on emploiera un ouvrier pour le chargement, puis un autre roulera la brouette; si la distance du transport est assez grande pour amener la fatigue de l'ouvrier avant quele but du transport soit atteint, on emploiera un troisième ouvrier et on établiera un relais de façon à ce que, des deux qui seront employés à rouler la brouette, l'un la pousse sur la première moitié du parcours, l'autre sur la seconde moitié; en opérant ainsi, les ouvriers se reposent traînant la machine à vide et le travail ne subit aucune interruption.

Si l'importance de l'entreprise, ou la nature du travail à exécuter, ne justitient pas l'admission de plusieurs ouvriers, la division du travail peut encore être réalisée en ce que les diverses opérations peuvent être exécutées par séries successives de la manière suivante: s'agit-il de botteler du foin, l'ouvrier pourrait faire d'abord un lien, puis le remplir du fourrage nécessaire, et lier, peigner la botte, en vérifier le poids ensuite; soit trois opérations successives pour obtenir une même botte. Il préférera faire un certain nombre de liens; puis ceci fait, lier autant de bottes et, enfm, procéder à la troisième opération: peignageet vérification, sur toutes cellesci sans interruption. En opérant ainsi, l'ouvrier n'a pas à perdre de temps pour changer de place, de position, et d'outils; il procède avec plus d'habileté en exécutant une seule opération que s'il en exécutait plusieurs et parvient parfois à perfectionner ses procédés d'exécution. Enfin, quand la tâche admet plusieurs ouvriers, il devient facile d'observer des rapports convenables entre les facultés de l'ouvrier et les exigences propres à chaque opération. J.-B. Say a donné un exemple devenu classique pour montrer combien la division du travail peut en augmenter l'effet utile: il constate que la fabrication d'une carte à jouer exige 70 opérations différentes, que 30 ouvriers répètent en un jour sur 15500 cartes; soit un rendement de 500 cartes par ouvrier, alors que, confié à un seul, le travail ne rendrait pas plus de 2 cartes par jour. L'effet se trouve donc multiplié 250 fois par le seul fait de l'organisation adoptée.

Sans s'y prêter à un degré aussi élevé que dans l'industrie, le travail, en agriculture, peut être avantageusement l'objet d'une certaine division. Empruntons, pour le montrer, quelques exemples au traité d'économie rurale de M. Londet.

1 *Division du travail par rapport aux difficultés d'exécution et aux facultés des ouvriers.*

Lorsqu'il s'agit d'exécuter un labour en planches ou en billons, et que l'on dispose de plusieurs charretiers d'activité et d'habileté inégales, on pourra charger chacun d'eux d'exécuter une partie différente de la même planche. On sait, en effet, que la première et la dernière raie sont les plus difficiles à ouvrir; l'une parce que la direction à suivre n'est pas suffisamment marquée, l'autre, parce que le sep de la charrue ne trouve pas toujours un point d'appui suffisant. En outre, les deux dernières raies doivent être ouvertes des profondeurs différentes pour chacune etqui différent aussi de la profondeur des autres raies. Si le même ouvrier exécutait entièrement le billon ou la planche, on ne pourrait employer à ce travail que des charretiers très habiles. On y pourra employer même les apprentis, en leur confiant l'exécution des raies intermédiaires. En outre, si on charge les ouvriers les plus actifs de commencer et de finir la tâche, on obtiendra des attelages un plus grand rendement en travail, les agents les moins actifs étant poussés et entraînés par les autres. Il en résultera un avantage appréciable à certains moments où les travaux abondent. Enfin, la profondeur du labour devant être différente, on évite les pertes de temps qu'entraînerait un réglage incessant de la machine s'il n'y avail pas division du travail.

J)ans une exploitation de peu d'importance, où il n'y aurait qu'un seul charretier, le même résultat peut être obtenu en ouvrant d'abord la première raie de chacune des planches sur toute l'étendue du champ, puis la seconde, etc.

S'agit-il de transporter des fourrages, des engrais, des gerbes de céréales, on pourra, de la même façon, connaissant les aptitudes de chacun des employés, confier à l'un la construction du chargement, à l'autre le soin d'élever le fourrage sur le véhicule, etc.

Les exemples abondent, des travaux où la division procure de sérieux avantages. Dans la récolte des foins, dans la mise en gerbes des céréales, dans la vendange, certaines opérations sont à la portée des femmes ou des enfants, ce sont: l'épandage du foin, le ratelage de la prairie, la disposition des liens sur le champ pour faire la gerbe, la cueillette du raisin; d'autres doivent être confiées à des hommes: le fauchage du foin et des blés, le tassement sur le véhicule, l'élévation dans les greniers, le transport des raisins à la hotte, etc. En employant les femmes et les enfants dans la mesure du possible, on diminue le prix de revient du travail, on en augmente la rapidité d'exécution, par le plus grand nombre de bras occupés, et on procure des ressources à une partie de la population qui, sans cela, serait une charge pour le père de famille; d'où, des avantages de l'ordre social, comme de l'ordre individuel.

Dans les services intérieurs de la ferme, on peut encore réaliser la division du travail en confiant à chaque ouvrier le soin d'un groupe différent dans les animaux ou les machines et profiter de l'émulation que peuvent déterminer les seules satisfactions d'amour-propre, autan t que des aptitudes spéciales à chaque ouvrier: aucun, en effet, ne voudra être inférieur aux autres et chacun s'emploiera de son mieux, pour que la tenue du service dont il est chargé lui fasse honneur. Que l'on ait le soin de joindre à ces moyens des encouragements spéciaux, et les résultats seront aussi bons que possible.

*2 Division du travail par rapport aux époques où il convient le mieux de l'exécuter.*

Certains travaux peuvent être exécutés indifféremment à toutes les époques de l'année, d'autres ne peuvent l'être utilement que pendant une période assez courte: il est tout indiqué de réserver aux premiers les périodes les moins chargées de travail, pour laisser plus de facilités à l'exécution des seconds.

De nombreux travaux se rencontrent dans la première catégorie, où figurent notamment les réparations à faire aux chemins, aux fossés, aux clôtures sèches, l'épierrage des champs, la visite du matériel, pour en assurer le bon entretien et, dans un autre ordre d'idées, les travaux de comptabilité. Combien de longues veillées, de jours d'hiver, où la pluie et le froid rendant inutile et ne permettant pas la visite des champs, pourraient être employés à établir des comptes sérieux sur les diverses branches de l'exploitation, en vue de connaître les avantages procurés par chacune; ou bien à établir des prévisions sur les mesures à prendre pour assurer la bonne administration de l'ensemble au cours de la campagne prochaine. C'est là une habitude à prendre dès les débuts. Des notes jetées hâtivement, au jour le jour, sur un carnet, ou, selon l'importance de l'exploitation, sur des livres auxiliaires spécialement disposés à cet effet, peuvent constituer un journal suffisant pour permettre d'établir cette comptabilité et de déduire des renseignements notés, les exigences de la prochaine campagne en capitaux de toute sorte pour chaque période de l'année. Faute d'avoir relevé ces notes, on agit souvent avec incertitude.

Dans le cas où l'importance du travail à exécuter permet d'employer un nombre d'ouvriers suffisant pour pousser assez loin la division du travail, il est indispensable d'observer, entre les nombres de ceux qu'on emploie aux diverses opérations élémentaires, des rapports convenables, afin d'éviter le chômage ou la fatigue excessive de certains d'entre eux.

Dans le transport de la terre à la brouette, suivant les conditions admises plus haut, il faut que le nombre des chargeurs soit suffisant pour permettre à ceux qui roulent de travailler d'une manière constante, et réciproquement. Selon les difficultés spéciales du chargement et la distance du transport, il pourra y avoir des rapports variables entre les uns et les autres: soit 1 pour charger,

contre 1, 2 ou 3 pour rouler. Et si le rapport qui serait nécessaire pouréviterle chômage d'une façon absolue ne peut pas être observé, l'homme n'étant pas divisible, on aura le soin de faire passer les ouvriers, s'ils sont de même force, alternativement aux différents services ou de réserver les plus résistants pour le travail le plus pénible; ou encore, d'adopter le rapport qui permettra le moindre chômage total, de façon à ce que, dans l'ensemble, on obtienne le maximum de travail utile. Ainsi, en supposant que le chargement de la brouette exige 90" du travail d'un homme et le parcours dela distance 300" d'un homme également, il faudrait, pour éviter tout chômage, que les nombres des ouvriers employés à chaque partie de la tâche fussent entre eux dans le même rapport que le temps nécessaire pour les deux opérations, soit-=7 condition qui ne serait réalisée qu'en employant treize ouvriers en tout, dont trois à charger et dix à transporter, ou un multiple de ces nombres.

Si no usiie disposons que de six ouvriers, il y aura forcément chômage, à moins que chacun ne charge et transporte une brouette, ce qui entraînerait des pertes de temps plus grandes, les ouvriers ayant besoin de repos en cours de trajet. Avec un ouvrier pour charger et cinq pour rouler, le temps nécessaire par brouette chargée et transportée serait celui qu'emploie l'ouvrier chargeur, soit 90"; avec deux ouvriers à charger et quatre à rouler, ce serait le temps employé par un homme pour parcourir le quart de la distance du transport 300"

——= 75"; et enfin avec trois contre trois, il faudrait, par brouette transportée, le temps employé par trois hommes pour parcourir la distance, c'est-à-dire = 100", d'où il est facile de conclure que le rapport le plus convenable avec six ouvriers est deux contre quatre (1).

On voit comment la bonne organisation du travail peut en augmenter le rendement, ce qui équivaut à en abaisser le prix de revient. Par la force même des choses, la meilleure organisation finit par s'imposer dans chaque milieu; et pour les travaux que l'on y exécute d'une manière courante, on applique naturellement la division du travail. Mais c'est bien souvent sans s'en apercevoir que le chef d'un chantier met ainsi en pratique les principes de la meilleure économie. Une étude analytique, même sommaire, comme celle à laquelle nous venons de nous livrer, lui permettra d'en faire l'application dans tout travail nouveau dont il auraitàassurer l'exécution.

La durée à donner à la journée est aussi un facteur important de l'organisation. Elle influe sur l'effet utile que peut produire l'ouvrier, cela ne peut faire l'objet d'aucun doute. Il ne faudrait pas croire, cependant, que cet effet utile soit toujours proportionnel au temps que l'ouvrier consacre à sa lâche. A défaut de l'expérience, qui le démontre, on pourrait (1) Voici en effet l'emploi du temps de chacun des groupes d'ouvriers dans ces différents cas:

Organisation adoptée:

î ouvrier pour 2 ouvriers pour 3 ouvriers pour charger charger charger contre 5 pour contre 4 pour contre 3 pour transporter. transporter. transporter. Temps employé pour charger la brouette 90" 45' 30"

Temps employé pour transporter la brouette 60 75 100

Repos total 150 60 210

Il peut donc être transporté une brouette en 75 secondes avec deux ouvriers pour charger. Le rendement du travail en un jour serait: 324 brouettes avec le rapport 3/3.

360 — 1/5.

432 — 2/4.

s'en convaincre par le raisonnement: l'homme ne peut pas travailler toujours; l'exercice amenant la fatigue, le sommeil devient nécessaire pour la réparer; puis le temps à consacrer aux repas entraîne aussi un repos obligatoire; etentin l'homme ne saurait partager son temps exclusivement entre le travail, le sommeil et la nourriture, il éprouve en même temps un désir de liberté ou de distraction qu'il lui faut. satisfaire et qu'il satisfait plus ou moins largement selon que, son travail étant plus ou moins productif, il peut disposer d'un temps plus ou moins long. Soit par

l'efTet de la fatigue physique ou de la lassitude morale, il arrive donc un moment où, retenu à la tâche, l'ouvrier s'y applique moins.

La limite qu'il convient d'observer est variable suivant les genres d'occupations et les industries. D'une part, la fatigue se produira plus ou moins vite selon la résistance des ouvriers, qui est individuelle, l'un restant dispos alors que les autres sont las; puis selon que la tâche sera plus ou moins pénible, et, sous ce rapport, les travaux agricoles présentent de très grandes différences. La division du travail, en permettant de proportionner la force de l'ouvrier aux exigences de chaque opération, permettra d'obtenir dans l'ensemble le maximum de durée. Malgré cela, en agriculture, on ne saurait préciser la limite. La durée de la clarté solaire, indispensable pour l'exécution des travaux d'extérieur, ne permet pas, en hiver, d'utiliser entièrement la puissance des ouvriers et, d'autre part, celleci doit être employée plus ou moins complètement suivant les saisons, car il n'est pas toujours possible de répartir les travaux d'une manière assez régulière pour que la tâche à exécuter chaque jour soit sensiblement en raison de la durée de la journée. La répartition est subordonnée aux productions auxquelles on se livre. Plus elle est irrégulière, et plus on doit, aux périodes surchargées, chercher à prolonger la journée. Cela explique pourquoi, en été, malgré la grande durée de la journée, les ouvriers agricoles vont au travail avant le lever du soleil et n'en reviennent qu'après son coucher, alors que dans l'hiver, où les jours sont cependant si courts, ils les allongent souvent fort peu, recherchant dans les veillées les distractions qu'elles procurent, autant, sinon plus, que les profits du travail qu'elles permettent (1).

Les longues jouissées d'été ne sont possibles qu'avec une organisation spéciale. Aucune puissance humaine ne tiendrait à la tâche la journée entière, lorsque, comme en juin et juillet, le soleil reste plus de seize heures au-dessus de l'horizon sous nos latitudes. Mais on coupe ces journées de haltes nom-

breuses, plus ou moins prolongées, qui permettent de réparer les forces physiques et de vaincre la lassitude morale: en dehors des repas pri ncipaux, il y a les goûters, qui en portent le nombre total à cinq, et même six dans certains pays, puis la sieste, dont la durée se prolonge plus ou moins selon le climat et la durée de la journée.

Sous les climats chauds, il est très avantageux, à la fois pour les gens et pour les bêtes de trait que l'on expose au soleil, de commencer très tôt et de continuer tard en prolongeant la sieste. Malheureusement, lorsque des habitudes contraires existent dans un pays, il est assez difficile d'en triompher. La défiance native des gens de la campagne poulies innovations oblige à agir avec beaucoup de précautions (2).

(1) « Les modes de répartition des gages des domestiques, dit M. Gonvert, témoignent de la variabilité de l'intensité des travaux agricoles avec différents systèmes de culture », et le savant professeur de l'Institut national agronomique donne le tableau suivant de cette répartition pour trois pays différents: (Les *Entreprises agricoles*, par F. Gonvert.) (2l Il nous est personnellement arrivé de rencontrer sous ce rapport une résistance invincible, bien qu'il s'agit surtout de l'intérêt des ouvriers.

Seuls certains services spéciaux exigent sensiblement la la même durée journalière d'application toute l'année. C'est le cas pour les soins à donner au bétail. Ce travail se termine après la nuit en hiver et suffit, dans les petites exploitations, pour occuper, à la veillée, tous les bras disponibles à préparer les fourrages pour le lendemain. Parfois, même, l'engraissement des animaux à l'étable est un moyen recherché pour mieux utiliser le temps pendant la mauvaise saison.

Ainsi qu'on le constate tous les jours dans notre société, les uns vendent les produits que leur procure leur travail propre, appliqué aux matières premières qu'ils achètent, y joignant parfois le travail d'autrui, acheté également, d'autres préfèrent vendre leur travail directement: les premiers sont des *entrepreneurs directs,* les autres sont leurs *auxi-*

liaires ou *salariés,* du nom de *salaire,* donné au prix de vente du travail.

Ce régime du salariat, objet des plus vives critiques, rend cependant les plus grands services. Il permet au pauvre de vivre plus largement, sans être obligé d'attendre le fruit de son travail; au sage, d'éviter l'aléa que présente toute industrie; aux facultés exceptionnelles d'organisation possédées par certains hommes, d'étendre leur action bienfaisante au travail de leurs semblables moins bien doués et de donner naissance à des œuvres gigantesques, comme la création des voies de communication de toutes sortes. Il permet au savant de poursuivre tranquillement ses études et, après de patientes recherches, de doter l'humanité de quelque force nouvelle que le vulgarisateur, dans un rôle plus modeste, mais toujours utile, fera connaître à ceux qui peuvent en tirer parti directement pour le bien commun. Enfin, il laisse à chacun le maximum de liberté possible. Les inconvénients que présente cette institution tiennent bien moins à elle-même qu'au défaut de moralité ou de prévoyance des hommes. L'examen de ce côté de la question, malgré l'intérêt qu'il présente au point de vue social, ne retiendra pas plus longuement notre attention. Outre qu'il nous obligerait à de trop longs développements, il nous entraînerait trop avant dans le domaine de l'économie politique pour que nous puissions nous y livrer.

L'homme n'a pas toujours été libre de disposer de son travail. Esclave ou serf, le travailleur a été longtemps la propriété d'un autre, pour lequel il devait travailler sans espérer obtenir au delà de sa subsistance. Esclave, c'est-à-dire attaché à son maître, qu'il devait suivre où il plaisait à celuici de le conduire, ou bien serf, c'est-à-dire attaché à une terre qu'il ne pouvait quitter, sa situation était sensiblement la même dans les deux cas: dans le premier, il pouvait être vendu à un autre maître qu'il devait suivre, dans le second il pouvait être vendu avec la terre natale sans être contraint de la quitter, mais, toujours, il pouvait être obligé au travail par des châtiments corporels et dé-

pouillé plus ou moins complètement des produits de ce travail. S'il obtenait de son maître une certaine protection, il éprouvait aussi parfois très gravement sa dureté (i).

(1) En regard de ce régime, appliqué au travail des champs et de la maison, il faut signaler celui des corporations d'arts et métiers qui a été, durant six siècles environ, appliqué en France aux artisans. La corporation ou réunion obligatoire en association des maîtres, compagnons et apprentis exerçant une même profession, possédait de nombreux règlements relatifs à l'exécution des ouvrages, à leur mise en vente, aux conditions requises pour passer compagnon ou devenir maître. Conçus d'abord dans un esprit de sage discipline, peut-être justifiés par les nécessités de l'époque, les règlements des corporations ne tardent pas à devenir tyranniques et à assurer, après de nombreuses concessions arrachées à la faiblesse du pouvoir royal, de véritables monopoles en faveur des maîtres, sans compter de nombreux privilèges a tous leurs membres:

«... Il était défendu aux iîlandiers de mêler du fil de chanvre à du fil de lin. Le boulanger, privilégié du roi, pouvait vendre du poisson de mer, de la chair cuite, des dattes, des raisins, du poivre commun, dela cannelle et du réglisse, et le coutelier n'avait pas le droit de faire les manches de ses couteaux... Les habitudes de domination passèrent bien vite des châteaux aux ateliers; il y eut un despotisme de boutique à côté de la tyrannie des manoirs. » (Blanqui aîné, *Histoire de l'Économie politique en Europe.)*

La Révolution, qui se donnait la mission de supprimer tous les abus, ne pouvait laisser subsister de semblables institutions, déjà menacées par les excès mêmes qu'elles autorisaient. Supprimées par Turgot en 1776, elles reparurent à sa chute et ne furent supprimées réellement que par un décret de la Constituante (2 mars 17911.

Il est démontré que le travail de l'esclave est plus coûteux, par suite de son faible rendement, que celui du travailleur libre, dont le salaire doit forcé-

ment se mesurer sur l'utilité qu'il produit; aussi y aurait-il en cela, à défaut de toute autre considération, un motif d'émancipation du travailleur sans exception. De nos jours, cet argument est inutile pour décider de la forme suivant laquelle doit s'acquérir le travail. Les idées de justice qui 'semblent avoir prévalu d'une manière définitive ont à jamais émancipé l'homme et les exceptions qui se présentent, relativement à la réglementation du travail dans les ateliers, ne sauraient être données comme ayant le même caractère que l'esclavage antique. D'autre part, il faut bien se garder de confondre la *faculté* de s'associer, accordée par la loi de 1884, avec le régime de la Corporation qui faisait de l'association une véritable obligation.

En ce qui concerne le travail agricole, l'homme peut être considéré comme libre. S'il lui est interdit de s'engager à vie, rien ne l'empêche de rester de longues années, sa vie entière, chez le patron qui sera satisfait de ses services. En fait, l'engagement dure moins. Les ouvriers agricoles s'engagent comme journaliers, comme domestiques ou comme tâcherons.

Le journalier, comme on le sait, n'est engagé que pour une journée, de sorte que les parties peuvent se séparer dès le lendemain. L'engagement du domestique est plus prolongé, mais variable cependant, les limites en sont indiquées soit par une date, ou la durée d'exécution d'un travail convenu: la moisson, la vendange, etc. Enfin, le tâcheron est celui qui s'engage à effectuer un travail déterminé moyennant un prix fixé. Il conserve donc sa liberté, peut travailler avec interruption s'il le veut, peut s'il lui plaît, sauf convention contraire, s'adjoindre des collaborateurs. Il doit seulement présenter le travail exécuté à la date fixée et dans les conditions convenues. Chacun de ces modes d'engagement

Comme il arrive souvent en pareil cas, les excès reprochés aux corporations en engendrèrent de contraires et longtemps il fut interdit aux ouvriers de s'associer. C'est la loi du 21 mars 1884 sur les syndicats professionnels qui a restitué aux travailleurs, en le réglementant, le droit d'association.

présente des avantages et des inconvénients. Le meilleur est relatif aux circonstances.

Avec une certaine durée de l'engagement, l'exploitant disposera d'une quantité déterminée de main-d'œuvre pendant un temps connu, ce qui équivaut à une certaine sécurité; mais il arrive souvent, quand il contracte, qu'il ne connaît point les défauts de ceux qu'il engage et qu'il ne sait point, exactement, quelles ressources l'engagement va lui procurer. L'insuffisance du travail fourni par le domestique ne saurait être, en règle générale, une cause de résiliation; aussi, avec un domestique peu consciencieux, le contrat peut-il être onéreux. Il ne faudrait donc admettre comme domestiques que des ouvriers bien connus et ne pas hésiter à faire quelques sacrifices pour conserver ceux qui ont déjà fait leurs preuves. Réciproquement, pour le domestique, il est prudent de connaître le caractère et les exigences de celui envers lequel il s'engage.

La durée de l'engagement est souvent subordonnée aux usages. On engage à l'année les ouvriers chargés de conduire et soigner les animaux, ceux qui sont nécessaires pour assurer certains services spéciaux dont les besoins sont constants, car, dans ces différents cas, il n'y a pas à craindre de se charger d'une main-d'œuvre inutile et le fermier se trouve pour un an déchargé de la préoccupation d'assurer ces services.

D'autres domestiques sont engagés pour une saison seulement, lorsque le travail ne peut pas être régulièrement réparti sur l'année entière, si, dans ce cas, on n'a pas recours à des journaliers. C'est une éventualité qu'il faut s'attacher à éviter, car les journaliers coûtent souvent plus cher que les domestiques sans donner plus de travail: ils font payer lorsqu'on les emploie, les chômages qu'ils subissent le reste du temps.

Il y a, il est vrai, sous ce rapport, de très grandes différences selon les contrées. Dans les pays où la propriété est morcelée, les petits propriétaires, dont le bien est insuffisant pour les occuper constamment, sont heureux de trouver à s'employer comme journaliers chez le grand cultivateur voisin.

Enfin, il se produit dans les pays où le travail surabonde à de certaines saisons, une immigration temporaire d'ouvrière qui permet de rétablir l'équilibre: la moisson attire en Beauce de nombreux Bretons; dans la région du nord et de l'Ile-de-France, ce sont les Belges, qui vont contribuer dans une très large mesure à la culture de la betterave; dans le midi, les Italiens et les Espagnols constituent le fonds des ressources extraordinaires; enfin, la vendange, dans nombre de vignobles, attire la population des départements voisins. Ce sont, en général, des ressources sur lesquelles on peut compter et qui n'ont pas toujours l'inconvénient de coûter très cher.

Le travail à la tâche est malheureusement trop peu répandu. Tandis que dans les autres modes d'engagement le salaire est proportionné au temps que l'on garde l'ouvrier, il est réellement proportionnel au travail livré dans l'engagement à la tâche. Le prix de revient par unité travaillée est généralement moindre, bien que l'ouvrier reçoive par jour un salaire plus élevé, car payé en raison de ce qu'il fait, il en fait davantage. Le paiement à la tâche permet à chaque ouvrier de tirer de ses facultés tout le parti possible, tandis que dans l'engagement à la journée, tous les ouvriers occupés à une même tâche recevant le même salaire, forts ou faibles, actifs ou lents, tous cherchent à livrer la même somme de travail, puisqu'ils sont payés le même prix.

Les meilleurs ouvriers en souffrent, et seraient intéressés à voir le travail à la tâche se généraliser. Les autres n'y peuvent rien perdre, puisqu'ils ne cesseront pas d'être rétribués suivant la tâche qu'ils auront livrée. Et cependant, dans les pays où il n'est pas entré dans les usages, le travail à la tâche est l'objet d'une défiance qui en rend l'adoption difficile et oblige le patron à une certaine diplomatie pour le faire admettre. L'habitude une fois prise, tout le monde s'en trouve bien. C'est à la tâche que s'effectue la moisson en Beauce, et que les Belges entreprennent dans la région du nord la culture de la betterave à sucre.

Il y a cependant des travaux pour lesquels l'engagement à la tâche n'est pas indiqué. Ce sont ceux qui doivent être très soignés et pour lesquels le défaut d'une bonne exécution peut entraîner un préjudice sérieux. Dans ce cas, il faut établir par des conventions la façon dont le travail devra être exécuté et s'assurer que ces conventions ne resteront pas lettre morte. Il en sera de même pour toute tâche dont les difficultés d'exécution ne peuvent pas s'apprécier à l'avance; dans la crainte de perdre, l'ouvrier ne consentira le plus souvent à s'engager qu'à des conditions onéreuses pour le patron.

Enfin, la conduite des attelages ne doit pas, non plus, être confiée à des tâcherons, car il y aurait lieu de redouter, après des arrêts injustifiés, un surmenage des animaux qui entraînerait un préjudice supérieur aux bénéfices tirés de cette organisation.

V. — LE SALAIRE.

Celui qui se livre à l'entreprise directe trouve son salaire dans le prix de vente des produits qu'il obtient. Car, si de ce prix de vente on retranche les dépenses des capitaux et du travail acheté mis en œuvre, il reste à l'entrepreneur le montant des avantages que lui procure sa gestion.

L'employé: domestique, journalier, tâcheron, commis de ferme ou régisseur, obtient pour prix de son travail une somme de monnaie exclusivement, ou bien, en outre, la nourriture, le logement et quelquefois aussi, en nature, une partie des denrées récoltées. Le mode de paiement du salaire dépend souvent des habitudes locales: dans les pays vinicoles, le vigneron reçoit fréquemment, outre une somme d'argent, une quantité de vin proportionnée à l'étendue de vigne qu'il travaille; ailleurs ce sont les moissonneurs, qui reçoivent, en plus du salaire en argent, une certaine quantité de blé. Très souvent, les ouvriers sont logés sur la ferme, soit sous le toit même de l'exploitant, à la vie familiale duquel ils sont attachés, soit dans une maisonnette séparée dont la jouissance leur est accordée.

Chaque façon de procéder présente des avantages et des inconvénients dont l'importance tient beaucoup à ceux qui les éprouvent. Tel domestique qui a une nombreuse famille sera bien aise de recevoir son salaire en argent et d'y voir ajouter le logement et un champ d'où il pourra tirer la nourriture pour les siens en les y occupant ou s'y occupant soi-même quand la ferme ne peut pas l'employer; pour tel autre, qui est seul, la nourriture et le coucher, avec une plus grosse part en argent, constitueront un salaire plus apprécié. Il appartient donc aux deux parties d'examiner ce qui peut correspondre le mieux à leurs convenances et de s'arrêter à la combinaison qui peut procurer les plus grands avantages à l'ouvrier, à égalité de sacrifices pour celui qui l'emploie.

Le salaire peut encore être fixé à une somme unique de monnaie et de produits ou bien comprendre en outre de la somme fixée une partie variablê, proportionnée aux profits que l'entrepreneur peut tirer du travail de l'ouvrier, de façon à encourager celui-ci à bien faire. Les encouragements peuvent être donnés sous des formes diverses. Sous la forme de participation directe aux bénéfices, ils peuvent présenter des inconvénients. D'abord, la détermination du bénéfice est souvent difficile et peut être une cause de conflit. Puis, ce mode oblige l'entrepreneur à mettre sous les yeux de ses ouvriers toute sa comptabilité, et rarement ceux-ci seront assez sages pour trouver justifié le profit élevé qui restera acquis à leur directeur. Trop rarement ils seront assez sages pour se dire qu'ils sont payés aussi cher que leurs camarades de laferme voisine, qui font chaque jour la même tâche qu'eux, sans que la même prospérité règne dans les entreprises qui occupent les uns et les autres, ce qui prouve que ce gros bénéfice est peut-être plus que la leur l'œuvre de celui qui les dirige, et ce qui justifie la grosse part ainsi abandonnée à l'entrepreneur.

Plus souvent, la connaissance des gros profits qu'ils contribuent à créer, sans les recueillir entièrement, ne fera qu'exciter l'envie des ouvriers et les pousser à une certaine hostilité des plus regrettables envers leur patron. Aussi cette façon de constituer le salaire est-elle inapplicable pour cette raison, alors qu'elle serait bien facilement consentie par l'entrepreneur s'il ne la considérait qu'au point de vue du sacrifice qu'elle pourrait entraîner. Dans la grande industrie, on lui substituera la participation au chiffre des affaires. Dans la ferme, on emploiera le système des primes payées à l'occasion des ventes d'animaux élevés dans l'exploitation, ou de tous autres détails par lesquels peut se manifester l'influence des soins apportés par l'ouvrier dans l'accomplissement de sa tâche.

Payé en nature, ou en argent, ou d'une manière mixte; constitué au moyen d'une somme unique ou au moyen d'encouragements, le salaire, considéré dans son ensemble, se compose de deux parties qu'il est nécessaire de distinguer. L'une, sous le nom de rétribution, renferme le prix de toutes les choses consommées par l'ouvrier durant sa vie, c'est par conséquent le prix de revient du travail pour celui qui le fournit; l'autre représente un bénéfice pour l'ouvrier, c'est-àdire sa part dans la rente industrielle ou bénétice social (i), celle qui lui permet d'améliorer sa condition.

On ne saurait nier d'une manière générale la participation de l'ouvrier dans le partage de la rente industrielle. S'il en était autrement, non seulement aucun ouvrier ne verrait son avoir s'augmenter au point de lui permettre de se faire entrepreneur, ce qui est arrivé fréquemment, mais encore sa situation serait celle de ses devanciers des siècles passés, ce qui n'est point. La vérité, facile à constater, est que le bienêtre de l'ouvrier grandit, comme celui de tous, à mesure que le travail devient plus productif d'une manière générale. Mais il y a dans la classe ouvrière comme dans les autres, des individus portés à l'épargne et d'autres qui s'abandonnent à l'imprévoyance et à la dissipation, et la gravité de ces défauts s'exagère d'autant plus que sont moins puissantes les facultés industrielles de ceux qui s'y

livrent. Les discussions les plus prolongées ne sauraient prévaloir contre les faits.

La rétribution renferme elle-même plusieurs éléments. Les uns comprennent tout ce qui est nécessaire à l'ouvrier durant sa vie comme vêtement, aliments, logement, etc., c'est-à-dire ce que l'on peut appeler la subsistance; les autres sont constitués par les frais d'apprentissage. La subsistance représente elle-même une dépense variable, car s'il est possible d'admettre qu'elle peut comprendre les mêmes objets sensible ment, pour tous, ces objets sont de prix différent pour les ouvriers des villes et pour ceux des campagnes: la vie coûte plus cher en ville. Quant aux frais d'apprentissage, ils représentent une somme plus variable encore. Nuls ou à peu près pour le plus grand nombre des ouvriers manuels qui reçoivent un salaire dès leurs premiers travaux, ils représentent un prix très élevé pour l'ingénieur, qui ne reçoit aucune rémunération pendant ses études. Les frais occasionnés par ces études peuvent être de 10000 francs, parfois de 15 000, plus élevés que ceux qui sont faits par l'ouvrier. Or, le prix du travail de l'ingénieur ou directeur d'exploitation doit nécessairement lui permettre de reconstituer cette valeur et d'en percevoir l'intérêt, ce qui représente annuellement:

Fr.

3 p. 100 de 15000 fr. pour service du capital. 450 »

2 p. 100 de 15 000 fr. pour amortissement (1). 300 »

Total 750 » ou, environ, 2 francs par jour. De sorte que si l'ouvrier gagne 3 francs en moyenne, l'ingénieur en devrait gagner o.

Enfin, la rétribution doit encore renfermer la valeur du risque professionnel, variable selon les occupations des ouvriers. Il est bien évident que l'ouvrier qui n'est pas assuré par le patron doit prélever sur son salaire la somme qu'il paie ou qu'il devrait payer à une compagnie d'assurance, pour couvrir le risque professionnel, élément de valeur variable selon les professions.

Il en résulte que le salaire ne saurait

être d'une valeur uniforme sans cesser d'être juste, puisqu'il renferme comme prix de revient du travail pour l'ouvrier des éléments de valeur très variable.

Le deuxième élément qui entre dans la constitution du salaire, la part de l'ouvrier dans la *rente industrielle,* y figure pour une somme plus ou moins grande selon que le genre de travail offert est plus ou moins recherché, c'est-à-dire selon la répartition des ouvriers entre les diverses professions, mais (1) Montant d'une assurance sur la vie.

non point surtout, comme on serait tenté de le croire, et comme on l'a cru, selon le nombre total des travailleurs (1).

Le prix du travail se forme comme le prix de toutes choses et suit celui des objets qu'il contribue à produire: quand les produits agricoles se vendent cher d'une manière régulière, la culture paie aux ouvriers des salaires plus élevés que quand ils sont à bas prix et les produits agricoles se vendent cher quand ils sont rares, c'est-à-dire, toutes les autres conditions restant les mêmes, quand les ouvriers agricoles font défaut pour permettre de les obtenir.

D'une manière générale, quand le travail est libre, si les salaires s'élèvent dans une certaine profession accessible à tous, le nombre des ouvriers qui se présentent pour l'exerce ne manque pas d'augmenter, ce qui ramène forcément le profit de l'ouvrier à un taux moyen. Le temps nécessaire pour que cet équilibre s'établisse sera variable avec les exigences de la profession, mais il aura toujours une tendance à (1) Kn effet, chaque ouvrier travaillant dans le but de consommer, demande en travail sensiblement ce qu'il offre: l'ouvrier auquel il est payé annuellement pour 1000 francs de salaire, demande pour 1 000 francs de produits; il en demanderait pour 1 200 francs si son salaire s'élevait à 1200 francs, etc. S'il n'en est pas ainsi d'une façon absolue, si l'ouvrier fait *des économies,* celles-ci ne représentent qu'une faible partie du salaire, un sixième tout au plus et, prenant bientôt la forme de capital actif, elles vont augmenter les ressources de celui qui les a réalisées, lui permettre par con séquent d'offrir au travail un plus grand débou-

ché. De deux ouvriers capables de gagner par an 1 200 francs toute leur vie, celui qui n'épargne pas voit ses revenus toujours limités à cette somme, qui donne la mesure du débouché qu'il offre pour le travail; celui qui a épargné, après s'être privé quelque temps, ne tarde pas à voir ses revenus dépasser 1 200 francs et c'est évidemment leur va leur qui donne la mesure du débouché offert au travail par ce second ouvrier. Comme la création des capitaux permet d'accroître le bénéfice, il est incontestable que l'ouvrier qui épargne offre au travail un débouché plus grand que celui qui n'épargne pas, mais que celui-ci offre, au minimum, un débouché égal à celui qu'il demande. Le rapport, entre l'offre et la demande de travail, résulte donc beaucoup moins du nombre total de travailleurs, que de leur répartition entre les diverses professions et des habitudes relativement à l'épargne.

s'établir et seules les professions pour lesquelles il faut de très rares aptitudes seront capables de rapporter à l'ouvrier des profits exceptionnels: d'autant plus utiles que la nature les a faites plus rares, ces aptitudes seront d'autant mieux rémunérées. Il en est donc de ce la comme de toutes choses. La preuve se présente sous des formes multiples et saisissantes: c'est ainsi que l'instruction perd de plus en plus de sa valeur relative au point de vue des bénéfices qu'on en tire, à mesure qu'elle se répand; elle ne confère plus de supériorité réelle, qu'à ceux dont l'intelligence est assez développée pour leur permettre de l'acquérir à un degré très élevé.

Mais le salaire des ouvriers manuels, en particulier, peut encore se trouver modifié et leur part dans le bénéfice social augmentée ou diminuée par la facilité qui se présente pour eux de se livrer à l'entreprise directe. Plus l'accès leur en est facile, et plus équitable sera le partage du bénéfice entre le patron et l'ouvrier. Si l'ouvrier peut facilement devenir entrepreneur, il ne manquera pas de le faire, si, comme ouvrier, il ne reçoit pas la part à laquelle il a droit. Sous ce rapport, il est vrai, les conditions ne lui seraient pas favorables à notre époque, ni en agriculture, ni dans

les autres industries, car un capital élevé est nécessaire pour se livrer d'une manière lucrative à la moindre entreprise directe. Si l'ouvrier manuel était isolé, abandonné à lui-même, il lui serait parfois difficile de faire valoir tous ses droits au partage, des conditions très dures pourraient lui être imposées par le capital, et par le travail de direction, pour lequel la concurrence est moindre en raison des talents qu'il exige. Mais l'ouvrier trouve dans le droit d'association, sous la forme de syndicats professionnels, dans le droit de grève que lui accorde la loi, une force équivalente à celle que procure aux patrons la possession des capitaux et des facultés intellectuelles exceptionnelles.

Que les ouvriers aient la sagesse de ne pas abuser de ce droit et de refuser tout autre régime que celui qui leur assurera la liberté du travail la plus complète, et ils sont assurés d'obtenir du capital toutes les concessions possibles sans gêner le développement désirable pour l'industrie. Car si, en cas de grève, l'ouvrier ép-uive durement les conséquences du chômage, l'entrepreneur et ses commanditaires, pour qui des frais généraux élevés sont inévitables, même alors que le travail est suspendu, n'en souffrent guère moins. Mais il faut savoir éviter d'abuser du droit de grève. Car l'agitation inutile est funeste à l'industrie. La sécurité est indispensable, pour permettre les entreprises de longue haleine, celles d'où se tirent les gros profits, et l'ouvrier, qu'il s'agisse de la ferme ou de l'usine, du magasin ou de l'atelier, ne doit pas oublier que ses intérêts sont dans un rapport d'étroite solidarité avec la prospérité de l'entreprise à laquelle il collabore.

Il arrive trop souvent, après le moindre marché conclu par l'entrepreneur, que l'ouvrier, mal conseillé ou mal inspiré, vienne réclamer une injuste augmentation de salaire, employant pour l'obtenir toute la force que donne l'association jointe au droit de grève. Il ne parvient dans ce cas qu'à paralyser pour l'avenir l'esprit d'initiative de ceux qui le dirigent et donnent à son travail la valeur marchande. Il va au-devant de chômages funestes, qu'il aura lui-même provoqués et qui lui seront d'autant plus durs qu'il se sera habitué à considérer comme définitivement acquise une augmentation due au hasard bien plus qu'à la productivité de son travail. Pris entre ces deux extrémités, ou bien perdre 1000 francs, à abandonner à ses ouvriers sous forme d'augmentation des salaires, ou bien en perdre 2000, à payer sous forme de dommages-intérêts pour retard dans ses livraisons, l'entrepreneur n'hésitera pas, le plus souvent, à se décider dans le sens du moindre sacrifice. Mais ce sacrifice ne saurait se répéter souvent et le patron se souviendra. Plus circonspect, il ne promettra plus de livrer à époque fixe, le défaut de sécurité dans les livraisons sera une cause de pertes des commandes et les conséquences en pèseront lourdement sur les ouvriers: pas d'entreprise, pas de demande en travail et conséquemment pas de salaire.

Mis en mouvement avec habileté et justice, le droit de grève, inséparable du droit de travailler, autre élément essentiel de la liberté humaine, peut donc permettre aux ouvriers de recueillir leur part dans les profits qui naissent de leur action unie à celle des capitaux; mis en œuvre sans discernement, il peut aboutir à la ruine de toute industrie.

Il est regrettable, sans doute, que les ouvriers ne soient pas toujours convaincus de ces vérités et que les inconvénients de la législation libérale qui nous régit, puissent parfois en dominer les avantages. Mais il s'agit d'un droit nouveau, dont les ouvriers doivent apprendre à faire usage avant d'en tirer le meilleur parti et rien ne doit empêcher, le progrès aidant, de compter sur la sagesse que ne manquera pas de leur inspirer leur propre intérêt pour aplanir les difficultés de l'heure présente.

On ne saurait contester la facilité avec laquelle les ouvriers parviennent à recueillir largement leur part dans les profits. On ne peut se refuser à en voir la preuve dans ce fait, que, depuis un siècle, les salaires ont doublé, alors que le taux de l'intérêt, part du capital, baisse d'une manière continue. Si, de nos jours, l'État français peut emprunter à 3 p. 100 après avoir payé 5 p. 100,

c'est évidemment que les entreprises privées ne peuvent pas, dans l'ensemble, offrir de plus grands avantages aux détenteurs de capitaux. Ceux-ci ont donc vu leur part se réduire de près de moitié dans le cours d'un siècle, alors que, on peut le dire, celle des ouvriers a doublé, à tel point que le travail devient la loi commune, s'impose à tous, au riche et au pauvre, comme une nécessité inéluctable, puisque la baisse des revenus du capital coïncidant avec une augmentation générale des dépenses, ne saurait permettre à aucune fortune de se maintenir sans le travail.

Mieux connus, ces faits ne seraient-ils pas de nature à calmer de nombreuses impatiences qui se produisent de bonne foi, sans doute, quand l'opulence coudoie la misère, comme il arrive encore, malheureusement, mais qui ne sont pas toujours raisonnées? Ces faits ne seraient-ils pas de nature à inspirer aux masses ouvrières plus de calme, moins d'animosité dans leurs revendications? A défaut du sentiment de la justice, s'il avait disparu, celui de leurs intérêts bien entendus devrait, en présence de tels faits, porter les ouvriers à la réflexion bien plus qu'à l'agitation, à l'organisation des œuvres de prévoyance bien plus qu'à des revendications qui, souvent dépourvues de fondement sérieux, ne peuvent que rester stériles.

Quoi qu'il en soit, l'heure présente n'est pas favorable ai vastes entreprises, en agriculture guère plus qu'ailleurs, pj suite des exigences de la main-d'œuvre. Les conditions le plus favorables sont plutôt pour la moyenne entrepris pour le cultivateur aidé des membres de sa famille peut aborder la culture d'un domaine assez étendu pour employer les machines, sans être obligé à des achats consi dérables de main-d'œuvre. La très vaste entreprise, qui doi compter avec cet inconvénient, et la petite culture, qui n peut pas faire les frais des machines, sont, dans de nombreuses régions, condamnées à des frais beaucoup plus élevés à égalité de résultats.

Les variations du salaire.

Comme nous venons de l'expliquer, le salaire ne saurait être ni uniforme

pour tous les ouvriers d'une même époque, ni constant pour les ouvriers d'une même profession à des époques différentes. Les variations qu'il a subies, leurs causes et leur portée économique et sociale, ont été l'objet d'une étude assez récente et remarquablement documentée de la part de M. Émile Chevalier, notre regretté professeur à l'Institut national agronomique. Nous y puiserons quelques renseignements pour montrer l'étendue des variations constatées (i).

Le salaire varie suivant le milieu pour plusieurs raisons. D'abord, parce que le milieu impose un genre de vie spécial et agit ainsi sur la dépense de l'ouvrier; puis, en ce que la législation et la coutume, qui diffèrent selon le milieu, exercent une certaine influence sur la répartition du bénéfice social; encore, parce que la productivité du travail est variable, la nature favorisant plus ou moins l'ouvrier d'une part, et d'autre part celui-ci développant un effort variable. Les chiffres suivants donnent une idée de l'influence du milieu et de l'époque tout à la fois: (1) *Les salaires au XIX' siècle,* ouvrage couronné par l'Académie des sciences morales et politiques

""T Suivant la profession, des différences importantes sont 'irturnellement constatées dans une même localité. Elles tiennent d'une part à ce que la dépense de l'ouvrier est variable el d'autre part, le plus souvent, à la concurrence que '"1e font entre eux les ouvriers, dont la répartition entre les

Inverses professions n'est pas conforme aux besoins de la société.

II. — *Salaire des ouvriers du bâtiment dans les villes chefs-lieux de département.* pj 1854-1833. 1834-1843. 1844-1853. 1853. 1871. 1881.
Fr. Fr. Fr. Fr. Fr. Fr.
'; Maçons 2,00 2,07 2,15 2,07 3,06 3,55
'Charpentiers.... 2,15 2,21 2,32 2,20 3,34 3.90
'Menuisiers 2,16 2,22 2,30 2,02 2,85 3,46
Serruriers 2,26 2,32 2,42 2,1G 3,02 3,47 , Dans une même profession, il se présente aussi des différences indivi-

duelles qui tiennent surtout à la productivité du travail. Toutefois, dans certaines professions, les différences sont difficilement admises par les ouvriers les moins bons. Voici comment conclut sur ce point l'auteur que nous aons cité après son étude remarquable du salaire: « On sait que dans le système social exposé au Luxembourg en 1848 par *l'* Louis Blanc, le droit au travail avait pour corollaire l'égalité des salaires. Ces idées ont laissé un souvenir dans l'esprit des ouvriers, et, à Paris du moins, ceux-ci n'acceptent pas que le patron donne à l'un d'eux une rémunération supérieure. Un de nos amis, grand entrepreneur, nous contait récemment j qu'il n'avait jamais pu donner ouvertement à son meilleur ouvrier une paye plus forte et qu'il avait dû, pour le récompenser, lui remettre, à l'insu des autres, une gratification supplémentaire. Ce socialisme jaloux est entretenu cbèz les Joizier. — *Économie rurale.* 18 ouvriers parles syndicats professionnels, qui s'arrogent, comme nous l'avons vu, la prétention de régler d'une façon autoritaire les salaires. » Ajoutons que l'esprit qui dicte cette jalousie est aussi funeste aux mauvais ouvriers qu'aux bons, car le système généralisé entraîne une diminution générale de l'activité dans toutes les professions, ce qui prive chaque ouvrier d'une partie des débouchés qu'il pourrait obtenir pour son travail.

Pour les ouvriers agricoles, la productivité du travail est souvent fort différente suivant les individus, soit par suite du genre d'occupation, ou de l'âge, etc.; et les différences dans les salaires sont plus facilement admises. Voici sur ce point des renseignements tirés de l'ouvrage de M. Chevalier et empruntés par l'auteur à M. de Montalivet qui les a relevés sur son domaine de la Grange (Cher):

Salaire annuel en

L'augmentation constatée dans ce tableau s'est produite d'une manière assez générale. M. Chevalier a relevé des résultats semblables pour le département de l'Oise, M. Risler a constaté pour le département de l'Aisne une augmentation de 250 p. 100 entre 1820-

1830 et 1875-1884, et partout, on remarque une hausse plus grande pour les salaires qui étaient primitivement les plus bas: il y a tendance « au nivellement du salaire ».

Enfin, ainsi que nous l'avons déjà indiqué, le travail agricole peut se trouver réparti d'une manière inégale sur l'ensemble de l'année et il en résulte des différences dans les prix dont il importe, en diverses circonstances, de tenir compte. Ces différences peuvent être plus ou moins grandes suivant le progrès général de la culture ou le genre de production. En général, le progrès amène une meilleure répartition des travaux (1).

On comprend la nécessité de relever pour le pays même où l'on doit s'établir des renseignements précis sur les variations du salaire aux diverses époques de l'année. Ces renseignements sont en effet les seuls qui puissent éclairer d'une manière certaine sur le salaire à payer aux ouvriers et sur (1) M. Convert, qui a accordé à l'examen de cette question des développements fort intéressants, donne les renseignements suivants sur l'influence exercée par la nature de la production sur la répartition du travail entre les diverses périodes de l'année et le prix de la journée:

Distribution des salaires Variations du prix de la agricoles par hectare. journée de travail.

Voici ce que dit M. Convert au sujet de l'origine des renseignements contenus dans la première partie du tableau (Distribution des salaires par hectare): « Les nombres inscrits dans le tableau qui précède ne sont pas arbitraires. Ceux qui sont attribués à la vigne sont l'expression des dépenses ordinaires que son entretien exige dans le midi; la répartition admise pour la culture céréale n'est que l'application de données précises indiquées par M. G. Heuzé; enfin, les chiffres de la dernière colonne sont extraits d'un travail très consciencieux de M. J.-A. Barral sur la ferme de Masny, que dirigeait M. Fiévet, et qui passe à juste titre pour une des plus remarquables entreprises agricoles de la France » *(Les entreprises agricoles,* par F. Convert).

l'abondance relative de la main-d'œuvre aux diverses époques de l'année, ce qui est un facteur important de la détermination du système de culture.

Des dépenses du travail dans la comptabilité.

Les dépenses en travail peuvent se présenter sous la forme de sommes d'argent directement déboursées, de frais de logement, nourriture, chauffage, faits pour les ouvriers et quelquefois aussi, sous la forme d'une partie de la récolte.

Dans tous les cas, il sera assez facile de ramener le tout, pour chaque ouvrier, à une somme d'argent unique, qu'il faudra répartir entre les diverses opérations auxquelles a été appliqué le travail. On devra s'attacher, en effectuant la conversion des valeurs en nature en valeurs en monnaie, à prendre comme base des évaluations le prix de revient des produits abandonnés en nature et éviter les exagérations, qui ne manqueraient pas d'exercer ici l'influence que nous avons déjà signalée à propos des fourrages.

La répartition de la dépense totale entre les diverses opérations peut se faire de plusieurs façons: soit en tenant compte uniquement du temps consacré à chacune, soit en y joignant encore les difficultés particulières d'exécution du travail qui peuvent se présenter pour certaines d'entre elles exclusivement. L'introduction de ce deuxième élément serait souvent une cause d'arbitraire, aussi n'y aura-t-il lieu de le prendre en considération que si ces difficultés ont été réellement une cause d'augmentation de la dépense, ce qui n'est pas le cas généralement: le domestique étant loué à l'année, le prix s'applique à l'année entière, sans qu'il soit réellement possible de dire pour combien les difficultés spéciales au travail de la moisson, par exemple, interviennent dans la somme à laquelle il est fixé.

Mais il est indispensable de tenir un compte aussi exact que possible du temps réellement consacré par *chaque ouvrier à chacune des diverses parties de l'entreprise.* Exprimé en journées et fractions de journées, le temps ne serait pas connu avec une exactitude suffisante, attendu que la durée de la journée. pour l'exécution des travaux au dehors, est variable de sept à douze heures et quelquefois plus suivant les saisons, et qu'on ne saurait inscrire pour le même prix la journée de sept heures et celle de douze heures. C'est donc en heures qu'il faut noter ce renseignement. Entin, lorsque les ouvriers ne sont pas tous payés le même prix, il est nécessaire de faire figurer dans les comptes les renseignements qui permettront d'établir pour chaque opération le prix de ceux qu'on y a consacrés: il est facile de comprendre que l'heure d'un jeune valet payé 300 francs l'an ne peut pas être portée au même prix que celle d'un charretier payé 700 francs.

Dans les exploitations d'une certaine importance, tous ces détails sont généralement consignés sur des feuilles de paie, hebdomadaires ou mensuelles, ou sur un livre auxiliaire spécial. Ils sont d'autant plus nécessaires que le prix du travail ne peut souvent figurer dans les comptes qu'en fin d'année, au moment de leur clôture, et qu'il serait impossible, s'ils faisaient défaut, d'établir la situation réelle.

En effet, sauf pour les journaliers et les tâcherons non nourris, le prix de revient du travail n'est connu qu'en fin d'année et ce serait s'exposer à de sérieuses erreurs que de l'estimer par anticipation. Il faut, pour pouvoir évaluer cette dépense, connaître les sommes payées en argent, puis les frais en nature, et, d'autre part, le nombre des journées obtenues de chaque ouvrier. Or, si la partie du salaire fixe en argent est connue à l'avance, les autres éléments, susceptibles d'assez grandes variations, sont inconnus jusqu'à la fin de l'année et ressortiront des comptes spéciaux.

La dépense de nourriture dépendra du prix des denrées consommées, variable chaque année; les frais d'encouragement pourront varier davantage selon la réussite des opérations auxquelles ils correspondent; et enfin, le troisième élément du compte, le nombre des heures de travail dépendra de la température, principalement de la pluie,

qui permettra l'utilisation plus ou moins complète du temps des ouvriers, du nombre des jours de repos, par suite de fêtes, congés, maladie, etc. C'est donc seulement en fin d'année que l'on pourra faire le total de la dépense et celui des heures de travail obtenues de chacun des ouvriers et, divisant le premier total par le second, connaître le prix de l'heure.

Mais ce mode de répartition ne saurait convenir pour tous les cas. Il ne peut, en effet, être appliqué qu'autant qu'il est facile d'apprécier le temps consacré par l'ouvrier à chacune des opérations entreprises sur la ferme, ce qui ne se présente guère que pour les travaux manuels. Le travail de direction s'applique à tout en même temps, dans une mesure qu'il est dil'iicile de préciser et ne peut faire partie que des frais généraux.

Ce travail peut être fourni par des agents salariés, pour tout ou partie, ou bien par le propriétaire même de l'entreprise. L'évaluation de celui qui est acheté ne peut présenter plus de difficultés que l'évaluation du travail manuel, mais il n'en est pas de même de celui que fournit le propriétaire. Le prix de ce travail pourrait, il est vrai, se confondre avec le bénéfice sans inconvénient: comme la dépense n'en peut être répartie que proportionnellement au capital engagé, les bénéfices accusés par les différents comptes ne cesseraient pas d'être comparables, ils seraient tous majorés dans la même proportion.

Toutefois, il doit être bien entendu que pour agir ainsi, on ne doit faire figurer dans la comptabilité de l'exploitation aucune des dépenses personnelles du directeur et que celles-ci doivent être l'objet d'une comptabilité spéciale.

La comparaison du taux des bénélices fournira des indications sur la valeur relative des diverses opérations, mais n'en donnera aucune sur les avantages relatifs que l'exploitant tire de l'entreprise directe. S'il veut être fixé sur ce point, il lui suffira de retrancher du bénéfice total accusé par les comptes le salaire qu'il retirerait de toute autre occupation en rapport avec ses apti-

tudes: si les comptes accusent un bénéfice total de 6000 francs et s'il ne peut prétendre à plus de 4000 comme salarié, il est bien évident que l'entreprise directe lui vaut un complément de salaire ou de bénéfice de 2000 francs.

Ce résultat serait accusé directement par les comptes, si le salaire de l'entrepreneur, préalablement estimé, y avait été inscrit sous la forme de frais généraux. Cette façon de procéder ne présente d'ailleurs pas plus d'inconvénients que la première; mais il serait dangereux de ne pas distinguer les dépenses personnelles à l'exploitant ou spéciales à son ménage, de celles de l'exploitation. Le cultivateur s'exposerait dans ce cas à ne pas voir clairement les résultats de son entreprise, qui seraient plus ou moins dissimulés peut-être, par une mauvaise économie domestique, par la dissipation qui serait son propre fait, ou par les dépenses exagérées du ménage.

II devra donc y avoir une comptabilité propre à l'industrie et une comptabilité domestique; la première ouvrant à la seconde un crédit égal au salaire personnel de l'entrepreneur, et la seconde payant à la première, au prix du marché, les denrées fournies au ménage par la ferme. VI. — ESTIMATION DES TRAVAUX.

De nombreuses circonstances se présentent où il est nécessaire d'évaluer la dépense de main-d'œuvre ou de monnaie entraînée par l'exécution d'un travail. Ce sera, notamment, après avoir obtenu un produit, ' quand on voudra en déterminer le prix de revient; ou bien, avant de se livrer à une production, quand on voudra s'éclairer sur la somme que réclamera un entrepreneur à la tâche pour les travaux dont elle comporte l'exécution, ou sur la main-d'œuvre qu'il faudra engager à la journée, au mois ou autrement, pour obtenir en temps utile l'exécution d'un travail; ou bien encore quand il s'agit d'estimer des récoltes en terre ou de procéder à toute autre expertise dans laquelle ligure une dépense en travail faite ou à faire, etc.

Toutes ces circonstances peuvent donner naissance à deux situations: 1 ou bien on a pu noter, pendant l'exécution du travail, le temps qu'y ont consacré les ouvriers, ainsi que les sommes qui leur ont été payées; 2 ou bien on doit procéder à l'évaluation préalablement à l'exécution du travail, ou postérieurement, mais sans que l'on aitpu recueillir de renseignements.

Dans le premier cas, il suffit d'appliquer les données fournies par la comptabilité, c'est-à-dire de faire le total des sommes qui ont été payées aux ouvriers pour le travail considéré et de rapporter ce total à l'unité de produit, ce qui ne saurait présenter de très sérieuses difficultés.

Dans le second cas, l'évaluation ne présentera pas le même degré d'exactitude. Elle comportera l'estimation du temps employé par les ouvriers, et celle du tarif suivant lequel ils doivent être rétribués. Pour ce qui est de ce dernier élément, on pourra assez facilement l'établir en tenant compte des causes des variations du salaire et en relevant des renseignements applicables à la localité où il s'agit d'opérer.

Pour l'estimation du temps, on peut consulter les résultats d'observations antérieures, ou bien recueillir des renseignements sur place, de façon à savoir quel est le rendement en travail de l'ouvrier à l'égard de chacune des opérations à examiner et choisir, parmi les données recueillies, celle qui doit s'appliquer à la situation en présence de laquelle on se trouve.

Ce choix, toutefois, n'est pas sans présenterde sérieuses difficultés. Ainsi, les données recueillies indiqueront qu'un ouvrier laboure en un jour de 1 à-i ares de terre à la bêche et de 2.'i à 75 ares a la charrue; qu'il ensemence à la volée de 3 à 5 hectares; qu'il fauche l'hectare de prairie en deux ou trois jours avec la faux, et en trois ou quatre heures avec la faucheuse; etc. De sorte que, suivant les moyens employés, la rapidité d'exécution varie quelquefois dans la proportion de 1 à 20 et au-dessus et que, par un même moyen, suivant les difficultés spéciales qui se présentent, elle peut varier encore dans la proportion de 1 à 2 fréquemment.

Pour l'ouvrier déjà très habitué au travail, ou le contremaître rompu à la surveillance et à la conduite des travaux, la détermination du chiffre qu'il conviendra d'appliquer à une situation donnée pourra être le résultat d'une appréciation rapide, d'une simple comparaison entre les difficultés particulières qui se présentent dans le cas examiné et celles qu'il a fallu vaincre dans un autre cas. L'homme exercé agira à l'égard du travail de même que le boucher ou l'éleveur expérimentés dans l'appréciation du poids d'un animal; ils déduisent facilement le poids d'une comparaison mentale avec d'autres animaux de poids connu. Mais, à l'égard du travail, il ne saurait en être ainsi du jeune contremaître, ou du directeur dans la grande exploitation, auquel une tâche de bureau absorbante peut ne pas laisser le temps d'accorder aux détails la même attention que leur accorde son contremaître. Et d'ailleurs, de même que l'éleveur ou le marchand les plus expérimentés commettront des erreurs assez graves s'ils sont *dépaysés,* c'est-à-dire mis en présence d'animaux autres que ceux qu'ils ont l'habitude de mettre à poids, de même,l'homme le mieux habitué à l'évaluation des travaux se trompera plus ou moins gravement s'il est mis en prsence d'opérations qu'il n'a pas l'habitude de faire exécuter, ou d'autres ouvriers que ceux qu'il conduit habituellement.

Il en résulte qu'en l'absence de toute méthode raisonnée, l'expert doit posséder une grande expérience, que peut seule procurer une pratique prolongée et qui ne vaut que pour le milieu et le genre d'opérations dans lesquels elle a été acquise. De là la nécessité d'apporter dans ces évaluations un esprit méthodique.

Suivant les conseils donnés fréquemment, le moyen à employer pour s'éclairer serait très simple et consisterait à faire exécuter le travail sur une certaine étendue, à observer les ouvriers et à noter la quantité obtenue dans l'unité de temps, soit une heure, de façon à en déduire le temps nécessaire pour l'exécution de la même tâche sur une étendue déterminée. Outre que ce moyen n'est applicable que pour les tra-

vaux que l'on peut faire exécuter au moment même où il s'agit de se livrer aux appréciations, il arrive dans bien des cas qu'il est impossible d'y recourir. Comment pourrait-on procéder, par exemple, pour savoir quelle sera l'étendue coupée à la faucheuse dans un jour, en moyenne, sur la ferme? Même si on se trouvait en saison favorable, il ne suffirait point de faire faire quelques tours à la machine dans la prairie, car la rapidité d'exécution est plus grande au début, alors que l'on suit les bords du pré, qu'à la fin de la tâche, alors que les ravages sont devenus plus courts et qu'il faut tourner d'une manière incessante. Après avoir coupé tout le champ, on ne serait encore fixé que pour celui-là, car la surface coupée en un jour dépend à la fois de la grandeur du champ, de sa forme, si bien que, à moins de n'avoir que des parcelles identiques, il faudrait, pour être fixé, pouvoir couper toutes les parcelles.

Il y a beaucoup de travaux dans le même cas, dont la rapidité d'exécution tient à de nombreux facteurs d'une influence variable, qui ne peut être appréciée qu'à la suite d'un examen assez attentif.

On doit procéder par analyse beaucoup plus que par comparaison, c'est-à-dire, définir la nature de chacun des facteurs qui influent sur la rapidité d'exécution du travail mis à l'étude, de façon à en mesurer aussi exactement que possible l'influence et arriver ainsi à un résultat qui soit véritablement l'expression de la situation donnée.

Pour montrer tout à la fois l'esprit dont on doit s'inspirer et les influences diverses qui peuvent entrer en jeu; nous procéderons à l'analyse de deux travaux pris pour types, l'un à effectuer à la main, l'autre avec le secours d'un attelage.

Ensemencement d'un champ à la volée.

Pour obtenir la meilleure disposition des graines sur le sol, dans le cas d'un semis à la volée, le semeur doit posséder une certaine habileté manuelle, mais, surtout, régler sa marche et tous ses mouvements d'une manière mécanique.

Muni d'un semoir, ou récipient qui lui permette de marcher facilement tout en y puisant le grain à semer, il doit lancer la semence sur le côté, lui faire décrire une courbe « en employant tout le développement du bras » qui décrit un arc de cercle de façon à ce que la main vienne frapper l'épaule opposée. Il doit lancer la semence de telle sorte que celle-ci soit accompagnée par le vent, mais non point contrariée dans la marche que lui imprime le semeur. Il en résulte que la main doit se mouvoir comme si le vent la poussait, ce qui implique à la fois, pour le semeur, l'obligation de suivre une certaine direction plutôt que toute autre et de semer avec une égale habileté au moyen des deux mains.

S'agit-il d'ensemencer le champ ABCD, lig. H, alors que le vent souffle suivant la direction indiquée par la llèche *f,* le semeur partira de D en prenant la ligne DA comme rayage ( 1), puis il lancera la semence comme l'indiquent les courbes *y, y* en employant la main gauche. Arrivé en A, il reprendra le même rayage pour revenir en D et, semant de la main droite, il lancera la semence jusqu'à la ligne c, d, de façon à ce que le jet de ce deuxième rayage croise celui du premier; pms, de retour en D, et se portant sur le rayage *de,* il opérera de la même façon, semant de la main gauche, lançant le grain jusqu'en d c et ainsi de suite. Le premier et le dernier rayages seront donc parcourus en lançant la semence à un demi-jet, et tous les autres en la lançant au jet normal. On pourrait obtenir plus de régularité encore, en croisant une fois de plus, c'est-à-dire en faisant un premier rayage à un tiers de jet, un second à deux tiers et les autres, à partir du troisième, à jet normal. L'ouvrier a le soin de guidersa marche au moyen de jalons, qu'il déplace à chaque rayage, les reportant successivement de *m, n, o,* en *m, ri, o',* etc.; et enfm, à chaque exil) On entend par rayage la ligne parcourue par le semeur; par train, l'espace de terre compris entre deux rayages voisins; par jet de semence, la grandeur de la courbe décrite par la semence (Pichat, *Encyclopédie de l'agriculteur,* par Moll

et Gayot).

trémité durayage, il doit commencer et fmir la tâche par ders jets d'une ampleur beaucoup moindre afin d'éviter de lancer la graine sur les parcelles voisines. Dans tous les cas, la pratique a démontré que le semeur doit coordonner ses mouvements def'a';on à lancer une poignée de grain tous les deux pas, et à effectuer le jet à l'instant précis où le pied, du côté de la main qui sème, prend la terre. Ce sont les conditions d'équilibre dn corps qui permettent d'effectuer le jet avec la régularité la plus grande.

Il en résulte que la surface ensemencée au moyen d'une poignée de semence est égale à la largeur du train multipliée par deux fois la longueur du pas. Comme le train est la moitié, eu le tiers de la longueur du jet, suivant que l'on croise une ou deux fois, on peut dire que la surface ensemencée au moyen d'une poignée de semence est égale à deux fois la longueur du pas multipliée par la moitié ou le fiers de la longueur du jet suivant que l'on croise une ou deux fois. On voit par là comment on peut faire varier la quantité de semence répandue à l'hectare en faisant varier un ou plusieurs de ces trois éléments: pas, jet, poignée,

L'expérience a montré que, pour bien semer, l'ouvrier doit chercher à faire le pas de grandeur constante et que les variations doivent surtout affecter la poignée; le jet ne doit varier que dans des limites assez restreintes, afin de ne pas obliger l'ouvrier à un effort violent, qui amènerait trop rapidement la fatigue et ne permettrait pas la régularité dans l'exécution du travail. D'autre part, le jet doit être assez court pour que toutes les graines aient pris la terre, avant d'avoir éprouvé la résistance de l'air sur un parcours prolongé, ce qui entraînerait une irrégularité de dissémination variable suivant la densité des graines à semer. Pour toutes ces raisons, la longueur de jet la plus convenable est de 6 mètres environ pour les graines des céréales et de 4 pour les graines assez lines, comme celles du trèfle et de la luzerne.

Ces conventions établies, si nous nous demandons quelle peut être

l'étendue ensemencée dans une journée, nous devons tout d'abord remarquer qu'elle variera suivant la quantité de graine à répandre par hectare; suivant la longueur du jet, la largeur du train, qui influent sur la distance à parcourir pour semer un hectare; suivant la vitesse à laquelle marche le semeur. La vitesse du semeur dépend de lui-même, dans une certaine mesure; mais, aussi, de la charge qu'il transporte en moyenne, de l'état de la terre sur laquelle il marche et qui peut être plus ou moins unie, mouillée ou sèche, adhérer plus ou moins aux chaussures. Il ne faudrait donc pas croire que la vitesse pour un même semeur est constante: si le pas est de grandeur uniforme, il est plus ou moins fréquemment répété.

Admettons qu'il s'agisse de semer du froment, et que la semence à répandre par hectare pèse 200 kilos environ (après immersion dans du sulfate de cuivre). La longueur du jet pouvant être de 6 mètres, le train aura 3 mètres. Quant à la vitesse de marche, le froment se semant sur des terres unies, mais généralement assez humides, elle ne dépassera guère 0,80 par seconde. Si le semeur prend chaque fois 1o kilogrammes de graine dans son semoir, 90 secondes lui suffiront pour cela chaque fois, si les sacs sont convenablement répartis sur le champ, et on déterminera approximativement comme suit la surface qui peut être ensemencée en un jour (1).

1. Pour un plein semoir ou 15 kil.: *a.* Surface à ensemencer: 10000 m. carrés pour 200 kil. ,-, pour 15 kil. — x lo = 7o0 m. c. *b.* Distance à parcourir: la largeur du train étant 3 mètres, c'est = 250 m. *c.* Temps nécessaire pour effectuer le parcours: 1" pour 250 0-,80 donne —-= 312' 0,80 *d.* Temps nécessaire pour jalonner le rayage 50" *e.* — — — renouveler la semence 90" *f.* — — — commencer et terminer chaque train 30"

Total 482" (1) Nous négligeons le temps supplémentaire exigé par le premier et le dernier train qui obligent à un parcours double. Ce temps est le même, à longueurs de rayages égales, quelle que soit la surface du champ à semer; il est facile d'en tenir compte dans des conditions déterminées.

Jol'zier. — *Économie rurale.* 19 2. Surface ensemencée en 9 heures X 9 X 60' X 60" = 4o2 50 414 mètres carrés ou 5 hectares.

S'il s'agissait d'effectuer un semis de luzerne, la quantité de graine à répandre à l'hectare ne dépasserait pas 30 kilogrammes, soit 2." kilogrammes, la largeur du train se trouverait réduite à 2 mètres, mais la durée du travail pourrait être de 10 heures et la surface ensemencée en un jour, environ 4 hectares 50 ares, savoir: 1. Pour un plein semoir ou 12ks,500.

*a.* Surface à ensemencer avec un plein semoir

$$\frac{10\ 000}{25} \times 12s,50 = 5000\ \text{m. carrés.}$$

5 000 o. Distance a parcourir = 2 500 mctres.

2 2500 c. Temps nécessaire pour effectuer le parcours —— = 3 125" 0,o0

— — — jalonner 500"

— — — renouveler la semence 90"

— — commencer et terminer chaque train 300"

Total 4 015" 2. Surface ensemencée par jour X 10 X 60' X 60" = 44831 mètres carrés.

Enfin, s'il s'agissait de répandre un engrais pulvérulent, à la dose de 900 kilogrammes par hectare, voici quels seraient les éléments d'appréciation du travail: -1. Avec un plein semoir ou 15 kil.: 10 000

Surface à ensemencer X 15= 166,66. . 166,66

Espace a parcourir ——— = 55,55.

55,55 Temps nécessaire pour effectuer le parcours = 69"

— — — jalonner 10"

— — — renouveler la provision 90"

— — g" commencer et terminer le train. g" 2. Surface ensemencée en un jour: x 36 000 = 34 285tn 175 ou 3 hect. 50 environ.

En supposant que le pas ait une longueur de 0, 65, la surface complètement pourvue d'engrais par chaque poignée, serait, en croisant une seule fois: 0,65 X 2 X 3 = 3 m2,90 et la quantité à répandre sur cette surface serait: 900 X 3,90 = 05,351 gr.

Il en résulte que la poignée devrait renfermer chaque fois 351 grammes de la matière à répandre. Dans le cas où la densité de l'engrais ne le permettrait pas, il faudrait croiser deux fois et la surface ensemencée en un jour ne seraitplusquede2 hectares 75: 1. Avec un plein semoir ou 15 kil.: 10 000

Surface a ensemencer: — x 15 = 166,65. 166,66

Espace à parcourir —·— = 83,33. 83 33

Temps nécessaire pour effectuer le parcours ' '— = 100" 0,83

— — — jalonner 16"

— — — renouveler la provision 90"

— — — commencer et terminer le train 12"

Total 218" 166,66 2. Surface couverte en un jour: x 36 000 = 27 521 ou 2,7o. 218

Avec un semeurfournissant une marche différente, le travail serait naturellement différent.

Notre raisonnement suppose que, dans tous les cas, les sacs qui renferment les matières à répandre sont répartis sur le sol de façon à permettre le renouvellement de la provision en ne parcourant que le moindre espace possible. Cette condition peut être réalisée facilement en les disposant sur un certain nombre de lignes transversales à la direction des ravages et placées, l'une de l'autre, à une distance égale à celle que doit parcourir le semeur pour vider le semoir. Ainsi, dans le cas ci-dessus, où il s'agit de semer un engrais en croisant une seule fois, cette distance étant. '.'j,55, les lignes de sacs TG, SF, RE (flg. *il* doivent être les unes des autresà 55,55; telles sontles distancesRS, ST. Toutefois, leslignesRE et TG, les plus rapprochées des bords du champ, ne devront être éloignées de ceux-ci que de la moitié de la distance qui les sépare de leurs voisines immédiates, soit 27,77 pour les distances RD et AT. Dans ces conditions, le semeur partant du point D avec une demi-provision, l'aura épuisée en arrivant sur la ligne RE et ira la renouveler en suivant cette ligne jusqu'au premier sac S, c'est-à-dire en parcourant le minimum de chemin. Revenu sur son rayage, il repartira et aura vidé son

semoir en S, où il manœuvrera comme en R, puis opérera de même en T, de sorte que, arrivé en A, il lui restera un demi-semoir qui lui permettra de revenir en T, et ainsi de suite.

Pourlamêmeopérationencroisant-deuxfois,lessacsdevraient être répartis sur deux lignes éloignées l'une de l'autre de 83,33 et des bords du champ, de 41,66.

Pour permettre cette organisation, que nous supposons la plus favorable, pour un semeur de force donnée, la longueur du ravage doit être un multiple exact de la distance à parcourir pour répandre le contenu du semoir. Cette longueur devrait être, pour les cas examinés, 166,66, qui contient trois fois S5,55 ou deux fois 83,33. Si elle était différente, il y aurait lieu de modifier quelque peu la provision de semence à prendre chaque fois car, la longueur du champ ne pouvant pas être modifiée, il faut la prendre telle qu'elle est. Ainsi, ayant 120 mètres au lieu de 166,66, nous aurons, en divisant la longueur du ravage par la distance à parcourir pour 120 répandre la provision que renferme le semoir: . — = 2,16, chiffre voisin de 2. Nous disposerons alors les sacs sur deux lignes éloignées l'une de l'autre de 60 mètres et de 30 mètres des bords du champ. Dans ce cas, la provision de matière devrait être augmentée en proportion du rayage et monter à: 15 X Jrp = 16K,216. Le résultat final, la rapidité d'exécution du travail, ne se trouverait pas sensiblement affecté par cette modification.

Dans les cas où, pour le même champ, il serait nécessaire de croiser deux fois, le rapport qui dicte des lignes 120 de sacs serait: — 1,44. On aurait alors à choisir entre une ligne uuique et deux lignes. Avec une seule, il faudrait parcourir 120 mètres sans renouveler la provision et prendre, par conséquent, chaque fois: 120 15 x —— = 21 "s,600; 83,33

ce qui pourrait être au-dessus de la force2 du semeur. Dans ce cas, il faudrait adopter la disposition sur deux lignes; le semeur aurait à parcourir 60 mètres sans renouveler sa provision, et il lui suffi-

rait de prendre chaque fois: 60 15 X ——
= 10,800.

83,33

Le travail serait alors moins rapide; il serait fait par jour 2,45, soit 25 ares de moins que dans le champ long de 166 mètres.

Le prix du travail peut ne pas être dans tous les cas proportionnel au temps employé, car l'épandage doit être plus ou moins parfait suivant qu'il s'agit de semences ou d'engrais; et quand il s'agit de semences, il est plus ou moins difficile de l'obtenir régulier selon que les graines sont grosses et se sèment à poignée, ou fines et doivent être semées par pincées. Il en résulte qu'il faudra, suivant les cas, un ouvrier plus ou moins habile et par conséquent payé plus ou moins cher; ou bien, si l'on emploie dans tous les cas l'ouvrier le plus habile, il pourra, pour les travaux les moins délicats, aller plus vite qu'un autre moins exercé. En tenant compte de ces particularités, les prix pourraient varier comme suit: fr.

l Semis de froment, 5 hectares par jour, à 4 francs la journée 0,80 par hectare.

2o Semis île luzerne, 4 h. 50, à 5 fr. la journée. 1,11 — 3 — d'engrais dans un champ long de l(i(i,66: en croisant une fois, 3 h. 50 par jour ,i raison de 3 fr. la journée 0,857 — en croisant deux fois, 2 h. 75 par jour à raison de 3 fr. la journée 1,09 — 4 Semis d'engrais dans un champ long de

120 mètres en croisant 2 fois, 2 h. 45 par jour

à raison de 3 francs 1,224 —

Fauchage mécanique sur une prairie.

Lorsque l'herbe est droite, l'ouvrier qui doit la couper au moyen de la faucheuse peut faire contourner les bords de la prairie par la machine, de telle sorte que le travail se poursuive d'une manière continue et qu'il n'y ait, dans la marche de l'attelage, que les arrêts nécessités par le besoin de repos pour les animaux, ou de graissage pour la machine.

Dans ce cas, le rayage suivi peut être représenté, théoriquement, comme l'indique la figure 12. Un passage ayant été préalablement frayé au moyen de la faux, il restera à couper la surface ACCD.

L'ouvrier arrivant en D, longera le côté DA du rectangle, coupant le train n 1, puis arrivé en A, il tournera suivant un angle droit, longera le côté AB en fauchant le train 2 et, agissant de même, coupera successivement les au *a 15 11*

Fig. 12.

très trains dans l'ordre indiqué par les nombres qu'ils ren ferment.

La rapidité d'exécution du travail dépendra de la vitesse de l'attelage, on le comprend facilement, puisqu'ils s'agit de parcourir un certain espace. EUedépendra en outre de la grandeur du champ, car l'espace total à parcourir est proportionnel à cette surface: on s'en rendra compte facilement, en remarquant, d'une part, que les trains sont des rectangles d'une largeur constante, égale à *la largeur de coupe,* et d'autre part qu'ils doivent, dans leur ensemble, couvrir toute cette surface. Il en résulte que le parcours total à effectuer est égal

à la surface à couper, divisée par la largeur de coupe; soit g y. La surface coupée dans un temps donné dépendra encore dela forme du champ. Si nous supposons celle-ci rectangulaire, il nous suffira, pour en voir l'influence, de supposer deux champs de même surface, l'un ayant comme largeur la longueur de lame de la faucheuse, l'autre un multiple de cette longueur. Dans le premier, il n'y aura pas à tourner, tandis que dans le second, on devra y consacrer du temps. De cette observation nous pouvons conclure que de toutes les formes rectangulaires, la moins avantageuse est la forme carrée.

Si on cherche à déterminer la grandeur P,, du parcours que l'on peut effectuer, en moyenne, par tournée, soit le *parcours moyen* (l), on trouve qu'elle a pour expression pour une prairie S C carrée: Pi =——, = ——.; c'est-à-dire la surface, divisée par le *2e-l 2c-l* côté diminué de la largeur de coupe.

Pour une prairie rectangulaire ce sera, si la tâche est com

S mencée parallèlement au plus petit côté, P/ = Si la tâche était commencée parallèlement au plus grand côté, la valeur du parcours moyen serait P," = ('), valeur plus grande que dans le cas précédent pour une même surface à couper,

ce qui indique un nombre de tournées moindre, et par conséquent des conditions plus favorables.

Si nous remarquons que la surface n'est autre que le produit d'un côté par l'autre: *a X b,* nous pouvons écrire, pour (1) Le parcours moyen est égal au parcours total divisé par In nombre de trains ou rayages.

le cas le moins favorable dans le rectangle: P«' = = .

D'où nous concluons que le parcours moyen est, dans ce cas, égal à la moitié du grand côté du rectangle. Enfin, la largeur de coupe ne représentant qu'une très faible partie du côté du carré ou du rectangle, on peut considérer la formule (I) cidessus comme une simple indication sur le sens suivant lequel il faut attaquer la tâche, mais négliger d'en tenir compte autrement et dire que le *parcours moyen* a pour expression la moitié du côté lorsqu'il s'agit d'un carré, et la moitié du grand côté s'il s'agit d'un rectangle, c'est-à-dire:

Le tableau suivant montre que les différences qui peuvent résulter de cette transformation ne sont pas très sensibles.

*Valeur du parcours moyen* (1).

Figures des surfaces. Valeur théorique. Voleurapprochée.

Avec l = Avec / =

Carré de 2 hectares (141,42 x 141,42).

— de 1 hectare(100 x 100)

Rectangle de 100 m. sur 200

Carré de 4 hectares (200 x 200)

Rectangle de 4 hectares (300 x 133,33).

— 4 — (400x 100)....

— 4 — (800x50)

— 8 — (800 x 100)... Carré de 8 hectares (282,82x282,82)..

I m. 1",40. 1 m. l-,40 70,96 71,03 70,71 70,71 50,25 50,35 50 » 50 » 100,50 100,70 100 » 100 » 100,25 100,35 100 » 100 » 150,56 150,79 150 » 150 » 201 » 201,40 200 » 200 » 404,04 405,68 400 » 400 » 402,01 402,81 400 » 400 » 141,67 141,77 141,42 141,42

La rapidité d'exécution du travail sera encore influencée par le temps nécessaire pour tourner, pour nettoyer et graisser la machine en cours de marche, changer la lame, etc. La tournée est rapide avec un bon attelage, car en réalité, il n'y a à effectuer qu'une demi-tournée. Pour les soins à donner à la machine et laisser souffler les animaux, il faut un temps variable suivant les circonstances: contrairement à ce qui se passe avec la faux, le travail se fait mal à la rosée, la lame (1) La largeur de coupe $l$ = 1 mètre correspond au cas d'une faucheuse, et $l$ = 1,40 au cas d'une moissonneuse.

s'engorge plus facilement et pour peu qu'il y ait des taupinières les arrêts seront plus fréquents.

Après avoir apprécié la valeur de chacun des facteurs que nous venons d'énumérer, on pourra, dans des circonstances données, déterminer la surface qui peut être fauchée en un jour.

Soit 1,20 par seconde la vitesse des animaux; 1 mètre la largeur de coupe; 15 le temps nécessaire pour chaque tournée; 300' par 200 mètres, le temps nécessaire pour graisser et laisser reposer les animaux et 10 heures la durée du travail effectif; voici comment s'estimera la tache qui pourra être exécutée:

A. Dans des champs carrés de 2 hectares, trajet moyen:

La largeur de coupe étant de 1 mètre, la surface coupée par trajet moyen est 70,7t x t = 70,71 et on peut couper en 10 heures ou 36000'. 70,71
—— x 36 000 = 30 298,«2 ou 3 hectares.
84

B. Dans des rectangles de 1 hectare o0 mètres sur 200;.

Trajet moyen: 100 mètres.
100

Parcours du trajet moyen jj= "

Temps nécessaire pour la tournée 15"
—— graissage et repos x 100=. 15"
200

Total 113"

On peut couper en 10 heures: — X 36000=31850 mètres ou 3 "«',18.

C. Dans des rectangles de 1 hectare (282,84 X 35,35); trajet moyen: 141,42.
141 42

Parcours du trajet movcn,' = 112"
112'' 1,20

Temps nécessaire pOur tourner 12 30

—— graissage et repos — X 141,42. 21"

Total 148" 141 42

On peut couper en 10 heures: X 36000=34399 mètres carrés ou 3,43.

En procédant de la même façon et avec les mêmes données, on trouvera qu'il est coupé en 10 heures: 2 h. 8o dans des champs carrés de 1 hectare (100x100).
3 h. 18 —— rectang. de 2 hectares (200x 100). 3 h. 18 —— carrés de 4 — (200x200). 3 h. 33—— rectang. de 4 — (300x133,33). 3 h. 41 — — — de 4 — (400x100). 3 h. 52 — — — de 4 — (800x50). 3 h. 52 — — — de 8 — (800x 100). 3 h. 44 — — carrés de 8 — (282,84x282,84).

Les seules dillèrences de forme et de surface des parcelles, dans les limites ci-dessus, peuvent donc déterminer des variations entre 2,85 et 3,52 pour l'étendue coupée. Si, les autres éléments restant les mêmes, le temps nécessaire pour tourner était 30" au lieu de 15, les variations se produiraient pour les mêmes ligures géométriques entre 2,30 et 3,40, c'est-à-dire qu'il en résulterait une perte de beaucoup plus grande avec les petites surfaces qu'avec les grandes.

Knfin, la forme non rectangulaire entraînerait une perte'de temps variable qui ne pourrait s'apprécier que dans des conditions données, mais que l'on peut prévoir plus grande avec des angles plus aigus. Si l'herbe était versée, il ne serait plus possible de faire un bon travail en contournant le champ et il en résulterait encore une moindre rapidité d'exécution. Versée dans la même direction, l'herbe pourrait être coupée assez ras encore au moyen de la faucheuse. Dans le cas contraire, la machine ne présenterait que fort peu d'avantages.

VIL — LA TERRE. — LA PROPRIÉTÉ FONCIÈRE.

§ 1. — LA PROPRIÉTÉ INDIVIDUELLE DU SOL.

La terre, instrument de production fourni par la nature, ne saurait appartenir à un homme IplutOt qu'à un autre. Ne eoûtant rien a personne, également utile à tous, elle reste en effet à l'état de propriété commune aussi longtemps que les hommes peuvent se contenter des fruits naturels qu'elle fournit sans qu'il lui soit appliqué aucun travail.

Mais un tel état de choses, qui se rencontre chez les populations encore sauvages, ne'saurait se perpétuer. Les productions naturelles de la terre, ne pouvant suffire qu'au cas d'une population peu dense et peu exigeante, ne tardent pas à devenir insuffisantes et la nécessité de cultiver le sol, pour obtenir davantage, détermine bientôt la transformation de la terre, instrument naturel de production, en un véritable capital: le fait d'enclore un champ, pour en protéger la végétation naturelle contre les déprédations des bêtes sauvages suffit, en effet, pour lui donner ce caractère et dès lors, la terre doit, comme tout capital, devenir l'objet d'une propriété. Apres avoir appartenu en communauté à la peuplade, à la tribu, à la famille, le sol, dans nos sociétés civilisées, devient une propriété individuelle. Restreint d'abord au sol qui porte la hutte, le droit de propriété s'étend à toutes les parcelles qui sont l'objet de soins quelconques; après avoir été limité à une assez courte durée, il deviendra renouvelable, puis viager, et enfin perpétuel et transmissible comme nous le rencontrons parmi nous. Nulle part, cependant, il n'est absolu, exclusif, et dans notre législation même, l'article 544 du Code civil qui le consacre, lui impose des limites (1). D'autre pait, le propriétaire peut être contraint dans certains cas de céder sa terre, mais seulement pour *cause d'utilité publique* et *moyennant une juste et préalable indemnité.*

Le droit de propriété établi sur le sol peut se fonder sans (1) La propriété est le droit de jouir et disposer des choses de la manière la plus absolue *pourvu qu'on n'en fasse pas un usage prohibé par les lois ou par les règlements.* léser aucun intérêt. II est institué pour l'utilité commune, et non point seulement pour l'utilité de ceux qui possèdent les terres. On en trouve la preuve dans la façon même suivant laquelle il s'établit.

Dans les pays assez peu habités, où la terre nue est en quantité *illimitée,* celui qui s'empare d'une parcelle inoccupée pour y construire sa hutte, ne dépouille personne, puisque personne, avant lui, n'avait jugé bon de s'établir à cette place. De plus, son action ne saurait être nuisible à qui que ce soit, puisqu'il y a, autour de la surface choisie, un espace libre illimité, pour tout nouvel arrivant. Que la situation du propriétaire de la hutte, plus tard, devienne un objet d'envie de la part de ceux qui n'auraient pas pris la peine de se construire un abri, le fait n'est guère contestable, mais tiendra au travail fixé sur le sol, beaucoup plus qu'à la possession du sol lui-même. Et dans tous les cas, on ne saurait concevoir aucune société se refusant à sanctionner, dans ces conditions, le droit du premier occupant, sous prétexte d'injustice, certains emplacements pouvant offrir plus d'avantages que d'autres. Ce serait admettre le droit du plus fort à dépouiller le plus faible, et aboutir à la situation la plus misérable: faute d'être assuré de jouir de sa hutte, personne n'en voudrait construire aucune et tous devraient s'en passer. Ce serait assurément l'égalité sous ce rapport, mais l'égalité dans la misère, situation pire, évidemment, que l'inégalité assurant à tous une aisance relative.

On est donc amené à concevoir un état primitif des relations sociales où, selon un accord tacite, *imposé par l'intérêt commun,* chacun est propriétaire de son habitation.

Le besoin de cultiver la terre ne peut manquer d'aboutir au même résultat en ce qui concerne la parcelle à cultiver, l'as de culture sans la certitude d'en recueillir les fruits, ce qui suppose incontestablement *un droit, au moins momentané,* sur le sol mis en culture. A défaut de ce droit, nettement reconnu par l'ordre social, sinon complètement respecté par tous les individus, on ne saurait concevoir de civilisation avancée, celle-ci étant inséparable d'un certain état de progrès dans l'art de cultiver.

Mais le droit momentané ne peut suffire indéfmiment. La façon de procéder, en agriculture, suppose des moyens divers suivant les situations et, suivant les moyens, varie la forme de la propriété. On demande le produit, dans les temps primitifs, à des travaux superticiels,

dont la durée ne s'étend guère au delà d'une année, à des opérations très simples, inspirées en dehors de la préoccupation de conserver au sol sa fertilité native, ce qui ne présenterait guère d'utilité en raison de la possibilité de changer d'emplacement, grâce à la faible densité de la population. On cultive alors un petit nombre de plantes et on demande les produits principaux à des troupeaux nombreux, nourris au pâturage, sur la plus grande étendue des terres. Cette *culture pastorale* s'accommodera parfaitement d'un système mixte, comprenant *l'appropriation individuelle à durée limitée, avec partage périodique,* pour les terres à cultiver, et la forme collective pour les pâturages et les bois.

Cette forme de la propriété, qui correspondait déjà à la civilisation des Germains de l'époque barbare, s'est perpétuée jusqu'à nos jours dans l'Inde et en Russie. Elle a laissé chez nous, sous la forme dela *vaine pâture,* des traces indiscutables de son existence dans l'antiquité. Elle ne saurait assurer des ressources abondantes, aussi a-t-elle disparu en présence des besoins de toute population plus nombreuse, ou mieux avisée, qui s'est vu imposer la nécessité d'une production plus abondante pour pouvoir subsister, ou qui a su découvrir les secrets d'une agriculture plus avantageuse et y trouver un moyen d'améliorer son état.

Pour produire davantage, et surtout avec profit, on s'est trouvé dans l.'obligation de faire à la terre de nombreuses avances, dont nous connaissons tout le prix. On s'est vu obligé surtout de conserver, d'accroître, après l'avoir diminuée trop souvent, la fertilité du sol, afm de récolter sans interruption. On a dû recourir, pour le faire, à des combinaisons plus compliquées que celles de la culture primitive: nourrir et loger des animaux, en recueillir les déjections, accumuler le fumier dans le sol, ce qui suppose des sacrifices étendus, dont personne n'eût fait les frais sans la certitude d'en profiter. Or, il fallait, pour cela, que l'appropriation du sol, de temporaire et révocable, devînt permanente et irrévocable.

Il y a donc dans la transformation de la *propriété collective* en *propriété individuelle,* une véritable évolution, accomplie parallèlement à celle qui s'est produite dans l'art de cultiver, et sans laquelle la culture ne serait jamais parvenue à assurer l'existence et le bien-être d'une population aussi nombreuse. Cette évolution s'est accompli d'une manière harmonique avec l'intérêt général, ce qui est la meilleure garantie de durée que puisse présenter une institution.

La propriété foncière ainsi constituée diffère essentiellement de la terre offerte par la nature. Elle comprend non seulement une étendue foncière débarrassée de la végétation naturelle encombrante ou nuisible, mais encore un ensemble d'améliorations dont l'action se confond avec celle du fonds lui-même et qu'on ne saurait considérer comme un don gratuit de la nature. Elle comprend, en outre, sous le nom de *cheptels,* la partie des capitaux d'exploitation que le Code civil désigne sous le nom d'immeubles par destination et composée de la presque totalité du mobilier mort et vivant, des pailles et engrais. On se fera une idée de l'importance des améliorations et des cheptels, au point de vue de l'action productive, en considérant que dans les pays en voie de colonisation, la terre nue, telle que l'obtient le colon, ne représente qu'une très faible partie de la valeur qu'aura la propriété une fois constituée. Alors que le prix d'achat de la terre, d'une manière générale, n'atteint souvent que de 25 à 50 francs l'hectare, il est fréquent de voir la propriété en exploitation se vendre, dans les mêmes pays, au-dessus de 500 francs et même plus de 1000 francs l'hectare.

La propriété foncière n'est donc pas plus attaquable dans sa légitimité que les autres formes de la propriété. Elle présente tous les caractères d'une institution d'utilité publique. Toutefois, on a prétendu qu'une situation privilégiée était assurée au propriétaire, que la terre étant limitée et la population en voie d'accroissement, l'effet de la rareté ne pouvait manquer de déterminer un accroissement constant de la valeur du sol. De cette façon, les propriétaires seraient certains de voir leur richesse s'augmenter sans avoir le souci d'assurer l'amélioration de leurs terres. Ils s'enrichiraient aux dépens de la société.

De là sont nés divers systèmes tendant à la *nationalisation* du sol, c'est-à-dire à la prise de possession de toutes les terres par l'Etat. Pour arriver à la réalisation de ces systèmes, les moyens préconisés sont divers suivant le degré de sagesse de leurs promoteurs. A côté des combinaisons violentes, ayant pour base la spoliation brutale, il y a celles qui respectent les droits acquis et pleinement justifiés par les sacrifices qu'il a fallu faire pour acheter la propriété: l'État pourrait absorber la plus-value par l'impôt, ou bien revenir aux partages périodiques, en achetant le sol pour le concéder ensuite aux exploitants par fermage. Suivant le système proposé par M. Gide, en achetant actuellement et payant comptant pour n'entrer en possession que dans quatre-vingt-dix-neuf ans, l'État n'aurait à faire qu'un sacrifice insensible pour léguer la propriété du sol à nos successeurs de la fin du xx siècle.

Toutes ces combinaisons présentent le même défaut. Pour assurer à l'État le bénéfice d'une plus-value très problématique, elles suppriment l'intérêt que peuvent avoir les propriétaires et les exploitants à améliorer le sol par des travaux durables, ceux qui présentent en général les plus grands avantages. Il est loin d'être démontré que la valeur du sol soit l'objet d'une augmentation *générale* et *constante* du fait de l'accroissement de la population; car l'action productive du capital appliqué au sol n'est pas moindre que celle de la terre elle-même, et quand on double la récolte d'un hectare de terre par l'addition d'un capital nouveau, le résultat est évidemment le même, au point de vue de la rareté, que si on avait ajouté un nouvel hectare à l'étendue antérieurement possédée. Le capital et la science tendent ainsi à diminuer l'utilité du sol, en améliorant les moyens de production, et si demain on pouvait, grâce à

de nouvelles découvertes, fabriquer chimiquement nos objets d'alimentation: sucre, graisse, etc. Si même on parvenait à abaisser à 1 franc ou 0 fr. 50 le kilogramme d'azote qui se vend 1 fr. 50 dans les engrais les plus actifs, ce qui est loin d'être impossible, la terre diminuerait incontestablement de valeur. Il n'est donc point démontré que les propriétaires ne seraient pas les premiers à tirer bénéfice de la nationalisation du sol si la question ne se présentait que sous cette face. Mais en se réservant la plus-value, l'État ne manquerait pas d'en abaisser le taux, car il est inutile de dire que si la valeur du sol se maintient ou s'accroît plus rapidement que celle des autres biens, il faut l'attribuer, dans le plus grand nombre des situations, aux efforts constants du propriétaire et de l'exploitant, réunis en vue d'en assurer l'amélioration. C'est une opinion qu'il est à peine besoin de défendre auprès des agriculteurs. La vigilance de l'État ne saurait exercer la même influence que celle qui a pour mobile l'intérêt individuel, et pour la terre aussi bien que pour les autres moyens de production, la nationalisation ne pourrait présenter que des conséquences funestes.

2. — LE MORCELLEMENT DU SOL.
Le cadastre.

Ainsi qu'il est facile de le constater, l'utilisation de la terre en a déterminé une double division, basée à la fois sur le mode d'emploi et sur la possession.

D'une part, il a fallu assigner à chaque portion de la surface une destination spéciale, couvrir l'une de bâtiments, l'autre de prairies, ou de bols, etc.; d'autre part, il a fallu procurer un lot à chaque propriétaire. Ce double état de division est officiellement constaté en France au moyen du *cadastre.*

Le cadastre comprend deux parties distinctes: 1 un atlas qui renferme le plan des propriétés; 2 des registres qui en contiennent un état descriptif correspondant au plan. L'ensemble du travail a été établi par commune.

L'atlas comprend sur une première feuille, dite *d'assemblage,* la carte du territoire entier de la commune, divisé en un certain nombre de *sections* dé-

signées chacune par une lettre suivant l'ordre de l'alphabet. Chaque section se subdivise elle-même, s'il y a lieu, en *feuilles,* de façon à permettre un développement suffisant de chacune de ces subdivisions, sur une seule feuille de l'atlas. Chaque *feuille* est désignée par un numéro d'ordre joint à la lettre de la section dont elle dépend, de sorte que l'on aura: la i″ feuille de la section A, la 2 feuille de la section A, la 1 feuille de la section B, etc.

On trouvera, aux feuilles correspondantes de l'atlas, le développement de chacune des subdivisions, disposé dans l'ordre des lettres et des numéros qui servent à les désigner, et présenté à une échelle suffisante pour permettre de figurer sur le plan chaque *parcelle,* c'est-à-dire chaque portion du territoire de la commune qui se distingue des voisines, soit quant au propriétaire qui la possède, soit quant à son mode d'utilisation.

Les parcelles sont désignées par un numéro d'ordre et par la lettre de la section dont elles dépendent, de sorte que l'on a les parcelles 1, 2, 3, etc., de la section A; 1,2, 3, etc., de la section B, et ainsi de suite.

Les registres renferment deux états descriptifs différents. Dans l'un, désigné sous le nom *d'état de section,* les parcelles se succèdent dans l'ordre naturel des feuilles auxquelles elles appartiennent et des numéros qu'elles portent; dans l'autre, désigné sous le nom de *matrice cadastrale,* elles sont groupées eu égard au propriétaire qui les possède: toutes les parcelles appartenant au même propriétaire dans la commune sont réunies sous son nom sur une même feuille et, en cas d'insuffisance, sur les suivantes. L'ensemble constitue la *cote foncière* du propriétaire.

Il ne faudrait pas en conclure que le nombre des cotes foncières de la commune est égal à celui des propriétaires, et, de la même façon, que le nombre total des propriétaires pour plusieurs communes réunies est égal à celui des cotes foncières pour ces mêmes communes; car une même cote peut renfermer des biens indivis entre plusieurs propriétaires et, plus souvent encore, il arrive que les biens d'une même personne, étant disséminés sur plusieurs communes, sont groupés en autant de cotes distinctes (1).

La matrice cadastrale renferme les renseignements nécessaires pour fixer la part contributive de chaque propriétaire dans l'impôt foncier. Pour chaque parcelle, il est fait mention de la *contenance imposable* et du *revenu* qu'elle donne, évalué sur les mêmes bases pour toutes les propriétés de la commune, ce qui permet de connaître le *revenu total, par cote* d'abord, puis *pour l'ensemble de la commune,* et de répartir la contribution foncière totale proportionnellement au revenu de chaque cote (2).

Le cadastre présente, comme on le voit, une double utilité: utilité sociale, en facilitant la répartition de l'impôt; utilité privée, en fournissant au propriétaire des renseignements sur sa propriété. Malheureusement, à ces deux points de vue, l'œuvre, telle qu'elle existe, laisse sérieusement à désirer. Elle est déjà ancienne. Commencée vers 1807, elle est terminée depuis 1852. Malgré les précautions prises pour permettre de la tenir à jour, en indiquant les mutations qui pouvaient se produire dans l'état de possession, pour noter les changements dans le mode d'utilisation, les renseignements fournis sous ces divers rapports sont bien insuffisants. L'influence des modifications survenues dans l'état des chemins aidant, il est parfois difficile de reconnaître les parcelles d'après leur configuration actuelle sur le terrain. Enfin, la délimitation et l'arpentage des parcelles ayant été faits sans que l'on ait eu le soin d'appeler les propriétaires à en reconnaître les résultats, les indications du cadastre ne peuvent pas être invoquées comme une preuve de propriété ou même de possession, mais seulement comme un élément d'appréciation. Cette situation est d'autant plus regrettable que trop souvent les titres de propriété font défaut,ou bien manquent de précision, ce qui fait naître des procès, en prolonge la (1) Pour 8000 000, environ, de propriétaires en 1882, le nombre des cotes foncières dépassait 14 000 000.

(2) Il en est ainsi pour les propriétés non

bâties et pour les bâtiments servant aux exploitations agricoles. Pour les propriétés bâties, l'impôt foncier est établi depuis 1891 en raison de la valeur locative diminuée des frais de dépérissement des immeubles. durée et en rend l'issue, parfois, d'une équité douteuse.

La réalité de ces inconvénients a depuis longtemps attiré l'attention des pouvoirs publics et la loi du 17 mars 1898 a prescrit les mesures nécessaires pour permettre de les éviter au fur et à mesure de la réfection du cadastre. Malheureusement, ce travail exige de gros sacrilices et malgré la participation dans la dépense, imposée par la loi à l'État et au département, il est à craindre que les communes mettent peu d'empressement à consentir les sacrifices nécessaires. Longtemps encore, sans doute, notre pays est destiné à rester dans un état d'infériorité marqué par rapport à d'autres qui ont su profiter des leçons du passé ou se sont trouvés en présence d'une tâche plus facile.

Dans les pays neufs on a pu recourir à des procédés très simples. En Australie, notamment, fonctionne d'une manière facultative, sous le nom *d'Act Torrens,* le régime dit de l'immatriculation. Le mécanisme en est simple: le propriétaire qui désire y recourir adresse à cet elfet une demande au Bureau d'enregistrement et y joint les plans et titres de nature à éclairer l'administration sur la situation géographique de la propriété, ainsi que sur les charges (baux, hypothèques, etc.) dont elle peut être grevée. Après une enquête qui permet de s'éclairer sur la situation réelle de l'immeuble à ces divers points de vue, la propriété est *immatriculée* sur un registre à souche, où sont notés, outre le plan, des renseignements circonstanciés qui définissent cette situation. Tout changement dans la situation de la propriété devra être pareillement constaté. Un double de la souche délivré au propriétaire constitue son titre. Pour vendre, il lui suffira de le transmettre après l'avoir endossé, comme s'il s'agissait d'un effet de commerce. L'État répond de la propriété ainsi enregistrée, de sorte que le propriétaire ne court plus aucun risque d'être dépouillé.

Ce système, qui a pu être introduit en Tunisie, où il a été particulièremet apprécié, n'a pas été jugé applicable en France, en raison des nombreux démembrements qu'y présente la propriété, comme il arrive d'ailleurs fréquemment dans tous les pays où l'appropriation est ancienne et le sol très divisé. Les nombreux droits d'usages et de servitudes, les hypothèques occultes, etc., n'auraient pas manqué de rendre l'opération onéreuse pour l'État.

Mais à défaut d'une garantie aussi étendue, la loi de 1898 édicté les prescriptions nécessaires pour que les limites, au moins, de chaque propriété soient nettement établies partout où le cadastre sera exécuté de nouveau et pour qu'il constitue, à certains égards, l'équivalent d'un titre de propriété. On évitera ainsi des frais de procès considérables et des causes de discordes entre voisins qui ne sont pas moins fâcheuses. Aussi est-il à désirer que les sacrifices nécessaires pour assurer la réfection du cadastre soient consentis sans tarder par les intéressés.

Du morcellement dans ses rapports avec l'organisation de la culture.

Le fractionnement du sol en propriétés distinctes est déterminé par l'accroissement de la population, qui peut entraîner une augmentation correspondante du nombre des propriétaires; par le degré de prospérité des entreprises agricoles, qui peut faire rechercher plus ou moins les placements fonciers, en provoquant la hausse ou la baisse des revenus qu'ils procurent; et aussi par les avantages relatifs qu'il peut y avoir à organiser les entreprises en grandes, moyennes ou petites exploitations. Le cultivateur: fermier ou métayer, désire toujours ardemment devenir propriétaire du domaine qu'il cultive ou d'un autre semblable et y emploiera les premiers bénéfices suffisants qu'il aura réalisés, de sorte que les divisions établies pour les besoins de la culture ont une tendance à devenir celles de la propriété après un temps plus ou moins long.

Or, l'étendue de l'exploitation qui procure les plus grands avantages est loin d'être constante. Subordonnée aux ressources de l'exploitant, à la situation économique, qui varie selon le lieu et le temps, ce sera, suivant les cas, la grande, la moyenne ou la petite culture.

Caractérisées par le genre d'occupation de l'exploitant, qui travaille plus ou moins manuellement, lien plus que par l'étendue du domaine, ces trois sortes d'entreprises peuvent en effet procurer desavantagesdifférentset présenter,suivant les circonstances, des inconvénients variables, qui ne sauraient être appréciés exactement que par l'exploitant luimême, le plus intéressé, indiscutablement, au succès de son entreprise. Il en résulte que le meilleur moyen d'assurer la plus grande prospérité parait être de laisser la propriété se transmettre en toute liberté, afin que les divisions qui s'y établissent soient surtout la conséquence de l'intérêt qu'il peut y avoir à les établir.

Le taux des profits relatifs que peut donner la culture selon l'étendue des bases sur lesquelles elle s'organise tient à des facteurs divers, dont l'action est assez complexe.

La grande culture permet en général une plus complète utilisation des capitaux engagés sour la forme de bâtiments, machines et attelages; elle permet, par conséquent, d'engager de moindres valeurs sous ces diverses formes à égalité d'étendue: il est incontestable, en effet, que 100 hectares exigent moins de dépenses en bâtiments réunis en une seule exploitation, que répartis en dix de 10 hectares chacune. De plus, l'exploitation unique sera mieux pourvue en consacrant 25 000 francs à l'achat de machines, que chacune des dix autres en y consacrant 5000 francs; car semoir, faucheuse, moissonneuse, etc., suffiront à raison d'un exemplaire pour les 100 hectares réunis et devront se répéter dix fois pour la même étendue divisée en dix exploitations; d'où une différence de 25 000 francs sur l'ensemble.

ll en résulte que, trop souvent, la petite entreprise doit se priver de certaines machines, dont la grande peut faire les frais. L'infériorité de la première, sur la seconde, provenant de ce fait, sera variable selon le prix de la main-d'œuvre

que remplacent les machines, et selon le degré de perfectionnement de l'outillage: nul dans un pays dépourvu de bonnes machines, où les bras seraient abondants, l'avantage de la grande culture devient sensible à notre époque, pour notre pays, où l'on est pourvu d'un excellent outillage, mais pauvre de main-d'œuvre.

Toutefois, il est nécessaire de remarquer que les bras sont en général beaucoup mieux utilisés dans la petite et la moyenne exploitation que dans la grande. Dans les premières, le travail est généralement fourni pour la totalité ou la presque totalité par le cultivateur luimême aidé de sa famille. Le fait d'en recueillir directement le fruit suffit pour déterminer un degré d'application, une activité, dont les salariés de la grande exploitation ne seront que très rarement capables. Les ouvriers étrangers amenés sur la moyenne exploitation sont occupés avec le cultivateur ou les membres de sa famille, c6te à côte à la même tâche, et subissant leur entraînement développent à peu près la même activité. Voilà pourquoi, ainsi que nous l'avons déjà noté, la moyenne culture, qui permet la bonne utilisation des machines et de la main-d'œuvre tout à fois, sera souvent plus avantageuse que les deux autres combinaisons.

La petite culture se prête plus facilement que la grande aux entreprises directes, attendu qu'il est plus facile de réunir le capital de 20 000 francs pour s'organiser sur 20 hectares que celui de 90 000 francs nécessaire pour s'étendre sur 100 hectares. Il y a là un moyen de régulariser le taux des profits entre les entrepreneurs et les salariés.

Par contre, il est très réel que la petite culture ne peut pas réunir aussi facilement que la grande les principaux facteurs du progrès, et, notamment, acquérir les capacités exceptionnelles qui peuvent assurer le succès. Ces capacités, outre des aptitudes spéciales trop peu communes, supposent des sacrifices de temps et d'argent assez élevés pour permettre d'acquérir l'instruction générale ou professionnelle qui en assure le développement. Il faut, pour pouvoir en supporter le prix, une entreprise assez

étendue: l'exploitation de 100 hectares qui paiera son gérant 5000 francs par an n'en éprouvera qu'une charge supportable de 50 francs par hectare. Une culture de moitié de cette étendue pourrait succomber sous la charge double qui serait nécessaire pour lui assurer le même régisseur. Car le travail de direction ne serait pas sensiblement plus pénible pour une exploitation que pour l'autre, et demanderait, par conséquent, la même rétribution dans les deux cas à capacité égale.

Il faut d'ailleurs remarquer que l'influence d'une instruction professionnelle complète s'accroît d'autant plus qu'à notre époque, les modifications dans la façon de procéder s'imposent davantage par suite de la concurrence sans limite avec laquelle il faut compter, du développement de l'outillage, qu'il faut connaître, et du jour nouveau jeté par les progrès de la chimie sur les lois de la fertilisation du sol ou de l'alimentation des animaux. Les bonnes terres perdent de plus en plus de leur supériorité par suite de l'action fertilisante des engrais du commerce, d'un transport facile. Les terres maigres, mais profondes, comme les sables de l'Allemagne du Nord, font aux limons les plus fertiles une concurrence redoutable qu'on ne peut soutenir sans tirer le meilleur parti de toutes les ressources disponibles, ce qui suppose les connaissances nécessaires pour pouvoir le faire.

Mais à défaut de cette supériorité que procure le savoir étendu, on trouve chez le petit cultivateur des qualités spéciales, d'ordre, d'épargne, de prudence dans l'esprit d'imitation qui suffisent pour y suppléer, qui retardent parfois le progrès, mais permettent aussi, fréquemment, d'en obtenir des profits plus certains, d'éviter des déboires que la grande culture s'attire quelquefois par trop de hâte dans les innovations.

Enfin, il faut reconnaître que la petite culture a été dans ces derniers temps l'objet d'une sollicitude toute spéciale de la part des pouvoirs publics et qui est de nature à diminuer les inconvénients qu'elle présente: des encouragements spéciaux lui sont réservés, qui excitent son ardeur; elle peut tirer parti de l'enseignement agricole mis facilement à sa portée; elle trouve dans la constitution des syndicats, et des institutions de mutualité qui s'y rattachent, une partie des avantages de la grande entreprise. Disons qu'elle était vraiment digne de ces attentions, en raison de l'utilité sociale de la petite propriété qu'elle permet de conserver et même de développer. L'accès facile pour chacun à la qualité de propriétaire est une condition favorable à l'équité dans la répartition de la richesse et, d'autre part, le grand nombre des propriétaires est une garantie de la durée de l'ordre de choses établi, un gage A paix sociale et d'activité industrielle favorables à tout monde.

Sous ce rapport, notre pays parait occuper un rang pri' légié. La tendance à la division du sol, qui s'y manifes déjà avant 1789, s'est accentuée au cours du xix siècle à tej point que le nombre des propriétaires avait vraisemblablement doi blé de 1789à 187o (1). De 4 millions environ avant la Révolution, il était passé à près de 8 millions grâce à une heure succession d'influences favorables: d'abord la liberté pl grande dans le droit de posséder et de cultiver après la Révo-' lution, puis la prospérité générale qui en a été la conséquencej dans une certaine mesure.

Il n'a pas fallu moins qu'une crise agricole intense pour arrêter les progrès de la division du sol. Les ravages de laï vigne par le phylloxéra dans le midi, puis successivement, pour le nord surtout, la concurrence faite aux sucres et aux blés français par les sucres allemands et autrichienset les blés de l'Amérique, de l'Inde ou de Russie; le tout succédant à la hausse excessive de la main-d'œuvre que nous avons signalée d'autre part, nepouvaient moins faire que de diminuer l'ardeur du désir qui poussait le paysan à devenir propriétaire.

C'est dans les pays de vignoble surtout que se manifestait le plus activement cette ardeur et c'est là, aussi, que plus tard, au moment de la crise, la réaction s'est produite de la manière la plus grave. Au moment de la prospérité, une terre achetée à crédit, plantée en vigne,

pouvait être payée en dix ou quinze années au moyen des bénéfices réalisés sur l'opération. On comprend que le phylloxéra ait amené la ruine pour les opérations semblables qui se trouvaient en cours (1) Suivant M. de Foville, le nombre des propriétaires aurait varié comme suit:

Vers 1789 Environ 4.000.000
— 1825 Plus de 6.500.000
— 1850 Environ 7.000.000
— 1875 Près de 8.000.000
— 18U0 Entre 7.500.000 et 8.000.000

Le ministère des finances fixait en 1882 le chiffre des propriétaires à 7.845.724.

exécution; on le comprend d'autant mieux que les terres à gnes étaient généralement peu fertiles pour les céréales, que capital faisait défaut pour meubler la ferme en bétail et que ibaissement subit du cours des blés était un obstacle' déplus à la réussite. Pour beaucoup de petites propriétés de formation cente, c'était la liquidation forcée et pour les anciens doaines restés créanciers de ces nouvelles formations, c'était ne période de reconstitution forcée, mais non point de prolits. Les contrées vinicoles ont donc fourni largement leur part ins le groupement qui s'est opéré vers 1890. Il estbien néceslire de remarquer, d'ailleurs, que la division, si elle s'est oursuivie plus longtemps sur les propriétés urbaines, s'était rrêlée pour les biens ruraux, d'une manière générale, avant année 1882, caria statistique décennale du Ministère del'agriulture pour cette même année 1882 notait par rapport à 1862 ne diminution sensible du nombre des propriétaires ruraux, e sorte que le morcellement atteignait surtoutles immeubles on agricoles (1). Il est permis d'admettre que la division de la propriété urale s'est maintenue dans un état d'équilibre remarquable onnant satisfaction au besoin de posséder des petits capitaistes sans cesser d'offrir une étendue plus que suffisante ous la forme de grandes propriétés, puisque chacune de elles-ci se fractionne souvent en plusieurs exploitations pour atisfaire aux nécessités de l'organisation de la culture. C'est lonc à tort qu'on s'est

alarmé quelquefois de la tendance à (1) D'après la statistique décennale de 1882, du Ministère de 'Agriculture, le nombre total des propriétaires do biens ruraux a aisse de 218.269 entre 1862 et 1882 pour le territoire actuel de la France, savoir:

Diminution 1862 1882 p. 100.
Propriétaires cultivateurs 3.639.759 3.525.342 3,14
Propriétaires non cultivateurs. 1.413.756 1.309.904 7,33
Totaux et moyenne 5.093.515 4.835.246 4,21

La diminution a porté inégalement sur les deux catégories de propriétaires. Elle a été de 3,14 p. 100 pour ceux du premier groupe et 7,33 pour ceux du second, de sorte que dans le total des propriétaires, la proportion des cultivateurs a des tendances à s'accroître.

Jobzier. — *Économie rurale.* 20 l'augmentation du nombre de cotes foncières. Le mouvement s'est arrêté de lui-même et n'avait pas, (t ailleurs, poussé très loin la division.
(1) Vers 1860, Léonce de Lavcrgne écrivait: « Quand on décompose aujourd'hui les cotes foncières, on trouve qu'un tiers environ de l'impôt total est payé par les cotes supérieures, un tiers par les cotes moyennes et un tiers par les petites cotes; d'où l'on peut induire à peu près ainsi qu'il suit l'état actuel de la propriété, déduction faite des terrains non imposables et des propriétés de l'État et des communes. 50.000 grands propriét. possèdent en moyenne 300 hect. 15.000.000 500.000 moyens — — — 30 — 15.000.000 5.000.000 petits — — — 3 — 15.000.000 (Économie rurale de la France.) Total 45.000.000 »

D'autre part, il résulte du relevé auquel a procédé le Ministère des finances en 1884, que le territoire imposable se répartit de la manière suivante: pour cent du territoire imposable.

( Cotes foncières d'une étendue de j 49.243 plus de 100 h. chacune avec W2.355.782h., ou 25,02. 'moyenne de 250 réunissant... ) / Cotes d'une étendue de 10 à 100 h. j 812.175 ) chacune, avec moyenne de 24 h. ( 19.556.077 h., ou 39,60. ( réunissant; ( Cotes d'une étendue inférieure 1 13.213.383 j à 10 h. avec moyenne de 1 h. 32 ' 17.476.44ah. , ou 35,38. ( réunissant )

Si on observe qu'il y a 14.074.801 cotes foncières pour un peu moins de 8.000. 000 de propriétaires, on voit que l'étendue moyenne de la propriété dans chacun de ces trois groupes est sensiblement supérieure à celle de la cote foncière et on est autorisé à admettre que l'état de division de la propriété n'avait pas fait de progrès extraordinaires depuis 1860.

Enfin, donnons pour terminer le nombre des cotes foncières pour les années 1801 et 1901 d'après le Ministère des fmances (Bulletin de statistique et de législation comparée, février 1902).

1891 1901 Diminution.

Nombre de cotes de la propriété bâtie 6.587.185 5.453.117 1.134.068

Nombre de cotes de la propriété non-bâtie 14.121.781 13.598.623 523.158

Le mouvement de diminution s'est produit sans interruption pendant cette période décennale.

Mais si les propriétés considérées quant à l'étendue totale paraissent se plier aux exigences de l'organisation des entreprises, elles sont loin de donner la même satisfaction considérées sous le l'apport du nombre et du groupement des parcelles qui les constituent.

Le partage des biens, en cas de succession, donation ou vente, au lieu d'aboutir à la constitution de lots d'un seul tenant, en nombre égal à celui des partageants, détermine la formation de parcelles multiples. C'est là, assurément, dans certains cas, une situation obligatoire, car le domaine qui se divise entre deux héritiers pour aboutir à la constitution de deux exploitations complètes doit laisser dans chaque part des bois, des prairies et des terres et parmi celles-ci, autant que possible, une certaine étendue de chaque nature et qualité. Mais combien de fois est-il arrivé qu'on ne s'est pas borné à cela, ou qu'on en a exagéré le principe, que, deux copartageanfs comprenant mal leur intérêt, chacun d'eux ait exigé sa part dans chacune des parcelles existantes.

Il en résulte, après un certain nombre de partages successifs, l'exiguïté, la dissémination, l'enchevêtrement des parcelles et toutes leurs conséquences défavorables pour la culture: pertes de temps pour aller de l'une à l'autre; pertes de surface, pour fournir à la multiplicité des chemins et des clôtures nécessaires; plus grands frais de clôtures; obligation plus ou moins absolue de suivre la culture du voisin en cas d'enclave, pour s'éviter un surcroit de droits de passage; impossibilité pratique de faire usage des machines, par suite des difficultés que l'on éprouve pour les amener sur place, ou du peu d'avantages qu'elles procurent à fonctionner dans des champs trop petits, où elles rendent moins de travail; difficultés de voisinage, etc., tels sont les inconvénients d'un morcellement exagéré.

On estime à 12"000 000 le nombre des parcelles entre lesquelles se partage le territoire agricole de la France, d'une étendue totale de 49 oOl 861 hectares, ce qui réduit à 39 ares, la surface moyenne de chaque parcelle. Si l'on considère que dans nombre de départements, dans les pays d'herbages surtout, le sol est peu divisé, on se fait une idée des excès qui se sont produits dans d'autres (1). On aboutit parfois à une véritable « pulvérisation du sol »: on cite dans les Hautes-Alpes, des cas où certains pieds de noyer sont la propriété de plusieurs familles; d'autres, dans l'Ile de Ré, où la parcelle comprend un cep de vigne ou une touffe de luzerne.

Sans atteindre partout un pareil degré d'acuité, le mal se présente trop fréquemment et ne contribue pas peu à ralentir le progrès. Certains le donnent comme récent et imputable pour une bonne part aux dispositions du Code civil qui donnent aux héritiers le droit à des parts uniformes en nature. Il semble cependant remonter assez loin et paraît ne pas avoir eu pour cause unique le caprice du paysan, mais aussi la différence réelle de qualité des terres, différence qui présentait autrefois plus d'importance que de nos jours, en raison du peu de ressources dont on disposait pour fertiliser le sol. Il est certain, d'ailleurs, que les inconvénients du morcellement étaient alors, à beaucoup

d'égards, moins graves qu'aujourd'hui, car on employait davantage les bras, et moins les machines; les cultures étaient moins variées, de sorte qu'il était plus facile de se conformer à la manière de faire de son voisin. Il en résulte qu'il est d'autant plus nécessaire d'y porter remède.

Pour cela, plusieurs moyens peuvent être employés. Le plus simple consiste, pour les propriétaires intéressés, à faire des échanges de parcelles susceptibles de déterminer une reconstitution de la propriété. Une législation spéciale, qui réduit les droits de mutation à 0 fr. 20 p. 100 a été établie dans le but de provoquer les opérations de ce genre. Malheureusement, il n'en est fait que de trop rares applications etce moyen ne peut remédier à la situation que d'une manière très lente.

ares. (1) L'cH. moy.de la parcelle est supérieure à 80 dans 1 dép.

— — — comprise entre 71 et 80 — 3 —

— — — — 61 et 70 — 6 —

— — — — 51 et 60 — 14 —

— — — — 41 et 50 — 21 —

— — — — 31 et 40 — 26 — — —

— 21 et 30 — 14 —

— — inférieure à 21 — 2 —

On a procédé dans certains pays à des remembrements collectifs de la propriété qui ont donné d'excellents résultats. La procédure, dans ses grandes lignes, en est très simple. Après s'être entendus à cet effet, les propriétaires d'un certain territoire: tènement cadastral, commune, etc., font procéder à une sorte d'inventaire de leurs terres de façon à ce que l'avoir de chacun soit bien défmi quant à l'étendue, la qualité du fonds, l'emplacement occupé, etc. Puis, toutes les limites étant supprimées, il est procédé à un allotissement nouveau, dans lequel on s'attache à constituer, pour chaque propriétaire primitif, une étendue totale équivalente à celle qu'il possédait avant l'opération, de qualité semblable, mais d'un seul tenant et autant que possible à proximité de ses bâtiments d'exploitation. Ou bien encore, les lots une fois établis, dans l'ensemble, de grandeur et de nature correspondantes à celles des propriétés primitives, le tout est vendu aux enchères et le prix en est réparti entre les intéressés au prorata de ce qu'ils ont fourni, ce qui permet à chacun de racheter un lot équivalent à son apport.

Dans l'application, et malgré les nombreuses complications apparentes, la réalisation est facile et les résultats sont surprenants selon le témoignage même de ceux qui ont été témoins de semblables opérations. A plusieurs reprises, M. Tisserand a appelé l'attention sur les services qu'elles peuvent rendre et signalé l'usage fréquent qui en est t'ait à l'étranger. Voici notamment en quels termes M. Tisserand a résumé les résultats du remembrement de la propriété dans une commune de la Saxe: « Le territoire de Hohenhaïda comprenait 589 hectares appartenant à 35 propriétaires. On y comptait 774 parcelles d'une étendue moyenne de 57 ares. La réunion réduisit le nombre des parcelles à 60, d'une superticie moyenne de 9 hectares 82 ares, traversées pour la majeure partie par un seul chemin. Le travail a été exécuté en un an et a coûté 3 126 fr. 25, soit 5 fr. 23 par hectare. Par la diminution de la surface consacrée aux routes et aux clôtures, on a gagné 9 hectares 71 ares 58 centiares, c'est-à-dire plus que la dépense de la réunion territoriale: la conséquence de la réunion a été la nécessité d'agrandir tous les greniers pour recevoir l'augmentation des produits récoltés » (1).

L'éminent directeur honoraire de l'Agriculture fait remarquer, dans la note d'où nous tirons ces lignes, que l'idée des réunions territoriales est toute française et cite des cas nombreux, toujours heureux, qui se sont produits en France dès le xvn et le xvm siècle. S'il en a été fait à l'étranger des usages plus fréquents, cela tient, incontestablement, à une législation plus énergique que la nôtre. Tandis qu'en France l'unanimité des consentements est nécessaire pour procéder aux remembrements de propriété, une majorité suftit dans la plupart des États de l'Allemagne: majorité de nombre et majorité d'étendue. L'initiative de l'administration se joint même à celle des particuliers dans certains cas.

Un respect, peut-être exagéré, du droit de propriété a fait rejeter chez nous l'usage de la coercition et maintenir le principe de l'unanimité des consentements. La loi de 1898 sur le cadastre a bien admis les remembrements de propriétés parmi les travaux d'intérêt collectif pouvant faire l'objet d'associations syndicales libres, mais non parmi les opérations susceptibles de donner naissance aux associations syndicales autorisées, qui peuvent être organisées avec une simple majorité de consentements. On ne saurait regretter que la loi se soit montrée soucieuse de respecter la liberté du propriétaire, mais il est d'autant plus nécessaire de convaincre celui-ci de l'intérêt que présente pour lui le groupement convenable de ses terres, même réalisé comme nous venons de l'indiquer. A ce titre, le fait suivant, qui s'est produit dans la commune d'Ostheim (cercle deHanau),et dont nous empruntons la narration à l'un des documents joints à la note de M. Tisserand, est vraiment typique. Après s'être opposés par la révolte à une reconstitution de leurs propriétés, après avoir « chassé à coups de pierres et par des menaces les géomètres arpenteurs chargés de l'opération », les habitants de cette commune fmirent par laisser faire et après avoir vu quel parti il leur était possible de tirer du nouvel état de choses, manifestèrent leur contentement de la manière suivante: (1) *Bulletin du Ministère de l'Agriculture,* 1884.

' Le Ministre fut reçu par presque toute la population masculine sur la limite des champs et le chef de la députation qui, il y a quatre ans, avait porté la pétition de protestation à Berlin, s'avança et remercia le Ministre de ce que la réunion ait eu lieu malgré le désir des habitants. Autrefois ils n'avaient pas compris la chose, mais ils reconnaissaient les avantages d'une manière de faire qui avait triplé dans beaucoup de cas la valeur de leurs parcelles de terrain. » *Bulletin du Ministère de l'Agricullure.)*

Vlll. — LE MODE DE TENURE.

Par le fait même de son appropriation et de l'utilité qu'elle présente, la terre devient l'objet d'un certain commerce. On la recherche pour la mettre en œuvre soi-même, ou bien seulement comme placement de capitaux, pour la valeur qu'elle représente et le revenu qu'en rapporte la location. Il en résulte que ce n'est pas toujours le propriétaire qui la cultive. Or, le mode de tenure est loin d'être sans influence sur l'organisation de l'entreprise. Nous nous proposons d'examiner dans ce chapitre les particularités relatives à chacun des modes les plus usités, de façon à ce qu'il soit possible d'en déduire celui qui conviendra à chaque exploitant.

Faire-valoir direct.

On désigne ainsi le cas du propriétaire qui dirige lui-même son exploitation, soit qu'il fournisse le travail manuel, avec l'aide de sa famille, ou qu'il le demande à autrui. Cela suppose qu'il joint à la possession de tous les éléments matériels de l'entreprise, terre et capitaux d'exploitation, les capacités personnelles nécessaires.

Si on examine avec attention la tâche du cultivateur qui doit gérer une exploitation importante, on est conduit à admettre qu'il doit réunir de nombreuses qualités. Ce sont d'abord des connaissances étendues et variées en raison de la diversité des opérations entreprises sur la ferme, qui revêtent, suivant leurs phases successives, le caractère commercial et le caractère manufacturier dans ses manifestations les plus variées: il faut savoir diriger une construction, faire procéder à des travaux de terrassement et de nivellement, être aussi mécanicien, ingénieur, financier pour administrer les capitaux d'amortissement et d'assurances le cas échéant, savoir soigner les bestiaux dans l'état de santé, leur donner les premiers soins en cas d'accident ou maladie, agir de même à l'égard des gens, car souvent la ferme doit attendre assez longtemps les secours des hommes spéciaux en ces matières; il faut aussi avoir des connaissantes nombreuses touchant la culture des plantes, les propriétés particulières à chaque terre, la prévision du temps, etc., etc., afin de tirer de tout le meilleur parti.

Un savoir aussi étendu et aussi varié ne peut s'acquérir sans une vaste intelligence, servie, d'ailleurs, par le goût du travail très développé. C'est grandement à tort que les gens étrangers aux choses de l'agriculture s'imaginent que cette profession peut accueillir les non-valeurs que rejettent les autres carrières. Les désillusions ne tardent pas à se produire.

La science ne suffit pas. Elle doit être accompagnée d'un certain nombre de qualités natives non moins indispensables. Il faut aimer la campagne au point d'y fixer sa résidence, savoir se contenter des distractions qu'elle offre, mais ne point avoir un goût marqué pour le séjour à la ville, les plaisirs dont elle possède le monopole, les relations mondaines très suivies, etc. La culture oblige, pour la surveillance et l'administration, à une action de tous les instants qui suppose la présence constante sur la ferme. Toutefois, les exigences sous ce rapport varient quelque peu suivant le genre de l'entreprise: la culture exclusive de la vigne ou des forêts pourra laisser quelque répit à certaines époques de l'année, alors que la production du bétail jointe à la culture des céréales présentera des exigences à peu près constantes.

La présence continue sur la ferme ne suffit point. Il faut encore y faire preuve d'une grande activité pour imprimer à tous les services une direction effective, s'assurer par soimême que les ordres sont bien compris et bien exécutés, ce qui suppose encore l'aptitude au commandement, c'est-à-dire un tact particulier, joint à l'autorité morale que confèrent seuls l'habileté, une grande connaissance du métier, un sentiment profond de l'équité, ainsi que la sagesse et la modération dans le blâme ou la louange. Il faut savoir apprécier la conduite de l'ouvrier au travail, l'obliger à une application soutenue par la crainte incessante d'être surpris, quand il n'est pas possible de l'y amener par des encouragements, mais non point lui infliger une surveillance constante qui l'irrite ou le laisse indifférent suivant son caractère, et reste le plus souvent sans efficacité. Il faut, en un mot, pour assurer la réussite de l'entreprise aussi bien que la réputation de l'agriculteur, savoir rendre justice à l'ouvrier et le traiter toujours avec humanité, ce qui implique à la fois les capacités professionnelles, la patience, les qualités du cœur.

La réussite ne sera pas certaine si on ne sait concilier la prudence avec l'esprit d'initiative, afin de tirer parti des progrès de la science sans tomber dans les réformes téméraires, où, avec les capitaux, sombre quelquefois pour longtemps toute disposition à aller de l'avant. Enfin, à ces qualités, il faut encore joindre la sûreté du jugement, l'énergie, l'esprit d'ordre et d'économie: la sûreté du jugement, afin de savoir adapter exactement le genre d'action à la nature des circonstances qui l'imposent; l'énergie, alin de ne point se laisser décourager par les moindres revers dans une lutte des plus ardues contre la nature: excès de la température, insectes, adversités de toutes sortes qui menacent l'entreprise, et contre l'homme lui-même parfois. L'esprit d'ordre est nécessaire pour éviter les gaspillages, toujours faciles au milieu des formes si multiples qu'affectent les capitaux, des opérations si variées qui s'entreprennent à la ferme; il faut beaucoup d'ordre pour arriver à voir clair sur sa véritable situation, dans le chaos des transformations incessantes qui s'opèrent, pour arriver à faire à temps chaque travail, pour s'éclairer sur les causes des pertes ou des profits quant à leur nature ou aux chances de durée qu'elles peuvent présenter. C'est l'esprit d'ordre qui porte le cultivateur à soigner sa comptabilité. Or, si l'économie est la science qui lui permet de tourner les écueils qui encombrent sa voie, la comptabilité est vraiment le flambeau qui éclaire cette voie et permet de distinguer ces écueils avant de s'y être heurté trop violemment. Enfin, l'esprit d'économie, dans le sens populaire de ce mot, est plus utile encore en agriculture que dans toute autre carrière en raison de l'irrégularité de la production. Tantôt c'est l'abondance de la récolte, et néan-moins le déficit dans la caisse, à cause du bas prix, si l'on vend immédiatement; tantôt c'est la disette qui conduira aux mêmes résultats si l'on manque de réserves; tantôt, enfin, ce sera la récolte normale, celle qui assure les profits les plus certains et les plus faciles. Il faut donc savoir ce que peut être le niveau moyen des profits, résister à la tentation d'entamer ce qui se présente au-dessus dans les années favorables, et, sans avoir la dureté de cœur de la fourmi, savoir s'inspirer de son exemple: amasser quand les circonstances s'y prêtent.

Une profession qui présente de telles exigences, on le comprend, ne saurait être à la portée de tout le monde. Et en effet, les succès marquants, en agriculture, ne sont pas très fréquents lorsqu'ils ne tiennent pas dans une large mesure à une situation économique généralement favorable.

De telles qualités seraient d'ailleurs au-dessus des facultés d'un seul et il est nécessaire que la maîtresse de maison puisse seconder effectivement son mari, qu'elle exerce à l'intérieur U surveillance qu'il assure lui-même au dehors, qu'elle y apporte la même activité, le même esprit d'ordre et d'économie sans cesser d'assurer dans la maison le confortable permis par l'état d'aisance de la famille. C'est elle surtout qui, par les qualités du cœur, peut faire apprécier le rôle social de la grande entreprise, faire régner dans la maison la joie qui réconforte, et par une saine éducation de ses fils et de ses filles, leur inspirer le goût des choses agricoles, les préparer ainsi à la bonne administration des biens qu'ils seront appelés à recueillir.

Mais à défaut des succès éclatants que peut procurer la réunion de telles qualités développées au maximum, il est juste de reconnaître qu'à un degré moindre, elles peuvent permettre à la profession agricole d'assurer une heureuse aisance. Il faudra savoir mesurer l'étendue à cultiver sur celle de ses capacités, en ayant soin de pécher plutôt par modestie, de s'attacher à rester au-dessus de sa tâche: ne pas trop saisir, afin de mieux étreindre. Le recours toujours possible aux autres modes de tenure: fermage ou métayage, permettra facilement de réaliser l'équilibre néces-saire entre l'étendue de la tâche et les moyens d'action. De plus, le grand pro-priétaire capable et instruit pourra à vo-lonté étendre ses facultés en s'aidant de contremaîtres ou maîtres valets qu'il chargera de transmettre ses ordres, de les faire exécuter, de conduire, en un mot, conformément au plan arrêté par lui, les diverses sections qui peuvent s'établir dans une vaste exploitation.

Le faire-valoir direct laisse au culti-vateur toute liberté pour aménager le domaine selon les besoins de la culture. S'il possède les ressources suffisantes, le propriétaire se livrera à des travaux d'amélioration sans craindre, comme le fermier en fin de bail, de se voir enlever le bénéfice de la plus-value. Aussi la propriété pourrait-elle, sous ce régime, atteindre à un degré de culture très in-tensif si les connaissances profession-nelles et le capital ne faisaient jamais défaut. Malheureusement, il n'en est pas toujours ainsi, et alors il sera préfé-rable de recourir à l'un des autres modes de tenure.

Régie.

Le propriétaire qui possède toutes les ressources matérielles nécessaires pour assurer l'organisation d'une entreprise agricole peut manquer des capacités in-dispensables pour le faire, ou vouloir s'éviter les traca? inhérents à la conduite d'un train de culture, ou en-core trouver dans un autre genre d'occupation un emploi plus avanta-geux de ses facultés. Dans ce cas, il peut avoir recours à un régisseur, c'est-à-dire à un agent auquel il confie la terre et les capitaux, le chargeant, moyennant une rétribution, d'organiser, diriger, conduire l'exploitation.

Il y aurait dans ce mode de faire-va-loir un excellent moyen de mettre à pro-fit les connaissances et les aptitudes d'un nombreux personnel qui, trop sou-vent, faute de ressources, végète dans la petite entreprise, ou même abandonne la *ci* ture pour d'autres situations où il est mieux rétribué. Le noi bre des régis-seurs n'est que de 16000 à 17 000 pour la Fran entière, c'est-à-dire 3, environ, pour 10 000 travailleurs agi coles. C'est, dans une large mesure, une consé-quence *di* très nombreuses difficultés en présence desquelles se trou le régisseur,

Appelé à diriger une exploitation, il doit posséder les capa cités que nous avons reconnues nécessaires pour le proprié taire agriculteur. Il doit être d'un caractère assez souple fréquem-ment, on lui demande de donner les marques extérieures d'une déférence spéciale, à l'égard de celui qui l'emploie, dans laquelle certains voient une atteinte à leur dignité. Enfin, le ré-gisseur rencontre encore des difficulté? spéciales dans ce fait qu'il doit gagner l'estime de personnalités ayant des inté-rêts opposés dans une certaine mesure: le propriétaire d'une part, les ouvriers d'autre part. Dans les améliorations qu'il entreprend, il faut qu'il s'inspire des sacrifices que peut consentir le pro-priétaire, qu'il sache si tous les revenus actuels sont indispensables pour faire face aux exigences du budget annuel de la maison, ou bien s'il en peut être dis-trait une partie pour faire les frais de ces améliorations. Les ruptures, souvent, n'ont pas d'autres causes qu'un manque d'entente très nette sur ce point, le ré-gisseur développant l'entreprise sur des bases qui dépassent la limite des res-sources du propriétaire.

Dans l'intérêt des deux parties, le traitement du régisseur pourra se com-poser d'une part fixe et d'une part dans les bénéfices. Il serait même avantageux pour chacun de distinguer entre le bé-néfice acquis d'une manière normale au moment de l'entrée du régisseur et les accroissements que son administration pourrait déterminer. En lui accordant sur ceux-ci une fraction plus élevée que sur le premier, le propriétaire stimulera plus énergiquementson zèle et son acti-vité. Il faudrait, d'ailleurs, pour fixer la fraction à accorder sur chaque por-tion, s'inspirer de l'état général d'amélioration de la culture au moment de l'accord, car les accroissements de bénéfices seraient d'autant plus diffi-ciles à obtenir nnçhpie la culture serait plus avancée, de sorte que.*2y*pourrait ne s'assurer que des avantages illusoires tout en lifflibtenant une grosse part sur les accroissements des profits fiirsans une culture déjà en progrès sérieus.

Dans une situation eniftixiérée, au contraire, le propriétaire pourrait, sans s'en douter, *tt* nfaire la part trop belle au régisseur et s'efforcer ensuite de ne pas tenir ses engagements. Nous avons eu sous les yeux des exemples d'une telle situation. Il vaut mieux l'éviter en ap-prépiciant à l'avance les conséquences des conditions arrêtées.

Dans tous les cas, il est un certain nombre de précautions *a* indispensables que trop souvent l'on néglige de prendre: j. c'est, d'abord, de fixer l'étendue des moyens d'action du régisj seur et, d'autre part, de s'entendre sur l'appréciation des bénéiicf fices.

as Il est bien évident que l'action du régisseur peut être nulle quant à l'accroissement des bénéfices, quels que soient son ;r zèle et ses capacités, s'il n'obtient pas du propriétaire des ca-pitaux suffisants ou s'il ne conserve pas des pouvoirs absolus en ce qui conserve le choix du personnel placé sous ses ordres. -j Propriétaire et régisseur doivent néanmoins, dans cette circons-tance, agir prudemment. Un engage-ment provisoire per , r mettra au régis-seur de s'éclairer sur les améliorations réali ... sables, sur les capitaux qu'elles peuvent exiger; au propriétaire de voir quelle confiance mérite le régisseur, et on !, pourra, au bout de quelque temps, s'engager pour l'avenir avec plus de sé-curité. On se rappellera d'ailleurs que les profits ne peuvent être assurés sans un certain esprit de suite et que les deux parties doivent cherchera prolonger le contrat aussi longtemps que possible. Il leur appartient, toutefois, de tenir compte des exceptions à cette règle qui pourraient résulter de la situation per-sonnelle de chacune d'elles.

En ce qui concerne l'évaluation des bé-néfices sur lesquels doit partager le ré-gisseur, il sera encore indispensable de j s'entendre. Il faudra se rappeler que les accroissements de bénéfices peuvent être absorbés et au delà, pendant un cer-tain nombre d'années, par les dépenses d'améliorations de toutes sortes sur une ferme dont l'administration a été plus ou moins négligée. Le régisseur qui au-rait accepté comme Jouzier. — *écono-mie rurale.* 2t mesure du bénéfice, la différence entre les recettes et les dépenses de caisse, se trouverait sérieusement lèse s'il partait après avoir renouvelé ou amélioré le matériel, accru les bestiaux, les provisions de fourrages et la fertilité. Inversement, il pourrait se livrer à une culture épuisante, et dans ce cas, grossirait sa part d'une manière illégitime. Ces diverses éventualités doivent être prévues et il doit être réservé en faveur de la partie lésée un droit à indemnité dont la base d'appréciation sera fixée autant que possible.

En s'inspirant des circonstances, et en cherchant ainsi à réaliser l'équité, il sera facile d'établir, entre le régisseur et le propriétaire, une entente vraiment conforme aux intérêts de chacun et par conséquent durable et féconde.

Métayage.

Dans ce mode de tenure, le propriétaire, tout en conservant une certaine action directrice, abandonne sa terre à un tiers, le *métayer* ou *colon*, qui se charge de la cultiver sous la condition d'en partager les fruits. Comme le partage a lieu par moitié le plus souvent, la combinaison est généralement désignée sous le nom de métayage.

Ce mode de faire valoir a été l'objet de vives critiques, parfois méritées, certes, mais justifiées bien plus par la mauvaise application du système que par des défauts inhérents à sa nature. Car, en effet, si on voit le métayage engendrer dans certains pays la culture pauvre et routinière, on le voit dans d'autres donner des résultats vraiment remarquables. A ce point de vue nous citerons des faits aussi brefs que significatifs: en 1901, la prime d'honneur était attribuée à un métayer dans le département de la Loire-Inférieure; en 1902, dans la Mayenne, le prix cultural de la quatrième catégorie était également attribué à un métayer et le lauréat de la prime d'honneur, fermier depuis peu de temps, avait accompli comme métayer, sur le domaine même où il a été récompensé, une carrière de trente années au cours de laquelle, antérieurement à la prime d'honneur, il avait recueilli un prix cultural. 11 ne faudrait point croire, d'ailleurs, que la supériorité du métayage soit purement relative et puisse

tenir à l'infériorité générale de la culture dans ce pays. Bien au contraire, le département de la Mayenne est un des plus avancés au point de vue du progrès agricole. Nous pourrions prendre dans le centre ou dans la Haute-Vienne des exemples non moins probants.

Le métayage donne de mauvais résultats où il est mal compris, où la population agricole manque des qualités les plus essentielles, mais il ne le cède en rien aux autres modes d'exploitation, là où il est rationnellement appliqué, avec une population intelligente et laborieuse, par un propriétaire éclairé.

Nul autre mode d'exploitation ne peut mieux que celui-là permettre de réunir aussi complètement les éléments du succès. Par sa nature, il offre au propriétaire comme au colon les avantages de l'entreprise directe, laissant au premier le pouvoir de direction tout en le dispensant des soins d'une surveillance constante; au second, il assure le capital d'exploitation et laisse une grande liberté; à chacun il offre un intérêt bien direct dans la réussite.

S'il possède des ressources suffisantes, le propriétaire peut très largement se faire le banquier de l'entreprise, puisqu'il dirige l'emploi des subsides. Quant au problème de la main d'œuvre, pour peu que l'on s'aide des machines, il sera facilement résolu, car le métayer, qui en conserve la charge, peut presque toujours la fournir en totalité avec les membres de sa famille. Il suffira donc, pour que tous les éléments du succès soient réunis, que l'une des parties apporte, en outre, les hautes capacités professionnelles capables de l'assurer. Ce rôle échoit généralement au propriétaire, car pour que le métayer aidé de sa famille puisse fournil-facilement la main-d'œuvre, l'étendue de la métairie doit être assez réduite, insuffisante pour justifier des études théoriques complètes. L'aisance généralement plus grande du propriétaire lui permettra, par contre, d'en faire utilement les frais.

Toutefois, cette organisation du métayage n'est point d'une nécessité absolue et nous avons la conviction qu'une association, très fructueuse pour tous, pourrait fréquemment se produire, pour

constituer le métayage, entre les bons élèves des écoles d'agriculture et de riches propriétaires. Ceux-ci peuvent être de sages administrateurs, sans doute, mais n'ont fait souvent que des études agricoles trop incomplètes pour diriger effectivement des métayers, eux-mêmes sans autres connaissances que celle du métier. Peu importe, que tel élément de l'entreprise soit fourni par une partie ou par l'autre. Ce qu'il importe, c'est, d'une part, que tous les éléments du succès soient réunis dans l'ensemble, et, d'autre part, que le partage des produits soit établi conformément aux règles de l'équité, atin que l'association soit durable.

Les insuccès dans le métayage ont généralement pour cause l'ignorance commune des deux parties, des défauts imputables à l'une ou à l'autre seulement, ou bien encore une répartition non équitable du produit qui amène des ruptures trop fréquentes.

Les excès dans la fréquentation des foires et des marchés par le métayer et qui l'amènent, petit à petit, à délaisser la culture pour se livrer à un véritable commerce du bétail, se présentent parfois à l'état général dans un pays et empêchent tout progrès. Il n'est pas rare non plus, de voir le métayer résister à toute tentative d'amélioration de la culture faite par le propriétaire. De même aussi, le contraire peut se présenter, aucune des deux classes n'ayant le monopole de l'initiative intelligente. Quand la résistance provient du fait du propriétaire, et que le métayer n'est pas assez aisé pour devenir fermier, le progrès est d'une réalisation difticile. Dans le cas contraire, avec du savoir-faire, en agissant sans brusquerie, mais avec ténacité, le propriétaire parviendra assez facilement à ses fins. Qu'il se garde bien, surtout, de vouloir imposer de force sa manière de voir, ou de tirer hautement vanité, comme venant de lui, du mérite des premières améliorations réalisées; l'esprit d'indépendance du colon, son amour-propre, en ce cas déplacé, ne manqueraient pas de prendre leur revanche: toute innovation venant du *maître* aboutirait à un mauvais résultat, toute amélioration nouvelle serait ajournée pour longtemps. Il sera de meilleure politique d'abandonner généreusement tout le bénéfice moral de l'innovation et de se contenter du partage dans le bénéfice matériel.

Mais si le mal est réel, si la force d'inertie est puissante et s'il y a mauvaise volonté quelquefois, il est juste d'éviter toute exagération et de reconnaître que la grande majorité des paysans résiste de très bonne foi, par l'effet de la seule prudence, du manque de confiance dans les procédés nouveaux tant vantés. Dans ce cas, il est à la situation un remède fort simple. Il suffira au propriétaire de constituer à côté des métairies une *réserve* peu étendue sur laquelle il appliquera lui-même, par le faire-valoir direct, les pratiques qu'il désire voir adopter par ses métayers, et pour peu qu'il emploie les procédés célèbres du propagateur de la pomme de terre, pour peu qu'il marchande son concours financier nécessaire au métayer pour l'imiter, le succès sera assuré. Mais, il est facile de le comprendre, il faut être prudent dans la conduite de la réserve, il faut éviter de donner une certaine importance à tout essai trop hardi, dont la réussite ne serait pas assurée à l'avance, car un échec pourrait avoir un retentissement plus grand encore que le succès et jeter pour un certain temps le discrédit sur les conseils donnés par le propriétaire.

Ce procédé a fait ses preuves. Il a grandement contribué, sous la direction des grands propriétaires du Limousin, à déterminer dans ce pays une amélioration très avancée du bétail et de la culture, une réelle prospérité de la population agricole. Il suppose, il faut le reconnaître, un propriétaire vraiment agriculteur et prenant une part effective à la direction de l'entreprise. Quant au propriétaire qui n'apparaît qu'au moment du partage, comme il s'en trouve parfois, qui n'accorde au métayage que le capital indispensable et dépense au loin les revenus de ses ferres, il ne sait pas comprendre son rôle social et tôt ou tard en supporte les conséquences. *L'absentéisme* est funeste à la propriété comme à la culture: qu'il soit réel et consiste dans l'éloignement du propriétaire ou bien, avec la proximité de résidence, qu'il consiste simplement dans l'indifférence à l'égard de la culture, dans le refus d'améliorer le capital d'exploitation ou de prendre part à la direction, les conséquences en seront sensiblement les mêmes.

Suivant les habitudes locales et l'aisance du métayer, le capital d'exploitation est fourni par les parties en proportions diverses. Dans la région charentaise et périgourdine, le métayer, trop pauvre, bien souvent ne fournit rien que son mobilier personnel, n'y ajoutant guère, dans les autres cas, que les instruments aratoires réduits à leur plus simple expression, et d'une manière exceptionnelle une très petite provision de fourrages. Le propriétaire avance sans intérêt la valeur du bétail qui reste commun pour le profit comme pour la perte. L'état de la culture est loin d'être florissant.

Plus au nord, dans la Loire-Inférieure, dans la région mancelle, où le métayage se rencontre assez fréquemment, le métayer fait seul les frais des machines, ce qui est logique, puisque, normalement, il doit fournir le travail qu'elles ont la mission de remplacer. Les autres capitaux d'exploitation y sont généralement fournis pour moitié par chacune des parties.

On voit que le métayage peut affecter dans sa forme plusieurs variétés suivant lesquelles chacun fournit une partie plus ou moins grande des éléments de production. D'autre part, à fertilité égale, la terre peut être plus ou moins difficile, demander au colon plus ou moins de travail; ou bien, à égale ténacité, elle peut différer de fécondité. Il en résulte que le partage, pour être équitable, ne peut pas avoir lieu dans tous les cas suivant la même fraction. Le plus souvent, cependant, il reste fixé en principe par moité, mais certains avantages spéciaux seront réservés à celle des parties qui, de cette façon, ne recevrait pas sa part légitime: tele produit ne sera pas partagé, mais abandonné en totalité au colon seul ou au propriétaire exclusivement; les impôts pourront être payés par l'un ou par l'autre, ou par moitié suivant les cas, etc. On peut, de mille façons, se mettre ainsi d'accord sans cesser d'admettre le principe du partage par moitié. C'est pour des terrains ou des natures de cultures exceptionnellement productifs qu'une autre proportion est fixée.

Le métayer prend aux améliorations, une part plus ou moins grande suivant les usages locaux et aussi suivant ses dispositions personnelles, son activité, son attachement à la culture. Fréquemment, il est chargé de transporter gratuitement les matériaux lorsque l'on construit sur la métairie et, parfois, il entreprend avec l'aide plus ou moins large du propriétaire des travaux de drainage, des plantations, etc. Il est à peine besoin de dire que, dans l'intérêt général, comme dans celui du propriétaire et du métayer, il y a là une tendance à encourager. Le propriétaire doit supporter sa part des dépenses et assurer au métayer une durée de jouissance assez grande pour lui permettre de profiter des conséquences de l'amélioration. A défaut de cette durée de jouissance, une indemnité devrait être prévue en faveur du colon. Nous reprendrons, du reste, l'examen de cette question à propos du fermage, au sujet duquel elle se pose sensiblement de la même façon.

L'entrée et la sortie d'un métayer donneront lieu, généralement, à une expertise, à une *prisée* ayant pour but de fixer le droit du colon sortant à une indemnité pour améliorations ou récoltes en terre et, réciproquement, pour établir la somme due par le colon entrant pour avances sous forme de récoltes en terre. Les estimations doivent être faites sur la base du prix de revient; celui-ci déterminé, on y ajoutera, pour établir la somme due par la partie prenante, un bénéfice proportionnel au temps que les capitaux sont restés engagés: est-il laissé un hectare d'avoine emblavé depuis trois mois, et de bonne réussite? on cherchera à savoir quelle est la dépense faite en travail, engrais, semences, etc. pour cette culture; soit 200 francs. Si le taux moyen des profits est 8 p. 100 par an, on devra attribuer comme indemnité:

Toutefois, on doit désintéresser le colon sortant sur les bases où il a lui-même à son entrée supporté la charge des récoltes en terre. C'est donc à défaut d'un autre usage établi dans le pays qu'il y aurait lieu de recourir à ce mode d'estimation, ou à défaut de tout renseignement précis sur les estimations d'entrée. Pour plus de sécurité, on doit, au moment de l'entrée, constater la situation au moyen d'un état de lieux.

La loi n'exige pas l'intervention d'un écrit pour constater l'existence du métayage ou les conventions particulières qui ont pu être arrêtées, mais il est fort utile, néanmoins, de rédiger cet écrit afin de prévenir, ou de permettre de régler facilement toute contestation. Le bail écrit indiquera notamment la situation de chaque partie quant à ses apports; quant à la part plus ou moins large qu'elle aura dans la direction de la culture ou de la vente des bestiaux; quant aux améliorations à exécuter et la mesure selon laquelle chacun devra y contribuer, quant à l'entretien des améliorations déjà existantes, etc. Le mode de partage des produits, les droits à indemnités, la durée du contrat, devront nécessairement faire l'objet de dispositions spéciales. Et dans le cas où certains produits, comme la viande de porc, par exemple, seraient attribués entièrement au métayer (I), il sera prudent de fixer une limite à leur production. De même, si la métaire doit fournir au propriétaire exclusivement certaines denrées, la quantité en doit être fixée. Enfin, il y aura lieu de définir également les obligations et les droits spéciaux du métayer au moment de la sortie, soit à l'égard de la métairie, soit à l'égard de son successeur.

Fermage.

Dans le mode de faire-valoirconnu sous le nom de fermage, le propriétaire abandonne pour un temps déterminé la *jouissance* de sa terre à un tiers, qui lui paie en échange une redevance fixe. Le locataire ou fermier reste généralement maître d'ordonner et de varier la culture à son gré, sauf certaines réserves imposées en ue de prévenir la détérioration ou même une trop grande modification du domaine.

La redevance porte elle-même le nom de fermage et consiste le plus souvent

dans une somme d'argent. Toutefois, elle peut consister en une certaine quantité de produits en nature sans qu'il y ait pour cela colonage. Il y a fermage toutes les fois que la redevance est fixée à une *certaine somme déterminée* d'argent ou de produits, et il y a colonage seulement quand elle consiste dans *une fraction déterminée* de la récolte.
(1) C'est d'usage en Vendée.

Très fréquemment, le fermage comprend sous les noms de *prestations, faisances,* etc., outre une somme d'argent qui en constitue la plus grosse partie, des services en nature ou quelques produits du domaine: par exemple, l'obligation d'effectuer pour le propriétaire certains travaux, ou de lui livrer des œufs, des volailles, du beurre, des légumes, etc., en quantité déterminée. Les charges qui en résultent pour le fermier peuvent être plus ou moins lourdes suivant les cas, et les avantages qu'y trouve le propriétaire peuvent de même être variables, de sorte qu'il faut se placer au point de vue particulier de chacun pour apprécier l'opportunité de fixer sous cette forme une part de la redevance, mais non point condamner en principe les prestations ou paiements en nature. On doit toutefois se rappeler que le mode de fixation le plus convenable est celui qui entraîne la plus grande régularité dans les ressources pour l'un et dans les sacrifices pour l'autre; pour le fermier, c'est encore le mode qui permet d'évaluer les sacrifices qui lui sont demandés. L'obligation de livrer au propriétaire 50 hectolitres de blé chaque année pourrait être très lourde en cas de disette, sans qu'il y eût de compensation suffisante dans les années d'abondance à cause du bas prix du produit dans ces années. Il en résulte que la redevance en nature ne doit représenter qu'une faible partie du fermage total. Elle en représenta rarement plus d'un dixième.

Au point de vue des qualités personnelles de l'exploitant, les exigences du fermage et celle du faire-valoir direct sont sensiblement les mêmes. C'est à l'égard des ressources nécessaires en capitaux que l'un des deux modes peut être dans certains cas notablement plus avantageux que l'autre.

Le faire-valoir par fermage constitue la forme la moins dangereuse du crédit agricole. Comme le signale avec beaucoup de raison M. Sagnier (1), lesderniers capitaux ajoutés à une entreprise sont souvent les plus productifs, de telle sorte qu'une propriété donnant un bénéfice net de 5 000 francs, fermage déduit, si on lui consacre un capital d'exploitation de (1) *Dictionnaire d'Agriculture,* déjà cité.
100000 francs pourra donner 1S000 francs et plus peut-être, si on peut lui en consacrer 200000. La propriété, fermage déduit, rapporterait donc.'i 000 francs de profit au propriétaire qui la cultiverait lui-même avec un avoir total de 100 000 francs, outre la propriété qui peut valoir 100000 francs, soit p, (00 pour le capital d'exploitation, tandis qu'au fermier apportant 200000 francs comme capital d'exploitation et payant fermage, elle rapporterait ",5 p. 100. Dans cette combinaison, le propriétaire, simple capitaliste, trouve l'avantage de pouvoir donner au capitaux qu'il loue une forme sous laquelle ils courent peu de risques et le fermier y trouve le bénéfice que lui procure un crédit considérable; car le domaine qu'il loue, avec ses accessoires représente toujours une très grande valeur.

Donc, s'il n'y avait pas de limite à la puissance humaine il en résulterait que le fermage devrait toujours être préféré au faire-valoir direct. Il n'en est pas ainsi. Que l'administration d'un petit train de culture exige déjàdes aptitudes nombreuses, c'est très réeL; mais il est nécessaire de remarquer que les mêmes aptitudes doivent se présenter avec un autre degré de développement pour assurer la conduite d'une grande entreprise. Aussi, au delà d'une certaine limite, n'y a-t-il pas lieu de chercher à étendre la surface à exploiter? Dès que l'avoir de l'agriculteur lui permet de grouper en qualité de propriétaire tous les éléments de l'entreprise qui correspond à l'étendue de ses facultés personnelles, il ne doit donc pas se mettre fermier.

D'ailleurs, si le fermage présente des avantages sérieux, il entraîne aussi des inconvénients d'une certaine gravité. Le fermier n'est pas certain de tirer des améliorations le même profit que le propriétaire, et n'a pas, par conséquent, le même intérêt à les réaliser. Le propriétaire enjouira complètement, sous la forme d'une augmentation des produits s'il cultive lui-même, sous la forme de la plus-value acquise par la propriété s'il vend, tandis que le fermier, dont la durée de jouissance est limitée, ne recueillera qu'une partie des mêmes avantages. Il est exposé, la durée du bail expirée, à voir le propriétaire profiter des améliorations réalisées pour lui demander une augmentation du prix de location.

Il y a en cela une tendance bien humaine, dont le propriétaire se défendra difficilement, et si le fermage permet les améliorations à court terme, sont promptement remboursées par la plus-value annuellequeprocuient les récoltes, il est devenu une causede retard pour d'autres plus profondes, comme le drainage ou l'irrigation, les travaux de plantation, dont les frais ne sont remboursés qu'au bout d'un temps assez long. Comme le fait remarquer M. Londet, la situation est loin d'être la même pour le propriétaire et pour le fermier. La durée de jouissance qui sert de base au calcul de l'amortissement est pour l'un égale à celle des effets de l'amélioration, tandis que pour l'autre elle est limitée par celle du bail (1).

Les améliorations à court terme, elles-mêmes, ne sauraient se présenter sans interruption avec le fermage, car le fermier, après avoir employé une partie dela durée du bail à accroître la fertilité du sol, peut rechercher une augmentation de pro-duction dans une culture épuisante ou unediminutiondes dépenses dans la suppression des frais de nettoiement du sol, sans que le propriétaire ait le droit de s'y opposer. Pourvu que la terre lui soit rendue dans l'état où il l'avait lui-même délivrée, il ne peut rien exiger de plus.

(1) Soit un drainage qui coi̇te 300 francs, sa durée est do 50 ans, les capitaux se placent à raison de 5 p. 100, et les réparations annuelles sont de 1 p. 100.

Les dépenses annuelles d'un pareil drainage sont, pour le propriétaire, de:
Intérêt de 300 francs à 5 p. 100 15 »
Entretien à 1 p. 100 3 »
Amortissement calculé pour une durée de 50 ans à 5 p. 100 1.43
Total 19,43 ou, p. 100 du capital engagé, 6 fr. 48.

Pour un fermier dont la durée du bail est de douze ans, et qui exécute, à ses frais, le drainage pendant les deux premières années de sa jouissance, les dépenses annuelles sont de:

Divers moyens sont proposés pour éviter ces inconvénients du fermage. Celui qui se présente le plus facilement à l'esprit consiste à donner au bail une durée aussi grande que possible de façon à ce que la situation du fermier, sous ce rapport, se rapproche de celle du propriétaire. Il faudrait alors donner au bail une durée correspondant à celle de la carrjère du cultivateur, et même une durée plus grande dans le cas où celui-ci, déjà âgé, pourrait entrevoir la possibilité de transmettre son exploitation à l'un de ses héritiers. Mais un engagement aussi long pourra, pour des raisons d'un autre ordre, ne pas convenir aux parties: au propriétaire, parce qu'il peut désirer une certaine liberté pour ses successeurs; au jeune fermier, parce qu'il entrevoit la possibilité d'accroître ses ressources et la nécessité de donner plus tard, à son entreprise, une extension que ne permettrait pas le domaine sur lequel il s'établit tout d'abord enlin, à tous les deux, parce que, la situation économique pouvant se modifier, l'opération à long terme présente un caractère aléatoire. Si le prix du fermage vient à hausser, le propriétaire perdra, et, dans le cas contraire, le fermier se trouvera gêné. Aussi, dans la pratique, une longue durée du bail, supérieure à neuf ou douze années, se présente-t-elle assez rarement. Elle ne correspond guère qu'à des situations exceptionnelles, comme

Intérêt de 300 francs à 5 p. 100 15 »
Entretien à 1 p. 100 3 »
Amortissement calculé sur 10 années et à
S p. 100 23,82
Total TÛS2
Soit 13 fr.!)4 de dépenses annuelles pour 100 fr. de capital engagé. » (Lon-

det, *Annuaire de la Société des anciens élèves de l'École de Grand-Jouan,* année 1880.) Avec un bail de trente ans, la dépense pour le fermier serait réduite comme suit:
Intérêt de 300 fr. à S p. 100 15 »
Entretien à 1 p. 100 3 »
Amortissement calculé sur 28 années à 5 p. 100 5,13
Total 23,13 7 fr. 71 de dépense pour 100 fr. de capital engagé.
celle d'un domaine en mauvais état ou presque nu, dont l'amélioration exige des frais élevés que le propriétaire n'est pas en mesure de faire lui-même. Dans ces conditions, non seulement la location est faite pour un temps très long, qui peut aller jusqu'à quatre-vingt-dix-neuf ans, mais encore elle prend généralement la forme dite emphytéotique et donne au fermier des droits plus étendus. Une longue durée se présente encore pour les formes locales particulières à la Bretagne dites à domaine congéable et à complant.

On peut prévenir l'épuisement périodique du sol en renouvelant la location quelques années avant l'expiration du bail. Si le renouvellement a lieu à la sixième année pour un bail de neuf ans, le fermier sera intéressé à maintenir le domaine dans l'état d'amélioration auquel il l'aura amené et se partagera avec le propriétaire le profit qui en peut résulter. Le renouvellement des baux est d'un usage assez fréquent et peut, comme on le voit, rendre des services. Toutefois, il ne saurait favoriser les améliorations à long terme autant que celles de faible durée, que le fermier trouve le moyen de réduireutilement pour lui avant son départ.

On a proposé, pour décider le fermier à entreprendre toutes les améliorations, de lui reconnaître, en fin de bail, un droit à une indemnité calculée en raison des travaux utiles qu'il aurait faits sur la propriété sans avoir le temps d'en jouir suffisamment. Après vingt années de jouissance, aucune indemnité ne serait due. Jusqu'à cette limite, elle serait calculée à dire d'expert de façon à réserver au fermier auteur de l'amélioration une partie de la plus-value donnée à la propriété.

Le principe de l'indemnité a été inscrit dans la loi anglaise en 1875 à titre facultatif et, depuis 1883, à titre obligatoire. En France, la question est encore à l'étude et se classe parmi celles qui recommandent la plus grande prudence (1). En effet, en dehors de certains travaux d'une efficacité constante (1) Le droit à indemnité accordé au colon partiaire par les articles 6 et 7 de la loi du 18 juillet 1889, ne saurait être présenté comme offrant le même caractère, attendu qu'il s'applique seulement au cas où le bail prend fin par anticipation.

et permanente, l'utilité d'une amélioration est purement relative, et subordonnée au point de vue spécial auquel se place l'exploitant, comme la destruction de clôtures ou la création de clôtures nouvelles, ou bien même, aux circonstances. Qui pourrait affirmer que la plantation d'un vignoble ou d'un verger conféreront à la propriété une plus-value perpétuelle? Il est constant, au contraire, que par le fait même de leur généralisation, les améliorations perdent des avantages qu'elles procuraient au début, alors qu'elles se présentaient à l'état isolé.

En outre, sans parler des réelles difficultés que peuvent présenter les expertises à faire à ce sujet, l'attribution, par la loi, d'une indemnité au fermier équivaudrait à une véritable expropriation pour le propriétaire, dans le cas d'exécution de travaux d'une grande importance. M. Heuzé présentait récemment encore un résumé de la question devant la Société nationale d'Agriculture de France (1). Tout en se montrant favorable à l'inscription dans les baux du principe de l'indemnité, le vénérable inspecteur général, dont l'expérience est bien connue, concluait en conseillant d'indiquer dans le bail le maximum d'indemnité qui pourra être dû au fermier sur l'apport justificatif des experts, pour les améliorations qu'il aurait apportées au domaine. De la sorte, la participation du propriétaire est volontaire et peut être mesurée sur les ressources dont il dispose. Il nous paraîtrait nécessaire également, comme le conseille M. Heuzé, d'indiquer la nature des travaux ou aménagements auxquels

l'indemnité pourrait s'appliquer, afin que le fermier n'eût pas des tendances à se placer à un point de vue par trop personnelUn a aussi préconisé, sous le nom de clause de lord Kames, une disposition de nature à favoriser le progrès général de la culture et l'amélioration d'un domaine. Suivant cette clause, le fermier dont le bail va expirer en propose le renouvellement au propriétaire pour un temps déterminé et moyennant augmentation. Si, après réflexion, celui-ci accepte, commence un nouveau bail; s'il refuse, le fermier est admis à faire de nouvelles propositions et, en cas de refus nouveau, le propriétaire devra lui payer une indemnité égale à autant de fois l'augmentation du loyer offerte, qu'il y a d'années dans la moitié du bail proposé. De cette façon, le propriétaire abandonne à son fermier une partie de la plus-value que la propriété est susceptible d'acquérir naturellement sans que, d'une manière réciproque, le fermier participe à la moinsvalue qui pourrait se présenter.

M. Londet a démontré que cette clause, loin de favoriser le renouvellement des baux, comme on pourrait le croire, porte le fermier intelligent à rompre avec le propriétaire pour aller réaliser sur un autre domaine une amélioration nouvelle. Il n'en reste pas moins vrai, que sans satisfaire complètement à l'équité, peut-être, dans tous les cas, cette clause peut pousser à l'amélioration des domaines.

Enfin, au lieu d'attendre la fin du bail pour régler les intérêts pendants entre le propriétaire et le fermier en raison des travaux améliorateurs exécutés par celui-ci, il sera souvent plus profitable, pour les deux parties, d'établir à l'avance une liste de ceux qui peuvent être entrepris utilement, d'arrêter les conditions dans lesquelles ils devront être exécutés, ainsi que les indemnités au paiement desquelles ils pourront donner lieu. En principe, les améliorations doivent être faites aux frais du propriétaire, qui rentre dans ses débours en élevant le prix du fermage de la somme nécessaire pour cela. Cependant, il est certains travaux, comme les terrassements, les plantations, qui pour-

ront, avantageusement pour les deux parties, être exécutés par le fermier. Il sera toujours facile d'évaluer à l'avance l'indemnité qui lui sera due en conséquence. On évitera ainsi toute contestation et on ne sera pas obligé de recourir aux services des experts.

Mais s'il est utile de prendre des dispositions dans le but de favoriser l'amélioration du domaine, il n'est pas moins nécessaire de prévenir toute détérioration des améliorations qui existent déjà. On y parvient en inscrivant dans les baux des clauses appropriées.

En ce qui concerne la conservation de la fertilité, la loi a cherché à l'assurer en obligeant le fermier à faire consommer sur la ferme les pailles et les fourrages récoltés, à appliquer au domaine la totalité des engrais qui en proviennent. Il en résulte que le cultivateur qui voudrait vendre des pailles et des fourrages doit s'en réserver la faculté par écrit. Le propriétaire aura le soin de ne la lui accorder que contre l'obligation d'importer des engrais sur le domaine en quantité correspondante. Les tribunaux appelés à interpréter les obligations du fermier sur ce point pouvant différer dans leurs appréciations, il est prudent de régler la question au préalable en faisant figurer dans le bail, à cet effet, des conventions conçues en termes clairs et aussi précis que possible.

La loi oblige le fermier à effectuer les réparations locatives à l'égard de toutes les améliorations. Néanmoins, il sera bon, pour éviter tout conflit, de définir, également avec précision, l'étendue des obligations qui peuvent incomber au locataire relativement à chacune d'elles.

En ce qui concerne les bois, le fermier n'a pas, à assurer la perpétuité du peuplement, le même intérêt que le propriétaire; aussi est-il d'usage, dans certains pays, que ce dernier s'en réserve l'exploitation en ne laissant au fermier qu'une quantité de bois fixée, correspondant aux besoins de chauffage de la ferme. Il lui est aussi abandonné en outre, quelquefois, les litières qui poussent en sous-bois; mais cette pratique est fréquemment une cause de dépeuplement des bois si on n'a pas le soin de fixer les périodes au bout desquelles doivent se faire les coupes de litières. Car, en même temps que celles-ci, il est fauché un grand nombre de jeunes plants qui finissent par périr à la suite de coupes trop fréquemment répétées. Si les coupes principales elles-mêmes sont abandonnées au fermier, il sera nécessaire d'indiquer dans le bail les conditions dans lesquelles elles devront être faites au point de vue de la saison, ou de la durée d'aménagement, et de faire accepter au fermier l'obligation d'assurer les regarnies.

Enfin, il n'est pas moins indispensable de régler avec netteté les droits et les obligations du fermier au moment de l'entrée el de la sortie. Il y a lieu de définir la nature et la valeur des accessoires qui lui sont délivrés au moment de l'entrée et les conditions dans lesquelles il devra les restituer. La loi lui fait une obligation « de laisser les pailles et engrais de l'année s'il les a reçus lors de son entrée en jouissance; et quand même il ne les aurait pas reçus, le propriétaire pourra les retenir suivant l'estimation » (Code civil, art. 1778). Cette obligation ainsi définie peut ne pas répondre aux besoins de toutes les situations, et si le propriétaire autorise la vente des pailles dans le cours du bail, il sera prudent pour lui de se réserver les moyens d'en assurer une provision suffisante sur la ferme en fin de bail; car faute de cela, il pourrait, dans certains cas, éprouver des difficultés pour louer de nouveau. D'autre part, le fermier qui prévoit, par une amélioration de la propriété, la possibilité d'augmenter les ressources de la ferme sous cette forme, doit tout naturellement faire des réserves et ne pas s'engager à laisser des pailles au delà de la provision normale sans obtenir une compensation.

En ce qui concerne les animaux, dont il est souvent délivré un certain nombre avec le fonds, la situation est réglée par l'article 1826 du Code civil (1). L'application des dispositions qu'il contient peut donner lieu à des inconvénients. Les tribunaux admettent que le fermier satisfait à l'obligation qui lui est imposée en délivrant des animaux de même valeur, soit en nombre égal à ceux qu'il a reçus, ou différent, de

telle sorte que c'est lui qui supporte les risques de pertes ou de gain pouvant résulter de la simple variation des prix. Le fermier peut donc se libérer, tout en laissant la ferme dégarnie, si l'ayant prise alors que le bétail était bon marché, il l'abandonne au moment où les cours sont élevés. Réciproquement, une situation contraire pourrait se présenter, et, dans ce cas, la perte serait pour le fermier. Mais en fait, le propriétaire devrait la supporter dans les deux cas le plus souvent, car si le fermier est apte à recueillir le bénéfice dans (t) A la fm du bail, le fermier ne peut retenir le cheptel en en payant l'estimation originaire; il doit en laisser un de valeur pareille à celui qu'il a reçu. S'il y a du déficit, il doit le payer; et c'est seulement l'excédent qui lui appartient. le cas où la chance lui est favorable, il ne le sera pas toujours, si elle tourne contre lui, faute de ressources suffisantes, à rembourser les pertes.

Le propriétaire doit donc chercher à prévenir l'éventualité de pertes constantes de ce fait, au moyen de dispositions spéciales, notamment, en faisant accepter au fermier l'obligation de délivrer un troupeau équivalent à celui qu'il a reçu non pas par le prix, mais par la valeur au point de vue de l'exploitation de la ferme, c'est-à-dire à la fois par le nombre des têtes d'animaux de chaque espèce, l'âge, l'état d'entretien et les qualités relatives au mode suivant lequel les animaux sont exploités. La situation étant définie à l'entrée par une description du troupeau pris en charge, les obligations du fermier pour la sortie se trouveront ainsi établies.

Relativement à la prise de possession de la ferme, les usages varient selon les contrées. Tantôt le fermier entrant effectue lui-même, avant son entrée définitive, les semailles des plantes qu'il doit récolter, tantôt il trouve2 les ensemencements faits par son prédécesseur, auquel il en rembourse le prix à dire d'expert. Dans le premier cas, le travail peut être mieux soigné, mais la combinaison peut entraîner des pertes de temps en allées et venues, d'une ferme à l'autre, et parfois des conflits

entre le fermier entrant et le fermier sortant (1).

Le choix de la pratique à adopter devrait donc être subordonné aux circonstances autant qu'aux usages locaux. Toutefois, comme il n'est pas possible de savoir, au moment où commence un bail, quelles seront les convenances particulières aux parties quand il prendra fin, ce sont les usages qui l'emportent. On a le soin, seulement, pour réduire les inconvénients au moindre degré, de fixer pour la terminaison des baux, l'époque à laquelle il reste le moins possible de récoltes (t) Code civil, art. 1777: « Le fermier sortant doit laisser à celui qui lui succède dans la culture, les logements convenables et autres facilités pour les travaux de l'année suivante; et réciproquement, le fermier entrant doit procurer à celui qui sort les logements convenables et autres facilités pour la consommation des fourrages, et pour les récoltes restant à faire. — Dans l'un et l'autre cas on doit se conformer à l'usage des lieux.

pendantes sur le sol, ou bien celle qui précède immédiatement les ensemencements.

La loi n'oblige pas les parties à constater leurs conventions par écrit. Toutefois, c'est agir sagement que de le faire. Outre que la preuve de l'existence du contrat peut se trouver facilitée, celle des conventions elles-mêmes se trouvera mieux établie et l'interprétation d'un texte écrit présentera toujours plus de sécurité que celle de conventions verbales.

IX. — VALEUR DE LA PROPRIÉTÉ.

Un peut, pour apprécier le prix d'une propriété foncière, se placer à plusieurs points de vue différents. On peutsedemander quelle en est la valeur pour en jouir temporairement, comme dans le mode de tenure connu sous le nom de fermage, ou bien quelle est la valeur qui correspond aune jouissance permanente, comme dans le cas d'une possession perpétuelle. Dans le premier cas, on dit *valeur locative,* ou *prix de location,* dans le second cas, *valeur vénale* ou *prix de vente.* Évaluée pour l'unité de temps, pour l'année, la valeur locative prend le nom de fermage ou loyer (i).

Enfin, les droits que l'on acquiert sur le sol, soit à titre détinitif, soit à titre temporaire, peuvent être plus ou moins étendus, de sorte que l'on peut chercher àestimer la valeur totale,ou la valeur partielle d'une terre. C'est ainsi, qu'au lieu de rechercher la pleine propriété ou la pleine jouissance d'une terre, on peut chercher à acquérir seulement un droit de passage ou toute autre *servitude*; on peut chercher à acquérir la *servitude à titre perpétuel* ou bien à *titre temporaire seulement*. Les règles à appliquer pour arriver à la détermination de la valeur sont les mêmes, qu'il s'agisse de la valeur entière ou de la valeur partielle, sauf que dans un cas on prendracomme base de l'estimation *les avantages* attachés à l'usage complet et dans l'autre, ceux que procure l'usage partiel seulement. Il nous suffira dès lors de résoudre le problème à l'un des deux points de vue (1) Le mot *loyer* est plutôt réservé pour désigner le prix de location des propriétés bâties, et l'expression *fermage* pour désigner celui des biens ruraux, pour indiquer en même temps la manière d'agir à l'égard de l'autre.

Valeur locative.

Supposons qu'il s'agisse du prix de location complet du sol, et non point d'une simple servitude. Nous pourrons dire que *le fermage a pour valeur maxima ce qui reste du prix de vente des produits après prélèvement des frais à faire en travail et en capital pour obtenir ces produits.* Car, en effet, si d'une propriété donnée on peut tirer pour 6 000 francs de produits annuels, en dépensant pour le travail sauf celui du fermier, les capitaux divers et l'impôt, une somme de 4 080 francs, il est facile de comprendre que le fermier de cette terre ne pourra pas donner comme fermage une somme supérieure à la différence entre 6000et 4080, soit à 6000—4080 =1920 francs. Il ne pourra même pas donner cette somme, car s'il le faisait son travail personnel ne lui serait pas payé. Or, on ne saurait concevoir comme durable une entreprise qui ne laisserait aucune rémunération à l'exploitant.

Notre cultivateur devra donc retenir, sur 1 920 francs, au moins la somme qui représente le prix de revient de son travail, soit 1000 francs. Dans ce cas, *la limite supérieure normale du fermage* serait 1920 —1000=920 francs. On voit que *cette limite est donnée par la différence entre le prix de vente du produit et les dépenses faites par le fermier en travail et capitaux sous toutes les formes, pour obtenir le produit.*

Il y a aussi, *normalement, une limite inférieurean fermage.* Le propriétaire n'abandonne pas sa terre gratuitement. *Il devra enretirer, au minimum, le service des capitaux consacrés à l'amélioration du fonds, plus les fruis à faire pour l'entretien et la recnnsliiutinn de ces capitaux.* Car s'il en était autrement, les améliorations n'auraient pas été entreprises, le propriétaire ayant pu faire ailleurs un meilleur placement de son capital. Ces exigences minima du propriétaire constituent la limite inférieure normale du fermage.

En général, le prix des produits sera suffisant pour permettre au locataire de payer au-dessus de cette limite, tout en se réservant à lui-même un bénélice, de sorte que normalement, propriétaire et fermier, chacun reçoit une part du bénéfice social. Il n'en pourrait être autrement que si, les travaux d'amélioration ayant été mal conduits, le propriétaire avait fait des dépenses improductives: dans ce cas, il n'obtiendrait pas pour les capitaux engagés la rémunération normale; ou bien, si, l'entreprise de culture étant mal dirigée, elle ne procurerait pas à l'exploitant les profits courants. En dehors de ces situations exceptionnelles, on peut donner du fermage une expression théorique de la façon suivante. Appelons F, le fermage; P, le prix de vente total des produits; T, la rémunération du travail sous toutes ses formes; C, celle des capitaux non fonciers; B, le bénéfice du fermier; et nous pourrons écrire:

F=P — (T C B) (1).

formule que l'on peut traduire en disant: le fermage peut être considéré comme la différence qui existe entre le prix des produits et une somme formée de la rémunération du travail et du capital jointe au bénéfice du fermier.

Cette formule est une traduction d'autant plus exacte des faits, que le fermage ne peut pas être payé, si le prix des produits n'excède pas les avances faites par le fermier (2), car (1) Londet, à qui nous empruntons l'idée de cette expression, ne nous paraît admettre comme part des travailleurs, dans la formule qu'il donne, que la *rétribution* ou subsistance des ouvriers, sans bénéfice; ce qui n'est pas conforme à la réalité, ainsi que nous l'avons déjà montré (311). Aussi, rejetons-nous la formule qu'il a donnée, tout en retenant l'idée juste qu'elle exprime si nettement.

(2) « La part de la terre est en quelque sorte payée après celles qui reviennent aux autres instruments de la production.

« Que l'on se place en effet dans les plus mauvaises conditions de la production agricole, on conçoit que l'on pourra cultiver des champs, si les produits qu'ils donnent suffisent pour payer la rétribution des travailleurs, l'amortissement, l'entretien et les risques des capitaux employés à la production, soit comme capitaux d'exploitation, soit comme améliorations. Dans de semblables conditions, il n'y aura pas de rente, pas de service des capitaux.

« Pour qu'une telle production puisse exister longtemps il faut que les divers instruments de la production, terre, capital, travail, soient réunis dans la même main; c'est ce qui se passe chez les petits propriétaires. Les résultats économiques que nous venons d'indiquer sont aussi, dans beaucoup de cas, ceux qu'ils obtiennent. celui-ci opérerait à perte, ce qui n'est pas admissible autrement que d'une manière exceptionnelle. Si, par suite de la concurrence qui leur serait faite par d'autres produits de même nature, obtenus ailleurs plus facilement, ceux de la terre que nous considérons venaient à baisser de prix, c'est surtout le fermage qui se trouverait diminué, car le travail et les capitaux mobiliers peuvent se déplacer, se transporter dans les milieux les plus favorables, tandis que la terre ne le pouvant point c'est, en définitive, son propriétaire qui se trouve le plus atteint en cas de baisse durable dans la valeur des produits; l'ouvrier que l'on ne paierait pas suffisamment à la campagne passerait dans la ville, il irait en Amérique s'il ne pouvait pas obtenir en Europe un salaire suffisant, de sorte que, pour le retenir, le propriétaire est obligé de réduire sa propre part dans ce produit.

L'examen de la formule ci-dessus montre que le prix du fermage pour une terre ou un domaine donnés se trouvera affecté par les circonstances qui modifient le prix des produits, par celles qui agissent sur les salaires, sur le taux de l'intérêt,

Ils ne gagnent pas plus chez eux, quelquefois même moins, que d'aller travailler chez autrui; cependant ils préfèrent la première de ces positions, parce qu'ils n'ont pas de niaitres et qu'ils conservent leur indépendance.

« Toute production agricole doit donner au moins la rétribution des travailleurs, c'est-à-dire tout ce qui est nécessaire à ceux-ci et à leur famille. Si l'on obtenait moins, les travailleurs vivraient plus difficilement, aifaibliraient leur santé faute d'aliments, seraient plus sujets aux maladies

« Dans le cas où l'industrie agricole ne donnerait pas l'entretien, l'amortissement et les risques des capitaux divers employés à la production, celle-ci pourrait néanmoins exister tant que les capitaux ne seraient pas mis hors de service; passé ce temps, elle devrait nécessairement cesser.

« Ainsi donc, la première parlfaite dans la production s'applique d'abord à la rétribution des travailleurs, ensuite à l'amortissement, à l'entretien, aux risques des capitaux employés, soit comme capitaux d'exploitation, soit comme améliorations exécutées sur le sol. La seconde part, lorsque la valeur des produits le permet, se partage entre le service des capitaux, le profit des cultivateurs, la rente, ou ce qui revient à la partie naturelle du sol. » (Londet, *Traité d'économie rurale*, t. II.) ou le taux des bénéfices de l'exploitant. Consacrons quelques lignes à l'examen de ces divers facteurs.

Le prix obtenu de la vente des produits est égal au prix de l'unité multiplié par la quantité vendue. Il dépend donc du rendement des récoltes et des prix sur les marchés voisins de la ferme.

A. Le rendement est variable suivant la fertilité de la terre et les soins donnés aux cultures. La fertilité est laconséquence de plusieurs facteurs parmi lesquels on a distingué la *richesse*, ou propriété que possède la terre, de renfermer en abondance les éléments chimiques qui serventà l'alimentation des plantes, et la *puissance*, ou faculté qu'elle a de mettre en activité, de mobiliser ces éléments. La richesse peut être naturelle, c'està-dire résulter de l'apport des eaux souterraines ou de la composition chimique desroches qui ontdonné naissance àla terre, ou artificielle, c'est-à-dire être due à des apports abondants de matières fertilisantes effectués par l'homme. Dans le premier cas, elle se reconstitue d'elle-même, et peut être constante, pour peu que l'on fasse une culture prévoyante; dans le second cas, l'épuisement pourrait être plus rapide s'il n'était fait aucune importation d'éléments fertilisants. La *puissance* tient à la réunion des conditions qui favorisent ladécomposition des matières renfermant les aliments des plantes (roches ou engrais), notamment, à la présence de l'élément calcaire, à la perméabilité du sol, etc. Plusieurs agronomes ont cherché à exprimer par des chiffres l'étendue de ces diverses propriétés, ont proposé des moyens pour la mesurer, mais leurs tentatives n'ont généralement pas été heureuses et les données qu'ils ont fournies sont de moins en moins applicables à mesure que se généralise l'emploi des engrais du commerce. L'analyse chimique de la terre, l'examen minéralogique et géologique du sol, qui donne sur sa nature chimique des indications précieuses, joint à celui des plantes qui s'y développent spontanément fournira des renseignements plus sûrs, sans que l'on puisse d'ailleurs prétendre à une grande exactitude dans les appréciations. Seuls, des renseignements numériques recueillis sur place et plusieurs années de suite, ou une observation assez prolongée peuvent permettre ce degré d'exactitude.

I

Les améliorations déjà apportées au fonds ou qu'il est lo sihle d'y apporter, doivent nécessairement influer sur le taa du fermage. D'une part, elles entraînent une augmentat des dépenses annuelles en capitaux, qu'il est facile d'évaluerd déterminent, d'autre part, un accroissement de production qu' faut également s'attacher à connaître.

II. La valeur de l'unité de produit peut dans certains ca être très différente pour des terres voisines. Cela se présent surtout dans la culture des légumes ou des fruits, du vin, *à* cidre, etc., et peut tenir à l'exposition, à la nature du fondi permettant plus de précocité, ou une qualité meilleure qu dans le voisinage, c'est-à-dire à ce qu'on appelle *le cru*.

Il ne suffit pas de tenir compte des prix actuels, mais encore des variations qu'ils peuvent subir dans le cours du temps e( qui influeront dans l'avenir sur le produit brut. Suivant certaine théorie, la terre étant en quantité limitée et la population en voie constante d'augmentation, les produits du sol devraient devenir de plus en plus rares, de plus en plus difficiles à obtenir, et par conséqueut d'un prix de vente de plus en plus élevé. Il serait peut-être téméraire d'affirmer qu'il n'y a pas là un certain fond de vérité; que la population dépassant une certaine limite, il ne deviendrait pas plus difficile aux hommes de se procurer la subsistance, ce qui déterminerait une augmentation certaine du prix des denrées et une hausse des fermages. Mais des faits multiples permettent d'affirmer que nous sommes encore bien éloignés de ce terme: ce sont notamment l'existence d'immenses territoires encore disponibles sur le globe, et ensuite la facilité avec laquelle subsiste, dans nombre de pays, une population très dense; enfin la puissance même de la production, dans l'état actuel du progrès qui est loin, sans doute, de son terme définitif.

La puissance de production de l'unité de surface n'est pas étroitement limitée et quand on fait passer de 7 à 17 hectolitres à l'hectare en moyenne le rendement du blé dans un pays, le résultat est le même que si on avait augmenté la surface dans la proportion de 7 à 17. Contrairement aux prévisions de Malthus, les subsistances se sont accrues plus rapilement que la population; le capilal a fait à la terre une érieuse concurrence; le prix moyen du blé diminue, depuis in siècle, au lieu d'augmenter; le moment serait mal choisi iour escompter une augmentation du prix des produits agrioles en général. C'est plutôt de l'augmentation du rendement pj'il faut attendre la hausse du produit brut.

Outre ces particularités, agissant sur le produit brut, il en sst qui font varier le fermage en affectant les autres facteurs ie la formule que nous avons présentée. Ce sont d'abord: A, celles qui influent sur la répartition du produit entre les agents de la production; puis, B, celles qui peuvent entraîner une augmentation de la quantité de travail à appliquer par unité de produit.

A. Parmi les premières, il faut noter 1 la concurrence que peuvent se faire les fermiers entre eux, d'un côté, ce qui aura pour conséquence de favoriser les propriétaires; 2 la concurrence plus ou moins vive qui peut exister aussi parmi les ouvriers de la culture, et dont nous avons noté ailleurs les tendances; 3 enfin, l'abondance des capitaux, d'où résulte le prix de *leur service:* plus grossit la part que s'attirent le fermier, le travail et le capital, et moins il reste pour le propriétaire. Mais il ne faut pas perdre de vue que la multiplication des capitaux peut exercer une double action en sens inverse: d'une part, il en résulte une baisse du taux de l'intérêt, ce qui tend à laisser davantage à la terre et au travail; mais aussi, d'autre part, une tendance à l'augmentation des récoltes et à la diminution du prix des produits, comme nous venons de le constater.

B. Un certain nombre de *causes locales* peuvent influer sur la quantité de travail nécessaire pour arriver à présenter sur le marché chaque unité de produit; ce sont en particulier: la nature du sol, son degré d'inclinaison, le groupement des parcelles autour des bâtiments, la proximité du marché.

A productivité égale, la terre tenace, argileuse, pierreuse, pourra entraîner des dépenses *de façon* beaucoup plus grandes que la terre légère. Elle vaudra moins de fermage s'il n'est pas possible d'en tirer parti par des procédés spéciaux de nature à diminuer la dépense en travail: par exemple, en Jouzieh. — *Économie rurale.* 22 y faisant des herbages, ou bien en y accumulant des engrais. Mais ces inodes particuliers exigeront des capitaux plus élevés que ceux qui suffisent dans la terre légère et supposent en outre une jouissance assez longue. A défaut de ces deux conditions, il devrait y avoir une grande différence de fermage. Cette différence s'atténue à mesure qu'augmentent les facilités d'exécution du travail, à mesure que s'accroît la puissance des machines.

La forme irrégulière des parcelles et leur exiguïté gênent dans l'exécution des travaux au moyen des attelages; leur éloignement des bâtiments d'exploitation entraine une perte de temps variable suivant le genre de culture et les attelages employés. Plus la culture est intensive et plus fréquents seront les voyages aux champs, plus coûteux seront les transports et plus seront sérieuses les pertes de temps. Aussi, dans certains cas, sera-t-on astreint à suivre une culture extensive dans des champs très éloignés.

La pente peut exercer sur la production une influence favorable ou défavorable. Si elle est rapide, elle entraînera une augmentation des frais de culture. Il peut encore résulter de l'état d'enclave une gêne et un accroissement de la dépense qui se traduiront par une diminution du fermage.

Enfin, il est nécessaire de remarquer que l'éloignement du marché, l'état des voies de communication qui permettent de s'y rendre sont encore de nature à modifier les dépenses de travail et capital et à modifier par conséquent le fermage. Nous avons signalé dans d'autres chapitres (31, 52) l'amélioration générale qui s'est produite sous ce rapport depuis soixante ans, mais c'est ici le lieu de noter le très grand avantage qui en résulte pour la ferme autrefois isolée du marché en raison du mauvais état des chemins. L'économie réalisée sur les frais de transport du produit de la ferme au lieu de *consommation* est en grande partie acquise au propriétaire du domaine. Par contre, les terres situées à proximité des grands centres ont plutôt perdu à cette transformation, car elles ont eu à subir pour certains produits la concurrence de celles dont le débouché se trouvait rendu plus facile. Mais elles conservent encore d'importants avantages du fait du voisinage de la ville, et notamment celui d'obtenir à peu de frais des engrais en abondance.

On peut constater qu'en dehors de l'influence de tous ces facteurs, le produit brut et les dépenses autres que le fermage varieront selon les pays et selon le mode d'utilisation des terres; suivant qu'il s'agit de prairies, de vignes, de bois ou de terres labourables; suivant que celles-ci sont propres à toutes les cultures comme les terres franches, ou à quelquesunes seulement, comme les terres des landes. D'autre part, enfin, on peut observer que ces divers modes d'utilisation se.trouvent en proportions très diverses suivant les domaines et que le fermier supporte dans les frais de réparation des bâtiments une charge variable selon les pays; on doit en conclure que deux domaines voisins et d'égale étendue peuvent avoir une valeur locative très différente. La détermination de celle-ci doit être subordonnée à un examen assez minutieux des éléments qui caractérisent la situation. On ne devra donc point se contenter de considérer le domaine en bloc, d'après son étendue totale, après l'avoir parcouru plus ou moins attentivement, mais bien procéder aussi à une estimation parcellaire, tant en ce qui concerne les frais d'exploitation que les produits probables.

Les bâtiments, qui ne concourent à la production que d'une manière indirecte, ne pourront point, par conséquent, être examinés eu égard aux produits qu'ils donnent, mais devront l'être, d'une part, au point de vue des dépenses qui résulteront des réparations mises à la charge du fermier, d'autre part, eu égard à leur état suffisant ou insuffisant pour permettre la bonne utilisation du domaine, eu égard aux facilités plus ou moins grandes de service qui résultent de leur état d'aménagement.

Il est à peine besoin de faire remarquer que les estimations doivent être basées pour les terres labourables, non pas sur une seule espèce de culture, mais bien sur toutes celles qui sont admises dans l'assolement local. De plus, les résultats dont il faut tenir compte sont ceux auxquels aboutissent les efforts courants, mais non point ceux qui ne pourraient être assurés que par des pratiques nouvelles, plus avantageuses, ou par des facultés exceptionnelles qui ne sont pas la ressource du commun des fermiers.

Les évaluations prudentes auxquelles on se sera livré éclaireront sur les avantages relatifs que pourraient présenter différents domaines parmi lesquels on pourrait faire son choix. En faisant connaître le prix courant que le propriétaire pourrait tirer de sa terre, elles mettront en meilleure situation pour débattre le marché tout en cherchant à ne payer que le moins possible.

Il peut d'ailleurs se présenter d'autres sources de renseignements. Le point délicat est de distinguer parmi elles les plus sûres. Il est naïf de dire que ceux qui sont obtenus du propriétaire lui-même auront généralement besoin d'être contrôlés. Ceux que pourraient donner les voisins peuvent eux-mêmes être sujets à caution. Les renseignements tirés des anciens baux et de la réussite des fermiers qui les ont exploités auront infiniment plus de valeur, à la condition qu'il s'agisse de baux authentiques ou à date certaine et non point de baux de complaisance. On doit tenir pour sujet à caution le bail à fermage croissant par périodes, du commencement à la lin, et qui n'aurait pas une certaine ancienneté, car s'il arrive qu'un bail de cette nature soit consenti en faveur d'un fermier soigneux, en vue d'en obtenir l'amélioration de la propriété, il arrive également que l'on ait eu en vue la vente de la propriété et d'abuser l'acquéreur sur le taux réel du revenu moyen.

Enfin, le cadastre peut fournir d'utiles renseignements lorsqu'il n'est pas trop ancien ou bien lorsque l'état d'amélioration des propriétés s'est peu modifié. Il faudra se rappeler que le revenu imposable accusé par le cadastre n'est point le revenu réel, mais une fraction de celui-ci qui varie de commune à commune, pouvant être dans l'une do 50 p. 100, dans l'autre 70 p. 100 du revenu réel. Il en résulte que les comparaisons entre les revenus cadastraux de plusieurs domaines n'auront de valeur que s'ils appartiennent à la même commune, à moins que, pour des communes différentes, on ne puisse établir le rapport entre le revenu réel et le revenu imposable.

Valeur vénale.

Valeur vénale. — La valeur vénale d'une terre est proportionnelle au *revenu* qu'elle donne.

On doit, en effet, considérer l'acquisition d'une terre comme un placement de capital et il est bien évident qu'on pourra y consacrer une valeur proportionnelle au revenu qu'on en tirera. Les éléments à connaître pour arriver à la solution du problème seronf donc, d'une part, le revenu de la propriété et, d'autre part, le taux des bénétices que procurent de semblables placements. Si le taux est 4 p. 100 et le revenu annuel d'une propriété 600 lianes, voici le raisonnement qui s'impose: pour obtenir un revenu de 4 francs il faut engager 100 francs, pour obtenir 1 franc il faudra engager '- et pour 4 recevoir 600 francs on pourra engager x 600 = 15000 francs.

D'une manière générale, si on appelle C, un capital quelconque, r le revenu qu'il produit, H celui que donne une propriété, et enfin P le prix de celle-ci, on écrira, en vertu du même raisonnement:

P =-xR (1).
r

On donne le nom de denier au rapport connu — qui existe entre un capital quelconque et le revenu qu'il produit; de Q sorte que si on appelle *d* le denier, on peut écrire d = et la formule (1) devient P = *d* X R. On traduit cette formule en disant que la valeur d'une propriété est égale au denier multiplié par le revenu qu'elle produit.

On peut encore dire que la valeur d'une propriété est égale au rapport qui existe entre le revenu qu'elle donne et celui que produit 1 franc en placements fonciers. En effet, si dans la formule (1) nous prenons C= 1, nous aurons: $V = -x$ a =-x R =-= = 13000 francs.

On démontre encore, mathématiquement, que ce rapport

— exprime la valeur *actuelle* de tous les revenus annuels *r'* supposés constants et égaux au revenu initial que l'on peut retirer à perpétuité de la propriété.

Enfin, il est important de noter qu'il y aurait lieu de déduire du prix ainsi déterminé les divers frais d'acquisition; impôts divers, frais d'acte, etc.

La détermination des deux facteurs du calcul: taux des placements fonciers et revenu de la propriété qu'il s'agit d'estimer, exige une certaine attention.

A. Le taux du revenu des capitaux mobiliers ne donne pas toujours la mesure de celui du revenu des terres. Les placements immobiliers présentent des caractères spéciaux qui peuvent les faire rechercher plus ou moins que les capitaux mobiliers. Ils présentent en général moins de risques que les premiers, mais aussi sont caractérisés par une fixité qui peut être gênante. Il en résulte que, suivant les circonstances, un écart plus ou moins grand peut exister entre le taux des revenus que Ton se procure par ces deux moyens.

B. Il est également nécessaire de remarquer que le taux du revenu foncier lui-même varie selon les temps et, ce qu'il importe peut-être davantage de noter, qu'il varie aussi pour une même époque selon les localités. Tandis qu'en Bretagne, ou dans la Mayenne, par exemple, le taux du revenu foncier est actuellement voisin de 3 p. 100, plutôt au-dessous qu'au-dessus de ce chiffre, il dépasse fréquemment 5 dans la région charentaise ravagée par le phylloxéra. Le taux du revenu est même monté jusqu'à 10 p. 100, pour certaines ventes effectuées dans cette région, au cours de la liquidation dont nous avons déjà parlé (348-349). Assurément, c'est la conséquence d'une situation anormale et qui s'explique, mais qui peut se prolonger suffisamment pour qu'il soit nécessaire de le noter'.

C. En général, le taux du revenu foncier hausse à la suite de l'appauvrissement d'une contrée et baisse quand la richesse augmente. Le manque de capitaux diminue en effet la concurrence entre les acheteurs, les prix de vente s'abaissent et le taux du revenu a des tendances à augmenter. C'est là ce qui s'est produit après la destruction du vignoble dans la région charentaise par suite de l'appauvrissement qui en a été la conséquence. Dans un pays de cultures riches et prospères, comme dans la Mayenne notamment, la formation des capitaux est une cause de plus grande concurrence entre les acheteurs de terre, et le prix de vente aune tendance à y croître plus rapidement que le revenu.

D. C'est donc le taux du revenu foncier propre à la région, qu'il faut considérer et non pas le taux des placements mobiliers. Le meilleur moyen de s'éclairer sur la valeur de cet élément consistera à consulter les résultats accusés par les ventes récentes qui auront eu lieu dans le pays, c'est-àdire à comparer les revenus des propriétés vendues, aux prix qu'elles auront atteints. Il est à peine besoin de dire qu'il faudrait écarter toutes les opérations qui auraient pu être déterminées par des convenances d'un ordre personnel plutôt que par le désir de réaliser le meilleur placement possible.

E. Le prix d'achat des propriétés prises comme terme de comparaison étant connu, de même que le revenu qu'elles donnent, la détermination du taux du revenu donne lieu à une règle de calcul fort simple sur les intérêts: en divisant le revenu annuel par le prix d'achat, on aura le taux du revenu par franc.

Il faut bien se garder de; confondre les expressions *revenu foncier* et *fermage* et de prendre celui-ci au lieu du premier comme base directe de la détermination du taux du revenu d'abord, dans le calcul ci-dessus, et de la valeur vénale, dans celui que nous allons indiquer (1).

(1) Certains économistes distinguent dans le revenu foncier deux parts, l'une étant due à l'action productive propre à la terre d'après ses qualités naturelles, l'autre aux capitaux consacrés à l'amélioration du fonds. La première est dénommée par eux *rente foncière*. tandis que l'autre est l'intérêt ou prix des services productifs des capitaux immobilisés dans l'amélioration du fonds. D'autres économistes nient l'existence de la rente foncière ainsi caractérisée et donnent le nom de rente au fermage luimême qu'ils considèrent simplement comme l'intérêt des capitaux immobilisés. Cette question a donné lieu à de nombreuses discussions que nous estimons

Le fermage n'est pas autre chose que la redevance payée par le fermier en échange de la jouissance de la propriété et il renferme, outre le revenu foncier, une certaine somme destinée à couvrir les dépenses qui incombent au propriétaire pour assurer la productivité du domaine. Celui qui le méconnaîtrait, et aurait l'imprévoyance de dépenser intégralement ses fermages pour son usage personnel, ne tarderait pas à voir ses revenus baisser. Le fait se présente malheureusement quelquefois. Au bout d'un certain temps, les bâtiments, ainsi que divers autres travaux d'améliotion, tombent en ruine, el il faut les relever pour assurer la perpétuité des revenus. Pour cela, il faudra entamer d'autres capitaux si, par des prélèvements annuels effectués sur les fermages, on n'a pas su se constituer la réserve nécessaire.

Il peut y avoir encore comme dépenses dans le montant du fermage divers frais d'entretien de la propriété, variables selon les charges que supporte le fermier sous ce rapport. Il peut y avoir également l'impôt foncier si le fermier n'a pas assumé l'obligation de le payer; il y aura enfin des frais divers d'administration.

Pour connaître le revenu net annuel d'une propriété, on devra donc déterminer, d'abord, le fermage qu'elle produit si elle est louée; ou qu'elle pourrait produire si on la louait, puis en déduire: 1 les dépenses d'impôt, d'administration et d'entretien à la charge du propriétaire; 2 les annuités d'amortissement nécessaires pour assurer en temps voulu la réédification des bâtiments ou autres améliorations. C'est le peu utile de rapporter ici. Disons seulement que, à notre avis, l'existence de la rente comme ac- tion du sol, indépendante des capitaux incorporés, apparaît dans de nombreuses circonstances et n'est pas sérieusement contestable, mais qu'il n'en résulte point qu'elle constitue pour le propriétaire un bénéfice illégitime. L'attribution de cette rente au propriétaire nous paraît pleinement justifiée et sa légitimité inattaquable par ce fait que l'appropriation individuelle, dont elle est la conséquence, repose uniquement sur l'intérêt social et, en outre, parce que la propriété ne s'acquiert qu'en échange d'un capital. D'une part, la rente est donc, pour le propriétaire, la compensation du sacrifice que représente l'abandon de ce capital, et d'autre part, la conséquence d'un contrat de la plus haute utilité sociale.

revenu net ainsi obtenu qui servira de base à la détermination de la valeur vénale de la propriété.

Supposons une propriété louée 1 200 francs, sur laquelle on trouve, comme unique amélioration, des bâtiments neufs ayant coûté 15000 francs-, outre la valeur des matériaux qui subsisteront au moment de la reconstruction; admettons de plus que les frais d'entretien des bâtiments et d'administration de la propriété s'élèvent à 187 fr. 78; il faudra encore prélever sur le fermage une annuité de ', = 12,12 pour reconstituer en un siècle, au taux de 4 p. 100, la valeur dépensée en bâtiments.

Le compte du revenu net s'établira alors comme suit: fr. fr.
1. Fermage obtenu de la propriété 1200 9 ,. 31j J a. Pour dépenses diverses 187,78 ' *t* 4. Pouramortissementdesbâtiments. 12,12 200
Reste comme revenu foncier 1000

Enfin (382), la valeur vénale de la propriété serait dans ces conditions: 5 = TM 000 francs.
*r* 0,04

Si on achetait la propriété soixante ans plus tard, elle n'aurait évidemment pas la même valeur, puisque les bâtiments seraient déjà vieux; le fermage serait cependant resté sensiblement le même. Dans cette situation, l'acheteur n'aurait plus un siècle avant de reconstruire, mais devrait le faire au bout de quarante ans sous peine de subir une réduction de fermage, ce temps écoulé; et pour reconstruire, il devrait posséder 1H 000 francs, alors qu'il n'aurait pu retirer de la propriété, dans ce but, que 40 annuités de 12 fr. 12, soit 12.12X95.02 = 1 loi fr. 64. Il lui manquerait 15000— 1151 fr. 64=13848 fr. 36. Il doit donc se réserver au moment de l'acquisition, sur le prix de 211000 francs qui correspond à l'état neuf des bâtiments, la somme nécessaire pour combler cette différence. Or, cette somme est justement égal:; à la valeur des annuités d'amortissement qu'a dû se constituer le vendeur au moment où il vend; car en effet, celui-ci, au moment de la vente, a perçu 60 annuités de 12 fr. 12, qui, au taux de 4 p. 100, valent 12.12 X 237. 99 = 2884 fr. 43, et cette somme placée à intérêts composés pendant quarante ans, c'est-à-dire jusqu'au moment de bâtir, devient 13 848 fr. 36, valeur qui complète celle des 40 annuités perçues par l'acquéreur pendant sa jouissance. Soixante années après la construction des bâtiments, la propriété pourrait donc être achetée 25000 — 2 884 fr. 43 = 22115 fr. 57. Dans ces conditions, l'acquéreur engagerait en totalité 25 000 francs dont 22 115 fr. 57 abandonnés au vendeur et 2884fr. 43 versés dans la caisse d'amortissement: sur le fermage de 1 200 francs, on trouverait: 4 un revenu foncier de 1 000 francs, soit 4 p. 100 des 25000 francs engagés; 2 187 fr. 78 montant des diverses dépenses d'administration et d'entretien; 3 une annuité de 12 fr. 12 destinée à fournir le complément nécessaire pour la reconstruction des bâtiments en temps voulu. Et, pour résumer, nous pouvons dire qu'à tout moment la propriété aurait la même valeur que si les bâtiments étaient neufs, diminuée du capital d'amortissement qui a dû être mis en réserve en vue de les reconstruire. Si la propriété se trouvait dans un mauvais état d'entretien, il faudrait encore réserver les sommes nécessaires aux réparations sur les 22115 fr. 57.

II peut exister sur la propriété des bâtiments qui ne répondent à aucun utilité: tel serait par exemple le cas d'un château. De tels bâtiments considérés au point de vue industriel ne peuvent donner aucune valeur à la propriété, ils ne peuvent que lui en enlever en raison de l'entretien qu'ils exigent.

Il faut, pour apprécier l'influence qu'ils peuvent exercer sur le prix de la propriété, se placer à un point de vue tout personnel.

Toute amélioration à renouveler devra d'ailleurs donner lieu au même raisonnement que celui que nous venons d'appliquer aux bâtiments.

Il est à peine besoin de faire remarquer qu'il est tout aussi nécessaire de tenir compte de ces faits quand il s'agit de déterminer le taux du revenu foncier, dans les ventes antérieures dont l'examen doit éclairer sur la voleur de la propriété à estimer. Au prix payé par l'arquéreur dans chaque vente, il faudra ajouter la somme qu'il est supposé se réserver pour rebâtir à temps et mettre en bon état d'entretien la propriété qui aurait été plus ou moins délaissée, et c'est au total ainsi obtenu qu'il faut comparer le revenu foncier pour avoir le taux du revenu par franc. Ainsi, dans le cas que nous venons d'examiner, si la propriété était vendue 22 1 i5 fr. 57, on n'aurait pointle taux exact du revenu foncier en établissant le rapport ——— —entre le revenu et le prix ' 22415,5" de vente, ce qui donnerait 0,04"2. Pour avoir ce taux avec une exactitude suffisante, il faut ajouter au prix payé par l'acquéreur: 22115 fr. 57, la somme qu'il se réserve: 2884 fr. 43, et écrire: 1000 1000 22115,57 + 2884,43 25 000 = 0,04.

Il est encore nécessaire de tenir compte de faits d'un autre ordre. Les revenus fonciers constatés peuvent présenter un caractère de durée plus ou moins grand. Ils peuvent être susceptibles d'augmentation ou de diminution. Bien qu'elle puisse être affectée par des mouvements de hausse ou de baisse comme toutes les autres valeurs, celle du fermage semble présenter plutôt des tendances à la hausse. C'est un fait bien établi par des études nombreuses de MM. Dubost, Convertet Zolla et plus récemment de M. le vicomte d'Avenel. Toutefois, il ne serait pas prudent d'en conclure que la hausse peut correspondre à un accroissement naturel et normal du revenu foncier, et surtout qu'il y a là un phénomène susceptible de se continuer avec une certaine régularité; car, d'une part, si les nombreux documents dépouillés par les auteurs que nous citons font connaître la hausse, ils ne permettent pas toujours de mesurer la part prise par Je propriétaire dans l'amélioration de ses domaines et en outre, l'augmentation la plus sérieuse qui ait été constatée se rapporte à une période particulièrement féconde en événements considérables de nature à favoriser la propriété. Cette hausse procède à la fois de causes politiques, économiques et techniques dont le retour ne saurait être fréquent: il est incontestable que la suppression des douanes intérieures, la suppression de la dîme, la liberté du travail et des cultures, l'amélioration des méthodes en agriculture, sous l'influence des progrès de la chimie, de la biologie et de la mécanique surtout, l'amélioration des voies de communication et des moyens de transport ont déterminé une abondance de production sans exemple à aucune époque de l'histoire, et dans laquelle le revenu foncier ne pouvait manquer de trouver sa part. Sans qu'il soit permis de déclarer le fait complètement impossible, il serait peut-être téméraire de compter sur une augmentation semblable dans un avenir prochain. *D'une manière générale,* il sera plutôt prudent de ne pas escompter la plus-value des revenus fonciers.

Par contre, *d'une manière locale,* on pourra quelquefois la considérer comme à peu près certaine. Ce sera le cas pour les pays pauvres, encore insuffisamment pourvus de voies de communications ou restés réfractaires à l'emploi rationnel des engrais du commerce et, en général, pour toutes les terres susceptibles d'être sérieusement améliorées.

Dans d'autres cas, là où des revenus élevés sont la conséquence d'un progrès assez récent rapide et exceptionnel, la situation doit être l'objet d'un examen sérieux, une baisse étant le plus souvent susceptible de se produire. C'est ainsi qu'à une prospérité exceptionnelle, dans les régions où s'est tout d'abord opérée l'œuvre de reconstitution du vignoble, succède une période de gêne assez grave parce que l'abaissement du prix du vin, que devait entraîner une replantation générale dans d'autres régions, n'a pas été prévu. De la même façon, les perfectionnements apportés à 1 industrie laitière, où ils ont été mis en pratique en premier lieu, ont déterminé une plus-value du sol difficile à maintenir depuis qu'à la suite d'un progrès général le beurre, devenu plus abondant, a subi une baisse de prix considérable. Le propre de bien des améliorations est de se propager lentement, de profiter largement à ceux qui les réalisent les premiers, en élevant le taux de leurs bénéfices, puis, dans une autre période, de profiter à tout le monde, en déterminant à la fois, dans une certaine mesure, une baisse des prix favorable à ceux qui consomment, et une meilleure rémunération des moyens de production dans laquelle le fermage a.une part. Mais il est important de noter que les novateurs, après une période de gros bénéfices, voient souvent leurs profits baisser. C'est une éventualité contre laquelle il faut se prémunir (1).

Enfm, notons également qu'il ne serait pas prudent d'escompter à l'avance l'effet des améliorations et de croire que l'on pourra, après avoir dépensé une certaine somme à améliorer une terre de la manière la plus utile, trouver un bénéfice, par la vente de cette terre, dans la plus-value du prix. Pour que la plus-value puisse être réellement réalisée sous cette forme du prix de vente de la terre, plusieurs conditions sont nécessaires: il faut d'abord que la concurrence des acheteurs le permette; puis aussi que le genre d'amélioration ait fait ses preuves sur place, qu'il ait déterminé, depuis un temps assez long, un accroissement persistant des revenus. Il faudra donc disposer, pour vendre, d'un délai assez long. Améliorer une terre en vue de la cultiver, pour peu qu'on soit assuré d'en jouir un temps prolongé, sera une opération avantageuse; l'améliorer dans le but de la vendre est fréquemment une entreprise onéreuse, c'est une opération aléatoire.

(1) Au travail de l'homme on substitue, dans une plus ou moins grande propor-tion, le travail des animaux, des moteurs inanimés et des machines. — Cette substitution, presque toujours moins coûteu'e que le travail de 1 homme lui-même, a les mêmes conséquences sur le fermage qu'un bas prix de la main-d'œuvre, pourvu, toutefois, que cette substitution existe généralement. L'emploi exceptionnel de machines chez un petit nombre de cultivateurs n'amène pas un semblable résultat. Ces cultivateurs ne font pas loi. En concurrence avec d'autres plus arriérés, ils paient leurs terres aux rnèmes taux que ces derniers, mais travaillant plus économiquement, ils réalisent de plus beaux bùnéfices. C'est là un fait que les hommes de progrès ne doivent pas perdre de vue. L'emploi d'un procédé plus économique de travail, comme, du reste, beaucoup d'autres améliorations, profitent au début exclusivement à ceux qui en ont l'initiative. Mais aussitôt que le progrès se généralise, il n'est plus le monopole de personne, il tend à faire élever le fermage. (Londet, *Traité d'Économie rurale.*)

La dépense de fermage dans les comptes.

La répartition de la dépense de fermage entre les diverses opérations entreprises sur l'exploitation n'est pas toujours faite d'une manière rationnelle. Cette dépense se présente en général sous la forme d'une somme unique, s'appliquant au domaine entier, sans qu'il soit établi aucune distinction entre la part payée en raison des bâtiments, des bois, des terres, etc. Il arrive fréquemment, dans ces conditions, que le fermage total est joint à quelques autres dépenses d'un caractère analogue, comme l'impôt foncier, et réparti ensuite entre les cultures proportionnellement à l'étendue qu'elles occupent. Suivant ce mode de répartition, dans un domaine de 100 hectares loué '1000 francs, on porterait comme dépense de fermage 50 francs pour chaque hectare de culture.

Comme le fait remarquer avec beaucoup de raison M. Londet (1), en procédant ainsi, on répartit la charge des bâtiments d'une manière égale entre toutes les cultures alors que leurs exigences sont fort différentes. En dehors des bâtiments qui s'appliquent au personnel et au matériel de culture, et dont toutes les opérations profitent d'une manière indirecte, il en est qui servent exclusivement à certaines parties de l'entreprise et dont l'importance est variable suivant les cas: pour les céréales, quand les pailles sont conservées au dehors, en meules, les bâtiments nécessaires consistent en greniers d'assez faible capacité; pour les fourrages destinés à la vente et conservés également au dehors, la dépense de bâtiment est nulle; pour ceux que l'on destine à la consommation de la ferme, il faut les logements nécessaires pour les animaux, etc. On comprend facilement, dès lors, qu'une répartition égale par hectare ne puisse aboutir qu'à des erieurs dans les résultats accusés par les comptes.

Il y a lieu, tout d'abord, de faire le partage du fermage global entre la surface bâtie et la surface non bâtie; puis, (1) h'*Économie rurale* et la *Comptabilité agricole*, dans les *Annale»* de l'*Agriculture française,* année 1873. dans celle-ci, de répartir la dépense: 1 entre les diverses natures de cultures (terres, prés, bois, vignes, etc.); 2 entre les diverses parcelles qui composent chaque groupe de façon à arriver à la répartition entre chacune des plantes cultivées.

A. Entre les terres et les bâtiments, le partage pourra être très logiquement effectué conformément au principe suivant proposé par M. Londet: le taux du revenu net est le même pour les capitaux engagés sur le domaine sous la forme de bâtiments et sous la forme de propriété non bâtie. Ceci admis, le taux du revenu net ayant été déterminé conformément aux règles indiquées plus haut, et trouvé égal à 2,5 p. 100, voici comment s'effectuerait la répartition d'un fermage de 5000 francs, frais d'administration déduits, sur un domaine où la valeur des bâtiments serait de 30000 francs et la dépense d'entretien, amortissement et risques pour ces bâtiments, de 1 p. 100 de leur valeur: fr. fr.

1. Fermage total(frais d'administration déduits) 5 000 / *a*. Dépenses diverses 1

p. 100 de 2. Fermage des 30 000 francs 300 bâtiments b. Revenu foncier de 30 000 francs à

'2,50 p. 100 750 I 050 3. Reste pour l'étendue non bâtie 3 950

B. Pour chacun des divers corps de bâtiments, le fermage comprendra de même le service et les dépenses du capital correspondant, et ce fermage figurera au compte des services auxquels sont attachés les bâtiments: le loyer de la bergerie figure au compte des moutons; le loyer des maisons affectées à l'usagé des ouvriers figure au compte de ceux-ci et devient de cette façon un élément du prix de la main-d'œuvre, etc.

C. Le principe qui sert de base au partage du loyer total entre les terres et les bâtiments pourrait également présider à la répartition entre les diverses natures de cultures (terres, prés, etc.) de la part à attribuer à la propriété non bâtie. La répartition en pourrait être faite de telle sorte que le cultivateur retirât proportionnellement le même bénéfice des capitaux qu'il emploie aux diverses natures de culture (1).

(1) Si, pour le prix de 3950 francs auquel nous sommes arrivés cidessus, on avait 50 hectares de terres et 17 h. 50 de prairies sur la

Pour éviter d'assez nombreuses complications, on pourra se contenter de prendre comme base de la répartition pioportionnelle le prix de location habituel des propriétés de même nature et qualité, dans le voisinage, qui seraient louées sans bâtiments.

D. Enfin, pour la répartition du fermage des terres labourables entre les diverses cultures appelées à les occuper successivement, il y a lieu de tenir compte du temps que chaque plante occupe le sol. Si le fermage annuel par hectare est de 44 francs, et si on fait sur une même terre deux récoltes en un an (navette et maïs fourrage), la dépense de fermage sera de 22 francs pour chacune. La dépense serait de 44 francs pour le topinambour qui occupe la terre l'année entière.

COMBINAISONS ÉLÉMENTAIRES
I. — LE CRÉDIT.

Dans le langage courant, le mot *crédit* sert à exprimer surtout la faculté de faire des achats sous la condition d'en ferme, le tout de qualité uniforme dans chaque groupe, le calcul s'établirait comme suit:

Soit, déduction faite des 3 950 francs de fermage, 3 950 francs de bénéfice total. En admettant qu'il y ait comme capital engagé par le fermier 79 000 francs, le taux du profit serait pour lui de 5 p. 100. Le capital engagé par les prairies (sous la forme de bétail, etc.) étant 35 000 francs, elles devraient laisser au fermier un profit total de —-X 35 000 = 1 750 francs, et payer par conséquent comme 100 fermage 3 500 — 1750 = 1 750 francs ou 100 francs par hectare.

Un bénéfice total de — x 44 000 francs = 2 200 francs, devrait être attribué aux terres, qui paieraient alors comme fermage total 2 200 francs, soit 44 francs par hectare.

Terres. Prairies2 fr. fr.
Dépenses totales (sauf le fermage) suivant
évaluation
Valeur totale des produits
Différences 20 000 4 000
24 400 7 500
4 400 3 500
différer le paiement. iTrecoit en économie une signification plus large et s'applique à diverses opérations ayant pour but immédiat de faire pass-:-des capitaux des mains de leurs propriétaires, qui ne sent pas disposés à les utiliser, dans celles d'entrepreneurs, qui les mettront en œuvre. En échange du service qui lui est rendu, l'emprunteur paiera, outre le capital prêté, ainsi que nous le savons, un certain loyer.

Suivant cette manière de voir, l'achat à terme, le prêt à intérêt, l'abandon d'une terre sous la forme du fermage, etc., sont, au même titre, des opérations de crédit. Toutes sont destinées à augmenter l'activité des capitaux: l'engrais chez le marchand, l'argent chez le capitaliste, la terre entre les mains du propriétaire, resteraient improductifs, tandis qu'ils peuvent être mis en œuvre grâce aux combinaisons susceptibles de les faire passer entre les mains du cultivateur. Il en résulte une abondance de production qui profite à tous, puis la possibilité, pour celui qui a épargné, de vivre du produit de son épargne sans la voir diminuer et sans s'astreindre aux tracas qui résultent de l'entreprise directe; enfin, pour celui qui emprunte, il y a augmentation du profit par suite de l'extension qui peut être donnée à l'entreprise.

Les bienfaits du crédit ne sont plus à démontrer. Toutefois, et il en est ainsi des meilleures choses, à côté de sérieux avantages, il présente de réels inconvénients. Celui qui emprunte peut se faire illusion sur l'étendue de ses revenus et confondre avec ce qu'il retire des moyens qui lui sont propres, le supplément dû à l'action du capital étranger. S'il n'a pas la sagesse d'opérer sur cette deuxième partie les prélèvements nécessaires pour permettre les remboursements en temps utile, ce sera la gêne au bout de quelque temps et peut-être la ruine: le petit propriétaire qui retire de son bien un revenu net de 2000 francs, grâce à ses propres capitaux, peut dépenser ces 2000 francs sans être jamais plus pauvre; mais s'il emprunte pour améliorer sa culture, s'il obtient, tout intérêt payé, 3000 francs de revenu, il sera évidemment tenté de dépenser ces 3 000 francs. Qu'il n'ait pas la force de résister à ce désir, la sagesse de prélever sur cet accroissement du profit la somme nécessaire pour amortir sa dette, et sa situation pourra devenir critique: la moindre négligence apportée par lui dans l'entretien de la propriété, les pertes causées par les intempéries, etc., amèneront une baisse de ses ressources d'autant plus pénible qu'il s'est habitué à des dépenses hors de proportion avec sa situation réelle. S'il ne sait pas restreindre à temps ces dépenses et vit sur son crédit, il s'achemine vers la ruine.

L'usage du crédit peut donc présenter des dangers dans le cas d'une mauvaise administration. Mais à la condition d'en user avec prudence et sagesse, de n'y faire appel que dans la mesure raisonnable et d'employer à l'extinction dela dette une part du profit supplémentaire qu'il a procuré, on n'y trouvera que des avantages.

La productivité de l'industrie est la base fondamentale du crédit, car c'est en effet la plus-value des produits qui permet de payer l'intérêt et de rembourser la dette. Sans cette plusvalue, on ne saurait concevoir *d'entrepreneur* cherchant du crédit, à moins que ce ne fût dans le but d'en faire un mauvais usage, c'est-à-dire avec l'intention de ne pas restituer les capitaux empruntés, mais de vivre plus largement. La réussite de l'entreprise est donc nécessaire pour permettre de recourir au crédit; elle peut aussi être suffisante.

Toutefois, cet élément n'est point le seul à déterminer l'opération. Outre que les chances de réussite, dans toute industrie, sont difficiles à caractériser à l'avance, le désir d'organiser une entreprise n'est pas le seul qui puisse faire rechercher du crédit, il y a encore, parfois, celui de pouvoir dépenser plus largement, de vivre sur son capital. Il en résulte que, d'une manière générale, toute opération de crédit peut être déterminée par des considérations diverses. Les garanties sur lesquelles elle repose peuvent se diviser en deux groupes: les unes sont dites *réelles,* les autres *personnelles.*

Par garanties réelles, on entend celles qui résultent de l'affectation d'une chose matérielle à assurer le paiement de la dette. La chose qui reçoit cette affectation prend alors, d'une manière générale, le nom de *gage* (1). Dans le cas où le (1) Le Gode civil appelle *nantissement* le « contrat par lequel un débiteur remet une chose à son créancier pour sûreté de la dette. débiteur ne rembourserait pas sa dette à l'époque convenue, le créancier peut se saisir du gage sous des formes prévues et le faire vendre à son profit.

Le crédit est *immobilier* ou *foncier,* quand la garantie sur laquelle il repose consiste dans un immeuble; il est *mobilier* quand il est gagé sur des meubles ou effets mobiliers.

La garantie la plus solide est incontestablement celle qui repose sur des immeubles, attendu que les meubles sont plus fragiles, peuvent être enlevés ou détruits plus facilement. Cependant, les immeubles eux-mêmes, s'ils ne sont pas tous périssables, sont susceptibles d'être vendus, de telle sorte qu'ils risqueraient d'être devenus la propriété d'un tiers, au moment où le créancier serait dans l'obligation d'exercer son droit. Contre tous ces inconvénients, qui diminueraient incontestablement la solidité du gage, la loi institue d'office ou autorise diverses combinaisons. Les principales, au point de vue qui nous occupe, consistent dans les *privilèges* et les *hypothèques.*

Le privilège est un droit accordé à un créancier et en vertu duquel celui-ci sera payé de préférence à d'autres. Le privilège est *attaché par la loi à certaines créances en raison de leur qualité, ou bien il résulte de conventions:* c'est en vertu de la loi (articles 2101 et 2102 du Code civil) que les frais funéraires sont payés les premiers, que le propriétaire, pour le loyer qui lui est dû, est payé avant un créancier quelconque sur le produit dela vente des récoltes; en vertu d'une convention, on peut affecter un meuble quelconque ou un immeuble à la garantie d'une dette; toutefois, quand le gage consiste en un meuble, il est de règle que le privilège ne subsiste « qu'autant que ce gage a été mis ou est resté en la possession d'un créancier ou d'un tiers convenu entre les parties » (Code civil, art. 2076).

L'hypothèque s'applique aux immeubles exclusivement. Elle confère non seulement un *droit de préférence* sur leur prix, mais encore un *droit de suite,* de sorte que le créancier hypo

— Le nantissement d'une chose mobilière s'appelle *gage.* Celui d'une chose immobilière s'appelle antichrese. » (Articles 2071 et 2072.) thécaire conserve la même garantie, dans le cas où l'immeuble vient à être vendu.

L'institution connue sous le nom de Crédit foncier de France prête aux propriétaires sur première hypothèque pour une durée qui peut aller jusqu'à 7.1 ans. L'intérêt de ses prêts est modéré (actuellement, 4,30 p. 100). L'extinction de la dette peut être obtenue au moyen *d'annuités,* dans lesquelles intérêts et amortissement se confondent, le débiteur conservant la faculté de se libérer par anticipation s'il le désire (1).

Les garanties personnelles résultent des qualités propres à la personne qui emprunte et consistent dans sa loyauté, son intelligence, son savoir, son activité. Parmi ces qualités, les unes peuvent assurer la réussite de l'entreprise et procurer par conséquent les moyens d'opérer le remboursement de l'emprunt; l'autre, la probité, assure la volonté de payer.

Les garanties personnelles sont d'une grande fragilité et d'une appréciation beaucoup plus délicate que les garanties réelles. Elles ne procurent point, en général, un crédit aussi facile. Il est incontestable que la sécurité d'obtenir le remboursement sera plus grande si l'on prête à un propriétaire qui consent, dans le cas où il ne paierait pas, à abandonner sa terre en garantie, que si l'on abandonnait ses capitaux à une personne possédant toutes les qualités personnelles qui assurent la réussite, mais dépourvue de biens. Pour que la sécurité soit absolue dans le premier cas, il suffira de prêter moins que ne vaut la terre; dans le second cas, un échec ne sera pas absolument impossible.

(1) L'annuité à payer est la suivante pour intérêts et amortissement:
Le crédit personnelse présente luimême sous deux variétés avec un degré de garantie plus ou moins élevé. Appliqué à une seule personne, il est dit *individuel;* il est dit *mutuel,* lorsqu'il s'applique à un certain groupe de personnes avec la convention de *solidarité,* c est-à-dire à la condition que toutes répondront de la dette de chacune d'elles. Il est facile de comprendre la supériorité de garantie qui résulte de la solidarité. Si nous supposons 100 prêts de 500 francs chacun effectués à cent personnes différentes el sans qu'il y ait aucun lien de solidarité, il y aura des prohabilités pour que l'une d'elles, au moins, devienne insolvable, ou subisse une perte de i00 francs; avec le principe de la solidarité mutuelle, si l'un des cent débiteurs devient insolvable, les quatre-vingt-dix-neuf autres, entre eux, auront à payer en totalité la somme prêtée et le créancier ne perdra rien. Dans ce cas, ce sont les emprunteurs qui supportent mutuellement la perte.

Une faudrait pascroire, parce que laperte n'est point évitée, mais mise directement à la charge de ceux qui empruntent, que la mutualité est sans avantages. Il y a en elle, au contraire, un principe fécond qui est devenu la base de l'organisation du crédit populaire. Les causes de pertes auxquelles est exposé le créancier qui s'est contenté de garanties personnelles procèdentde deux sources différentes; les unes tiennent au mauvais vouloir, au manque de probité ou de capacités professionnelles chez celui qui emprunte, les autres à la non réussite des entreprises par suite de mauvaise chance: accidents, maladies, etc., inévitables dans une certaine mesure. De l'existence de cette deuxième source de risques difficiles à apprécier, il résulte que l'entrepreneur le plus probe ne trouve que difficilement du crédit s'il est dépourvu de garanties matérielles et se présente isolé. Les sûretés qu'il offre restent douteuses. Mais que cent personnes qui se connaissent s'associent, de telle sorte que chacun réponde des engagements de tous, et les risques seront singulièrement réduits pour celui qui prête. Il faudrait pour qu'il perdît que la mauvaise chance s'abatte sur tous les emprunteurs à la fois, ce qui arrivera rarement. De plus, les capacités personnelles et la valeur morale de quelques-uns des membres de l'association répondent des qualités de tous, car l'association ne peut se constituer qu'entre personnes qui s'apprécient et s'estiment mutuellement. Le cultivateur notoirement maladroit ou dissipateur aurait d'autant moins de chance d'être admis, que les autres auraient la certitude de payer pour lui.

Outre les particularités qui résultent de la nature des garanties sur lesquelles il repose, le crédit diffère encore par sa durée, qui doit être plus ou moins grande suivant le genre des opérations auxquelles il correspond.

Si on considère le temps que les capitaux agricoles restent engagés dans l'entreprise, on voit que la durée du crédit nécessaire est très variable suivant la forme à donner aux sommes empruntées. Si les emprunts sont destinés à grossir le capital de roulement, un terme assez court suffira: s'il s'agit de différer la vente d'un produit quelconque de façon à éviter des cours exceptionnellement bas, ou d'acheter pour les vaches laitières, à titre accidentel, des aliments riches: tourteaux, son, etc., quelques mois suffiront; s'il s'agit d'acheter des fourrages destinés aux animaux d'élevage, il faudra que le crédit permette d'attendre la vente de ces animaux; pour acheter des engrais à effet rapide, le terme devra être de six mois à un an selon les cultures si on est obligé d'attendre la récolte pour opérer le remboursement. Pour meubler la ferme en bestiaux et machines, se livrer à des travaux de défoncement, de drainage, d'irrigation, à des plantations de vignes, à des améliorations ou constructions de bâtiments, etc., la durée du crédit devra varier de cinq à cinquante années suivant les cas et même au-dessus. Il est bien évident, en effet, que, sauf le cas où on pourrait compter sur des ressources étrangères aux produits de la culture, il faudra disposer, pour amortir les capitaux, d'un temps assez voisin de leur durée. Compter, pour y parvenir, sur des bénéfices exceptionnels, serait s'exposer à des mécomptes, se mettre à la merci de tout événement fâcheux imprévu et risquer de se voir priver du crédit nécessaire au moment même où on va pouvoir recueillir les profits qu'il devait assurer.

C'est donc à des combinaisons multiples au point de vue de la durée que l'agriculture doit demander le crédit; et comme la forme en est variable suivant la durée, on peut dire que le crédit agricole doit comporter à tous égards des combinaisons variées.

Quelle que soit la forme sous laquelle il se présente, le crédit obéit sensiblement aux mêmes lois. Il y a pour les capitaux, comme pour toutes choses, un marché unique, sur lequel tous les entrepreneurs et toutes les industries par conséquent, se rencontrent et sur lequel celui-là trouve à emprunter qui peut assurer au capital une rémunération suffisante. Sous ce rapport, on a raison de dire que le crédit est unique.

A d'autres égards encore, les différences sont moins profondes qu'on ne le croit généralement, entre le crédit agricole et le crédit commercial par exemple. Celui qui exploite un fonds de commerce n'en est pas toujours propriétaire. Locataire de l'immeuble dans lequel il exerce, mis en possession des marchandises au moyen d'achats à crédit, débiteur même quelquefois de la valeur d'achat de la clientèle, sa situation ressemble fort à celle du fermier qui a reçu d'autrui, suivant la combinaison connue sous le nom de bail à cheptel, la plus grande partie de ses moyens de travail. Et d'autre part, dans ses achats d'engrais, de semences, de machines, etc., le cultivateur use fréquemment des procédés employés par le commerce. Les différences portent donc beaucoup moins sur la nature des modesusitéspourobtenir le crédit que surl'étendue relative suivant laquelle on a recours à chacun d'eux; on demande plus ou moins au crédit personnel, le temps pour lequel on emprunte est plus ou moins long, mais, dans tous les genres d'industrie, on rencontre à la fois des applications du crédit personnel et du crédit réel.

Il est incontestable, toutefois,que le créancier peut s'accommoder plus facilement des garanties personnelles dans les entreprises commerciales que dans les entreprises agricoles. L'entreprise de culture est une œuvre de longue haleine, ne permettant pas aussi facilement que le commerce de réaliser sous la forme de numéraire les capitaux employés. Dès lors, les modifications qui surviennent dans lasituation économique peuvent l'atteindre davantage. Dans les deux cas, si la carrière de l'entrepreneur présentait une durée normale, les capacités professionnelles auraient la même influence et pourraient être suffisantes pour créer le crédit; mais en cas de liquidation anticipée[2] par suite de décès ou maladie, il n'en serait plus de même: il y aurait en effet, pour garantir la dette, d'un côté des marchandises d'une vente facile, permettant de rentrer dans les déboursés; de l'autre, partie de la créance seulement serait représentée par des produits destinés à la vente, tandis qu'une fraction importante se présenterait sous forme de machines en usage, d'engrais en terre, plantations ou améliorations diverses, capitaux dont la valeur subirait, en général, au moment de la vente une dépréciation notable. La garantie pourrait, il est vrai, présenter une étendue suffisante si le cultivateur avait le soin de contracter contre les cas de décès, accident et maladie, une assurance de 25 à 50 p. 100 de la somme empruntée. Mais c'est une mesure dont on use peu.

Il en résulte que si, en agriculture comme dans le commerce, la personne de l'emprunteur doit être prise en considération, les gages matériels qu'il présente sont souvent indispensables.

Pour les rédacteurs du Code civil, le propriétaire est le banquier né de l'entreprise agricole. Le rôle qu'ils lui ont implicitement assigné est véritablement celui qu'il devrait remplir. De nombreuses dispositions assurant au propriétaire une situation privilégiée sur celle des autres créanciers du fermier ou du colon partiaire, il pourrait faire toutes les avances utiles sans crainte de n'être pas remboursé. Il aurait, au moment de la location, à tenir grand compte des qualités personnelles du fermier qui se présente, puisque de ces qualités dépendraient les progrès de la culture; mais après l'installation, les garanties personnelles existant, il ne tarderait pas à s'y joindre de nombreux gages pour garantir les créances: ce serait d'abord, si faible qu'il soit, l'apport du fermier, puis les améliorations exécutées par lui et enfm les récoltes annuelles, sur lesquels un privilège est accordé au bailleur. De sorte que si le crédit par le propriétaire au fermier ou au colon n'est pas possible pour cause de risques trop élevés, aucune autre source ne peut le procurer.

Atin que le propriétaire puisse, s'il ne les possède déjà, obtenir les ressources nécessaires pour commanditer son fermier, le Code civil met à sa disposition le crédit hypothécaire, l'une des plus sûres parmi les formes du crédit. Qu'il ait un fermier, ce qui n'est pas le cas le plus fréquent, ou qu'il cultive lui-même, le propriétaire devrait donc trouver dans le crédit hypothécaire le complément de ressources nécessaires pour assurer la bonne exploitation du sol.

Les diverses dispositions prises par le Code civil ont rendu des services, mais n'ont pas donné tous les résultats qu'on en attendait. Alors que l'insuffisance des capitaux dont dispose le cultivateur est notoire, que les plaintes sont générales, on estime que la dette hypothécaire réelle n'est en France que de 14 milliards environ alors que la valeur totale de la propriété atteintl40 milliards, ce qui représente comme dettes 10p. 100 seulement de la valeur des propriétés (1). Elle reste donc beaucoup au-dessous du chiffre qu'elle pourrait atteindre.

Les causes de cette situation sont multiples. En premier lieu, sans doute, il faut tenir compte de ce fait, que si les capitaux sont allés au commerce, à l'industrie manufacturière, aux transports, aux travaux publics, etc., plutôt qu'à l'agriculture, c'est qu'ils y trouvaient des placements plus avantageux assurés par une plus grande prospérité de ces entreprises. C'est, aussi, dans bien des cas, parce que le propriétaire n'a pas su comprendre la mission que lui traçait le Code visà-vis du fermier, ou s'est trouvé dans l'impossibilité de l'exercer par suite de l'éloignement dans lequel il vivait de sa propriété. Une large part d'influence doit être attribuée également aux habitudes et aux préjugés. Alors que tout naturellement de vastes entreprises industrielles se sont constituées par le crédit d'une manière impersonnelle, sous la forme d'associations, le caractère personnel des entreprises ordinaires de culture s'oppose ou se prête moins à l'emploi du (1) Nous empruntons ces renseignements à l'ouvrage de M. Convert, *l'Industrie agricole*. Librairie J.-B. Baillière et fils.
même moyen pour obtenir les capitaux. Le propriétaire qui emprunte devient suspect de mal conduire ses affaires. C'est une conséquence de l'usage mauvais que l'on a fait quelquefois du crédit, en empruntant non pas pour assurer la prospérité de la culture, mais plutôt pour couvrir des dépenses domestiques, alimenter le budget annuel de la maison aux dépens du capital sans paraître l'entamer. La prudence proverbiale, et

souvent poussée à l'excès, du cultivateur a aussi sa part dans cette abstention de la cutture à l'égard du crédit.

Toutefois, le temps aurait fini par avoir raison de tous ces obstacles, surtout en présence des progrès à réaliser de toutes parts dans l'exploitation du sol, si le défaut ne résidait selon une assez large mesure dans l'organisation elle-même du crédit hypothécaire. Les formalités à remplir pour réaliser l'emprunt, l'incertitude qui règne souvent sur la situation des propriétés, les difficultés qui se présentent quand il s'agit de savoir si le bien qui va garantir la créance n'est pas déjà hypothéqué, les dépenses qu'entraînent toutes les formalités requises, le taux élevé des frais à faire s'il devient nécessaire de procéder à l'expropriation au protit du créancier dans le cas où le débiteur ne tient pas ses engagements, sont autant de causes qui empêchent l'usage fréquent du crédit hypothécaire.

A cela, s'ajoutent d'autres difficultés: il faut trouver le prêteur, et, quand il est trouvé, que l'on s'accorde sur la durée du prêt; celui-ci conclu, le créancier est exposé dans la perception des intérêts ou le recouvrement du capital à des retards qu'il ne peut faire cesser qu'en exerçant des poursuites. Or, les rigueurs qui sont admises en matière de commerce sont fort impopulaires en celle-ci et on ajourne autant qu'on le peut pareille extrémité. Mais aussi, on finit par comprendre que le meilleur moyen d'éviter d'aussi fâcheuses situations, est de ne pas recourir à ce mode de placement auquel on préfère alors les achats d'actions ou d'obligations, les rentes sur l'Etat, etc.

L'intervention des établissements de *crédit* foncier, comme le Crédit foncier de France, fait disparaître certains inconvénients du prêt entre particuliers. C'est, il est vrai, au prix de nombreuses rigueurs, mais qui ne sont point sans nécessité. En réduisant au minimum les chances de pertes, le Crédit foncier abaisse l'intérêt au taux le plus bas. Les rigueurs qu'il apporte dans la limitation des prêts qu'il consent, ou pour assurer l'exécution des engagements contractés à son égard, délimitent, d'une manière utile dans bien des cas, la mesure suivant laquelle le propriétaire peut sagement recourir au crédit et le rappellent sans cesse aux nécessités d'une sage administration indispensable pour arriver à l'extinction de la dette. Dans ce but, le Crédit foncier ne prête que sur première hypothèque et limite ses prêts à la moitié, au maximum, de la valeur de la propriété, au tiers seulement si cette valeur tient à des plantations. Il n'admet pas que le propriétaire emprunteur s'engage à payer une annuité supérieure au revenu de la propriété. Il oblige le débiteur à assurer les propriétés qui peuvent être détruites par l'incendie et s'attribue par contrat les indemnités à percevoir en cas de sinistre. Enfm, la loi lui accorde des privilèges étendus pour lui permettre de rentrer en possession de ses prêts ou, avant de prêter, d'éclaircir la situation concernant les hypothèques dont la propriété pourrait être grevée déjà.

Mais en raison des frais qu'entraînent les formalités de l'emprunt, le Crédit foncier ne convient guère que pour les prêts à long terme et d'une valeur élevée. Ces frais, en effet, sont déboursés au début et ne se renouvellent pas, ils sont fixes pour une part, et pour l'autre, proportionnels à la somme empruntée, si bien que dans l'ensemble, le taux en est d'autant plus élevé que la durée du prêt est plus courte et qu'est plus faible la somme empruntée (1).

Le crédit hypothécaire rend des services pour permettre de contracter des emprunts à long terme de sommes impor fr. fr.

(1) Ces frais s'élèvent à 4,75 p. 100 pour un emprunt de S 000
— — 3,70-10 000
— — 3,10 — — — 20 000
— — 3 » — — — 50 000
— — 2,75 — — — 100 000
— — 2,65-300 000 (L. Devaux, *Dictionnaire du Commerce,* par Yves Guyot et A. Raffalovich). Paris. Guillaumin.

tantes, mais il convient peu pour les prêts de moindre valeur et de faible durée. D'autre part, les banques ne peuvent rendre à la culture que des services fort limités. Organisées plutôt conformément aux besoins du com-

merce, elles ne sauraient, à moins d'être fort nombreuses, avoir avec les agriculteurs des relations assez suivies pour connaître la solvabilité de cbacun et faire les avances nécessaires dans tous les cas. Aussi, réclamait-on depuis longtemps, dans le monde des cultivateurs, l'organisation d'institutions de crédit destinées à compléter les services offerts par le crédit hypothécaire. Dans ce sens, des tentatives diverses et des études prolongées ont abouti à un ensemble de mesures législatives qui paraissent devoir assurer au crédit agricole le développement désiré.

La loi du 19 février 1889 renferme dans ce sens deux dispositions distinctes. Par l'une, elle réduit dans une certaine mesure le privilège du propriétaire sur les biens meubles de son fermier et élargit d'autant, par conséquent, le crédit que peut trouver celui-ci vis-à-vis d'autres personnes. L'efficacité de cette disposition est toute relative, il est vrai, puisque le fermier perd auprès de son propriétaire le crédit qu'il gagne en dehors d lui.

L'autre disposition attribue au *créancier privilégié on hypothécaire,* sans qu'il soit besoin de délégation expresse, l'indemnité due par suite d'assurance contre l'incendie, la grêle, la mortalité des bestiaux ou autres risques. Sous le régime antérieur, la jurisprudence attribuait ces indemnités à l'ensemble des créanciers, de sorte que celui qui avait obtenu une hypothèque sur une maison pour garantir sa créance perdait son droit, en fait, dans le cas où un incendie faisait périr la maison; de même en cas de grêle pour les récoltes, ou de mortalité pour le bétail. Ces risques n'existant plus pour le créancier privilégié, le crédit du cultivateur se trouve augmenté (t).

Ces dispositions de la loi du 19 février 1889 ne pouvaient (1) Néanmoins, les paiements faits de bonne foi par l'assureur avant opposition sont valables.
avoir que peu d'influence. Il ne suffisait pas de libérer les meubles du fermier de la charge que faisait peser sur eux le privilège excessif du propriétaire, il fallait permettre au cultivateur, quel qu'il

fût, propriétaire ou fermier, d'affecter ses principaux objets mobiliers, sous forme de gage, à la garantie de ses emprunts, de façon à ce qu'il puisse offrir au créancier, au lieu d'un titre vague, des droits bien définis, sans avoir cependant à se dessaisir du gage conformément aux exigences de l'article 2 076 du Code civil. La loi du 18 juillet 1898 qui a institué le warrant agricole vise à ce résultat.

En matière de commerce, le warrant est d'un usage fréquent. Suivant un système emprunté à l'étranger, une législation dont l'origine remonte en France à 1848.permet à des *magasins généraux ou docks* de s'organiser dans les principaux centres du commerce pour recevoir et garder les marchandises de toutes sortes que veulent bien y déposer les commerçants. En échange des marchandises confiées à sa garde, l'administration des docks délivre à chaque déposant un titre transmissible par endossement et composé de deux parties: l'une, faisant fonction de récépissé, sert à constater le dépôt et renferme les indications relatives à la marchandise déposée: nature, quantité, qualité, valeur; l'autre, appelée warrant, est destinée à permettre de constituer la marchandise en gage. Le négociant qui vend les objets en dépôt dans les docks n'a, pour en transférer la propriété à l'acheteur, qu'à lui transmettre son titre complet après l'avoir endossé. L'acheteur pourra d'ailleurs agir de la même façon à l'égard d'un nouvel acquéreur, et ainsi de suite. Le propriétaire des marchandises qui emprunte sans les vendre conserve le récépissé, mais abandonne à son créancier le warrant seul après l'avoir endossé en indiquant la somme empruntée. Dès lors, et moyennant une formalité de transcription sur les registres des magasins généraux, le porteur du warrant a droit au montant de sa créance sur le prix des denrées warrantées, par préférence à tout autre créancier: il y a *nantissement* à son profit et la transmission du récépissé, maintenant privé du warrant, transfère bien toujours la propriété des marchandises, mais à la charge, pour l'acquéreur, de désintéresser le porteur du warrant. Séparés, les deux titres sont donc transmissibles comme s'ils étaient réunis; l'un représente une créance, l'autre la marchandise qui lui sert de gage. Et si le porteur légitime du récépissé séparé du warrant veut faire enlever celle-ci, il doit tout d'abord consigner entre les mains du caissier des magasins généraux, la somme prêtée sur endossement du warrant. Comme on le voit, c'est, au moyen d'un mécanisme très simple, la mobilité la plus grande donnée aux valeurs renfermées dans les magasins, c'est l'activité la plus grande assurée aux capitaux dont dispose le commerce.

Il ne serait pas impossible d'appliquer aux produits agricoles le système de la concentration dans des magasins généraux. Il se produit même dans ce sens un mouvement fort intéressant par la création des greniers à blés en Allemagne. Mais dans l'état actuel des habitudes, on n'y pouvait pas songer. La loi de 1898 s'est bornée à dispenser le cultivateur de l'obligation d'opérer la translation du gage imposée par l'article 2076 du Code civil, et à prescrire les mesures nécessaires pour sauvegarder les intérêts du prêteur et ceux du propriétaire foncier quand le cultivateur est fermier. C'est l'emprunteur lui-même qui demeure gardien des produits warrantés; il doit les conserver dans les bâtiments ou sur les terres de l'exploitation. S'il les vendait à l'insu du créancier, celui-ci pourrait incontestablement se trouver lésé, mais le fait serait considéré comme un abus de confiance dont l'emprunteur devrait répondre.

Au point de vue pratique, l'analogie, entre le warrant agricole et le warrant des docks, est complète. Après quelques perfectionnements qui s'annoncent comme nécessaires, le premier pourra rendre à la culture des services de même nature que le second au commerce. La seule différence réside dans la fraction des capitaux réunis par l'entreprise que peut représenter le warrant. Il est hors de doute que cette fraction est plus grande dans le commerce qu'en agriculture, et c'est là ce qui empêche que l'importance du warrant soit jamais en

matière agricole la même que dans le commerce. Néanmoins, on ne saurait contester son utilité: voici un cultivateur qui vient à peine de terminer la moisson et aurait avantage à acheter des animaux; mais ses caisses sont vides, et, faute de crédit, il n'y pourra songer qu'après avoir battu son grain et à la condition d'en hâter la vente; du retard apporté dans l'achat du bétail, de la hâte mise à vendre le blé, vont résulter des pertes. Qu'il obtienne un warrant gagé sur sa récolte de céréales et il pourra en le négociant trouver des capitaux, acheter de suite le bétail, différer la vente de ses grains un temps suffisant pour lui permettre d'en tirer le meilleur prix.

Enfin, la création des banques agricoles complète l'ensemble des mesures destinées à rendre au cultivateur le crédit plus facile. Depuis longtemps, on avait reconnu la nécessité d'organes spéciaux pour répondre à ce genre particulier de besoins et, conformément à une loi du 28 juillet 1860, s'était fondée dans ce but, sous le nom de *Crédit agricole,* une société qui a fonctionné jusque vers 1877, époque à laquelle elle a dû, à la suite d'une mauvaise administration, fusionner avec le Crédit foncier. Bien que la non réussite de cette société ne fut pas imputable à ses relations avec la culture, mais seulement à une opération étrangère à celle-ci, l'expérience n'a pas été considérée comme heureuse. Après une existence de près de vingt années, la Banque n'avait fourni à la culture que des ressources insuffisantes. Aussi, lorsque, dans ces derniers temps, on se préoccupa de favoriser le développement des banques agricoles, eut-on recours à d'autres combinaisons qui, sous le nom de Banques populaires, avaient déjà fait leurs preuves à l'étranger sur une grande échelle. Au système de la banque centrale, avec ses succursales, on a préféré celui des banques régionales, jointes à des banques locales; au lieu d'organiser le crédit *par en haut,* suivant une expression admise, on l'a organisé *par en bas,* avec la mutualité pour principe. Tel est l'esprit dans lequel ont été votées les lois du 5 novembre 1894 et 31 mars 1899.

La loi du.' novembre 1894 fixe les conditions générales dans lesquelles peuvent se constituer les sociétés de crédit agricole, les opérations auxquelles elles peuvent se livrer, les détails de leur fonctionnement. Celle du 31 mars 1899 règle spécialement la constitution des caisses régionales etl'attribution des encouragements mis par la loi à la disposition du Gouvernement, en faveur de ces sociétés de crédit.

Suivant ces dispositions, les sociétés de crédit agricole peuvent être constituées soit par la totalité des membres d'un ou de plusieurs syndicats professionnels agricoles, soit par une partie des membres de ces syndicats. Le capital social est formé non pas au moyen *d'actions,* mais au moyen de *souscriptions* pouvant former des parts de valeur inégale. Ces parts sont nominatives, transmissibles seulement par la voie de cession aux membres des syndicats et avec l'agrément de la société. Le principe de la solidarité, en effet, serait incompatible avec l'admission dans la société de toute personne, à la seule condition d'acquérir la part d'un sociétaire qui se retire. On ne peut consentir à la solidarité d'engagement qu'en compagnie de personnes dignes d'estime.

Ces sociétés ont exclusivement pour objet (te faciliter et même de garantir les opérations concernant l'industrie agricole, effectuées par les syndicats ou les membres des syndicats dont elles sont formées. Leur action s'exercera, tout naturellement, en endossant les billets à ordre souscrits par les syndicats ou les syndiqués. Elles sont autorisées en outre à recevoir des dépôts de fonds en comptes courants avec ou sans intérêts, à se charger, relativement aux opérations concernant l'industrie agricole, des recouvrements et des paiements à faire pour les syndicats auxquels elles se rattachent ou pour les membres de ces syndicats.

Elles sont autorisées à se procurer par l'emprunt les capitaux nécessaires pour constituer ou augmenter leur fonds de roulement. Elles sont créées en dehors de toute idée de bénéfice et aucune fraction du produit des opérations réalisées ne peut être distribuée à titre de dividende. Les prélèvements à effectuer sur ces opérations, et dont le montant est fixé par les statuts, servent à solder les frais généraux, à payer les intérêts des emprunts et des parts de souscriptions; puis le surplus doit être employé jusqu'à concurrence des 3/4 au moins à la constitution d'un fonds de réserve jusqu'à ce que celui-ci ait atteint au moins la moitié du capital social. Le surplus, s'il y a lieu, peut être réparti à la fin de chaque exercice, entre les syndicats et les membres des syndicats, *au prorata des prélèvement!! faits sur leurs opérations,* de sorte que cette répartition a le caractère d'une véritable restitution.

Enfin, la loi, tout en exonérant ces sociétés de la patente et de l'impôt sur les valeurs mobilières, leur donne le caractère de sociétés commerciales.

Pour répondre aux besoins de la culture, ces sociétés de crédit doivent s'organiser suivant deux groupements successifs pour constituer le type local et le type régional.

Le type local, devant faire l'office de banque locale, doit se constituer sur un territoire peu étendu, soit une commune par exemple, un canton au plus, de façon à ce que tous les adhérents puissent réellement se connaître et accepter sans danger le principe de la solidarité.

Par le groupement régional, les sociétaires acquièrent la notoriété suffisante pour procurer le crédit, soit par la voie de l'emprunt, soit en faisant réescompter par la Banque de France les eirets souscrits par les membres des associations et endossés par elles. Aux termes de la loi elle-même, les caisses régionales ont pour but « de faciliter les opérations concernant l'industrie agricole effectuées par les membres des sociétés locales de crédit agricole mutuel de leur circonscription etgarantiesparcessociétés. Acet effet, elles escomptent les effets souscrits par les membres des sociétés locales et endossés par ces sociétés. Elles peuvent faire à des sociétés les avances nécessaires pour la constitution de leurs fonds de roulement. Toutes autres opérations leur sont interdites ».

En vertu des conventions conclues entre l'État et la Banque de France en 1897, une somme de 40 000 000 de francs, susceptible de s'accroître annuellement, a été mise à la disposition du Gouvernement et affectée par la loi du.'il mars 1899 à encourager la création de caisses de crédit agricole. Le Gouvernement est autorisé à attribuer sur cette somme des avances sans intérêts aux caisses régionales de crédit agricole mutuel. Ges avances peuvent atteindre le quadruple du capital versé en espèces pour la constitution des sociétés; elles sont temporaires, ne peuvent durer plus de cinq ans, mais sont renouvelables. On comprendra toute l'importance de cet encouragement si on observe que la caisse régionale peut ainsi servir un intérêt de 5 p. 100 à ses créanciers, et se constituer des réserves, sans demander beaucoup au-dessus de 3 p. 100 à ses débiteurs.

Aussi, on constate une réelle activité dans le mouvement de création des sociétés de crédit agricole. Dans son rapport annuel au Président de la République pour l'année 1901, M. le Ministre de l'Agriculture constate que des avances ont été accordées, cette même année, à 8 caisses nouvelles, ce qui a porté à 22 le nombre des caisses régionales en possession d'avances de l'État. Le total des sommes avancées s'élevait au 31 décembre 1901 à 3 223 460 francs seulement, soit une bien faible partie des ressources disponibles (1).

A la lin de 1902, le nombre total des caisses régionales serait de 44, groupant environ 400 caisses locales.

La législation, dans son ensemble, n'est assurément pas parfaite; M. le Ministre, dans le rapport précité, annonce que des modifications à apporter à la loi du 31 mars 1899 sont à l'étude. Mais les résultats acquis en Allemagne au moyen d'institutions analogues qui datent de 1850 permettent de compter sur le succès et de signaler sans témérité aux cultivateurs le parti qu'ils en peuvent tirer. Si des réformes restent à accomplir, on peut dire, cependant, que l'organisation du crédit agricole a fait, dans ces derniers temps, d'immenses progrès. Toutefois, pour conclure, nous dirons que cette organisation, même parfaite, ne suffirait point à assurer le succès des entreprises agricoles. Il sera longtemps plus facile de trouver des capitaux que de les bien employer. Recourir au crédit impose l'obligation de redoubler de vigilance afin de ne pas engloutir dans des entreprises mal conçues ou mollement administrées le capital d'autrui avec le sien propre. Il nous paraît nécessaire de redire que le meilleur moyen de tirer profit du crédit consistera, dans bien des cas, à savoir en faire un usage modéré.

1) *Journal officiel* du 2 décembre 1902.

*1.* — PRODUCTIONS ÉLÉMENTAIRES
L'organisation d'une entreprise agricole est subordonnée à une étude préalable de l'avenir économique réservé à chacune des diverses productions auxquelles le milieu physique, sol et climat, permet de se livrer. Il s'agira de savoir, aussi exactement que possible, d'une part, quel sera dans le milieu donné le prix de revient de chaque produit à obtenir, et de l'autre quels pourront être le prix de vente et la quantité écoulée sur le marché dans le temps nécessaire pour dégager de l'entreprise les capitaux qu'il a fallu lui consacrer. L'importance de semblables renseignements n'a pas besoin d'être démontrée. On sent que de leur exactitude dépend dans une large mesure le succès de l'entreprise.

Les investigations, il est facile de le comprendre, devront s'étendre à un avenir plus ou moins éloigné selon les produits considérés. Pour ceux qui s'obtiennent sans qu'il soit nécessaire d'apporter au domaine d'améliorations profondes et d'une nature par trop spéciale, les prévisions pourront être limitées à un temps assez court, tandis qu'il faudra envisager une période de longue durée dans le cas contraire.

S'agit-il, par exemple, de la production du blé, ou de la betterave à sucre, ou du produit de toute autre plante annuelle ou bisannuelle, un avenir certain même limité à quelques années seulement pourra suffire pour assurer des profits; car l'état d'amélioration du sol qui convient pour ces plantes sera également profitable à nombre d'autres qu'il sera possible de leur substituer, si le débouché pour les premières venait à disparaître: les défoncements, les chaulages, les marnages, les applications copieuses d'engrais auxquels on aura eu recours pour la betterave sucrière et pour le blé, conviendront également pour l'avoine ou l'orge, la pomme de terre, la betterave disette ou d'autres plantes fourragères, si les premières cessent d'être avantageuses. De la même façon, l'outillage de culture qui convient pour les unes sert aussi pour les autres; les services du matériel seront peut-être payés moins cher par d'autres productions, mais ils risqueront peu d'être complètement improductifs.

En résumé, avec des cultures annuelles o» bisannuelles, les risques seront restreints, car on pourra facilement substituer une autre plante à celle dont les produits perdent tout débouché avantageux, sans subir de pertes graves sur le capital engagé. Il n'en serait plus de même avec des plantations de longue durée, qui ne s'obtiennent pas sans des dépenses élevées, el d'une nature tellement spéciale que leur valeur peut se trouver saciïliée en pure perte si les conditions du débouché viennent à se modifier profondément.

Pour l'établissement d'un vignoble par exemple, on sera amené à dépenser une somme pouvant varier de 2000 à 3 000 francs par hectare employée à des achats de plants, à des travaux de plantation, à des achats et installation de supports, à la culture du sol jusqu'au moment de récolter, etc. Pour l'exploitation du vignoble, il faudra une nouvelle mise de fonds assez importante destinée à l'acquisition des machines et instruments spéciaux ainsi que du matériel vinaire: charrues vigneronnes, herses, houes, rouleaux à usage spécial, pulvérisateurs, pressoirs, cuves, tonnes, tonneaux, appareils de liltration et de soutirage divers, etc. Et si on laisse de côté la dépense en bâtiments, comme pouvant s'appliquer à d'autres genres de productions après l'arrachage du vignoble, il n'en reste pas moins une dépense de 2000 à 4000 francs par hectare dont la productivité dépend exclusivement du débouché du vin dans l'avenir; soit 3000 lianes.

Pour amortir cette somme à 4 p. 100 en cinquante années, période généralement inférieure à la durée du vignoble, le sacrifice annuel sera limité à 10 fr. 65; et si la récolte par an s'élève à 60 hectolitres, le prix de revient n'en sera grevé que de 0,33 à peine par hectolitre. Mais si la culture devait être abandonnée au bout de vingt années, par suite de la baisse du prix du vin,l'annuité d'amortissement deviendrait 100 fr. 76, soit 1,68 par hectolitre, et cette augmentation du prix de revient pourrait suffire pour faire disparaître toute chance de bénéfice.

Quelle que soit la durée de l'opération, les facteurs du problème resteront les mêmes. L'évaluation du prix de revient futur, probable, du produit, dans la ferme où l'on doit agir suppose une appréciation assez exacte des variations qui peuvent survenir dans la rémunération accordée au travail, à la terre et aux capitaux, car le prix de revient de tout objet ne i-enferme pas autre chose que la rémunération obtenue par *ces* trois éléments.

La connaissance du débouché de chaque produit sera encore subordonnée à l'étude de sa production et de sa consommation en général: étudier sa consommation, c'est-à-dire chercher à connaître les quantités totales demandées sur les marchés, la répartition géographique des demandes, l'extension qui peut se produire dans la demande pour chaque pays; étudier sa production, c'est-à-dire, d'une part, savoir les frais de toutes sortes que l'on doit faire pour présenter le produit sur chaque marché où on peut avoir à l'offrir et connaître aussi ceux qui incombent à des producteurs concurrents situés dans d'autres conditions. Il est à peine besoin de faire remarquer que les droits de douane et la distance des transports ne sont que des éléments négligeables.

Les documents qui servent de base à ces études sont fournis pour une part notable par la statistique.

En ce qui concerne le blé, par exemple, la statistique nous enseigne que la France, sur 7 000 000 d'hectares, un peu plus 'du septième de son territoire agricole, en récolte environ 110000000 d'hectolitres et que, d'autre part, elle en importe environ 12000 000, ce qui met sa provision annuelle à 122 000000. Déduction faite des semences: 14000 000 d'hectoi' litres et des quantités absorbées par diverses industries: 5 000 000, il en reste 103 000000 pour satisfaire à la consom mation alimentaire. Cette quantité qui peut donner son propre poids de pain, répartie entre les 38 000000 d'habitants 1 que compte la France, en fournit à chacun 205 kilos par an, ou 561 grammes par jour. Cette part représente une ration is suffisante qui ne paraît guère susceptible d'être sérieusement? augmentée, quelle que soit l'abondance du froment, de sorte que le chiffre de l'importation moyenne, 12 000000 d'hectoip litres, donne sensiblement la mesure de l'extension que pourrait prendre chez nous la production du froment si elle n'était W pas concurrencée par la culture étrangère.

Jouzieh. — *Économie rurale.* 24

La consommation par tête d'habitant est moindre pour la plupart des pays qui nous environnent. Suivant M. Convert, àqui nous empruntons les chiffres cidessus (i), elle serait de:

En Bulgarie 264 kilogrammes.

En Belgique 258 —

En Roumanie 171 —

En Angleterre et en Suisse 165 —

En Espagne et Portugal 140 —

En Italie, dans les Pays-Bas et la Turquie. 125 —

En Autriche-Hongrie 116 —

En Allemagne 80 —

Il ne faudrait pas en conclure, sans autre examen, que les pays dont la consommation est sensiblement inférieure à la nôtre seraient acheteurs de froment. La Roumanie, qui se trouve dans ces conditions, en exporte; et pour apprécier le besoin réel, il est nécessaire de tenir compte des habitu'des des populations, ainsi que des denrées qui, dans chaque pays, peuvent remplacer le froment. Le chiffre des importations courantes, pour chaque nation, donne la mesure la plus exacte de l'étendue du débouché qu'elle peut offrir. Or, il résulte de l'examen de cette denrée que tous les pays d'Europe, sauf la Russie, la Hongrie, la Roumanie et la Bulgarie, sont des pays importateurs et que leur demande, qui tend à s'accroître, peut s'élever à 90 000 000 d'hectolitres chaque année. Nous sommes donc entourés de pays acheteurs de blé et nous demandons nous-mêmes à l'étranger environ un dixième de notre provision annuelle. Seul le prix de vente, trop faible, nous exclut des marchés étrangers et nous empêche d'occuper sur le nôtre une place plus étendue, c'est-à-dire de porter notre production de froment au niveau de notre consommation. Car la production française n'est point limitée à 110000000 d'hectolitres par l'impossibilité de dépasser cette quantité, mais bien parce que dans les circonstances actuelles elle ne pourrait pas être dépassée sans des sacrifices que le prix de vente ne compense qu'insuffisamment. Seules, les cultures améliorées, à rendements élevés, peuvent, dans la situation économique de (1) L'industrie agricole par F. Convert, professeur!à l'Institut national agronomique, Paris, librairie J.-B. Baillière et fils.

notre agriculture, trouver aux prix actuels un encouragement suffisant. Au fur et à mesure que le progrès s'élèvera ou s'étendra à d'autres surfaces, un accroissement de la production pourra se manifester et combler enfin le déficit de la récolte actuelle.

Serait-on autorisé à conclure qu'il serait facile au cultivateur français, dans un avenir assez prochain, d'exporter des blés? Il faudrait, pour répondre à cette question sans trop de témérité, aborder l'examen minutieux des conditions de la production du blé à l'étranger, et donner au sujet des développements que ne comporte pas l'étendue de cet ouvrage, où nous n'avons en vue que la seule indication des principes généraux qui doivent guider dans les études de ce genre. Nous ne rechercherons donc pas la solution du problème en ce qui concerne chacun des produits de la culture française et pour la connaissance des facteurs nécessaires, nous renverrons le lecteur aux ouvrages spéciaux, notamment à ceux qui, dans l'encyclopédie agricole, traitent des diverses branches dela production végétale et dela production animale (1). On voit, d'ailleurs, combien ce problème est compliqué. Sa solution, qui n'est pas sans présenter de réelles difficultés, repose à la fois sur une connaissance profonde des principes généraux de l'économie, du rendement matériel que l'on peut tirer de chaque opération, selon la manière dont elle est (1) Toutefois, et pour montrer combien parait redoutable encore la concurrence qui pèse sur la production du blé, nous emprunterons ces quelques lignes à l'ouvrage précité de M. Convert:

« A coté des États-Unis, le Canada n'est guère moins remarquable comme pays producteur du blé Le cultivateur, qui s'établit dans ces régions favorisées, se contente d'écrouter superficiellement son terrain au commencement de l'été, de labourer ensuite à l'automne, quand le soleil a desséché l'herbe. Après l'hiver on sème le blé sur ce labour; trois ou quatre mois plus tard, il est mûr. La moisson s'effectue alors rapidement à l'aide de moissonneuses-lieuses, on bat de suite et on conduit le grain aux élévators. D'énormes charges peuvent être conduites sur la neige durcie avec deux chevaux et les transports n'entraînent que peu de frais. Aussi, selon M. l'errault, le blé peut être vendu avec profit à 5 francs l'hectolitre. » (Convert, VIndustrie agricole.) Qu'en doit-on conclure, si ce n'est qu'il y a lieu de penser que la protection douanière pourra, longtemps encore, être d'une grande utilité?

conduite, sur une étude minutieuse des milieux économiques faite spécialement à l'égard de chaque produit.

Est-il nécessaire de dire que, quelque soin que l'on apporte dans de semblables appréciations, il subsiste une grosse part d'inconnu? Qui aurait pu, même à la fin du xvm siècle, prévoir toutes les conséquences du progrès scientifique et social qui commençait à s'affirmer? Qui aurait pu annoncer que nos pères assisteraient à un développement aussi inusité de la puissance de production dans toutes les branches de l'industrie? A une élévation aussi rapide du salaire, à un accroissement aussi exceptionnel de l'épargne, tant sous la forme de richesses sociales que de propriétés individuelles? Qui pouvait prévoir, enfin, qu'aux ruines accumulées par la guerre, allait succéder une abondance de capitaux capable de déterminer dans le taux de l'intérêt un pareil abaissement? De la même façon, si rien actuellement n'autorise à prévoir pour un avenir très prochain des modifications aussi profondes, on n'en peut nier la possibilité. Quoi qu'il en soit, d'ailleurs, l'incertitude qui subsiste, malgré les prévisions les mieux étudiées, loin d'autoriser à l'indifférence oblige à redoubler de clairvoyance atin de ne laisser à l'imprévu que la part inévitable.

Ill.—LA COMBINAISON CULTTJRALE.

Toute combinaison culturale prise dans son ensemble peut être envisagée à deux points de vue différents: par rapport à la manière suivant laquelle chacun des deux agents de production, homme et nature, y est appelé à intervenir, ou bien par rapport à la place faite à chacune des diverses branches de la production agricole. Eu égard au premier point de vue, la combinaison a été désignée par M. de Gasparin, sous le nom de *système de culture* (1); par rapport au second, M. Lon (1) « Le choix que fait l'homme des procédés par lesquels il exploitera la nature, soit en la laissant agir, soit en la dirigeant avec plus ou moins d'intensité en différents sens, est ce que nous appelons système de culture » (De Gasparin, *Cours d'agriculture,* t. V, p. 150) et plus loin: « C'est le mode dans lequel les forces naturelles ou artificielles, les unes sans les autres, ou les unes et les autres, se manifestent, se distribuent aux plantes. » det lui a donné le nom de *système de production* (1). Ces deux expressions, bien que s'appliquant à un même objet, ne sont donc pas synonymes; l'une détinit le mode d'action quant à l'origine des forces exploitées, l'autre quant au genre des transformations poursuivies.

Cette idée n'est point la seule que l'on ait exprimée par les mots *système de culture.* Suivant une acception, aujourd'hui abandonnée, on a aussi désigné par là l'état de division du sol dans ses rapports avec l'organisation de la culture. D'autre part, et à un point de vue analogue à celui qui nous occupe ici, Moll a dit: « Un système de culture, c'est le mode de combinaison et d'emploi de tout ou partie des forces diverses qui concourent à la production agricole » (2). Moll réunit donc sous la seule dénomination de *système de culture,* l'examen de la combinaison culturale aux deux points de vue différents des moyens d'action employés et des résultats obtenus. C'est aussi la manière de voir que tend à admettre M. Zolla (3). Il nous semble préférable, pour la clarté d'exposition du sujet, très compliqué par nature, comme au point de vue des déductions à en tirer, de conserver la distinction admise par M. Londet. Nous étudierons donc en deux sections distinctes: 1 le *système de culture,* ou combinaison qui règle la mesure et le mode selon lesquels chacun des deux agents de production est appelé à intervenir; 2 le système de production, ou combinaison qui fixe l'étendue suivant laquelle les diverses branches de la production agricole sont appelées à coexister.

(1) « Par système de production, nous entendons l'ensemble de toutes les productions d'une exploitation agricole, productions végétales et productions animales. » (Londet, I « Économie rurale et la Comptabilité agricole », *Annales de l'Agriculture française,* 1873. ) (2) *Encyclopédie de l'Agriculteur,* art. Système de culture. (3) « Le système de culture est le mode suivant lequel l'homme intervient par son travail et ses capitaux dans l'œuvre de la production agricole » et plus loin: « Un système de culture n'est pas autre chose, en effet, *que la constitution de l'entreprise agricole,* ce mot étant ici pris avec son sens le plus large, et. comme tout s'enchaine en agriculture, comme toutes les productions ont les unes sur les autres des répercussions » (D. Zolla, *Dictionnaire de l'Agriculture,* par Barrai et Sagnier.) Quant à *l'assolement,* c'est un détail d'application de la combinaison culturale, détail qui consiste à diviser le sol en un certain nombre de parcelles, de façon à pouvoir en attribuer une à chacune des plantes cultivées et à régler le mode de succession de celles-ci sur une même parcelle.

Système de culture.

Pour peu que l'on observe autour de soi, dans un pays de cultures variées comme la France, on est conduit à admettre qu'il y a en réalité autant de systèmes de culture différents qu'il y a d'entreprises individuelles. On voit en effet, côte à côte, tel cultivateur consacrer à la préparation de sa terre beaucoup de travail, tel autre la laisser à l'étal de pâturage, un troisième travailler à bras, un quatrième employer des attelages, un autre cultiver des plantes sarclées, son voisin faire des jachères, ici fumer chichement, et là copieusement, etc. Par degrés insensibles, on passera d'une ferme à l'autre, sans constater de sérieuses différences, mais sans pouvoir admettre qu'il y en a deux identiques, si on les compare au point de vue de l'influence relative de l'homme et de la nature. lit cependant, les diverses combinaisons, évidemment dirigées en vue du profit le plus élevé, doivent obéir à certaines règles fixes qu'il y aurait intérêt à connaître afin de pouvoir s'y conformer en toute circonstance.

Les agronomes allemands ont, depuis longtemps, adopté, pour caractériser les différences, les deux expressions de culture intensive et culture extensive, la première correspondant à un emploi de capital plus important que la seconde par hectare. Mais cette distinction ne saurait être suffisante pour donner une idée précise des mille variations qu'offre le système de culture en général et des lois auxquelles elles obéissent.

Royer, ancien professeur d'économie rurale à l'école de Grignon, a caractérisé d'une manière beaucoup plus précise les divers systèmes de culture, et son étude, publiée vers 1840, présente une réelle valeur pratique en ce sens qu'elle met en évidence d'une manière très claire la loi générale qui a imposé dans chaque milieu une organisation particulière.

Royer classe toutes les situations en six groupes, caractérisés, chacun par un genre de production spéciale qui est la conséquence du degré de fertilité et permet, en une certaine *période,* l'amélioration du sol: 1 A la *période fo-*

*restière* sont soumises les terres les plus pauvres qui vont être fertilisées par les débris de la végétation des forêts, des essences résineuses surtout, les moins exigeantes de toutes; 2 La *période pacagère* est obligatoire pour les terres susceptibles de s'engazonner, mais trop pauvres pour donner des fourrages fauchables; 3 La *période fourragère* correspond à un degré de fertilité plus élevé, permettant de cultiver avec succès les plantes fourragères fauchables et d'admettre les céréales en quantité mesurée; 4 Dans la *période céréale,* les terres peuvent donner en grain une production élevée en même temps qu'assurer l'entretien d'un effectif suffisant de bétail; 5 La *période commerciale* ou *industrielle* suppose une fertilité plus grande encore, suffisante pour permettre de faire une large place aux cultures industrielles, à côté des céréales; 6 Enfin, la *période jardinière* ou *maraîchère* est celle qui permet avec succès la culture des légumes. C'est la fertilité exceptionnelle des jardins, nécessaire pour rétribuer une main-d'œuvre importante.

Il est facile de voir que l'esprit de cette classification est dominé par le principe du rendement maximum que nous avons développé dans un autre chapitre. Il faut que le degré de fertilité de la terre permette d'obtenir des récoltes assez abondantes pour couvrir les avances faites aux cultures; mais comme, au temps de Royer, les moyens de fertilisation du sol sont fort limités, il faut, pour que cette condition puisse se réaliser, mesurer les avances aux cultures sur le degré de fécondité du sol, réserver les terres les plus fertiles pour les plantes qui exigent les plus grosses avances, et attendre d'une amélioration progressive et très lente, la possibilité de cultiver partout les plantes les plus exigeantes.

On peut reprocher à Rover de n'avoir pas tenu compte de certains facteurs qui interviennent incontestablement dans la détermination du système de culture, on peut considérer la classification qu'il adonnée comme incomplète, mais c'est à tort qu'on lui refuserait le mérite d'avoir exprimé avec netteté une loi générale d'une réelle complication.

C'est à M. de Gasparin que revient l'honneur d'avoir projeté sur cette intéressante question des systèmes de culture, toute la clarté nécessaire pour en aborder l'étude. L'illustre agronome distingue, dans toutes les combinaisons, trois groupes principaux d'après l'action exercée par l'homme pour assurer le développement des végétaux utilisables: dans le premier, il place, sous le nom *de systèmes physiques,* tous ceux où cette action est nulle et où l'homme se borne à recueillit les produits spontanés du sol; dans le second, figurent sous le nom de *systèmes andro-physiques* ceux où la croissance des plantes est assurée par une action purement physique de l'homme (préparation du sol, ensemencements, etc.); dans le troisième groupe se trouvent les *systèmes andro-diques,* ceux dans lesquels l'intervention de l'homme est à la fois de l'ordre physique (comme ci-dessus dans le travail de préparation du sol) et de l'ordre chimique (application d'engrais). M. de Gasparin donne de l'ensemble le tableau suivant (1;: 1 Systèmes phy-1 Forces spontanées 1 Système forestier 1 siques ) de la nature r Système des pâturages. 2 / Travail de l'homme / Système celtique 3 2 Systèmes andro- aidé des forces chi-1 Étangs 4 physiques j iniques de la na-) Jachères 5 ture 'Cultures continues 6 i Travail de l'homme /
l avec création de I
3 Systèmes an- moyens chimiques Engrais extérieurs 7 droctyques j et physiques sup-j lingrais produits 8
'plémentaires de'
ceux delanature..

Dans le *système forestier,* comme le nom l'indique, la terre est couverte de forêts. Ce mode d'utilisation ne peut corres (1) *Cours d'agriculture,* vol. V, p. 150.
pondre, comme système exclusif, qu'à un étal de civilisation des plus primitifs, dans lequel les hommes, peu nombreux et peu exigeants, se bornent, par la chasse ou la cueillette des fruits, à recueillir les produits de la nature. Il disparait devant le progrès, au fur et à mesure que le besoin porte l'homme à se procurer une plus grande quantité d'aliments ou à rechercher plus de régularité dans ses approvisionnements.

Le *système pastoral* peut exister tout naturellement à côté du précédent. Il consiste à tenir des animaux domestiques, en dépaissance sur les portions de la surface que la forêt n'a pas pu envahir complètement. Or, la forêt n'étant guère limitée dans sa marche envahissante, à l'état de nature, que par l'insuffisance de la profondeur du sol ou de l'humidité, il en résulte que le pâturage est forcément maigre ou de production intermittente: la nature ne donne « que des lichens, comme sur les rochers nus, ou des herbes à racines pérennes qui conservent une vie latente pendant la saison aride, ce qui constitue les llannos, les steppes, les craux, noms sous lesquels on désigne cet état intermittent de végétation, tantôt verdoyante et tantôt desséchée ». Maisla forêt détruite, par une cause quelconque, ne se reconstitue pas immédiatement, les plantes herbacées s'emparent de la surface, il s'écoule un temps très long avant que les semis naturels aient de nouveau recouvert le sol et l'introduction du pâturage peut y faire obstacle à jamais. La productivité des pâtures constituées à la place de la forêt peut être très grande et amener une extraordinaire abondance de produits, mais ne permet pas dans l'alimentation la variété que recherche l'homme civilisé. Aussi les défrichements vont-ils s'opérer et, avec eux, naître les systèmes andro-physiques.

Les terres ont été défrichées. Dépouillées annuellement des récoltes, elles vont aller s'appauvrissant à tel point qu'au bout d'un certain temps, leur productivité sera insuffisante pour rémunérer le travail exécuté. On s'abstiendra de les travailler, au risque d'y récolter moins. Comme la population, dans cet état social, n'est pas dense, ou, ce qui revient au même, comme la terre abonde, les champs en culture seront abandonnés à eux-mêmes et remplacés par d'autres, empruntés au pâturage ou à la forêt.

Mais ces champs, abandonnés à eux-mêmes, vont se recouvrir d'une végétation plus ou moins active, suivant le degré d'épuisement dans lequel ils ont été laissés, selon l'action plus ou moins favorable du climat. De nouveau parcourus par les bestiaux, ils rentrent dans le système des pâturages pour faire retour à la culture arable après l'épuisement d'autres parcelles, et lorsqu'eux-mêmes, par l'effet de l'atmosphère et de leur végétation spontanée, auront à nouveau acquis un degré de fertilité suffisant.

La terre est donc tour à tour soumise à deux modes d'utilisation différents: culture et pâturage, d'où les noms de *système alternatif* ou *semi-pastoral,* appliqués à cette combinaison et remplacés ensuite par celui de *système celtique,* en raison de la prédilection marquée que les Celtes semblent avoir eue pour elle.

Le système celtique satisfait à un degré de civilisation très avancé, puisqu'il permet d'obtenir toute la variété désirée dans les produits. Seule, la quantité limitée de sa production a pu lui faire préférer des combinaisons plus savantes. Allié à des systèmes plus avancés, on rencontre encore le système celtique sur une grande étendue en Bretagne. Après avoir demandé à la terre un nombre de récoltes variable suivant sa fécondité, on l'abandonne à elle-même, après ensemencement plus ou moins dru de genêts ou d'ajoncs. Les bestiaux y sont conduits au pâturage, et au bout de quelque temps, trois à sept ans et plus, le terrain, débarrassé de la végétation ligneuse qui l'occupe, est livré à la culture. La production ligneuse n'est pas sans valeur, elle peut servir au chauffage, ou comme engrais et même comme fourrage quand il s'agit d'ajonc. Les racines abandonnées en terre, les éléments mis en liberté par la décomposition des roches, l'azote apporté par les eaux pluviales, offrent à des cultures nouvelles une alimentation suffisante pour permettre d'obtenir plusieurs récoltes avantageuses de céréales. L'adjonction des plantes fourragères, en faisant passer la culture dans les systèmes androctyques, n'enlève cependant pas au système alternatif son antique originalité. Ainsi pratiqué, il assure, dans la Loire-Inférieure notamment, un réel degré de prospérité au cultivateur. Il n'en est plus de même où les circonstances sont moins favorables à lu venue de l'herbe et à la pousse des genêts, où le pâtis se couvre surtout de chardons, comme nous l'avons constaté en Vendée par exemple; là le système cesse d'être rationnellement pratiqué. Enfin, il est encore dans un état moins prospère avec la culture alternative des Arabes.

Dans le *système des étartys*, le sol, après être resté en culture un certain nombre d'années, est abandonné sous l'eau un temps suffisant pour permettre à la fertilité de se reconstituer. Il faut, naturellement, pour permettre de trouver profit à ce mode d'utilisation, un concours de circonstances spéciales: un relief particulier du sol et une nature appropriée des terres (1). Les eaux qui se concentrent sur le fonds recouvert apportent en abondance des éléments de fertilité enlevés à des terrains en général de 6 à 12 fois plus étendus; la vie égétale et animale qui se développe au sein de ces eaux, les propriétés absorbantes des terres argileuses, fixent sur place ces éléments de fertilité, si bien qu'après un certain temps, il suffit d'écouler l'eau et d'assainir le terrain pour le livrer avantageusement à la culture et le remettre sous l'eau après épuisement.

Outre les récoltes de céréales que l'on obtient par ce moyen, l'étang donne comme produits du poisson et un pâturage utilisable par des bovidés. Le revenu obtenu du système des étangs par le propriétaire du sol est assez élevé. Des régions importantes de la France l'ont conservé d'une manière assez générale jusqu'à nos jours et ont été amenées à l'abandonner (1) « Dans un pays ondulé, les eaux de pluies ne s'arrêtent pas sur les pentes, elles s'écoulent par les vallons, y déposent une partie des principes fécondants qu'elles contiennent, mais la plus grande partie s'écoule par les cours d'eau qui se rendent dans la rivière; d'un autre côté, les glaises sont peu propres, par elles-mêmes, au développement des plantes améliorantes de la famille des légumineuses. Les eaux pluviales pourront être employées à ar-

roser des prairies placées dans les basfonds, ou bien retenues de manière à former des étangs susceptibles de donner différents produits » (De Gasparin, *Cours d'agriculture*, t. V.) en raison de l'insalubrité qui en résulte pour les localités voisines de l'étang, bien plus qu'en raison de l'insuffisance du revenu.

« Le *système de la jachère* est celui où le sol étant appelé £4 produire une ou deux années de suite, on lui accorde ensuite une année de repos pendant laquelle la terre est soumise à des. labours qui l'ouvrent, l'étalentaux influences atmosphériques, en la délivrant en même temps de toute végétation spontanée qui épuiserait ses sucs sans grand profit pour le cultivateur (-1). » Ce système s'entend donc exclusivement de l'usage de la jachère en vue de la fertilisation du sol et non point de l'usage plus ou moins accidentel que l'on en fait pour faciliter le nettoiement. Il n'est praticable qu'autant que la terre qui y est soumise possède une fertilité assez grande pour permettre des récoltes pouvant couvrir les frais continus de travail du sol.

L'expérience des siècles a prouvé que, sauf des exceptions assez rares, correspondant à des formations géologiques très favorables, ce système détermine un épuisement rapide des terres et réduit à une limite très basse le rendement des grains. Pratiqué d'une manière exclusive, il aboutit forcément à la pauvreté de la culture et ne s'est maintenu, le plus souvent, que modifié par l'adjonction de prairies naturelles ou artificielles, que sous la forme de systèmes d'un autre groupe, par conséquent. La plupart des combinaisons actuelles dérivent du système des jachères par la substitution de plantes fourragères ou industrielles à la jachère; de là le nom de cultures jachères souvent donné à ces plantes.

Le *système continu* n'admet, selon M. de Gasparin, que des cultures arborescentes et ne comprend point celles qui sont accompagnées de cultures intercalaires. Comme celui des étangs, il est limité à des situations particulières, mais non point susceptible, comme les systèmes celtique et des jachères, de

s'étendre à la généralité des terrains: il s'applique aux plus mauvais et ne gagne les meilleurs que d'une manière exceptionnelle: « Le système pur des cultures arbustives ne (1) De Gasparin, *Cours d'agriculture*, t. Y, p. 197.

se trouve, en général, que sur des sols dont la surface ne se prête pas bien aux cultures annuelles, soit à cause de sa nature sèche et pierreuse, recouvrant un fonds perméable aux racines, soit parce qu'il est inondé à différentes reprises par des débordements de rivières On se décide à planter les bons terrains en végétaux frutescents: là où la culture est chère et où l'on cherche à diminuer la main-d'œuvre; là où le prix de revient des produits est déprimé par la concurrence que font des produits similaires venus dans des contrées placées dans de meilleures conditions; là où les plantes fourragères venant mal, on est privé des engrais nécessaires pour porter les plantes annuelles à un développement convenable (1) », et aussi, comme le dit plus loin l'auteur, parce que le prix des produits des arbres peut s'élever de façon à laisser de gros bénétices en raison du temps nécessaire pour permettre à une plantation de donner ses produits, du temps nécessaire, par conséquent, pour que la concurrence entre les producteurs puisse se faire sentir. De là, d'ailleurs, résulte le danger de voir les planteurs dépasser la mesure et la production devenir abondante au point de déterminer l'avilissement des prix.

Qu'elle s'applique à des plantations arbustives ou à des cultures annuelles, la culture sans engrais doit forcément cesser d'être lucrative dans nombre de cas, aussi les systèmes que nous venons d'examiner doivent-ils, tôt ou tard, céder la place à ceux que M. de Gasparin appelle *androctyques*.

Dans ces systèmes, les engrais peuvent être tirés de terres autres que celles cultivées, ou préparés au moyen de récoltes tirées de celles-ci elles-mêmes; dans le premier cas, le système est dénommé, par M. de Gasparin, *système d'emprunt* ou *hétéro-sitique* (nourriture étrangère), dans le second cas, système *auto-sitique*.

Les pratiques qui mettent en possession des engrais dans le système d'emprunt sont au nombre de quatre: « i des bestiaux nourris sur des pâturages sont amenés la nuit sur des terres en culture, et y laissent une partie rfo leurs (1) De Gasparin, p. 205.

Jouzier. — *Économie rurale.* 25 déjections: c'est le parcage; 2" on coupe la broussaille, les bois, les herbes vertes sur des terrains non cultivés et on les transporte sur le terrain cultivé pour les y brûler, les y enfouir, l'en couvrir; 3 on enfève le gazon d'un terrain non cultivé, et on le transporte sur les terres cultivées pour l'y répandre ou l'y brûler: c'est ce que l'on nomme l'étrépage: 4 on achète les engrais fabriqués ou produits au dehors (1). »

Le niveau des rendements dépend des ressources que peuvent procurer ces différents moyens. Le parcage et les végétaux pris en dehors des terres cultivées peuvent assurer la perpétuité de cultures florissantes si les terres qui nourrissent les animaux, celles qui produisent les engrais végétaux, sont, par rapport aux terres cultivées, dans un rapport convenable. Ce rapport est d'ailleurs variable suivant les gains que les unes et les autres peuvent tirer des diverses sources au moyen desquelles la nature opère elle-même la restitution. De tels résultats ne se présentent, toutefois, qu'avec un caractère exceptionnel: il faut le voisinage de forêts importantes d'où l'pn peut tirer des feuilles ou autres débris de végétaux; des landes, qui fournissent des bruyères, des terres rocheuses où pousse le buis en abondance, et mieux encore le voisinage de la mer, dont l'influence est bien connue en Bretagne où il a créé la *ceinture dorée.*

Ace système, il faudrait assimiler celui des importations de substances fourragères provenant de prairies non fumées, dont la productivité se maintient grâce à une restitution naturelle. Pratiqué en France, notamment, d'une manière très nette, dans la zone voisine du Marais Vendéen, ce système a été appliqué avec un réel succès par M. Bouscasse sur le domaine de la ferme-école de t'uilboreau où, depuis très longtemps, il a suffi à maintenir les rendements du blé à 25 hectolitres à l'hectare

environ. D'après les renseignements qui nous ont été fournis par M. Albert Bouscasse, directeur actuel de la ferme-école, ce domaine d'une étendue de 60 hectares, complètement dépourvu de prairies naturelles, a reçu depuis cinquante ans les foins récoltés dans le marais, à (1) De Gaspartn, t. V, p. 209-210. 15 kilomètres sur 50 hectares de prairies, soit une quantité annuelle de 80000 kilogrammes en moyenne environ (1).

Quant à l etrépage, c'est avec raison qu'il est traité de procédé barbare, car son emploi ne fait pas qu'épuiser le sol, suivant le mot de M. Rieffel, *il en détruit les forces végétatives* et ne saurait convenir que là où l'on peut impunément supprimer ces forces: la terre, privée, non seulement du gazon qui la recouvrait, mais encore de la couche meilleure formée des débris d'une végétation antérieure, ne peut manquer d'être longtemps improductive après cette opération.

Dans le temps où M. de Gasparin formulait sa théorie des systèmes de culture, les achats extérieurs n'étaient praticables que dans des situations spéciales assez rares, principalement dans les environs des villes, et pour le surplus ne pouvaient s'appliquer qu'à quelques matières d'importance secondaire pour l'époque: noir animal, tourteaux, guano, poudrette.

Enfm, le *système continu avec fabrication d'engrais* ou *autositique* peut lui-même présenter deux variétés, suivant que l'on entretien du bétail, ce qui permet d'employer du fumier, ou que l'on a recours aux engrais verts. Ce système, dans sa première variété surtout, est le plus exigeant, mais quand se trouvent réunies les conditions les plus favorables, c'est aussi le plus séduisant: « On ne peut dire d'aucun système et d'une manière absolue, qu'il est le meilleur. Tous les systèmes ont une valeur relative aux circonstances dans lesquelles ils sont mis en usage; le système continu auto-sitique serait déplacé et onéreux dans la situation où l'on peut acheter des engrais à bas prix, il serait impraticable si les plantes fourragères améliorantes n'y prospéraient pas sur le terrain à mettre en culture; si ce terrain

n'avait pas encore la richesse nécessaire pour porter des récoltes ordinaires; si les produits animaux n'avaient pas un écoulement avantageux, si les (1) Une partie des prés de marais nourrit d'avril en juin, par le pâturage, les bovidés d'élevage, et le reste est fauché. Toute la surface est abandonnée aux animaux de juin à novembre. Ramenés à l'uilboreau à cette époque, les bœufs y sont nourris avec le foin et une importante provision de racines et de fourrages artificiels récoltés sur place. bestiaux étaient sujets à des épizooties fréquentes et irrémédiables, si le travail était trop cher, si l'on manquait de capitaux, etc. Mais aussi, dans les situations les plus' nombreuses des pays civilisés, c'est le système qui peut être appliqué avec le plus d'avantage. C'est lui, d'ailleurs, qui met en œuvre au plus haut degré l'intelligence du cultivateur, son capital, les bras des ouvriers, la force des animaux. Il résume toutes les difficultés, toutes les combinaisons, toutes les chances de l'économie rurale; aussi, c'est à son développement que nous avons dû nous attacher, parce que tous les systèmes y trouvent un enseignement qui leur est propre, et qu'il est seul complet et en possession d'appliquer toute la science agricole (1). »

Enfin, parallèlement au progrès qui s'accomplit par la fertilisation du sol, il y a lieu de considérer celui qui résulte du perfectionnement des procédés mécaniques et qui substitue les attelages à l'homme, les moteurs inanimés aux moteurs animés, la plante sarclée à la jachère, etc.

Telle est, dans ses grandes lignes, la méthode proposée par M. de Gasparin pour *étudier* et *caractériser* les systèmes de culture. Elle a été critiquée avec une certaine sévérité. On lui a fait un grief de placer les riches futaies à côté des maigres taillis, les vignobles à grand produit brut à côté de misérables cultures arborescentes. On ne peut néanmoins lui méconnaître outre le mérite de présenter les faits dans l'ordre de leur développement probable, celui de donner une véritable anatomie des systèmes de culture. En montrant chacun d'eux sous sa forme primitive la plus simple, cette méthode permet d'en étudier facilement les exigences spéciales sous toutes leurs formes dans chaque situation donnée, aussi bien que de déduire des études les combinaisons auxquelles peuvent se prêter le divers systèmes types entre eux.

Nous ne partageons point, pour notre part, un enthousiasmis fréquent pour la classification proposée par M. Dubost et que consiste à distinguer les systèmes de culture, tout d'abord, d'après le produit brut qu'ils donnent par hectare. Si elle (1) De Gasparin, *Cours d'agriculture*, t. V, p. 223.

évite les confusions reprochées à celle de M. de Gasparin, elle en laisse subsister de non moins regrettables, par exemple en plaçant sur le même pied les vignobles des grands crus et les vignobles à grands rendements, qui donnent fréquemment le même produit brut, bien que par des moyens parfois très différents: les uns principalement par l'action de la nature, les autres, souvent, par l'action des engrais. Sans méconnaître l'importance de la valeur du produit brut comme élément d'appréciation du système de culture, au point de vue de l'économie politique surtout, nous estimons qu'il n'y a en elle qu'un caractère de second ordre principalement pour l'utilité que doit tirer l'économie rurale de l'étude des systèmes de culture. Le propre de toute classification est de ne pas être parfaite, les rapprochements d'entités dissemblables ne pouvant guère être évités. Les caractères distinctifs fondamentaux admis par M. de Gasparin nous paraissent particulièrement heureux et n'excluent point des subdivisions basées sur des caractères d'un autre ordre, ainsi que le prévoit l'auteur lui-même (1).

La distinction fondamentale établie d'après Faction des *forces chimiques* et des *forces physiques* est pleinement justifiée par ce fait que, les limites à la production, si elles sont sous la dépendance des besoins de la population, et de ses ressources en capitaux, sont néanmoins réglées par l'influence des forces chimiques, ainsi que nous l'avons vu

ailleurs. Peut-être pourrait-on reprocher à M. de Gasparin d'avoir laissé dans l'ombre *l'action biologique* au moyen de laquelle la variabilité dans le type primitif des plantes et des animaux, dirigée par l'homme, a pour conséquence un effet utile plus grand: c'est à cette action biologique qu'il faut attribuer la création par sélection des variétés dites améliorées dont nous avons déjà noté l'effet. Mais l'intervention de cette troisième force (1) Nous aurions pu créer un beaucoup plus grand nombre de subdivisions, mais elles rentrent naturellement dans ce cadre général, et sa simplicité, la facilité avec laquelle il se dédoublera au gré de ceux qui voudront s'occuper plus spécialement des détails ne sera pas son moindre mérite *(Cours d'agriculture,* t. V, p. 150-151).

naturelle, qui s'exerce parallèlement à celle des deux autres dans tous les systèmes, ne rend nullement nécessaire une modification du cadre dans lequel l'auteur a présenté les systèmes de culture.

Suivant la théorie de M. de Gasparin, dans tous les systèmes, la *croissance des plantes* serait assurée par l'action propre à la nature plus ou moins dirigée par l'action 3e l'homme: dans les *systèmes physiques,* celui-ci n'intervient pas; il intervient d'une manière physique, en réglant la répartition des végétaux, en modifiant l'état de division ou d'aération du sol, etc., dans les systèmes *androphysiques*; il intervient en même temps d'une manière chimique, en opérant des transports de produits fertilisants, dans les systèmes androctyques, mais toujours l'alimentation des plantes est assurée par une action assez lente de la nature sur ellemême, dans laquelle *tes racines et les agents de décomposition des roches opèrent le principal travail de mobilisation et de concentration convenables.* La forêt et le pâturage, dans le groupe des systèmes physiques, *subsistent par l'action des racines exercée sur place même, par les apports annuels de l'atmosphère,* et ces deux sources suffisent pour assurer à perpétuité des produits rémunérateurs grâce à la faible quantité de travail humain exigée par l'exploitation; dans les

systèmes androphysiques, l'homme cherche, suivant les cas, à réduire le travail nécessaire par quintal de récolte en alternant les ensemencements (système celtique, étangs, jachères) ou à cultiver des plantes assez peu exigeantes en travail pour donner des produits rémunérateurs même sur des fonds peu fertiles (cultures arborescentes), mais *l'alimentation desplantes est, encore ici, assurée sur place au moyen de l'action dissolvante des racines sur les roches et des apports de l'atmosphère*; enfin, dans les systèmes androctyques, les aliments fournis aux plantes ont encore la même origine: dans le système d'emprunt, l'homme *opère une véritable concentration de la fertilité par le transport de matières fertilisantes d'un lieu dans un autre* (parcage, engrais verts, fumier, tourteaux, os calcinés, etc. ); dans le système auto-sitique, *il cherche à déterminer la mobilisation, et la concentration à la surface, des matières alimentaires, pir la culture de plantes fourragères,* mais dans l'un et dans l'autre cas, *le travail de concentration a pour origine à peu près unique des forces végétatives de date assez récente.* On peut dire que, dans tous les cas, *l'alimentation des plantes est assurée par les forces végétatives propres à chaque région et que,* suivant cette théorie, *la production est Limitée par l'intensité de ces férces d'une manière d'autant plus étroite que les transports sont plus difficiles;* de là des contrées naturellement riches, et d'autres à jamais condamnées à rester pauvres.

Ainsi présentée, la théorie des systèmes de culture pouvait être sensiblement l'expression des faits il y a cinquante ans, sauf l'influence fertilisante exercée par les engrais calcaires alors employés. Mais elle est loin de correspondre à l'état actuel de nos moyens de production. A côté des ressources que présentent les *forces végétatives locales,* pour la fertilisation du sol, le commerce offre en abondance, à la culture, des *éléments d'une plus grande activité encore, concentrés par la nature en masses 'considérables* et susceptibles, nous le savons, de passer rapidement dans la constitution des végétaux, soit dans l'état même où les présentent les gisement naturels, soit après des préparations rapides: ce sont les phosphates dont le territoire français est relativement riche, les superphosphates qui en dérivent, les sels de potasse, et le nitrate de soude principalement, dont les effets sont bien connus. En nombre de régions, s'il était nécessaire d'y ajouter la matière organique, les tourbières offriraient des ressources suffisantes pour permettre de fertiliser d'immenses étendues, et *on peut dire que la production agricole est, maintenant, et pour longtemps encore, dominée par le travail disponible beaucoup plus que pur l'intensité des forces végétatives naturelles.*

La découverte de ces nouvelles ressources, ainsi que des moyens qui permettent d'en tirer parti, est une conquête toute moderne, on peut dire toute récente. C'est évidemment l'une des causes principales de la baisse du prix des produits agricoles malgré l'élévation des salaires. C'est dans l'utilisation de ces ressources surtout, que le Vieux Ménde, aux terres épuisées, doit trouver son salut. Il n'en a jusqu'ici usé que dans une assez faible mesure et point toujours de la manière la plus rationnelle.

L'utilisation de ces moyens nouveaux, dont la puissance nous ménage encore des surprises sans doute, contient en elle les germes de transformations économiques profondes. Déjà, elle a eu pour conséquence d'atténuer la différence de valeur entre les terres pauvres et les terres riches, de faire participer à la prospérité générale des contrées déshéritées, comme celle des landes de l'ouest de la France, et l'utilisation d'une terre dépenda beaucoup moins, de nos jours, de sa richesse en éléments utiles aux plantes que de ses propriétés physiques.

Il ne faudrait point en conclure que toutes les terres d'une profondeur suffisante pour offrir aux plantes le support et l'humidité nécessaires et d'une perméabilité convenable doivent être soumises à la culture arable et que les céréales ou les plantes industrielles peuvent prendre une extension considé-

rable: l'utilité du bois, de la viande et autres produits animaux, etc., en même temps que les difficultés de production propres à chacune de ces denrées, en maintiendront forcément le prix à un certain taux déterminant, avec la proximité du débouché, la place que devront occuper la forêt et le pâturage à côté de la culture arable. De la même façon, l'utilité relative des produits de celle-ci et des frais propres à chacune en déterminera l'importance proportionnelle sur la ferme. La combinaison la plus avantageuse sera celle qui donnera pour chaque franc du capital engagé le bénéfice le plus élevé. Les développements que nous avons accordés dans d'autres parties de cet ouvrage à l'examen des éléments d'appréciation du bénéfice nous dispensent d'entrer ici dans de nouveaux détails. La question se résout donc par la comptabilité, c'est la loi du profit qui décide.

Si on a le soin d'établir les comptes de façon à pouvoir noter les résultats obtenus dans chaque parcelle, au lieu de les confondre par catégories de cultures, on sera souvent conduit à maintenir sur un domaine plusieurs systèmes: suivant la nature du sol, le climat, les débouchés, les capitaux disponibles, le mode d'utilisation des terres sera différent; les terrains rocheux seront en général soumis aux systèmes forestier, pastoral ou des cultures arborescentes; l'enlèvement des rocs pour l'installation de la culture arable suppose, d'une part, des ressources suffisantes pour opérer le travail de mise en valeur, d'autre part des débouchés pour les produits. Les terrains argileux très tenaces pourront aussi rouver dans les divers modes d'utilisation qui exigent peu de travail leur meilleur emploi alors que d'autres seront soumis à une culture plus active. Toutefois, le perfectionnement des moyens mécaniques de préparation du sol et la mesure selon laquelle on en pourra profiter, en raison du capital disponible, du morcellement du sol, etc., modifieront plus ou moins l'état de la question. Si les circonstances, eu égard à ce point de vue spécial, se montrent favorables, la balance penchera d'autant plus facilement en faveur de la culture

arable, que les terrains tenaces, complétés par l'apport de l'élément calcaire, fournissent souvent les fonds les plus productifs. Les parcelles éloignées du centre d'exploitation, dans les domaines de grande étendue, pourront aussi, avantageusement, être l'objet d'un traitement spécial destiné à réduire le travail des transports et les voyages au champ en général, et à concentrer plutôt travail et capitaux sur les parties les moins éloignées des bâtiments.

Mais la mesure suivant laquelle on sera amené à maintenir de semblables différences de traitement, entre les diverses parties d'un domaine, dépendra essentiellement de l'ensemble des ressources dont on pourra disposer et de la situation économique en général: alors que l'herbage gagne du terrain sur la culture arable en Normandie où la population est rare, la lande disparaît en Bretagne où la main-d'œuvre est suffisante, à mesure que les économies réalisées permettent d'augmenter le capital d'exploitation. Les indications générales que l'on peut fournir ne sauraient donc en aucun cas dispenser d'un examen minutieux des éléments du problème dans la situation déterminée où chacun doit agir.

Dans la très grande majorité des cas, le système le plus avantageux consistera dans une combinaison mixte du *système d'emprunt* et du système auto-sitique, car cette combinaison est celle qui se prête le mieux à la variété dans la production en même temps qu'à l'exploitation des diverses sources de richesse: d'une part, matières fertilisantes accumulées sous la forme de gisements (nitrates, phosphates et leurs dérivés, etc.) ou provenant de résidus d'industries diverses (os, sang, fumier des villes, etc.) et, d'autre part, action fertilisante de la végétation elle-même, de l'atmosphère et de l'action physique de l'homme.

Dans tous les cas, il est essentiel de savoir régler les importations de façon à conserver au sol le degré de fertilité convenable. Et si on ne peut pas condamner en principe la culture épuisante, il est important de noter que dans les pays à population dense, où les terres sont limitées, c'est plutôt la culture améliorante qu'il faut rechercher. Le système qui consiste à cultiver sans engrais peut convenir pendant quelque temps dans des terres d'une grande richesse, celui qui consiste à employer des engrais incomplets de façon à déterminer avec la moindre dépense le plus grand rendement possible, peut être rationnel dans un pays où manque la population, où l'espace disponible permet de recourir au *système alternatif,* mais ce n'est plus le cas chez nous et il faut y chercher plutôt à maintenir la terre riche tout en l'exploitant. D'une manière générale, plus on laissera à la disposition des plantes, jusqu'à une certaine limite, et plus elles pourront puissamment exploiter à notre profit la mine que leur offre la terre jointe à l'atmosphère (Voy. p. 181). En particulier, dans les terres pauvres ou incomplètes, il faut appliquer les engrais importés aux cultures fourragères aussi bien qu'aux plantes exportables, assurer le développement du bétail parallèlement à l'importation des engrais et non point,2 comme nous le voyons pratiquer chaque année en grand sur les terres épuisées du crétacé, dans la Charente, employer des engrais à la culture des céréales avec l'intention d'en récupérer le prix d'achat par la vente de paille. C'est là un système d'expédients qui ne saurait assurer la prospérité de la culture.

Système de production.

Tandis que dans la plupart des branches de l'industrie la spécialisation est l'organisation la plus avantageuse, et par conséquent la plus générale, la pluralité des productions réunies dans une même entreprise est, au contraire, la règle en agriculture. Si on y rencontre en effet des cas où une seule culture occupe tout le domaine, ou bien prédomine incontestablement, comme les herbages en Normandie, la vigne dans la région méridionale, la forêt et le pâturage en montagne, il est beaucoup plus fréquent de voir le sol partagé entre des plantes variées et la transformation des produits qu'on en tire poussée plus ou moins loin avant de les livrer au marché: ici, on vend des raisins ou des pommes, là du vin ou du cidre; tantôt le lait est vendu en nature, tantôt il sert à fabriquer des fromages ou du beurre, l'un et l'autre quelquefois, à moins qu'on ne vende les fourrages pour racheter du fumier.

En dehors de la possibilité de vendre les produits obtenus,-cette organisation correspond à la nécessité d'abaisser les prix de revient. Elle est imposée par divers facteurs dont l'influence doit être étudiée avec soin afin d'en pouvoir tenir compte dans la mesure nécessaire.

A. L'étude du système de culture nous a montré déjà que la variété dans les productions est une conséquence de la nécessité de mesurer les sacrifices à faire sous la forme de travail ou de capital sur les produits que l'on peut retirer de la terre et sur les ressources dont on dispose: c'est en vertu de ce principe, souvent, que l'on conserve la forêt ou le pâturage quand le sol est d'un travail trop coûteux, quand l'éloignement des terres augmente le prix des transports ou que la limitation des ressources ne permet pas de faire en engrais les sacrifices nécessaires pour obtenir des rendements avantageux par la culture des plantes exigeantes.

B. La part relative à faire aux produits vendables de nature végétale et animale est imposée par la nécessité économique de produire des engrais, nécessité dont la mesure est indiquée par le prix auquel ressort le fumier fabriqué sur la ferme (chap. Xl.

C. Nous avons vu aussi que la variété dans les productions obtenues permet d'utiliser plus complètement les moyens de production, d'occuper toute l'année, sensiblement, la même quantité de main-d'œuvre, de faire profiter les céréales de l'état de préparation dans lequel la terre est abandonnée par les plantes sarclées, de donner au capital dans toutes ses variétés le maximum d'activité, de soumettre la terre elle-même au travail le plus actif, en la maintenant constamment sous récolte et d'en utiliser de la manière la plus complète tous les éléments par un choix de plantes et un ordre de succession appropriés. Les travaux de MM. Mùntz et Schlosing, de M. Schlosing fils, ont éclairé d'un jour tout particulier l'influence favorable d'une végétation continue qui, absorbant les éléments nutritifs solubilisés, les conserve sous la forme organique et permet de les restituer à la terre ultérieurement alors que dans la jachère nue les eaux des pluies les auraient entraînés en grande partie hors de l'atteinte des plantes (1).

D. Enfin, la variété dans la production équivaut à une véritable assurance contre l'irrégularité du produit brut comme du profit et c'est là encore un avantage sensible. On se met, de cette façon, dans une certaine mesure, à l'abri des écarts excessifs que peuvent déterminer la variation du prix des produits, celle des rendements qui ont pour cause les intempéries, les dégâts des insectes, etc. Car il y a peu de probabilités pour que la baisse des prix affecte tous les produits à la fois, que la température soit également funeste à toutes les cultures, que toutes celles-ci aient à souffrir dans la même mesure des atteintes des inseetes ou des maladies diverses la même année. Il y a des chances pour que des compensations s'établissent, que les influences défavorables soient contre (1) Il convient, à ce propos, de rendre hommage aussi aux efforts de M. Deliérain, le maître regrette que vient de perdre la science agricole, en rappelant l'insistance avec laquelle, dans ces derniers temps, ce savant a consacré son autorité a préconiser, par la voie de la presse agricole, les cultures dérobées d'automne.

Beurre

Fromages

Etc

Fécule

Sucre

Vin

Alcool

Etc

Grain

Paille

Grain

Paille

Etc

Pommes de terre..

Pois

Etc

Lin

Betterave à sucre

Etc

Etc

Espèce bovine. Pr.

1 Espèce cheva' I line Espèce ovine...

Etc

Produits animaux vendus après transfor' » Fr mation indus, l

trielle!

Produits végé-

taux vendus après transformation indus-

trielle

mation trielle..

indus' balancées par d'autres favorables, ce qui supprime dans toute la mesure possible les années calamiteuses.

Toutefois, et sans qu'il soit possible d'en fixer nettement les bornes, il y aura forcément une limite à la variation des productions. Non seulement parce que le milieu même, impropre à certaines plantes, ou l'éloignement du marché à l'égard de certains produits, imposent cette limite, mais encore parce que la multiplicité excessive des opérations peut favoriser le désordre et entraîner une augmentation des frais généraux. Le cultivateur obtient alors, de préférence, parmi les productions possibles, celles qui sont le mieux en rapport avec ses goûts particuliers et ses aptitudes, car, en toutes choses, on fait surtout bien ce que l'on a plaisir à faire. Cependant, s'il faut consulter ses aptitudes, il faut savoir résister à l'entraînement de ses goûts. C'est en matière d'animaux surtout, que des préférences ne manquent pas de se manifester. Il arrive quelquefois qu'une prédilection marquée pour l'exploitation du cheval, ou des animaux de concours dans toutes les espèces, l'emporte sur les conseils de la sagesse. Ce n'est plus alors de l'industrie que l'on pratique, mais un sport auquel on se livre; c'est l'entraînement à la spéculation avec tous ses dangers.

Le système de production en usage dans une exploitation donnée sera caractérisé de la manière la plus précise en déterminant la part relative suivant laquelle chacune des diverses branches contribue à former le produit brut, c'est-à-dire en considérant les recettes d'après leur origine. Les valeurs étant rapportées à 1 000 francs du produit brut, la comparaison, entre divers systèmes de production, lorsqu'elle présentera quelque intérêt, sera relativement facile. On rendra l'inspection plus rapide encore en groupant les données comme l'indique le tableau ci-dessus.

-Assolement et rotation.

L'assolement et la rotation dérivent de la nécessité de varier la production et de faire alterner les récoltes sur une même terre pour en assurer la meilleure réussite.

C'est là une donnée expérimentale fort ancienne, qui a été expliquée de façons diverses, sur lesquelles nous n'insisterons pas. Nous nous bornerons à rappeler les causes d'où l'alternat tire son utilité et à indiquer les conditions auxquelles doit satisfaire l'ordre de succession adopté.

1 Cette pratique permet de prévenir cet épuisement spécial de la terre que l'on a parfois appelé l'effritement: chaque plante ayant des exigences spéciales, à l'égard de certains éléments chimiques, qui en constituent les dominantes, il en résulte qu'il faudrait faire de ces éléments des apports fréquents si on cultivait d'une manière continue la même plante sur le même terrain, alors que les autres éléments seraient en partie inutiles. La culture appelant à se succéder des plantes ayant des exigences différentes, permet au contraire de tirer parti de tous les éléments. 2 Il est encore assez généralement admis que certaines plantes enfoncent leurs racines plus profondément que d'autres et, en épuisant surtout le sous-sol, concentrent la fertilité à la surface. A moins qu'il ne soit possible de mélanger directement à la couche épuisée les engrais complémentaires convenables pour opérer la restitution, on est obligé d'attendre pour remettre la même plante dans le même champ, que la restitution se soit opérée d'une manière naturelle. On comprend que le temps nécessaire sera d'autant plus long que l'épuisement aura été plus complet et aura atteint une plus grande profondeur; les arbres fruitiers, la luzerne, le trèfle, le sainfoin, sont sous ce rapport les plantes lesplus exigeantes. En ce qui concerne les arbres, la substitution de terre neuve à la terre épuisée, quand on n'agit pas sur une grande échelle, permet la replantation immédiate; mais pour les prairies artificielles de légumineuses, il faut attendre la restitution de la nature. Le temps nécessaire pour la procurer varie suivant les apports d'engrais effectués et aussi, suivant le temps qu'est restée, antérieurement, la culture à ensemencer. A la condition de ne rester qu'un an, le trèfle peut revenir tous les quatre ans sur la même terre, il n'en est plus ainsi quand on le conserve deux années. Pour la luzerne, le repos devrait êtrede douze à vingt ans, etc. 3 Il est encore nécessaire de faire alterner les plantes sarclées et les fourrages fauchables, ou même la jachère, qui permettent l'ameublissement et le nettoiement du sol, avec les céréales, qui le livrent durci et sali de mauvaises graines. Toutefois le perfectionnement de l'outillage affranchit le cultivateur dans une assez large mesure de cette obligation. Des machines énergiques permettent l'ameublissement rapide des terres, la houe à cheval permet de faire du blé lui-même une culture sarclée, aussi est-il rare que l'on soit obligé, en bonne culture, de recourir à la jachère. 4 L'ordre de succession des plantes doit également permettre d'incorporer l'engrais au sol en temps convenable, et de préparer la terre entre la récolte d'une plante et l'ensemencement de celle qui suit; cela, tout en ne déterminant que le moindre chômage possible. 5 L'alternat s'emploie également comme moyen de réduire les dégâts causés par les insectes et les cryptogames nuisibles dont le mode de transmission d'une culture à l'autre ne s'effectue pas trop facilement. Dans ce cas, on diminue leur rapidité de multiplication en laissant s'écouler une ou deux années avant de ramener sur le sol l'espèce qui leur convient.

L'application plus ou moins consciente et sévère de ces règles a donné lieu à un nombre assez considérable de formules d'assolements que l'on a eu des tendances marquées à copier trop ponctuellement, subordonnant ainsi, d'une manière plus ou moins heureuse, l'alimentation du bétail à la production de la culture, au lieu de chercher à soumettre celle-ci dans toute la mesure possible aux exigences des animaux. Il convient de procéder dans un ordre inverse et, après avoir fait choix des opérations animales à poursuivre en tenant compte des aptitudes du sol, de déterminer le besoin de 1000 kilogrammes des animaux à entretenir, en fourrages verts et fourrages secs, pour chacune des époques de l'année.

On déterminera ainsi facilement les espèces fourragères à adopter, l'étendue à cultiver de chacune d'elles, en s'aidant des connaissances agronomiques relatives à la culture et au rendement des plantes. Le poids moyen du bétail qui doit figurer dans le système de production par hectare permettra ensuite de fixer l'étendue relative des cultures fourragères et des cultures à produits exportables.

En supposant que les fourrages nécessaires à 1000 kilogrammes de bétail doivent occuper une étendue effective de 80 ares sur les terres en labours, en dehors des prairies, et que le système de production comporte 625 kilogrammes de bétail par hectare de terre labourable, la répartition des terres entre les cultures fourragères et les autres plantes sera donnée par le calcul suivant: pour alimenter 1 000 kilogrammes de bétail il faut 80 ares de cultures fourragères, pour alimenter 625 kilogrammes il faudra — 50 ares, il y aura donc 50 ares de fourrages par hectare de terre en labour.

Si on a été conduit par les calculs à des nombres se présentant entre eux dans des rapports simples, comme ceux que nous venons de trouver, on pourra exprimer la rotation très facilement en inscrivant les plantes les unes au-dessous des autres dans l'ordre où elles sont appelées à se succéder: Si, dans le cas que nous venons d'examiner, il n'était cultivé qu'une seule espèce de fourrages et des céréales, on aurait la rotation suivante:

Céréales, fourrages, céréales, etc. ce qui veut dire que sur une moitié de l'étendue on cultivera des fourrages et sur l'autre des céréales en faisant alterner 1900

*ISoi*

i do 1901 1S0S
1905
Fig. 13 et 14.

chaque année sur le même champ la nature des cultures (fig. 13 et 14).

C'est ainsi que, le plus souvent, on exprime théoriquement l'ordre de succession des plantes. Mais il arrive fréquemment dans la pratique, que les rapports e/tre l'étendue des diverses cultures ne sont pas aussi simples. Il est bon, néanmoins, alors, d'adopter un mode de notation qui permette de savoir dans quel ordre s'opérera la succession. Voici, par exemple, comment on pourra procéder pour déterminer cet ordre et l'exprimer d'une manière simple dans le cas où la combinaison est quelque peu compliquée.

Supposons qu'il s'agisse de mettre en assolement les cultures suivantes:

Hectares. Ares.
Betteraves 1,75 Vesce 50
Froment 1,75 Maïs fourrage.... 86
Avoine 0,86 Seigle.. 20
Luzerne durant 5 années 80

Nous dresserons, conformément au modèle ci-après, un tableau à trois divisions dans le sens vertical. Dans ce tableau, la première colonne servira à l'inscription des cultures faites la première année, la troisième colonne, à l'inscription de celles qui leur succèdent l'année suivante, en ayant le soin d'inscrire en regard les unes des autres, dans la même tranche horizontale, les plantes qui sont appelées à se succéder sur la même parcelle de terre. Enfin, dans la colonne du milieu, on inscrira de la même façon les plantes admises comme cultures intercalaires ou en culture dérobée.

On aura ainsi d'une manière indéfinie, l'ordre de succession des plantes sur chaque parcelle.

On parviendra assez facilement à déterminer l'ordre de succession le plus favorable en procédant de la façon suivante. Prenant l'une quelconque des cultures comme point de départ, soit la betterave, on l'inscrira en tête de la première colonne; on cherchera dans la liste des plantes à cultiver, celles qui peuvent lui succéder, et parmi elles, celles qui pourront profiter le plus avan-

tageusement de l'état de préparation dans lequel elle laisse le sol, tout en ne déterminant pour la terre que le moindre repos possible. Sous certains climats et dans certaines terres, ce sera l'avoine, ailleurs le froment; admettons que ce soit celui-ci, nous l'inscrirons dans la troisième colonne, en regard des betteraves, puis nous le reprendrons dans la première et nous procéderons à son égard comme nous l'avons fait pour les betteraves. Nous nous demanderons quelles plantes doivent lui succéder pour remettre le sol en état aussi avantageusement que possible: le maïs fourrage, avec culture intercalaire des vesces et du seigle, est tout indiqué pour une partie, de même que la betterave sur une autre et enfin la luzerne, qui doit généralement être ensemencée dans une céréale; d'où, les notations renfermées dans la deuxième tranche horizontale du tableau. Dans la troisième tranche, nous reprendrons sur la première colonne l'une quelconque des cultures inscrites pour succéder au blé, de préférence la luzerne, dont l'ensemencement se trouve assuré sur une étendue suffisante et nous en déduirons ainsi la culture à inscrire dans la deuxième ou la troisième colonne. En agissant ainsi jusqu'à ce que toutes les cultures qui figurent sur la liste aient trouvé une place, nous réunirons dans un cadre aussi restreint que possible les indications suivant lesquelles devra s'opérer la division de la surface et la succession des cultures. Nous aurons déterminé à la fois, assolement et rotation. Et dans le cas où on ne devrait pas s'astreindre à la rigueur absolue d'un assolement invariable, il serait facile d'introduire dans le plan adopté toutes les modifications nécessaires.

Dans l'application, quelque attention sera nécessaire pour assurer la réalisation de tous les avantages de l'alternat.

Il est facile de remarquer que l'ordre de succession des plantes débutera ainsi: 1 *Sur 70 ares:* 2 *Sur 89 ares:*

Betteraves 1 année. Betteraves 1 année.

Froment 2 — Froment 2 —

Vesces et seigle.... 3 — Betteraves 3o —

Maïs 4 — Froment 4 —

Etc. (1) 5' — Etc 5" — (1) A la seule inspection du tableau, nous reconnaîtrons qu'à la betterave succède le froment; à celui-ci, le maïs sur une partie après culture dérobée de vesces et de seigle fourrage, des betteraves sur une autre partie et de la luzerne sur le reste. La luzerne, restant en place cinq années, s'ensemence chaque année à raison du cinquième de la surface qu'elle occupe, se succède à elle-même jusqu'à l'âge de cinq ans, après quoi elle fait place à du maïs fourrage; enfin, au maïs succède l'avoine et à celle-ci les betteraves qui terminent le cycle.

Il va sans dire que l'on s'attachera, autant que le permettra l'état de division des parcelles, à utiliser le sol de façon à ce qu'il y ait alternat et à ce que la surface qui aura, dans une première période, été soumise au début de rotation:

Betteraves, froment, betteraves, froment, le soit ensuite à celui-ci:

Betteraves, froment, vesces et seigle, maïs, avoine. On n'agirait autrement que si la nature du sol ou d'autres convenances particulières l'imposaient.

ÉCONOMIE COMPARÉE.

Pour organiser une entreprise de culture et en assurer le succès, il faut encore joindre aux données économiques d'ordre général qui ont fait l'objet des précédents chapitres, des connaissances étendues relativement aux caractères particuliers que présente l'exploitation agricole suivant le milieu. En d'autres termes, et reprenant le parallèle entre la ferme et la machine qui nous a permis de présenter, dès le premier chapitre, les détails de notre programme, nous dirons qu'après avoir étudié les organes susceptibles d'entrer dans la constitution de notre machine, les combinaisons auxquelles ils se prêtent, les fonctions qu'ils accomplissent, il est encore nécessaire d'étudier d'une manière comparative quelques-unes des individualités auxquelles ils donnent naissance et les résultats généraux de leur action. C'est là le but de l'économie comparée.

Cette partie n'est pas la moins vaste de la science qui fait l'objet de notre étude. Elle suppose un examen attentif de diverses exploitations prises comme type, dans des milieux différents, de façon à en pénétrer l'originalité et en déduire les pratiques qu'il y aurait lieu de leur emprunter pour l'organisation d'entreprises similaires: la ferme, en Normandie, n'est pas organisée comme en Bretagne; elle n'est pas là ce qu'elle est dans le midi ou dans l'est; de nombreux facteurs, nous le savons, lui ont imprimé partout la forme particulière qu'elle affecte et il importe de distinguer ceux dont on peut s'aider ou s'affranchir dans une situation donnée, ceux dont l'influence est une cause déterminante, prépondérante et inévitable, de ceux dont l'action, secondaire, peut être neutralisée; il s'agit, enfin, de savoir dans quelle région on s'installera, jusqu'à quel point on devra copier l'organisation adoptée dans le pays où l'on va s'établir, dans quel sens on devra la modifier. Cela implique inévitablement la connaissance raisonnée des diverses pratiques adoptées dans les différents pays, des résultats qu'elles donnent, de la situation économique spéciale à laquelle elles correspondent. Nous ne pouvons en aborder ici le développement, mais nous donnerons un aperçu des méthodes suivant lesquelles peut être poursuivie cette étude en signalant quelques-unes des œuvres originales auxquelles elles ont donné naissance.

La méthode géographique a été employée avec fruit par l'anglais Arthur Young qui, parcourant la France à la veille de la Révolution, a tracé un tableau saisissant de l'état de développement de l'industrie agricole dans les diverses provinces, de l'organisation adoptée dans chaque pays et des résultats obtenus, dont il a jugé, le plus souvent, par l'état d'aisance des habitants. Quelquefois prévenu dans ses opinions, mais observateur sagace, Young a fourni une œuvre remarquable et dont la valeur historique ne saurait être contestée.

La statistique, organisée au cours du xix siècle, a permis à Léonce de Lavergne, dans son *Economie rurale de la France,* d'apporter dans ce genre d'études, en suivant sensiblement la même méthode, une plus grande précision. Et, si à certains égards cet ouvrage est vieilli, il restera, au même titre que celui d'Arthur Young, comme un inventaire général des moyens d'action mis en a'uvre par la culture en France, des ressources qu'a su en tirer l'industrie agricole.

Par le commentaire qui accompagne la constatation des faits, le livre de M. de Lavergne constitue en outre un ouvrage de haut enseignement.

Citons encore *l'Économie rurale de la Belgique* par M. de Lavelaye, *l'Économie rurale du Danemark* par M. J. Godefroy et la publication toute récente de M. J. du Plessis de Grénedan (1), ouvrage plus général que les précédents.

(1) *Géographie agricole de la France et du monde.*

Une autre méthode, plus féconde encore, a été inaugurée par notre vénéré maître M. Risler. Le directeur de l'Institut national agronomique, au lieu de présenter les descriptions dans l'ordre géographique seulement, les a subordonnées aussi à la nature géologique du sol et montre l'influence de ce facteur s'exerçant non seulement pour déterminer le système de culture et le système de production, mais encore le groupement des habitations et des fermes, et pendant longtemps les courants commerciaux eux-mêmes. Inspiré par un esprit d'observation des plus développés, éclairé par une science agricole profonde, la *Géologie* de M. Risler, remarquablement documentée, représente un labeur considérable. L'auteur a su présenter des faits d'une réelle aridité en un style clair, précis et simple tout à la fois, grâce auquel le savant et le cultivateur peuvent trouver le même plaisir à s'instruire.

Mais la forme géographique, pour les études d'économie comparée, ne saurait pénétrer suffisamment tous les détails de l'organisation. Il faut, pour le permettre, recourir à la forme monographique. Tantôt lamonographieportesurun système de culture dans les diverses applications qui en sont faites ou dans ses rapports avec l'organisation intérieure de la ferme, tantôt c'est une exploitation agricole elle-même qui en est l'objet considérée d'une manière individuelle. Sous cette forme, les rapports fournis annuellement par les commissions de Prime d'honneur (37) constituent une collection d'un réel intérêt où chaque année s'ajoutent des documents utiles à consulter, faisant connaître dans chaque région les exploitations dont l'ensemble réalise les plus grands progrès ou les transformations de détails les plus utiles à imiter.

Chacune de ces méthodes présente, évidemment, son utilité propre. S'il est indispensable d'avoir conquis parles méthodes géographique et géologique une vue d'ensemble sur la situation de l'agriculture par rapport à d'autres industries concurrentes, sur son organisation en général, il n'est pas moins nécessaire, pour réussir dans une entreprise de culture, de s'être éclairé sur les exigences en capital et travail d'entreprises analogues à celle que l'on peut organiser, dans le pays où on va opérer, d'avoir, par l'étude monographique, pénétré tous les détails d'administration et de conduite d'un train ( culture analogue à celui que l'on peut acquérir.

C'est à cette idée que se rattache la pratique du stage agr cole, d'un usage très fréquent en Allemagne, trop rare e France et suivant lequel le futur agriculteur, en possessio des données théoriques de la science, apprend à diriger ui ferme en en surveillant les différents services. Joignant at aptitudes professionnelles la connaissance de l'art et celle d métier, il réunira après cette préparation toutes les condition nécessaires pour assurer le succès d'une entreprise, soit qu' la dirige pour son propre compte ou pour le compte d'autru ORGANISATION ET GESTION DE L'ENTREPRISE

Organisation.

Celui qui se dispose à organiser une culture doit avant tou dresser un inventaire fidèle de ses ressources, car de celles-c devant dépendre avant tout la manière d'agir, il importe d( ne point s'abuser sur leur étendue.

Ces ressources sont constituées par les qualités qui résidenl en la personne de l'organisateur et en outre par le capital qu'il possède ainsi que le crédit dont

il peut disposer utilement. Sur le premier de ces éléments surtout, il est facile dî se laisser induire en erreur, car on s'attribue beaucoup plus facilement des qualités absentes qu'on ne reconnaît ses défauts. C'est une tendance bien humaine, quoiqu'elle se présente à un degré différent suivant les sujets. Il en coûterait, dans la circonstance où nous nous plaçons, de ne pas apporter dans cet examen de soi-même une sage sévérité.

« Tous les exploitants, dit Moll, rentrent dans deux catégories distinctes: ceux qui ne travaillent qu'intellectuellement: ce sont les propriétaires, les fermiers, à grand faire-valoir. — Ceux qui travaillent aussi et avant tout manuellement: ce sont les propriétaires, fermiers etjnétayers a petils faire-valoir.

« C'est la division rationnelle de la grande et de la petite culture.

« Les agriculteurs ou grands exploitants, agissant avant tout par leur intelligence, leur savoir, leur force de volonté, doivent avoir une aptitude professionnelle tout autre que celle du petit cultivateur, qui opère principalement par ses bras.

« Tant vaut l'homme, tant valent les connaissances qu'il a acquises; aussi, dans l'ensemble des facultés morales, intellectuelles et physiques qui constituent l'aptitude professionnelle des premiers, plaçons-nous le caractère et l'intelligence au-dessus du savoir.

« A ce point de vue il existe deux types bien tranchés: les hommes d'action, les hommes de combinaison; les premiers, hommes énergiques et actifs, à volonté forte, au parler facile, ayant l'art du commandement, voyant bien et promptement ce qui est superficiel, mais presque toujours incapables de creuser et d'embrasser une question dans son ensemble, manquant de jugement, d'esprit d'observation, souvent d'esprit de suite et d'ordre, enfin tous très satisfaits d'eux-mêmes et ne doutant de rien;.les seconds offrant un contraste plus ou moins frappant avec les premiers....

« Aux hommes d'action les systèmes où le travail a une large part, où la

culture est active, compliquée, riche, en un ' - ' motles systèmes intensifs Aux hommes de combinaison, au il contraire, les systèmes où les forces naturelles prédominent, les systèmes extensifs: à eux aussi les changements de syst tème, parce qu'ils exigent de l'esprit d'observation, un grand jugement et de la prudence » (1).

Au futur cultivateur de s'interroger sévèrement et de se K demander s'il possède les qualités requises pour gérer une i grande entreprise ou s'il doit utiliser ses facultés par la petite s culture; s'il est surtout *homme d'action* et doit poursuivre s l'exécution d'un plan imité de celui du voisin, ou bien si, t: plutôt homme de combinaison, il doit craindre sa faiblesse or; dans la lutte commerciale qu'il engagera vis-à-vis de ses sem5 blables et doit de préférence demander les profits à la nature en faisant de la culture extensive. Dans tous les cas, l'impor (1) *Encyclopédie de l'Agriculteur,* système de culture. Paris,Didot. Jouzier. — *Économie rurale.* 26 tance des capitaux qu'il possède en propre ou peut obtenir du crédit lui indiquera s'il doit chercher à cultiver comme fermier ou comme propriétaire, s'il doit se livrer à l'entreprise directe ou bien offrir ses services à autrui en qualité de régisseur, de contremaître ou de simple ouvrier selon ses capacités.

Sa décision, d'ailleurs, ne lui sera point dictée par la seule considération du profit en argent qu'il pourra tirer de son travail dans tous les cas, mais encore par le désir de conserver sa liberté, facteur de plus ou moins d'importance selon les natures.

Ces diverses questions tranchées, des considérations d'ordres divers interviendront encore quand il s'agira de faire choix du pays à habiter. Quelles que soient les convenances personnelles, il faut savoir les faire taire quelquefois. Il est élémentaire que l'on devra se placer dans un milieu propre aux genres d'opérations pour lesquels on présente des aptitudes et qu'il pourrait en coûter, par exemple, à un herbager normand, exercé exclusivement à l'exploitation du bétail, d'aller s'établir dans une région vinicole où tout, dans les pratiques agricoles, lui serait étranger. Il ne s'agirait plus, dans ces conditions, d'une entreprise industrielle dictée parla raison, mais d'une fantaisie que, seule, la possession d'une fortune suffisante pourrait justifier. Toutefois, des considérations spéciales de convenances peuvent également intervenir pour dicter le choix du domaine, car si la sagesse conseille de se trouver bien là où on peut réussir, on ne saurait ériger en principe que tout autre genre de satisfaction que la plus grande réussite industrielle doit être indifférent. Il suffit de savoir subordonner dans la mesure du nécessaire, aux considérations de l'ordre industriel, celles qui découlent des convenances personnelles.

On peut dire que la question de salubrité mise à part, tout domaine est acceptable pourvu que son étendue et son état d'amélioration soient en rapport avec les ressources du cultivateur et que le prix auquel on peut l'obtenir ne soit pas supérieur à sa valeur industrielle: « Les auteurs agricoles conseillent aux cultivateurs de bien choisir le domaine qu'ils veulent exploiter, et pour mieux se faire comprendre, ils décrivent, pour servir de type, un domaine possédant toutes les perfections. Ce domaine parfait, les cultivateurs le rencontreront-ils? Cela est douteux, même après avoir parcouru des provinces, car il n'existe souvent que dans l'imagination de ceux qui en ont fait la description. Les cultivateurs seront toujours obligés d'accepter les domaines qu'on leur offre. Il y en aura de bons, il y en aura de mauvais. La qualité des domaines et les avantages qu'ils présentent, sont toujours des conditions relatives. Ils devront exploiter chaque domaine d'après le système le plus profitable, système variable avec les domaines, et n'en payer un fermage qu'en rapport avec les produits qu'ils obtiendront et les dépenses qu'ils feront, et avoir ensuite pour eux un bénéfice: voilà la base qui doit faire décider du choix d'un domaine. Cette question se résout aisément lorsque l'on possède des connaissances étendues en économie rurale (1). » M. de Gasparin, de son côté, fait comprendre que les domaines mis en valeur dans un état voisin de la perfection, plus recherchés, laisseront moins de chances de bénéfices que les propriétés soumises à une mauvaise culture: « Nous n'avons jamais vu les grands résultats, ceux qui font la fortune d'un agriculteur, obtenus autrement que par des changements de système (de culture). C'est aux terrains soumis à de faux systèmes que s'adressent les spéculateurs intelligents (2). » Ce qui était vrai quand on ne disposait que de fumier pour fertiliser les terres, l'est plus encore de nos jours où la fertilisation du sol n'est qu'une question de ressources en argent.

Il y a donc, dans le choix du domaine, une considération capitale, celle qui résulte de la salubrité, car l'homme ne peut rien dans la santé. Quant aux autres défectuosité qui peuvent se présenter, il y a lieu d'en étudier les conséquences au point de vue du profit, de voir si elles ne peuvent pas disparaître grâce à des améliorations dans lesquelles les capitaux que l'on apporte trouveront un emploi avantageux.

(1) Londet, *Annuaire de la Société des anciens élèves de GrandJouan* pour 1880. (2) De Gasparin, *Cours d'agriculture,* t. V, p. loi.

Le domaine choisi, il restera à régler dans ses détails la combinaison culturale. Selon le témoignage des agronomes les plus autorisés, c'est là un acte de la plus grande importance: « L'adoption d'un système de culture adapté aux circonstances locales dans lesquelles on se trouve, peut être considérée comme l'œuvre principale de l'intelligence agricole. Nous l'avons vu suppléer souvent des qualités que l'on regarde comme essentielles au succès; et nous avons reconnu que, faute d'un bon système, les qualités les plus précieuses, la connaissance de la théorie et de ses applications, un bon choix d'assolement, une administration éclairée et active ne produiraient que de faibles résultats (1). »

Il serait assez facile, avec des connaissances suffisantes en agronomie, de déduire la combinaison à adopter de calculs établis avec soin sur la probabilité des dépenses occasionnées par chacun des genres d'opérations auxquelles on peut se livrer et des sommes réalisées par la vente des produits; on pourrait assez facilement déterminer sous toutes leurs formes les ressources en capital et travail nécessaires pour en mener à bien l'exécution; on pourrait, en un mot, concevoir et présenter par écrit un plan général d'exploitation, pour un domaine donné, et des ressources déterminées, de même que l'architecte conçoit à l'avance et exprime graphiquement les détails de construction d'un édifice quelconque. Le travail est long et compliqué, en raison de la complexité même qui est la caractéristique de l'entreprise agricole; il exige une grande attention, beaucoup de prudence et de science, afin de n'omettre aucun des éléments et d'apprécier sainement l'influence de chacun; mais moyennant ces conditions, le travail présenterait pratiquement toute la valeur nécessaire pour éclairer sur les résultats probables de l'entreprise.

C'est ainsi qu'il faut procéder, tout au moins dans un pays neuf et dans toutes les situations où l'on prend une ferme plus ou moins abandonnée. Le capital à consacrer aux bâtiments, aux améliorations foncières de toutes sortes, aux machines, au bétail, aux semences, aux fourrages, etc., (1) De Gasparin, *Cours d'agriculture.* année par année au fur et à mesure que progresse l'organisation doit être estimé pièce par pièce, la valeur doit en être mise en réserve pour faire face aux échéances, ainsi qu'une provision destinée à parer à l'imprévu, faute de quoi, on se ménagerait de cruelles surprises. La main-d'œuvre nécessaire doit, elle-même, être évaluée quinzaine par quinzaine et comparée aux ressources offertes par le milieu. De là, la nécessité de l'étude de détails à laquelle nous nous sommes livré en ce qui concerne les trois instruments de la production.

Au lieu d'agir ainsi, le plus souvent, on pourra prendre comme point de départ une culture voisine et se trouver, même, en présence d'éléments d'organisation déjà réunis, en présence d'une combinaison qui a donné sur place la mesure de ce qu'elle vaut. Soit que l'on dispose ou non de la comptabilité à laquelle elle a donné lieu, on pourra assez facilement se rendre compte des résultats qu'elle donne dans l'ensemble et savoir si elle vaut d'être continuée. La situation du cultivateur dont on prend la suite est un élément d'appréciation. S'il se retire avec des bénéfices importants, c'est la meilleure preuve que la combinaison qu'il a suivie était bonne et il faudra savoir, d'une part, si elle est toujours en harmonie avec la situation économique, d'autre part si, à tous égards, les ressources que l'on apporte sont conformes aux exigences qu'elle présente.

Au besoin, à défaut de renseignements tirés de la comptabilité et de la situation de fortune du cédant, ou pour contrôler ces derniers, on pourra procéder à un calcul du même genre que celui qui conduit à la détermination de la valeur locative. On pourrait même être fixé après un calcul plus sommaire et qui consisterait à additionner, pour les comparer aux recettes probables, les éléments de dépenses suivants: 1 Le fermage, que l'on connaîtra, à défaut d'autre mode d'estimation, par simple comparaison avec les domaines affermés dans le voisinage; 2 Les dépenses en travail, que l'on déduira de l'examen du personnel qui exécute les travaux, y compris l'exploitant s'il y a lieu; 3 Les impôts à la charge de la culture; 4 Les frais d'assurances; 5 Les frais d'amortissement et d'entretien du matériel; 6 Les achats d'animaux, d'engrais et de denrées diverses; 7 Les frais généraux et l'intérêt des capitaux engagés.

Les recettes prohables peuvent être estimées de la même façon, à la suite d'une analyse des diverses sources qui peuvent les procurer, conformément à ce qui a été dit en traitant du système de production.

En apportant dans ces estimations les soins désirables, on saura quels résultats on peut attendre à suivre la culture traditionnelle ou les cultures voisines. Un examen rapide permettra aussi de savoir quelle pourrait être l'influence sur le taux des bénéfices de quelques modifications2 de détails, comme des achats

d'engrais complémentaires ou supplémentaires.

Si des pertes étaient à prévoir, d'après les indications tirées de ces calculs, une combinaison nouvelle devrait évidemment être substituée à l'ancienne sans tarder après avoir été l'objet des mêmes études que dans le cas d'une terre abandonnée.

Si au contraire des bénéfices sont probables, la réforme complète ne s'imposera plus et on pourra, après avoir apporté à la culture les améliorations de détails que pourraient indiquer les premières observations, attendre de connaître les résultats de l'application exprimés par la comptabilité. On modifierait alors la combinaison en connaissance de cause, suivant les résultats qui en pourraient découler conformément à ce que nous avons dit ailleurs.

Toute modification à apporter au système de production ou au système de culture exige la même étude préalable que l'organisation des systèmes nouveaux. Il est nécessaire d'établir un devis estimatif du capital à ajouter à l'entreprise et des modifications à apporter dans les divers groupes de capitaux, dans la répartition des travaux, etc. S'agit-il, par exemple, de substituer une culture améliorante à une culture épuisante ou stationnaire, on pourra le faire en procédant de deux Jaçons: en important sur le domaine des engrais achetés, ou bien en donnant plus d'extension aux plantes fourragères. Dans le premier cas, l'accroissement de capital nécessaire se calculera facilement, la combinaison restant la même au fond: il faudra, comme supplément de capitaux, les sommes nécessaires à l'achat des engrais, puis celles qui seront absorbées en travail supplémentaire du fait de l'augmentation de la récolte, ou en frais d'utilisation, de logement, etc., de ce surcroit de récolte; avec plus de fertilité, on obtiendra des rendements plus élevés, ce qui coûtera plus de travail pour les récoltes de toutes natures, et obligera, en ce qui concerne les fourrages, pour les bien utiliser, à augmenter le nombre des animaux. Si on cherche l'amélioration dans une extension des cultures fourragères, et non simplement

dans des achats d'engrais, la transformation sera plus profonde et obligera à un devis plus détaillé encore, car elle atteindra aussi l'assolement.

Administration.

*Administrer* l'entreprise, c'est assurer la marche des différents services intérieurs et extérieurs qu'elle comporte, de telle sorte qu'il y ait, en capital et travail, de quoi satisfaire à toutes les exigences, sans retards, ni pertes, ni chômages.

Pour y parvenir, il faut *prévoir* assez longtemps à l'avance les besoins de chaque service et régler en conséquence, avec un ordre parfait, le mouvement des travaux, des machines, des denrées et du numéraire. Une bonne comptabilité, à laquelle s'ajoute, pour les cultures étendues, un plan du domaine avec indication de l'assolement pour chaque année, constituent des auxiliaires importants de la bonne administration d'une entreprise agricole.

En ce qui concerne le personnel, l'administration de la ferme donnera lieu à des dispositions différentes selon l'étendue de L'entreprise. Dans la petite culture, c'est l'entrepreneur lui-même qui dirige et surveille chaque service tout en prenant part aux travaux de main-d'œuvre. Dans la grande culture, il s'adjoint sous le nom de maîtres-valets, contremaîtres, chefs de culture, chefs de magasins, etc., un nombre variable d'auxiliaires chargés, chacun sous sa direction et son contrôle, de la gestion d'un service déterminé. Il importe, dans ce cas surtout, que les attributions de chacun soient nettement définies afin que l'on sache toujours qui doit être rendu responsable de toute faute constatée. C'est le meilleur moyen, l'unique moyen, de faire régner l'ordre dans tous les services.

Pour conserver aux *chefs* des divers services toute leur autorité, c'est à eux que l'on donne les ordres avec la charge de les transmettre à leurs subordonnés chargés de les exécuter. Sachant toujours, ainsi, à quelle tâche doit se trouver chaque ouvrier, le contremaître assurera la surveillance d'une manière plus efficace. Les ordres sont transmis au personnel des ouvriers à heure lixe, chaque jour, pour le lendemain autant que possible, de façon à éviter les fausses manœuvres et les pertes de temps. De cette façon, en effet, chaque ouvrier en arrivant sur le domaine le matin saura à quelle tâche s'occuper.

L'administration consistera encore à régler l'ordre de succession des travaux. Un plan général d'exécution établi à l'avance pour une année, quinzaine par quinzaine, aura permis de se rendre compte du besoin de la ferme en maind'œuvre. Selon la température et d'autres circonstances particulières, ce plan, dans la mise à exécution, pourra être plus ou moins modifié sans cesser de donner des indications utiles sur l'étendue du travail nécessaire à chaque moment. Il y aura, en effet, presque toujours, dans chaque quinzaine, des travaux exigeant une exécution ponctuelle et d'autres qui peuvent être hâtés ou différés à volonté; en accélérant l'exécution de ceux-ci, on restera à l'aise pour faire faire l'ensemble des travaux.

Le matériel et les attelages doivent être en quantité suffisante pour permettre à temps l'exécution des travaux, avec le moindre chômage possible cependant. Les machines seront tenues en excellent état d'entretien et disposées avec ordre sous les hangars destinés à les abriter. On sait alors toujours où les prendre, on les préserve du mauvais temps et on évite des pertes de temps à les chercher. On réalisera ces conditions en donnant les consignes nécessaires et en ayant le soin de distinguer chaque machine par un numéro de façon à savoir qui, parmi le personnel, en a eu le dernier la charge. Une surveillance rapide fera découvrir toute responsabilité et permettra de veiller à ce que les réparations soient exécutées à temps. L'habitude de l'ordre une fois prise, il en coûte peu de la conserver, tandis qu'il est difficile de rompre avec des habitudes de désordre.

Après chaque récolte effectuée, et le rendement évalué, on s'assure des besoins de la ferme en ce qui la concerne jusqu'à la récolte future, de façon à savoir si les exigences peuvent être satisfaites, quel excédent peut être vendu, les recettes qu'il peut procurer, ou bien

s'il y a lieu d'opérer une transformation nouvelle des produits pour assurer une vente plus avantageuse, ou bien enfin si ce n'est pas un déficit qu'il faut combler et, dans ce cas, quelles mesures prendre pour parer à la gêne qui en résulterait. Si le déficit porte sur des productions fourragères, notamment, il y aura lieu de voir si une modification de l'assolement ne pourrait pas permettre des ensemencements destinés à remédier à la situation ou si de simples applications d'engrais supplémentaires, aux fourrages en cours de croissance, ne donneraient pas le résultat désiré, ou, enfin, s'il n'y aurait pas lieu de se livrer à des achats.

Toutes les dispositions nécessaires seront prises pour éviter les gaspillages et détournements dans les magasins, pour assurer la conservation des récoltes.

Le bottelage des fourrages secs permet une plus grande régularité dans l'alimentation des animaux et iacilite le contrôle des sorties. Les fourrages, grains et farineux étant distribués périodiquement à des dates assez rapprochées, les détournements seront moins faciles. Un coffre fermant à clef est indispensable pour les grains et farineux si l'on veut rendre un seul charretier responsable des distributions, ce qui est prudent.

En ce qui concerne les grands animaux, des renseignements précis devront être notés permettant de connaître l'âge exact, la généalogie, l'état de gestation s'il y a lieu, les produits livrés par chacun. La production du lait, en particulier, devra être notée avec soin afin de savoir si la traite est faite à fond et à pouvoir réformer les bêtes dont le rendement serait insuffisant. Sans s'exercer d'une manière aussi méticuleuse, une surveillance analogue doit s'étendre à la basse-cour où il est nécessaire de faire des vérifications fréquentes du nombre, de réserver chaque année un troupeau de pondeuses d'âge convenable et de réformer les bêtes dont on ne peut plus attendre un produit suffisant. Là, comme à la bergerie, des marques spéciales permettront d'être rapidement fixé sur l'âge de chaque sujet.

En ce qui concerne les cultures, outre que les rendements seront évalués aussi rigoureusement que possible, puisqu'ils constituent un facteur important de la comptabilité, des notes précieuses pourront être relevées relativement à la manière dont les plantes se seront comportées dans les divers champs, sous l'influence des divers accidents de température qui se seront présentés, etc. Un observateur intelligent et sagace pourra tirer des notes ainsi recueillies de très utiles indications pour sa manière d'agir dans l'avenir.

Les encaissements de numéraire et les échéances doivent être prévus avec exactitude, de façon à faire face aux engagements contractés sans immobiliser en caisse ou en dépôts à vue, des sommes par trop considérables.

Enfm, l'administration de l'entreprise consistera encore à vendre à temps tous les produits, apprécier le résultat des opérations quant aux bénéfices, à mettre en réserve les sommes nécessaires pour assurer la marche des différents services dans l'avenir, à déterminer, d'après les indications de la comptabilité, les modifications qu'il pourrait y avoir lieu d'apporter dans la manière d'agir.

C'est assez dire, par là, quel est le rôle de la comptabilité. Et si la science des comptes est réellement distincte de l'économie rurale, il appartient cependant d'une manière indiscutable à l'administration, branche de l'économie, de définir la nature des renseignements qu'elle doit être en état de fournir. C'est à ce point de vue seulement que nous nous en occuperons ici.

Le bénéfice réalisé au cours de chaque exercice est le minimum d'indications qu'il soit nécessaire de tirer de la comptabilité. Pour le fournir, elle doit présenter au commencement de chaque année un inventaire comprenant: 1 D'une part toutes les valeurs existant sur la ferme, et appartenant à l'exploitant, ainsi que les sommes qui lui sont dues; 2 D'autre part, les sommes dues par le cultivateur. La différence entre ces deux éléments donnera l'actif net,-et la différence entre deux inventaires successifs donne le bénéfice réalisé ou la perte éprouvée au cours de l'exercice qui les sépare.

Pour connaître sa situation, le cultivateur aura donc à tenir un compte de ses achats à crédit et un compte de ses ventes à terme, puis à procéder annuellement à l'estimation de tous les capitaux lui appartenant qui figurent sur l'exploitation.

L'estimation des capitaux pour en faire l'inventaire est une opération délicate. On a quelquefois conseillé de faire cette-estimation en prenant comme base, pour toutes choses, le prix de vente probable, de façon, dit-on, à ce que l'inventaire indique au cultivateur ce qu'il retirerait d'une liquidation de son entreprise. Cette façon de procéder présente des inconvénients dont il est facile de saisir toute la gravité.

Pourrait-on affirmer que le cultivateur qui vient d'enfouir pour 2 000 francs de fumier dans ses terres, en retirerait par la vente 2000 francs de plus qu'avant d'appliquer cette fumure? Nullement. Peut-être retirerait-il de la vente une plus-value correspondant à ce sacrifice, mais peut-être aussi n'en retirerait-il rien de plus que si le fumier n'avait pas été appliqué. Le résultat de l'opération dépendrait des acquéreurs qui pourraient se présenter. Logiquement, si on introduit le prix de vente probable dans l'inventaire, on ne devra pas tenir compte de cette fumure, ou bien, on n'en devra pas tenir compte pour sa valeur réelle. Un autre exemple: le cultivateur qui aurait acheté en 1900, pour 8 000 francs, une machine à vapeur pouvant durer quinze ans, la vendrait-il un prix correspondant à sa valeur réelle, soit 6 750 francs, après deux années d'usage, en 1902? Il n'est point permis de l'affirmer. Les machines en usage perdent beaucoup, en cas de vente, sur leur valeur réelle et il serait difficile, sans doute, de tirer de cette machine plus de 5000 francs. Il en résulte qu'ei prenant le prix de vente probable comme base d'estimatioix il suffirait au cultivateur de faire des améliorations foncières, ou d'acheter des machines, pour que sa comptabilité accusa t de la perte. Et cependant, ces opérations, à moins d'être faites inconsidéré-

ment, deviendraient une source de bénéfices. Il n'est pas logique, dès lors, d'en faire traduire les conséquences sous la forme d'une perte par la comptabilité.

L'estimation au prix de vente probable, qui doit être acceptée quand il s'agit de prévoir les résultats que donnera une liquidation, ce qui arrive rarement, ne saurait donc convenir pour l'inventaire annuel. Dans ce cas encore, il faut s'attacher à traduire exactement la situation particulière que l'on étudie, et on pourra y parvenir en s'inspirant des principes suivants: jf=

A. Si le cultivateur est propriétaire du domaine, il pourra en estimer la valeur, pour l'inscrire dans le premier inventaire, suivant les règles que nous avons précédemment indiquées. S'il entrait en possession par achat, c'est le prix de revient qu'il devrait faire figurer à la place de cette estimation. Pour l'inventaire suivant, il y aurait lieu de faire figurer le *chiffre de cette même estimation augmentée* de tous les frais entraînés par les améliorations foncières exécutées dans le cours du dernier-exercice *et diminuée* de toutes les annuités d'amortissement à prélever en raison des améliorations de toutes sortes faisant partie du capital foncier, suivant ce qui a été dit d'autre part. Pour le troisième inventaire, on prendrait de la même façon la *valeur inscrite au second augmentée* des dépenses d'améliorations exécutées dans le cours de l'année écoulée, et *diminuée* des capitaux d'amortissement constitués en raison des améliorations de toutes sortes plus anciennes, et ainsi de suite. Il sera logique d'agir de la sorte jusqu'au jour où il sera démontré qu'une amélioration quelconque cesse d'èire productive ou que la propriété a réellement perdu de sa valeur pour une cause quelconque. Dans ce cas, le chapitre du capital foncier serait diminué de la part de valeur de cette amélioration restant à amortir, ainsi que de la valeur perdue par la propriété. 11 y aurait à étudier les causes de ces pertes pour découvrir, si possible, les moyens d'y remédier.

B. On agira de même en ce qui concerne les capitaux mobiliers morts. A l'entrée sur la ferme de tout objet

mobilier, on en inscrira la valeur à l'inventaire au prix de revient, et chaque année, dans la suite, on inscrira cette valeur diminuée de celle du capital d'amortissement constitué en raison de cet objet mobilier, sauf le cas de détérioration exceptionnelle, dont on devrait naturellement tenir compte.

On doit agir ainsi, car s'il n'est pas sage d'escompter les bénéfices futurs que permettront de réaliser améliorations et objets mobiliers, il est cependant logique d'admettre que les valeurs engagées sous ces formes ne diminuent qu'en raison de l'usage qu'on en fait aussi longtemps qu'elles sont aptes à rendre les mêmes services. Le tableau de la constitution des capitaux d'amortissement permettra de procéder aux estimations d'une manière claire et rapide (p. 259).

C. C'est encore de la même façon que l'on devrait procéder en ce qui concerne les animaux qui supportent la dépense d'amortissement. Pour ceux qui seraient destinés à être vendus prochainement, on pourrait introduire leur valeur commerciale dans l'inventaire sans trop d'inconvénients; cependant, il sera préférable de les inscrire au prix de revient, ce qui sera facile, s'ils ont été l'objet de comptes spéciaux.

D. On portera pour leur valeur comptable, telle que nous l'avons déterminée, les pailles, engrais et fourrages destinés à la consommation de la ferme et pour le prix de revient toutes les denrées qui auraient été achetées en vue de la même destination.

E. Comme les animaux destinés à être vendus', les produits prêts pour la vente pourront liguler, soit au prix de revient, soit au prix de vente probable. Toutefois, il sera indispensable d'adopter chaque année la même base d'estimation, afin que les inventaires successifs soient comparables.

Quant aux capitaux du groupe des réserves, ils peuvent, s'ils ne figurent pas déjà, par.voie d'emprunt, dans les chapitres précédents, affecter deux formes d'une estimation également facile: celle de numéraire et celle d'effets mobiliers. Jouzur. — *Économie rurale.* 27

Dans ce dernier cas encore, ils figureraient au prix d'achat.

Enfin, il faudra encore établir l'inventaire à la même époque chaque année et choisir pour cela le moment où il y aura le moins possible de denrées en magasins, de façon à éviter les causes d'erreurs pouvant résulter de l'estimation de celles-ci. C'est donc après le moment habituel de la vente des principaux produits qu'il convient de procéder à l'inventaire annuel.

En résumant les estimations, la comparaison de deux inventaires successifs s'établira comme suit: /. — *Actif.* Au i" janvier 1902. Au l"janvierl903.

Ir. fr.

Inventaire des capitaux de l'exploitation 45.000 49.000

Reste à recouvrer sur les ventes à crédit 4.000 6.000

Total de l'actif 4970ÔÔ 55.000 //. — *Passif.*

Reste à payer pour les achats à terme 3.000 5.000

Actif net 46.000 50.000

Bénéfice de l'exercice 1902 4.000

Il ne faut pas, d'ailleurs, s'en tenir à l'examen de la différence des totaux, il sera encore utile d'observer les écarts qui peuvent se présenter dans les divers chapitres d'une année à l'autre et de voir si les accroissements sont la conséquence d'une amélioration de la situation économique déterminant une hausse des prix de vente, ou s'ils tiennent à une réelle productivité de la culture. De même, dans le cas où des pertes seraient accusées, l'examen attentif des divers chapitres pourrait en indiquer le caractère normal ou exceptionnel.

Mais les renseignements tirés de l'inventaire, malgré leur réelle utilité, ne sauraient être considérés comme suffisants. Pour permettre de savoir s'il ne serait pas possible de mieux faire, il faut encore connaître l'origine des bénéfices et, pour cela, établir un compte à chacune des diverses opérations qui donnent lieu à la livraison directe d'un produit au marché.

Ainsi que nous l'avons déjà reconnu, tout compte doit fournir l'indication du capital engagé dans l'opération à laquelle il se rapporte, des dépenses qu'elle a occasionnées et des recettes qu'elle a procurées, afin qu'il soit possible d'établir le taux du bénéfice pour l'unité decapital engagé.

Les comptes des cultures doivent être d'abord établis pour chacune des parcelles cultivées et groupés ensuite par natures de cultures, afin de permettre de distinguer l'influence de la parcelle comme celle de l'espèce de récolte.

Les comptes relatifs aux productions animales, tout en permettant de noter les différences de production individuelles chez les animaux dans la mesure du possible, seront tenus par espèces animales et modes d'exploitation: c'est ainsi que l'on aura le *compte de la vacherie, celui de la bergerie,* des bœufs à l'engrais, s'il y a lieu, etc.; et dans les livres auxiliaires où seront recueillis les renseignements servant à l'établissement de ces comptes, on aura noté, autant que possible, les consommations et les productions ou accroissements individuels.

Enfin, pour permettre la bonne administration de la culture, la comptabilité doit encore noter le mouvement des valeurs dans la caisse et dans les magasins, les détails de la constitution des capitaux de réserve, l'état de répartition des frais généraux, des dépenses d'entretien du matériel, etc. Les renseignements que nous avons fournis en traitant des instruments de la production permettront d'apprécier aussi exactement que possible et de répartir les diverses dépenses. Quant à l'examen du mécanisme suivant lequel s'établissent les comptes, son étude doit précéder celle de l'économie rurale et nous ne saurions l'aborder ici, sans sortir des limites qui nous sont tracées par le titre même de cet ouvrage.

L'entreprise une fois organisée, il sera possible d'en assurer la bonne administration à distance sous plusieurs conditions, savoir: 1 Que le système de production ne se prête pas particulièrement à des détournements faciles à dissimuler; 2 Que le directeur de l'entreprise soit remplacé sur les lieux par un gérant présentant au point de vue de la loyauté et des capacités professionnelles toutes les garanties nécessaires; 3 De se faire adresser des comptes rendus périodiques pour être tenu au courant de l'état d'avancement des travaux, des résultats en nature donnés par les diverses opérations engagées, des besoins de l'exploitation en numéraire, des encaissements probables, ainsi que de tout accident d'une certaine gravité qui viendrait à se produire et des mesures de conservation auxquelles il aurait donné lieu de la part du gérant; 4 Enfin, à la condition de pouvoir faire des visites assez fréquentes sur l'exploitation pour procéder à un contrôle effectif de la fidélité des comptes rendus, de la marche générale des opérations en cours, etc. »

L'entreprise qui doit être administrée dans ces conditions comporte donc une organisation un peu spéciale, mais qui se détermine conformément aux principes généraux que nous avons examinés et ne saurait motiver de nouveaux développements.

A moins qu'on ne dispose de moyens de contrôle spéciaux, ou que l'on ne puisse compter sur une fidélité absolue de la part du gérant, ou qu'il n'y ait, à agir autrement, des bénéfices probables assez grands, on préférera les opérations livrant des produits dont la quantité est d'une vérification facile à celles qui donnent lieu à la vente journalière, au détail, de menus produits, comme le lait, le beurre, les œufs, les animaux de basse-cour, etc.

Le choix du gérant sera subordonné à l'étendue de l'exploitation et aux difficultés spéciales de l'entreprise selon la règle générale, mais aussi, à la fréquence que l'on pourra donner aux visites de contrôle. Avec des visites hebdomadaires, il n'y aura que peu d'initiative à lui demander, aussi suffirat-il de rencontrer en lui les aptitudes d'un bon chef de culture. A mesure que le temps qui sépare les visites augmente, les aptitudes désirables se rapprochent de plus en plus de celles du véritable régisseur. C'est là, surtout, que la participation aux bénéfices pourra être considérée comme une condition favorable à la bonne administration et aller, même, très avantageusement jusqu'au métayage.

Les comptes rendus peuvent affecter des formes très diverses, selon la fréquence des visites de contrôle, selon le 3 détails de l'organisation, etc. Le cadre en doit autant que possible être réglé d'avance, de façon à permettre au gérant dy faire entrer tous les renseignements nécessaires avec le moins de travail possible. Nous citerons, comme pouvant convenir d'une manière générale, les *feuilles de semaine* de M. Hérisson, professeur à l'Institut national agronomique (1). Comme le nom l'indique, chaque feuille est disposée pour recevoir tous les renseignements comptables relatifs à une grande exploitation pendant une semaine.

*Liquidation de l'entreprise.* — Liquider l'entreprise, c'est, quand arrive le terme de son exploitation par une même personne, donner aux capitaux engagés la forme qui en peut permettre le déplacement, tout en leur conservant la plus grande valeur possible. Cette nécessité se présente principalement pour le fermier qui arrive en fin de bail.

Nous avons vu que le propriétaire doit faire les sacrifices nécessaires pour éviter cette liquidation, mais l'accord entre lui et le fermier n'est pas toujours possible et, dans ces conditions, celui-ci ne manquera pas de se réserver le droit de rendre la terre dans l'état d'amélioration où il l'a reçue, ce qui est légitime. Tous ses efforts porteront à retirer du sol les matières fertilisantes qu'il y aura accumulées, à obtenir des plantations le maximum de produit possible, etc. A la culture améliorante du début, aura succédé une culture stationnaire, à laquelle sera substituée une culture épuisante dans les dernières années du bail: récoltes successives de céréales, taille épuisante des vignes plantées par le fermier, applications répétées d'engrais incomplets, vente de fourrages et de pailles, etc., tous les moyens seront justifiés s'ils permettent d'atteindre le but sans le dépasser, s'ils permettent au fermier de reprendre ses capitaux, sans laisser le sol dans un état moins bon qu'à la rentrée. Mais il est bien nécessaire de noter qu'un fermier ne possède ce droit aussi étendu qu'au (1) Ces feuilles sont en vente isolées ou reliées par collection de 60.

tant qu'il se l'est expressément réservé par bail, la loi attribuant au propriétaire le profit des améliorations qui restent à la sortie du fermier.

Un propriétaire aura rarement intérêt à procéder à une semblable liquidation. Le fait peut cependant se présenter dans le cas où il abandonnerait une entreprise portée à un très haut degré de perfection dans un pays de culture négligée, où il ne pourrait pas espérer trouver un fermier assez éclairé pour apprécier les avantages à retirer d'une semblable situation. Alors, le propriétaire lui-même pourrait avoir avantage à faire de la culture épuisante pour mobiliser ses capitaux.

Enfin, il est à peine besoin de signaler les précautions qui doivent précéder la liquidation de l'entreprise pour cause de cessation de culture. Quand le cultivateur arrive au ternie de sa carrière sans entrevoir la possibilité d'une cession de son exploitation, il se trouve'obligé à une certaine prudence dans ses achats de matériel. Les machines en usage n'étant pas une marchandise très courante, peuvent se vendre à vil prix, et celui qui en aurait remplacé un certain nombre peu de temps avant de liquider pourrait éprouver des pertes sérieuses. Il doit prévoir cette éventualité avant de se décider à faire des achats et chercher à savoir dans quelles conditions il pourra revendre.

Prix de revient des produits agricoles.

La détermination du prix de revient d'un produit agricole n'est pas le problème le moins délicat qu'ait à résoudre l'économie rurale.

Des causes d'erreur se présentent, d'abord, dans l'évaluation de nombre des dépenses considérées en bloc (amortissement, entretien des capitaux, etc.) parmi celles qui entrent dans la constitution du prix de revient et, ensuite, dans la répartition qu'il faut faire de ces dépenses entre les diverses sources de recettes qui ont profité de l'instrument de production auquel elles se rapportent: l'amortissement et l'entretien des machines, la dépense d'engrais, les frais de main-d'œuvre et surtout les frais de direction sont évi-

demment dans ce cas, ainsi que nous l'avons vu.

On fait cependant abstraction de ces causes d'erreur le plus souvent et on se contente, pour avoir le prix de revient d'un produit, de grouper, comme nous l'avons fait pour le blé, les dépenses imputables à la culture qui l'a fourni et, s'il y a lieu, d'en déduire la valeur des produits accessoires obtenus concurremment avec le produit principal. Ainsi, la comptabilité ayant accusé, pour la culture du blé, 758 fr. 19 de dépenses totales, la paille étant estimée 65 fr. 26, le grain revient à: 758.19 —65.26= 692 fr. 93. La production ayant atteint le chiffre de 49 quintaux, le prix de revient du quintal 692.93 est: —g— — 14 fr. 14.

Ce raisonnement, qui a le mérite de la simplicité, il est vrai, n'est point empreint d'une logique parfaite. Le blé n'a pas été obtenu seul, dans la ferme; sa production a été accompagnée de celle de l'avoine, du lait, etc. (231) et les relations nombreuses qui s'établissent entre ces diverses productions ressortent nettement des études auxquelles nous nous sommes livré au cours de cet ouvrage. Tout s'enchaîne dans l'entreprise agricole, et les diverses productions sont solidaires: personne n'oserait affirmer que le prix de revient trouvé pour le blé aurait été le même, si au lieu de l'obtenir concurremment avec l'avoine et du lait, nous avions associé sa culture à l'exploitation du bœuf pour l'engraissement et à la culture de la betterave à sucre. Dans ce cas, pourquoi ne pas rendre effective cette solidarité dans la détermination du prix de revient? On y parviendrait en admettant, comme nous l'avons déjà fait, que le bénéfice est imputable au système de production tout entier et en remarquant *que le prix de vente de tout produit diminué du bénéfice moyen proportionnel à ce prix de vente donne justement le prix de revient moyen.*

Comme nous l'avons vu, le système de production qui a donné le blé, suivant nos hypothèses (p. 128-226-231), a procuré 8181 fr. 92 de recettes contre 6 557 fr. 60 de dépenses.

Pour encaisser 1 franc il a donc fallu

débourser j f"1' =: oloi. 92 0 fr. 813 en moyenne. Or le quintal du blé ayant procuré 19 francs de recettes a entraîné un déboursé moyen de 19 X 0.813 = 15 fr. 44, qui est son prix de revient.

En vertu du même raisonnement, les prix de revient des autres produits du système de production seraient:

Pour le lait, vendu 0,1B le litre (p. 128)... O.t5x 0,813 = 0,12 Pour l'avoine, vendue 16 fr. le quintal (231). l(i x 0,813 = 12,96 Etc.

D'une manière générale, si on appelle D les dépenses totales de l'exploitation, R les recettes et d le prix de revient d'un produit quelconque qui a pour prix de vente V, on aura:

Les prix de revient ainsi déterminés sont ceux qui laissent par la vente de chaque produit le même bénéfice proportionnel dans un système de production donné, ce qui est logique, puisque le bénétice total est réellement l'œuvre de l'ensemble des productions, agissant d'une manière solidaire, sans qu'il soit possible de déterminer nettement la part d'influence propre à chacune.

Au surplus, il n'y a pas à se faire d'illusion sur la portée de cette détermination. Elle offre plus d'exactitude que le calcul direct, mais ne permettra pas de tirer de la comparaison des prix de revient relatifs à deux systèmes de production différents des conclusions plus justes que celles qui découlent de la comparaison du bénéfice pour cent du capital engagé. Il nous sera facile de le montrer en peu de mots, en rappelant que le capital engagé, qui représente l'ensemble des moyens de production, peut avoir une valeur variable par rapport aux dépenses et aux recettes selon les combinaisons, d'où il résulte forcément que deux systèmes de production pourront permettre de produire au même prix, tout en exigeant des capitaux engagés de valeur différente. Il est évident que, dans ce cas, le moins exigeant des deuxsy.s4Ê»Ms.s-era le

Lightning Source UK Ltd.
Milton Keynes UK
UKOW06f2018121114

241530UK00012B/718/P